AF845882

HANDBUCH DER GESAMTEN AUGENHEILKUNDE

BEGRÜNDET VON A. GRAEFE UND TH. SAEMISCH

FORTGEFÜHRT VON C. HESS

HERAUSGEGEBEN VON

TH. AXENFELD UND **A. ELSCHNIG**

DRITTE, NEUBEARBEITETE AUFLAGE

BERLIN

VERLAG VON JULIUS SPRINGER

1921

DIE BRILLE ALS OPTISCHES INSTRUMENT

VON

M. VON ROHR

PROFESSOR IN JENA, DR. PHIL., WISSENSCHAFTLICHEM MITARBEITER BEI CARL ZEISS IN JENA

DRITTE AUFLAGE

MIT 112 TEXTABBILDUNGEN

BERLIN

VERLAG VON JULIUS SPRINGER

1921

ISBN-13: 978-3-642-88881-6 e-ISBN-13: 978-3-642-90736-4
DOI: 10.1007/978-3-642-90736-4

ALLE RECHTE, INSBESONDERE DAS DER ÜBERSETZUNG, VORBEHALTEN.

COPYRIGHT 1921 BY JULIUS SPRINGER IN BERLIN.

Softcover reprint of the hardcover 3rd editiion 1921

ALLVAR GULLSTRAND

GEWIDMET

Vorwort.

Die kleine Schrift, die ich hiermit den Fachleuten, namentlich den Ophthalmologen, anbiete, hat einen doppelten Zweck. Sie soll auf Grund einer für die besprochenen Formen genügend eingehenden theoretischen Darstellung zeigen, welche Anforderungen man vorderhand an eine richtig konstruierte Brille stellen kann, und sie soll weiterhin die Prioritätsrechte der verschiedenen Erfinder feststellen, so weit mir das ohne eine gar zu weit abseits führende Beschäftigung mit diesem Thema möglich war. Wer meinen Entwicklungsgang auf optischem Gebiete kennt, wird wissen, daß mir die Vertretung älterer Rechte besonders am Herzen liegt.

Der theoretische Teil wäre von mir nie oder doch nie so geschrieben worden, wenn nicht der wissenschaftliche und persönliche Einfluß Herrn Allvar Gullstrands nicht allein die Anregung gegeben, sondern auch meine optischen Ansichten von Grund aus umgestaltet hätte. Wo ich auf seine Schriften hinweisen konnte, habe ich das getan, doch halte ich es für meine Pflicht, auch darauf aufmerksam zu machen, daß ich seiner bereitwillig gewährten Durchsicht meiner allerdings noch unvollständigen ersten Niederschrift Hinweise verdanke, deren Beachtung eine wesentlich größere Einheitlichkeit, Strenge und Anwendbarkeit zur Folge hatte.

Soweit mir die Literatur bekannt ist, handelt es sich hier um den ersten Versuch, das gesamte Gebiet der Brillenoptik auf der Grundannahme des bewegten Auges zu behandeln und die Eigenschaften der Brille so anzugeben, wie sie der Benutzer empfindet. Es sollte mich freuen, wenn es gelungen wäre, den Ophthalmologen diese Probleme näherzubringen. Eine Anleitung zur Bestimmung der Brillenformen für den Ophthalmologen wird man aber hier vergebens suchen, denn das würde ich für einen Übergriff in das Gebiet des rechnenden Optikers ansehen.

Es ist meine Überzeugung, daß eine Arbeitsteilung insofern eingeführt werden sollte, als der Ophthalmologe den Zustand des anomalen Auges bestimmt und die Forderungen formuliert, denen das Brillenglas entsprechen soll, während die Wahl der Mittel dem rechnenden Optiker der ausführenden Anstalt vorbehalten bleibt. Der Ladenoptiker hat dann noch die wichtige Aufgabe, die Brille dem Patienten so anzupassen, daß sie unter den Bedingungen benutzt wird, die bei der Rechnung angenommen wurden. Daß allen diesen Instanzen eine präzis formulierte Darstellung von Nutzen sein kann, ist wohl nicht zu bezweifeln.

Für die Angabe von Druckfehlern und andern Irrtümern, namentlich aber für Ergänzungen der historischen Darstellung, die, wie ich nur zu gut weiß, noch bei weitem nicht vollständig ist, werde ich aufrichtig dankbar sein.

Vorgesehen ist ferner ein systematischer Teil ungefähr nach Art dessen in den binokularen Instrumenten. Es soll für jedes der 25 Gebiete auf die im historischen Teile behandelten einschlägigen Arbeiten hingewiesen werden, und zwar soll die Aufzählung innerhalb eines jeden Gebietes chronologisch geschehen.

Den Schluß soll ein Literaturverzeichnis der bekannten Art bilden.

Jena, im Januar 1911.

Moritz von Rohr.

Vorwort zur dritten Auflage.

In dem Jahrzehnt, das seit dem Druck der ersten Auflage vergangen ist, sind von Brillenfachleuten namentlich zur astigmatischen Brille wichtige Arbeiten veröffentlicht worden, die dem Wettbewerb zwischen wissenschaftlich geleiteten Brillenwerken ihre Entstehung verdanken.

Auch Augenärzte haben das vorliegende Gebiet wesentlich erweitert, sei es daß sie den schwierigen Gegenstand der besten Brillen für Ungleichsichtige behandelten oder die Verwendung der verschiedenen Brillen und Lupen zur Vergrößerung des Netzhautbildes förderten, wofür die große Zahl der Augenverletzungen im Kriege einen besonderen Anstoß gab.

Von Bedeutung für die Kenntnis des Brillengebietes war ferner der Umstand, daß es sich ermöglichen ließ, die im Jahre 1913 gegründete Zeitschrift für ophthalmologische Optik bis in die Gegenwart fortzuführen und den Lesern damit zu einem Überblick zu verhelfen, der, auch die Schutzschriften einschließend, der Ausdehnung dieses Gebietes wenigstens einigermaßen entspricht. Freilich ist der Einblick in die hierhergehörigen Arbeiten Englands und Frankreichs erst unvollkommen, doch steht zu hoffen, man werde mit der Zeit auch diese Lücken schließen können.

Die unfreiwillige Muße, die mir mein recht wechselndes Befinden bot, habe ich nach besten Kräften dazu verwandt, der Entwicklung der Brille auf den einzelnen Gebieten nachzugehen. Dabei wurde mir bald klar, daß es bei der großen Verschiedenheit der unter dem Namen Brille zusammengefaßten Vorrichtungen ein vergebliches Unterfangen sein würde, eine allgemeine Brillengeschichte zu schreiben, wie ich das in der ersten Auflage versucht habe, und zwar um so vergeblicher, je eingehender und zuverlässiger die Kenntnis des Gewordenen ist; ich habe daher vorgezogen, diese so vielfachen Zwecken dienenden Augenhilfen gesondert in ihren hauptsächlichsten Entwicklungszügen zu schildern. Damit fiel dann die Berechtigung des systematischen Teils der ersten Auflage weg. Daß noch viel an Vollständigkeit fehlt, weiß ich nur zu wohl; immerhin wird die folgende Darstellung mindestens ein einigermaßen zureichendes Gefach bieten können, weitere wichtige Funde einzuordnen.

Zum Schluß möchte ich meinen Lesern die leider selten beachtete Bitte wiederholen, mir bei der Ausfüllung der Lücken dieser Darstellung durch öffentliche oder briefliche Mitteilungen behilflich zu sein: eine so wichtige Vorkehrung wie die Brille verdient es schon, daß man an die Vollständigkeit ihrer Geschichte einige Mühe wendet, zumal wenn man, sei es als Träger oder Verordner, sei es als Anpasser oder Hersteller, in mehr oder minder hohem Maße auf sie angewiesen ist.

Für Unterstützung meines Strebens habe ich manchen Freunden zu danken; namentlich erwähne ich die stete Hilfsbereitschaft der Herren Ingenieure Fr. Pfeiffer und E. Richter. Der letztgenannte hat mir in gewohnter Zuverlässigkeit Patentangaben beschafft und ihre Anführung geprüft, der erste ist mir bei der Herstellung der neuen Zeichnungen in wirksamster Weise behilflich gewesen.

Jena, im April 1921.

Moritz von Rohr.

Inhalt.

Die entsprechenden § der ersten Auflage sind in [ ] daneben gesetzt.

Einleitende Bemerkungen.

Seite

Die Schwierigkeiten für die Entwicklung der Lehre von der Brille § 1 [§ 1] . . 1
Brillenzeitschriften § 2. 2
Vorbemerkungen über die Brille als optisches Instrument § 3 [§ 2] 2
Die Schutzbrillen. I. (gegen äußere Angriffe) § 4 [§ 3] 3
Geschichtliche Bemerkungen dazu § 5 [§ 110] 3
Die Schutzbrillen. II. (gegen zu starke Bestrahlung) § 6 [§ 3] 5
Geschichtliche Bemerkungen dazu § 7 [§§ 77, 83, 91, 104, 93, 101, 102] 5
Die Schutzbrillen. III. (namentlich gegen kurzwellige Strahlen) § 8 [§ 3] . . . 7
Geschichtliche Bemerkungen dazu § 9 8
Vorrichtungen zur Erweiterung des Gesichtsfeldes § 10 [§ 4] 9
Geschichtliche Bemerkungen dazu § 11 [§ 88] 9
Brillen zur Unterstützung fehlsichtiger Augen § 12 [§ 5] 10
Die Erhöhung des Sehvermögens durch Verengerung der Öffnung § 13 [§ 6]. . 10
Geschichtliche Bemerkungen dazu § 14 [§ 107] 10
Die nicht beiderseits an Luft grenzenden Brillen 11
    Die Taucherbrillen § 15 11
    Geschichtliche Bemerkungen dazu § 16. 11
    Th. Lohnsteins Hydrodiaskop § 17 12
    Geschichtliche Bemerkungen dazu § 18. 13
    Die Fickschen Kontakt- oder Haftgläser § 19 14
    Geschichtliche Bemerkungen dazu § 20. 14
Die Erhöhung des Sehvermögens mittels durchsichtiger Mittel mit optisch bearbeiteten Grenzflächen § 21 [§ 7] 15
Geschichtliche Bemerkungen dazu § 22 [§§ 88, 100, 79, 77, 92, 114] 15
Die Nebenbilder durch Spiegelung § 23 16
Geschichtliche Bemerkungen dazu § 24 17

Die Brillenlinsen aus Glas.

Die Grenzflächen im allgemeinen § 25 [§ 8] 18
Die Begrenzung der Gläser durch den Rand § 26 [§ 9]. 18
Geschichtliche Bemerkungen dazu § 27 [§§ 110, 105, 77, 86, 92, 83, 89, 115, 101, 102, 115] 20
Die hauptsächlichsten Grenzflächen der Brillengläser § 28 [§ 10] 24

Seite
I. Anastigmatische Linsen . . . 24
1. Achsensymmetrische Linsen § 29 [§ 11] . . . 24
a) Die gewöhnlichen Brillen (ohne punktuelle Abbildung außer der Achse) [§ 12] . . . 24
Die Probier- und die Zielbrillen § 30 . . . 24
Geschichtliche Bemerkungen dazu § 31 . . . 25
Die Herbeiführung eines deutlichen Netzhautbildes § 32 [§ 13] . . . 27
Die Brillen mit einer einzigen Brennweite § 33 [§ 14] . . . 27
Der Scheitelbrechwert A_s und A_∞ § 34 [§ 15] . . . 27
Geschichtliche Bemerkungen dazu § 35 . . . 34
Die Hauptpunktslage und die Bildgröße beim brillenbewaffneten Auge § 36 [§ 16] . . . 34
Geschichtliche Bemerkungen zur Dioptrienrechnung § 37 . . . 37
Die Folgen einer Änderung des Brillenabstandes § 38 [§ 17] . . . 38
Geschichtliche Bemerkungen dazu § 39 . . . 40
Die Einführung des Hauptpunktsbrechwerts in die Formeln § 40 . . 41
Der Ausgleich linsenloser oder aphakischer Augen § 41 [§ 18] . . . 45
Geschichtliche Bemerkungen dazu § 42 . . . 46
Der Einfluß der Brille auf die Akkommodationsbreite im allgemeinen § 43 [§ 18] . . . 46
Geschichtliche Bemerkungen dazu § 44 . . . 48
Die Änderung des äußeren Akkommodationserfolgs durch ein Lohnsteinsches Hydrodiaskop § 45 . . . 48
Geschichtliche Bemerkungen dazu § 46 . . . 50
Einfache Brillengläser für Augen mit ungenügendem Akkommodationsvermögen § 47 . . . 50
Geschichtliche Bemerkungen zu den Vorschiebungsbrillen § 48 . . . 51
Die Sehschärfe § 49 [§ 19] . . . 51
Geschichtliche Bemerkungen dazu § 50 . . . 57
Die Presbyopen- oder Nahbrillen § 51 [§ 20] . . . 57
Geschichtliche Bemerkungen dazu § 52 . . . 58
Die Bildgröße beim akkommodierenden Auge § 53 . . . 58
Geschichtliche Bemerkungen dazu § 54 . . . 60
Die Lupenbrillen § 55 [§ 20] . . . 61
Die Änderung der Abbildungstiefe § 56 . . . 61
Die Bestimmung des korrigierenden oder Fernbrillenglases; die Dioptrie § 57 [§ 21] . . . 62
Geschichtliche Bemerkungen dazu § 58 [§§ 76, 86, 92, 100, 103] . . . 63
Die Durchbiegung und ihr Einfluß auf die Verschiedenheit von Schnitt- und Brennweite § 59 [§ 21] . . . 65
Geschichtliche Bemerkungen dazu § 60 . . . 66
Die Bestimmung der Brechkraft eines vorliegenden Brillenglases § 61 [§ 22] 66
Geschichtliche Bemerkungen dazu § 62 . . . 67
Die Abstufung der Brillengläser nach Scheitelbrechwerten § 63 [§ 22] 68
Geschichtliche Bemerkungen dazu § 64 [§ 124] . . . 69
Die üblichen Formen der einfachen Brille § 65 [§ 23] . . . 70
Geschichtliche Bemerkungen dazu § 66 [§§ 81, 93] . . . 71
Brillen aus zwei Linsen (namentlich Fernrohrbrillen) § 67 [§ 24] . . . 73
Geschichtliche Bemerkungen dazu § 68 . . . 77
Die Brillen mit verschiedenen Brennweiten . . . 78

Seite
Die Vorhängebrillen § 69 [§ 25] 78
Geschichtliche Bemerkungen dazu § 70 [§§ 77, 98, 111] 79
Die Zweistärkenbrillen § 71 [§ 26] 80
Geschichtliche Bemerkungen dazu § 72 [§§ 78, 119, 118] 84
b) Die punktuell abbildenden Brillen 85
Die Berücksichtigung des Augendrehpunkts in der Brillenlehre § 73 [§ 27] 85
Geschichtliche Bemerkungen dazu § 74 86
Die Schärfenflächen § 75 [§ 28] 87
Die Brillen mit einer einzigen Brennweite 89
Die Lupenbrillen § 76 [§ 29] 89
Die Verzeichnung im allgemeinen § 77 [§ 30] 89
Geschichtliche Bemerkungen dazu § 78 [§ 124] 92
Der Astigmatismus schiefer Bündel im allgemeinen und die Scheitelkugel § 79 [§ 31] 92
Geschichtliche Bemerkungen dazu § 80 96
Der Astigmatismus schiefer Bündel bei der Lupenbrille § 81 [§ 32] . 97
Die Form der Bildfläche bei der Lupenbrille § 82 [§ 33] 100
Geschichtliche Bemerkungen dazu § 83 [§ 33] 102
Die Verzeichnung der Lupenbrillen § 84 [§ 34] 102
Die Nahbrillen § 85 [§ 35] 103
Geschichtliche Bemerkungen zu den Nahbrillen § 86 [§ 124] 105
Die Fernbrillen § 87 [§ 36] 105
Der Astigmatismus schiefer Bündel bei den Fernbrillen § 88 [§ 37] . 106
Geschichtliche Bemerkungen dazu § 89 [§ 81] 109
Die Arbeiten F. Ostwalts und M. Tscherning § 90 [§§ 120—24] . . . 111
Die Herstellung der neuen Formen und ihre Prüfung § 91 116
Die Form der Bildfläche bei den Fernbrillen § 92 [§ 38] 117
Geschichtliche Bemerkungen dazu § 93 119
Die Folgen einer Verschiebung des Augendrehpunkts längs der Achse § 94 120
Geschichtliche Bemerkungen dazu § 95 123
Auge und Fernbrille bei schiefer Blickrichtung § 96 [§ 39] 123
Die Verzeichnung bei Fernbrillen § 97 [§ 40] 126
Geschichtliche Bemerkungen dazu § 98 129
Besondere Formen der punktuell abbildenden Brillen § 99 [§ 41] . . . 130
Punktuell abbildende Starbrillen mit sphärischen Grenzflächen § 100 [§ 42] 130
Geschichtliche Bemerkungen dazu § 101 [§ 126] 131
Asphärisch-sphärische Starbrillen (Gullstrandsche Starbrillen) § 102 [§ 43] 132
Geschichtliche Bemerkungen dazu § 103 [§§ 101, 126] 134
Die Fernrohrbrillen für stark kurzsichtige Augen § 104 [§ 44] 135
Geschichtliche Bemerkungen dazu § 105 [§ 44] 136
Die Fernrohrbrille als Lupenbrille § 106 138
Geschichtliche Bemerkungen dazu § 107 138
Umgekehrte Fernrohrbrillen für Lichtspielhäuser § 108 139
Geschichtliche Bemerkungen dazu § 109 139
Die Brillen mit mehreren Brennweiten 139
Die Vorhänger § 110 [§ 45] 139

Seite
Geschichtliche Bemerkungen dazu § 111 140
Die Zweistärkengläser für das blickende Auge § 112 [§ 46] 140
Geschichtliche Bemerkungen dazu § 113 [§§ 95, 119] 141
2. Nur zweifach symmetrische Gläser 141
Ihre Anlage im allgemeinen § 114 [§ 49] 141
Geschichtliche Bemerkungen dazu § 115 [§§ 82, 85] 142
3. Einfach symmetrische Gläser (Schielbrillen) 143
a) Die gewöhnlichen Brillen (ohne punktuelle Abbildung) 143
Der Zusammenhang zwischen brechendem und Ablenkungswinkel; Centradian und Prismendioptrie § 116 [§ 50] 143
Geschichtliche Bemerkungen dazu § 117 [§§ 80, 94, 50] 146
Die Dezentrierung achsensymmetrischer Linsen § 118 [§ 51] 147
Geschichtliche Bemerkungen dazu § 119 149
b) Die Berücksichtigung der Augendrehung 149
Die punktuell abbildenden prismatischen Brillen § 120 [§ 52] 149
Geschichtliche Bemerkungen dazu § 121 154
II. Astigmatische Linsen 154
Der Augenastigmatismus § 122 [§ 53] 154
Geschichtliche Bemerkungen dazu § 123 155
1. Zweifach symmetrische Gläser 155
a) Die gewöhnlichen astigmatischen Brillen (für ruhende Augen) 155
Die Zylindergläser § 124 [§§ 54, 55] 155
Geschichtliche Bemerkungen dazu § 125 [§§ 80, 82, 85] 157
Torische Gläser; das Transponieren; die gekreuzten Zylinder § 126 [§ 55]. 159
Geschichtliche Bemerkungen dazu § 127 [§§ 94, 85]. 162
b) Die Brille in Verbindung mit dem astigmatischen bewegten Auge. . . 164
Das Blicken durch eine astigmatische Brillenlinse § 128 [§ 56]. 164
Die Beschränkung der Behandlung auf die beiden Symmetrieebenen § 129 [§§ 57, 58] 166
Geschichtliche Bemerkungen dazu § 130. 176
Die Form der Bildflächen bei astigmatischen Gläsern § 131 177
Geschichtliche Bemerkungen dazu § 132. 177
Die Verzerrung bei astigmatischen Brillengläsern § 133. 178
Geschichtliche Bemerkungen dazu § 134 179
Asphäro-torische Starlinsen § 135 [§ 58]. 180
Geschichtliche Bemerkungen dazu § 136 [§ 126] 180
Zur Strahlenvereinigung außerhalb der Symmetrieebenen § 137. . . . 181
Geschichtliche Bemerkungen dazu § 138 181
Ein Nachtrag zu den zweifach symmetrischen anastigmatischen Linsen § 139 [§ 59] 182
Astigmatische Nah- und Lupenbrillen § 140 [§ 60] 183
2. Einfach symmetrische Gläser 183
Zur Dezentrierung zweifach symmetrischer Linsen im achsennahen Raum § 141 [§ 61] 183
Geschichtliche Bemerkungen dazu § 142 185
Zur Dezentrierung für endliche Achsenabstände § 143 186
III. Die Farbenfehler der Brillen 187
Die Farbenfehler einer Einzellinse im achsennahen Raum § 144 [§ 62] . . 187
Die Achromasie der Brechkraft § 145 [§ 63]. 189
Geschichtliche Bemerkungen dazu § 146 [§§ 102, 106] 190

Seite
Die Achromasie der Hauptstrahlneigung § 147 [§ 64] 191
Achromatische Linsenfolgen mit gleichzeitiger Hebung des Astigmatismus schiefer Bündel 192
Die achromatischen punktuell abbildenden Starbrillen § 148 [§ 65]. . . 192
Geschichtliche Bemerkungen dazu § 149. 194
Die achromatischen Fernrohrbrillen § 150 [§ 66] 195
Die Hilfsgläser für Farbenblinde § 151 195
Geschichtliche Bemerkungen dazu § 152 [§ 109]. 195

IV. Die Änderungen der Raumerfüllung durch die Brille 195
Die Folgen der Bewaffnung eines Einzelauges mit einem vollkommenen Brillenglase § 153 [§ 67] 195
1. Die Änderung der Perspektive durch die Brille § 154 [§ 68] 196
Geschichtliche Bemerkungen dazu § 155. 197
Die Tiefenänderung durch die Brille § 156 [§ 69]. 197
Geschichtliche Bemerkungen dazu § 157 [§ 100] 201
Die Vorführung der Tiefenänderung durch die Brille § 158 [§ 70] . . . 201
Geschichtliche Bemerkungen dazu § 159 203
2. Die Brille als Sehhilfe für beide Augen 204
Das Vorkommen der beidäugigen Brille § 160 [§ 71] 204
Geschichtliche Bemerkungen dazu § 161. 204
Eine Aufgabe bei der Anpassung einer beidäugigen Brille § 162 [§ 71]. 204
Geschichtliche Bemerkungen dazu § 163 [§§ 92, 100] 205
Die Tiefenfälschung (Porrhallaxie) der vollkommenen Brille § 164 [§ 72]. 206
Geschichtliche Bemerkungen dazu § 165 [§ 100] 207
Das beidäugige Sehen durch die gewöhnliche Fernbrille § 166 [§ 73]. . 207
Geschichtliche Bemerkungen dazu § 167. 208
Das beidäugige Sehen durch eine Nahbrille § 168 208
Geschichtliche Bemerkungen dazu § 169 [§ 108] 209
Das beidäugige Sehen durch eine Zweistärkenbrille § 170 [§ 73] 211
Geschichtliche Bemerkungen dazu § 171 [§§ 97, 117, 119] 212
Die beidäugigen Brillen für Schielende § 172 [§ 73]. 213
Geschichtliche Bemerkungen dazu § 173 [§ 95]. 213
Die beidäugigen Brillen für astigmatische Augen § 174 [§ 73] 214
Geschichtliche Bemerkungen dazu § 175. 215
Die Brillen für Ungleichsichtige (Anisometropen) § 176 [§ 74] 216
Geschichtliche Bemerkungen dazu § 177. 217

Die Entwicklung der Lehre von der Brille.

Allgemeines zu dieser Aufgabe § 178. 218
Die Entstehung einer Brillenkunde um den Ausgang des 16. Jahrhunderts § 179 . 219
Das Aufkommen des Optikerhandwerks und seine Schriften zur Belehrung der Käufer § 180 219
F. C. Donders und die Schulung der Augenärzte in der Brillenbestimmung § 181. 220
Die Entstehung der großen amerikanischen Brillenwerke und die Bildungsbestrebungen der Ladenoptiker in Amerika und England § 182. 221
Die Entwicklung einer streng begründeten Lehre von der Brille und die Belehrungsmöglichkeiten für Augenärzte und Ladenoptiker § 183 222
Neuere Bestrebungen zur Brillengeschichte § 184 223
Quellen- und Namenverzeichnis 224
Sachverzeichnis. 251

Die Brille als optisches Instrument.

Von

Moritz von Rohr,

Wissenschaftlichem Mitarbeiter bei Carl Zeiss in Jena.

Mit 112 Abbildungen im Text.

Eingegangen im Januar 1921.

§ 1. **Die Schwierigkeiten für die Entwicklung der Lehre von der Brille.** Die Brille ist ein optisches Instrument, das auf eine sehr alte Geschichte zurückblicken kann. Wenn auch aus dem Altertum keine deutlichen Spuren der Brille erhalten sind, so kann man doch, ohne Widerspruch zu finden, die Behauptung aufstellen, daß nach der Renaissance zuerst die Brille unter den optischen Vorkehrungen auftrat. Daß sie jetzt die verbreitetste optische Einrichtung ist und bleiben wird, darüber kann kein Zweifel bestehen. Und doch kann man kaum bestreiten, daß bis auf die neueste Zeit kein optisches Instrument seltener in wissenschaftlichem Geiste behandelt worden ist. Auch heute noch mangelt fast gänzlich das Verständnis für die Leistung, die man von der Brille erwarten darf[1]. Der Grund für diese eigentümliche Erscheinung liegt in der engen Verbindung, in der die Brille zum Auge steht, und es ist unmöglich, eine zutreffende Lehre von der Brille zu geben, solange ein Verständnis der Vorgänge beim freien Sehen nicht vorausgesetzt werden kann. Es liegt in der Natur der Sache, daß die Ophthalmologen am meisten berufen waren, sich mit dem Gebrauch des Auges zu befassen, aber sie waren in der Regel keine Optiker, und die Optiker ihrerseits haben bis in die neueste Zeit in einer sehr sonderbaren Weise diese Aufgabe vernachlässigt. Sie haben sich vielmehr durch die mannigfachen Ähnlichkeiten, die sich zwischen dem Auge und einer *Camera obscura* finden, bewegen lassen, das Auge als eine *Camera*

1) Es sei bemerkt, daß diese Darstellung den Boden der geometrischen Optik nicht verlassen wird. Der Vollständigkeit halber werde aber darauf hingewiesen, daß K. Strehl den Versuch gemacht hat, auch die Beugung bei der Abbildung durch Brille und Auge zu berücksichtigen. Man sehe dafür etwa ZfoO 7. 138—40 ein.

obscura zu betrachten und sich bei dieser, zwar nicht falschen aber unvollständigen, Ansicht zu beruhigen. Da ferner die Herstellung von Brillen, die tatsächlich an die Sorgfalt der Ausführung nicht die höchsten Anforderungen stellt, auch die Anwendung von Rechenverfahren nicht zu erfordern schien, so sind von der Seite der Optiker bis in das 19. Jahrhundert hinein auch nicht einmal Versuche gemacht worden, die Brille durch wissenschaftliche Verfahren auf eine höhere Stufe theoretischer Vollkommenheit zu heben, wieviel auch für die Ausbildung und Verfeinerung der Herstellung geschehen sein mag.

Nach dem Vorhergegangenen ist es verständlich, daß jede Bewegung zur Verbesserung der Brille von einem Anstoß von ophthalmologischer Seite ausging und in dem vorliegenden Falle davon, daß eine eingehende Theorie des Sehvorganges beim freien Sehen von einem Ophthalmologen gegeben wurde, der zugleich ein Optiker von höchstem Range war. Dieser Ophthalmologe ist ALLVAR GULLSTRAND.

§ 2. **Brillenzeitschriften.** In der letzten Zeit haben sich die Verhältnisse insofern etwas gebessert, als es möglich war, die neuen Ansichten auch in der Fachpresse zu vertreten. Zunächst wurde zu diesem Zweck im April 1913 die Zeitschrift für ophthalmologische Optik (ZfoO) begründet, und ferner zeigen im deutschen Sprachgebiet jetzt auch die eigentlichen Optikerblätter, die seit 1880 bestehende Centralzeitung für Optik und Mechanik (CZfOuM), die seit 1911 erscheinende Optische Rundschau (OR) und die im Oktober 1915 begründete Deutsche optische Wochenschrift (DOW), Teilnahme an den Fortschritten der neueren Brillenkunde. Von ausländischen Zeitschriften ist namentlich das im April 1891 begründete englische Fachblatt *The Optician* zu erwähnen. — Die erstgenannte Zeitschrift ZfoO legte von vornherein Gewicht auf regelmäßige Berichte über solche Fortschritte und hat für den Zeitraum von 1911 ab Patente und Gebrauchsmuster im Anschluß an die Einteilung dieses Buches besprochen, sowie auch Zusammenfassungen über die optischen Aufsätze namentlich der Optikerzeitungen gebracht. Wenn ja auch sicherlich eine lückenlose Vollständigkeit noch nicht erreicht werden konnte, so ist doch ein einigermaßen zutreffender Überblick möglich geworden, der früher vollständig fehlte.

§ 3. **Vorbemerkungen über die Brille als optisches Instrument.** Unter einer Brille hat man ursprünglich allein verstanden eine aus durchsichtigem Werkstoff bestehende sphärische Linse, die zur Verbesserung des Sehvermögens vor das Auge gebracht wurde.

Im Laufe der Zeit ist man von dieser Bestimmung nach mehreren Richtungen abgewichen, so daß der neue Begriff viel weiter und darum unbestimmter werden muß. So wurde der Zweck der Brille durch die Aufnahme der Schutzbrillen erweitert[1]), der Werkstoff war in einzelnen

---

1) Ausgeschlossen sind hier die Brillen, die E. H. OPPENHEIMER (*1.* 119—123; *3.* 80) kosmetische und orthopädische genannt hat, weil bei diesen Einrichtungen nicht das durch die Gläser tretende Licht die Hauptsache ist, sondern weil ihre Leistungen im wesentlichen durch die Brillenfassung ausgeübt werden.

Fällen nicht durchsichtig, und schließlich paßt der Begriff einer sphärischen Linse schon seit einiger Zeit auch nicht mehr, so daß man richtiger die folgende Bestimmung annimmt: unter einer Brille sei verstanden ein optisches Instrument, das geeignet ist, dauernd vor dem Auge getragen zu werden.

Selbstverständlich bleibt die alte Bestimmung auch heute noch in einer großen Anzahl von Fällen gültig, und es seien daher in dieser Darstellung zunächst die minder wichtigen Zusätze erledigt, mit denen man im 19. Jahrhundert dies Gebiet erweitert hat.

§ 4. Die Schutzbrillen. I (gegen äußere Angriffe). Der Schutz betrifft zunächst äußere Angriffe auf das Auge, wie sie von gröberen oder feineren Splittern, Staub, Luftzug, Wind usw. ausgeübt werden können. Ein weiterer Einfluß der Witterung zeigt sich in dem Beschlagen des Brillenglases vor dem Auge, und man hat verständlicherweise gelegentlich auch das Eintreten dieser Störung verhindern wollen.

Wenn man von der rohen Hilfe der Schutzgitter absieht, so kommen sowohl ebene als auch gekrümmte Grenzflächen durchsichtiger Mittel in Betracht. Soll bei sphärischen Krümmungen jede Linsenwirkung vermieden werden, und beschränkt man sich auf den achsennahen Raum, so ergibt sich unter Berücksichtigung der Brennweitenformel für Linsen endlicher Dicke d die hintere Krümmung $1/r_2$ aus der vorderen $1/r_1$ und dem Brechungsverhältnis n des Werkstoffs zu

$$1/r_2 = 1/r_1 : 1 - (n-1)\,d/nr_1$$

oder umgeformt

$$r_2 = r_1 - (n-1)\,d/n.$$

Als Werkstoff für Schutzbrillen finden sich sowohl Glas und Bergkristall als auch (Marienglas) Glimmer, Zellhorn und in neuerer Zeit Cellon und Triplexglas. Für Glimmer sei auf S. Thompson (*2.*) und H. P. Wiggins (*1*, *2.*) verwiesen, während für die letztgenannten Stoffe ZfoO *5.* 85 zu berücksichtigen ist.

Als Träger kommen für diese Instrumente in Frage sowohl Arbeiter verschiedener Berufszweige (z. B. Steinarbeiter) als auch Kraftwagen- und Radfahrer.

§ 5. Geschichtliche Bemerkungen zu den Schutzbrillen gegen äußere Angriffe. Was die gläsernen Schutzbrillen angeht, so reichen die ersten Spuren mindestens auf den Beginn des 17. Jahrhunderts zurück. So sind schon die in ihre Lederfassung fest eingebauten Windbrillen des Zusatzes der Regensburger Brillenmacherordnung (ZfoO *8.* 81, b) hier anzuführen, jedenfalls aber erscheinen sie 1618 bei H. Sirturus (*1.*) als Konservationsgläser ohne Brechkraft und ebenso nach A. v. Pflugk und M. v. Rohr (*38.* 60) bei Daza de Valdes 1623. Später sind sie in den heute fast vergessenen Eisenbahnbrillen zu bemerken. Sie finden sich als solche bereits 1844 in einem Danckerschen

Flugblatt (CZfOuM *38*. 188/89) erwähnt, leider ohne Abbildung. Sie waren nötig, weil um die Mitte des vorigen Jahrhunderts die unteren Klassen der Eisenbahnen vielfach offene Wagen hatten, so daß der Staub sehr störend gewesen sein wird. Die Form der Eisenbahnbrille war gelegentlich — wenn nicht immer — derartig, daß jedes Auge durch zwei hufeisen- oder dachsteinförmige Gläser geschützt war. Sie waren an der geraden Kante zusammengelenkt[1]), so daß das eine Glas zum Schutz nach vorn, das andere zum Schutz nach der Schläfenseite diente. Die Zeichnung 1 (ZfoO *2*. 182) wird eine Vorstellung davon geben, nur muß man sich die Gläser von einer Fassung umgeben vorstellen.

Später versuchte man das Auge durch eine starke Durchbiegung des Brillenglases möglichst von allen Seiten zu schützen; solche Formen finden sich bereits in einem Buschischen Preisblatt vom Januar 1858 als Uhrglasbrillen[2]) in blauer Stahlfassung mit großen, sehr stark gewölbten »periscopischen« Gläsern ohne Brennweite. Später, in den 60er Jahren, werden sie dem Einfluß A. v. Graefes, und zwar als afokale »Muschelgläser« zugeschrieben, worüber M. v. Rohr (*18*. 414/15) gehandelt hat. Sie sind sicherlich 1867 unter diesem Namen bekannt gewesen und haben sich nach einer ziemlich eingehenden Darstellung (ZfoO *2*. 123) dauernd am Leben erhalten. Hierher gehören auch die neueren Formen (ZfoO *2*. 83. Nr. 14; 183. Nr. 22), die das Auge mehr oder minder vollständig umgeben und in einem Falle sogar die Spiegelbilder erster Ordnung ausschließen.

Abb. 1.

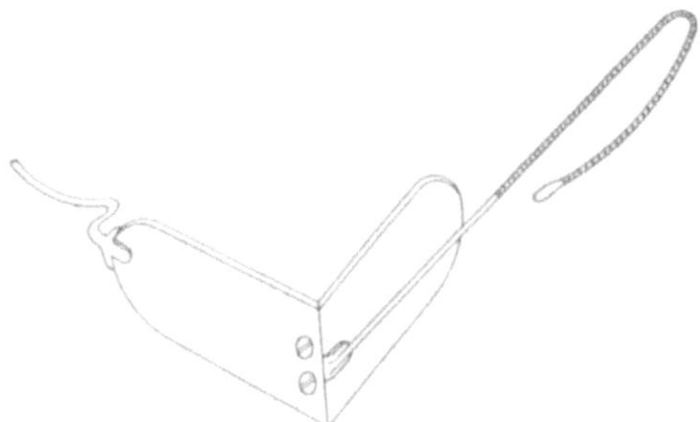

Die Hälfte einer Raphaelschen Glasbrille als Muster für die Anlage alter Eisenbahnbrillen.

Hinsichtlich der Wahl des Brillenrohstoffs ist namentlich auf die Glimmerbrillen zu verweisen, wie sie zuerst wohl 1868 von dem Breslauer Ophthalmologen H. Cohn (*1.*) empfohlen wurden; sie sind dann für grobe Arbeiten dauernd auf dem Markt geblieben. Die Zellhornbrillen mögen wie in der vorigen Auflage auf R. Hänsel (*1.*) zurückgeführt werden, ohne daß indessen eine unbedingte Gewähr für das erste Auftreten übernommen werden soll; sie scheinen unter den Schutzbrillen seltener vorzukommen.

Was nun den Kampf gegen das Beschlagen angeht, so wird er teils durch chemische, auf den Glasflächen verriebene Mittel geführt, bei deren Zusammensetzung die Seife eine große Rolle spielt (ZfoO *2*. 179—80), oder man bringt

---

1) Diese Angabe geht auf eine freundliche Auskunft des Herrn K. Stegmann zurück, der solche Eisenbahnbrillen noch in seiner Lehrzeit kennen gelernt hat.

2) Zum Verständnis dieses Ausdrucks muß wohl eine kleine Bemerkung gemacht werden, da unsere heutigen Uhrgläser über ebenen Zifferblättern ziemlich flach sind. Das war bei den damals noch viel getragenen Spindeluhren nicht der Fall, da dort der Zapfen zur Zeigerstellung mitten über dem schildförmigen Zifferblatt aufragte und so eine noch stärkere Wölbung des Uhrglases verlangte. — Bei der Spindeluhr in meinem Besitz beträgt die Brechkraft der Außenfläche 10 dptr, und man versteht nunmehr die Verwendung dieser Bezeichnung zu einer kurzen Beschreibung.

unten am Rande der Fassung Mittel an, die die Feuchtigkeit aufsaugen (ZfoO *2.* 180), oder man lüftet stark (ZfoO *2.* 82, 180; *4.* 184), oder man führt bei Doppelgläsern einen luftleeren Zwischenraum ein (ZfoO *1.* 20), oder man schiebt allmählich einen durchsichtigen Streifen am Auge vorbei (ZfoO *3.* 52).

Hinsichtlich der Benutzer dieser Hilfsmittel gibt über Arbeiterschutzbrillen wohl die Preisarbeit von K. Hartmann (*1.*) und Villaret die zuverlässigste Übersicht. — Auf eine höhere Stufe wurden verständlicherweise die Schutzbrillen erst dann gehoben, als infolge der Verbreitung der Kraftwagen kaufkräftige Kreise höhere Preise für das einzelne Stück zu zahlen bereit waren. Die bloße Glasschutzbrille hat dadurch — von der Verwendung sehr großer Scheiben abgesehen — anscheinend keinen besonderen Anstoß erhalten, aber für die Ausgestaltung der Augenschirme wird man diesen Benutzerkreisen mehr Dank wissen müssen.

§ 6. **Die Schutzbrillen. II (gegen zu starke Bestrahlung).** Ein anderes Schutzbedürfnis ergibt sich aus der Reizung des Auges durch eine zu starke Bestrahlung. Dem entgegenzuwirken gibt es hauptsächlich zwei Mittel.

1. Die Verminderung der eintretenden Lichtmenge durch eine Verringerung des Raumgebiets der in das Auge strahlenden Punkte, also durch Gesichtsfeldbegrenzung. Hier kann, wie schon oben gesagt, die Brille sehr wohl allein durch strahlenbegrenzende Blenden gebildet sein, die ohne Brillengläser wirken und manchmal als Augenschirme bezeichnet werden.

2. Die Verminderung der eintretenden Lichtmenge durch Schwächung der Leuchtkraft des einzelnen Strahls infolge der Absorptionswirkung des Glases. Der Leitgedanke ist dabei der einer möglichst im ganzen Blickfelde gleichen Schwächung.

3. Eine Verbindung der beiden vorher erwähnten Möglichkeiten mit den gewöhnlichen Gläsern führt auf Brillen, die entweder allein an einem Teile des Blickfeldes das Licht zurückhalten oder dort eine stärkere Absorptionswirkung ausüben als an den andern: dichromatische Brillen. Dabei ist das Gebiet starker Schwächung nach oben gerichtet, um das Himmelslicht abzuschwächen, und nach unten, wenn das Schneelicht gedämpft werden soll.

§ 7. **Geschichtliche Bemerkungen zu den Schutzbrillen gegen zu starke Bestrahlung.** 1. Eine sehr frühe Form der blickfeldbeschränkenden Brille vertritt Ungenannt (*1.*) vom Jahre 1668, worauf zuerst hingewiesen zu haben, Ed. Pergens (*7.* 282, 8) das Verdienst hat. Es scheint übrigens, als ob von dieser Vorkehrung die Leipziger Röhrenbrillen abstammten, von denen G. J. Beer (*2.*) berichtet. Auch in dem Bernsteinschen (*1.*) Bericht von 1819 spielen diese Vorkehrungen noch eine Rolle. Um die Mitte des 18. Jahrhunderts, 1756, brachte der damals gut bekannte Optiker B. Martin (*1.*) seine *visual glasses* heraus, die anscheinend sofort großen Beifall fanden und sich namentlich auch in Deutschland weit verbreiteten, wovon uns dieselben beiden Schriftsteller berichten. Wie die Abbildung dieser Anlage zeigt — sie steht bei M. v. Rohr (*45* Abb. 13) — handelt es sich bei B. Martin um gewöhnliche, gleichseitige

Brillengläser, deren ursprüngliche Öffnung von 3,8 cm durch einen breiten, das Blickfeld beschränkenden Hornrand auf $2^1/_2$ cm vermindert worden war. Möglicherweise im Zusammenhang damit stand Ch. H. L. Jachau (*1.*), der 1839 ein amerikanisches Patent auf eine Brille mit breitem mattiertem Rande erhielt, und ein Anklang an die Röhrenbrillen mag sich bei Fr. Yeiser (*1.*) finden, der 1875 Schattenschilde über der Brille anbrachte. Übrigens werden früh, 1815, auch die als Hilfsmittel für schwachsichtige Augen seit 1623 bekannten stenopäischen Brillen durch J. Skinner (*1.*) zum Lichtschutz empfohlen. Hier ist auch auf die Siebbrillen Cl. Beckers (ZfoO *8.* 179) hinzuweisen. — Jedenfalls werden die Schutzschilde und Augenschirme durch die Bedürfnisse der Kraftwagenführer weiter entwickelt. Ihre Hauptaufgabe ist hier, das Auge dem blendenden Licht der Scheinwerfer entgegenfahrender Kraftwagen nur während der unbedingt notwendigen Zeit auszusetzen und es selbsttätig abzublenden, wenn der begegnende Wagen näher kommt. Eine recht hübsche Form ist von Th. P. Driver (ZfoO *2.* 181 mit 2 Abb.) entwickelt worden.

Abb. 2.

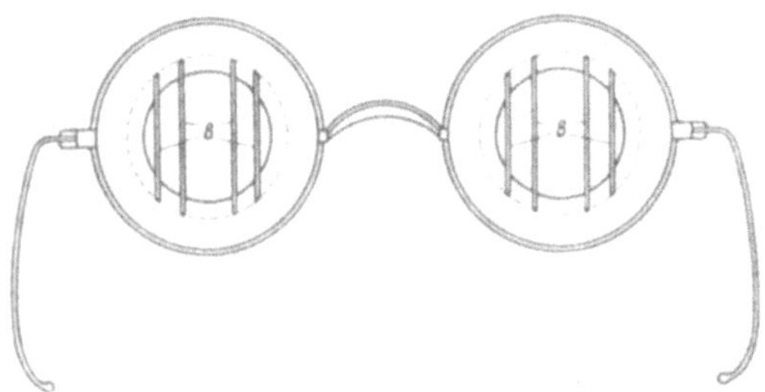

Driverscher Lichtschirm. Vorderansicht der ganzen Brille.

Abb. 3.

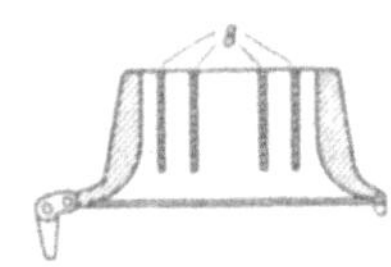

Driverscher Lichtschirm. Wagerechter Schnitt durch eine Hälfte.

2. Die Frage nach der Minderung der Leuchtkraft des einzelnen Strahls — farbige Brillen waren schon im 16. Jahrhundert bekannt und wurden 1623 von Daza de Valdes behandelt — führt in erster Linie auf Lösungsversuche der Aufgabe, wie die wünschenswerte Gleichmäßigkeit der Schwächung erreicht werde. Das geschah in alten Brillen — gegen Ende des 18. Jahrhunderts — durch absorbierende Planscheiben, die beliebig vor die eigentlichen Brillengläser geschlagen werden konnten; dafür ist auf J. Richardson (*1.*) zu verweisen, der 1797 um einen Schutz darauf nachsuchte. Eine Färbung der Glasmasse selbst empfiehlt sich bei Gläsern stärkerer Wirkung darum nicht, weil bei der unvermeidlichen Dickenverschiedenheit zwischen Mitte und Rand in stärkeren Gläsern eine Verschiedenheit der Schwächung im Blickfelde eintreten muß. Daher hat J. M. Jamin (*1.*) 1838 und nach E. Pergens (*5.*) schon vor 1841 N. J. Lerebours zu dem Aushilfsmittel gegriffen, eine geeignet gekrümmte afokale dünne Linse vor das eigentliche Brillenglas zu kitten oder sie mit ihm durch das Überfangverfahren unlöslich zu vereinigen, ein Kunstgriff, den die neuzeitige Brillentechnik dann mehrfach wiedergefunden hat. Auf der gleichen Stufe steht die Zusammensetzung des *isochromatischen* Glases aus drei Schichten, von denen die mittlere absorbierende afokal ist. Dieses Hilfsmittel kommt zuerst bei E. Busch (*1.*) 1868/9 vor und ist dort durch Kittung verwirklicht. Später — 1911 — wird es von H. M. Shreiner (ZfoO *1.* 20) durch ein Schmelzverfahren ausgeführt, von neuem auf den Markt gebracht und als *Trilux* (ebenda *2.* 111) bezeichnet.

Andere Verfahren führen, wie die von W. PUGH und H. FIELD (*1.*) 1868, zur Färbung einer Trägerschicht; nach der ungewöhnlich knapp gehaltenen Patentschrift wünschten sie die schweren Brillengläser von großer Brechkraft (etwa solche für Linsenlose) dadurch zu erleichtern, daß sie sie aus zwei Teilen zusammensetzten: aus einer leichten Trägerschicht ohne Brechkraft und einem eingekitteten Hauptglase, das nunmehr von kleinerem Durchmesser, also leichter, gemacht werden konnte. Waren gefärbte Gläser vorgeschrieben, so wurde die Färbung in der gleichmäßig dicken Trägerschicht angebracht. Auf andere Weise ging E. FL. COURVOISIER (*1.*) 1869 vor. Um Farbgläsern ein gleichmäßiges Aussehen zu verschaffen, ohne doch das etwas umständliche Verfahren von J. M. JAMIN oder N. J. LEREBOURS zu verwenden, schlug er vor, Linsen durch einen gefärbten Kitt miteinander zu verbinden. Schließlich sei auch noch auf den Vorschlag von L. H. F. MELSENS (*1.*) hingewiesen, die Vorderfläche dünn zu versilbern oder zu vergolden. Die oben erwähnten afokalen Muschelgläser sind gleich bei ihrem ersten Erscheinen auch farbig, namentlich blau und grau, ausgeführt worden.

Abb. 4.

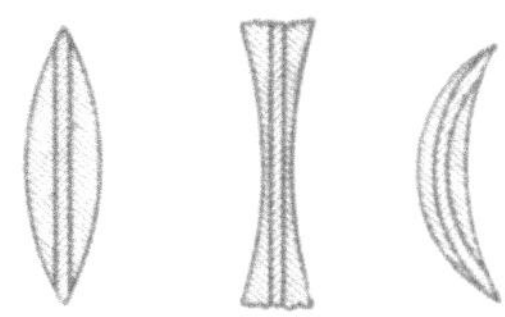

SHREINERsche Dreischichtengläser.

3. Allen diesen (*isochromatischen*) Gläsern stehen die *dichromatischen* gegenüber, für die sich das Überfangverfahren ebenfalls als zweckmäßig erwies. CH. ALT (*1.*) wollte 1876 ein Brillenglas herstellen, das nur gegen die von oben einfallende Strahlung schützen sollte. Wenn er zu diesem Zwecke auf den oberen Teil des Brillenglases eine Schmelzdecke aufbrachte, so benutzte er dafür eine auf Anwendung hoher Wärmegrade in der Brillenbearbeitung beruhende Erweiterung der Mittel, die man nach dem Gebiet ihres hauptsächlichsten Vorkommens sehr wohl als die eigentlich amerikanische ansehen kann. Es handelt sich dabei um die Aufgabe, zwei Teile des Brillenglases durch hohe Temperatur in eine feste Verbindung zu bringen. — Es ließ sich nicht entscheiden, ob der Nürnberger J. FR. ALT (*1.*) in einer verwandtschaftlichen Beziehung zu dem soeben erwähnten Erfinder gestanden hat. Im Jahre 1877 meldete er ein deutsches Patent auf einen sehr ähnlichen Gegenstand an; er benutzte zur Herstellung seines Brillenglases bereits überfangenes belgisches Spiegelglas und schliff die Überfangschicht zuerst gehörig dünn. Man erkennt, daß hier in gewisser Weise eine Verbesserung des alten JAMIN-LEREBOURSschen Verfahrens durchgeführt worden war, die später unter anderem Namen wieder auftreten sollte. — Sehr starke Durchlässigkeitsunterschiede werden von Schutzbrillen für neuzeitige Schweißverfahren (ZfoO *1.* 119) erfordert, wo man auch erkennt, daß die durchlässigen Gebiete manchmal seitlich von den absorbierenden angeordnet werden.

Abb. 5.

Ein ZEISSisches Schutzbrillenglas mit umgreifendem dunklem Gebiet.

Neuere Anordnungen der hellen und der dunklen Gebiete finden sich in ZfoO *2.* 82; *8.* 121: so sei in Abb. 5 auf die Verteilung hingewiesen, wo der helle Teil mitten in dem, ihn allseitig umgreifenden, dunkeln gleichsam ausgespart ist (ZfoO *4.* 62; *7.* 135; *8.* 121). Sie scheint zuerst nach CZfOuM *25.* 115 im Jahre 1904 aufzutreten.

§ 8. Die Schutzbrillen. III (namentlich gegen kurzwellige Strahlen).

Handelte es sich bis jetzt in der Regel um das gewöhnliche weiße Licht, das mehr oder minder gleichmäßig geschwächt werden sollte, so hat man bei bestimmten künstlichen Lichtquellen die Augen auch gegen besondere, als schädlich angesehene Strahlengruppen, namentlich solche kurzer Wellenlänge, durch farbige oder farblose Gläser schützen müssen.

In neuerer Zeit stehen sich zwei verschiedene Auffassungen gegenüber. Die Vertreter der einen nehmen von vornherein an, daß die ultraviolette Strahlung als solche das Auge schädige, und daß bei einem vollkommenen Brillenglase die ultravioletten Strahlen möglichst vollständig verschluckt werden sollten. Nach dem Verlaufe der bis jetzt bekannten Absorptionskurven ist es indessen unmöglich, die Absorption allein auf die ultravioletten Strahlen zu beschränken, sondern sie macht sich auch im Gebiete der violetten und blauen Strahlen geltend, so daß eine ausgesprochene Färbung des Schutzglases und eine entsprechende Veränderung des Eindrucks der dadurch betrachteten farbigen Gegenstände nicht zu vermeiden ist. Demgegenüber vertreten andere Sachkundige, und unter ihnen sei besonders auf die Arbeiten von O. Henker und E. Hertel (*2.*) hingewiesen, die Meinung, es seien Schädigungen hauptsächlich von einer zu hohen Leuchtkraft der Strahlung zu erwarten, und das vollkommene Schutzglas müsse die Leuchtkraft aller Strahlen möglichst gleichmäßig herabsetzen; dann würden mit der Schutzwirkung auch die geringsten Farbenänderungen der betrachteten Gegenstände verbunden sein. — Um solche unerwünschten Wirkungen bei künstlichem Licht zu vermeiden, hat man auch Strahlengruppen aus dem Licht künstlicher Lichtquellen durch besondere Filterschichten zu entfernen gesucht, um dem Brillenträger bei solcher Beleuchtung doch ein richtiges Urteil über Farben wie bei Tageslicht zu verschaffen.

§ 9. **Geschichtliche Bemerkungen zu den Schutzbrillen gegen schädliche Strahlengruppen.** Was die Schutzwirkung der Absorption durch Farbgläser angeht, so findet sich 1897 eine sehr brauchbare Zusammenstellung über die älteren Bestrebungen bei Ed. Pergens (*1.*). Man erkennt daraus den Einfluß von L. Boehm (*1.*), der unter Einwirkung Dovescher Vorstellungen 1862 für kranke Augen blaue Schutzgläser empfahl; der Widerspruch zugunsten der Rauchgläser blieb nicht aus, den in Deutschland namentlich H. Magnus (*1.*) seit 1875 vertrat. Zur neueren Zeit leiten die Arbeiten Fieuzals (*1*, *2.*) in den Jahren 1885—87 hinüber, der schon früh die unter seinem Namen bekannten gelblichen Gläser empfahl.

Was die Abstufung der Schwächungswirkung durch farbige Gläser angeht, so hat man in den 60er Jahren an eine Färbungsleiter gedacht, die von E. Busch (*1.*) in Rathenow in 6 Abstufungen von

A^{I}	A^{II}	A	B	C	D
$^1/_2$	1	2	3	4	5

angeboten wurde. Nach Moserschen Bestimmungen von Probeplättchen hatten die Stufen 1—5 nacheinander die Schwächungswerte von

20 30 40 50 65%.

In neuerer Zeit hat C. ZEISS eine Abstufung von

25 50 65 80%

für die von ihm als Umbralgläser in den Handel gebrachten Rauchglasbrillen vorgeschlagen. — In neuester Zeit hat R. SENSS (*1.*) eine ganze Reihe von Bezeichnungen angegeben und bei einigen auch die Durchlässigkeitszahlen mitgeteilt. Es findet sich dort noch die Angabe, daß bei Brillengläsern aus gleichmäßig in der Masse gefärbtem Glase, die daher bei stärkerer Brechungswirkung das Licht nicht gleichmäßig zurückhalten können, die Mitte der wagerechten Halbachse als gültig für die Schwächungswirkung angenommen werde.

Von besonderem Gewicht für die Ausscheidung der ultravioletten Strahlen sind O. HALLAUER (*1.*) seit 1907 sowie F. SCHANZ (*1.*) und C. STOCKHAUSEN 1907/8, während auf der Gegenseite besonders eben O. HENKER und E. HERTEL stehen. Ferner sei auf A. VOIGT (ZfoO *7.* 66) und A. BIRCH-HIRSCHFELD (*1.*) hingewiesen. — Zu den Sanoskopgläsern sind die ersten Mitteilungen in der CZfOuM 1912, *33.* 126, 147, 159, 163 sowie ZfoO *2.* 81; *3.* 124, 185 zu finden. Umfangreiche Arbeiten auf dem Gebiete der Absorption der lang- und der kurzwelligen Strahlen durch Glas hat kurz vor dem Kriege W. CROOKES (ZfoO *2.* 112 und *7.* 66) veröffentlicht. Man sehe auch ZfoO *9.* 55.

Solche Vorrichtungen, die dem Brillenträger einen von künstlichem Licht beleuchteten Gegenstand wie im Tageslicht erscheinen lassen, sind 1913 zuerst wohl von H. WEISZ vorgeschlagen worden, worüber man (ZfoO *6.* 92) das Nähere nachlesen mag.

Als Merkwürdigkeit sei zum Schluß noch auf die Polarisationsbrille A. BRYSONS (*1.*) hingewiesen, wodurch die Wirkung der an einer Wasserfläche gespiegelten Strahlen durch NICOLsche Prismen ausgelöscht werden soll, man könne dann durch eine solche spiegelnde Wasserfläche hindurchsehen. — Wegen der Blendwirkung glatten Papiers sei auf ZfoO *7.* 66 verwiesen.

Im allgemeinen wird man darauf hinweisen können, daß eine eingehendere Durchforschung der Fachschriften wahrscheinlich noch manche bis jetzt unbekannte Einzelheiten dieses Gebietes hervortreten lassen wird.

§ 10. **Vorrichtungen zur Erweiterung des Gesichtsfeldes.** Kommt man nun zur Erhöhung der Sehleistung, so kann diese auf die Menge des Gesehenen gehen und in der Erweiterung des Gesichtsfeldes liegen, wie sie durch eine Spiegelung ermöglicht wird. Sie kann sich sowohl auf seitlich, als auch auf hinten gelegene Teile des Gesichtsfeldes erstrecken. In dieser Absicht sind Seitenblick- und Rückblickbrillen geplant worden.

§ 11. **Geschichtliche Bemerkungen dazu.** Die erste hier aufgeführte Seiten- und Rückblickbrille ist die, die sich A. ALLARD DE LA COURT (*1.*) 1826 schützen ließ, doch scheint aus dem Titel seiner Anmeldung hervorzugehen, daß einfachere Einrichtungen für den gleichen Zweck schon seit langem bekannt gewesen seien. Dieselben Gedanken tauchen 60 Jahre später wieder auf, sollen hier aber nicht wieder erwähnt werden. Stets handelt es sich dabei um gesondert angebrachte Spiegelflächen, die zum Rückwärtssehen verwandt werden, und auch die Aufgaben, wie sie die Entwicklung der Kraftwagen stellt, ändern daran zunächst nichts (ZfoO *2.* 182). Eine Verwendung derselben Fläche zum Seiten- und Rückblick sowie zur Durchsicht geht auf NITSCHE & GÜNTHER (ZfoO *3.* 124, 185) zurück, wobei für die ersterwähnten Richtungen die Spiegelbilder erster Ordnung (s. § 23) verwandt werden. — Seitenblickbrillen für Hemianopiker finden sich in ZfoO *9.* 56.

§ 12. **Brillen zur Unterstützung fehlsichtiger Augen.** Hierbei soll zunächst nur die Wirkung auf das Einzelauge[1]) untersucht werden, und erst zum Schluß mag eine Zusammenstellung der Forderungen folgen, die bei der Vereinigung zweier Brillengläser zu einem Instrument für das beidäugige Sehen zu berücksichtigen sind.

§ 13. **Die Erhöhung des Sehvermögens durch Verengerung der Öffnung.** Dieses natürliche Mittel, das Kurzsichtige von selbst anwenden, indem sie die Lidspalte zusammenkneifen, und das sich auch in der die Akkommodation begleitenden Verengerung der Pupille zeigt, findet sich bei den stenopäischen Brillen, sei es daß sie einen engen Spalt oder ein Loch oder eine Reihe von Löchern zeigen.

Zur Hilfe bei Fehlsichtigkeit finden sie nur sehr beschränkt Anwendung, häufiger kommen sie als Schieß-, Loch- oder Diopterbrillen (engl. orthoptics) vor, wo sie allerdings auch einen andern Zweck haben, nämlich den, durch die auf Kosten der Helligkeit erfolgende Steigerung der Tiefe der deutlichen Wahrnehmung dem Schützen Ziel, Kimme und Korn gleichzeitig scharf zu zeigen. Da sich dies zwar weniger einfach aber viel vollkommener durch ein Zielfernrohr erreichen läßt, so verschwinden die Schießbrillen dieser Art mehr und mehr aus dem Gebrauch. Wegen der Brillengläser, die für Schützen häufig in einer besonderen Fassung angebracht und auch als Zielbrillen bezeichnet werden, sehe man unter § 30.

§ 14. **Geschichtliche Bemerkungen dazu.** Die umfassendste Zusammenstellung der Erfindungen auf diesem Gebiet geht auf Ed. Pergens (7.) zurück, demzufolge diese Einrichtungen ein sehr hohes Alter haben; so führt er eine Belegstelle aus dem 6. Jahrhundert unserer Zeitrechnung an. Verbunden mit einem der eigentlichen Brillengestelle erscheint eine Vorkehrung zur Verengerung der abbildenden Büschel bei dem Spanier Daza de Valdes 1623 in der Form einer Reihe stenopäischer Löcher, und so führt unser Gewährsmann dankenswerterweise mit zahlreichen Abbildungen versehen eine große Anzahl von Loch- und Schutzbrillen auf, vor und nach F. C. Donders, der merkwürdigerweise meinte, 1854 mit dem stenopäischen Loch eine neue Erfindung gemacht zu haben. Die Zusammenstellung geht bis zu dem Anfang des 20. Jahrhunderts und ist zur Übersicht über die Menge der Erscheinungsformen sehr zu empfehlen. Die 1677 von Chérubin d'Orléans (*1.* 108) vorgeschlagene Lochbrille, und die vorher erwähnte Skinnersche (*1.*) Vorkehrung könnte man vielleicht in den Text noch einschieben, sowie auf Cl. Becker von S. 6 verweisen. — In neuester Zeit hat C. Müller (*1.*) einige Angaben namentlich über englische Diopterbrillen zusammengestellt.

---

1) Man spricht dann von einem Brillenglas. Unserer heutigen Sprache ist die alte allgemeine Bezeichnung für die Sehhilfe des Einzelauges, der Brill (von Beryll), leider abhanden gekommen; ihre Wiederbelebung erscheint allzu kühn, obwohl diese Bezeichnung bei zusammengesetzten Sehhilfen, wie Fernrohrbrillen, zweifellos recht bequem sein würde.

Die nicht beiderseits an Luft grenzenden Brillen.

§ 15. **Die Taucherbrillen.** Um die Sonderfälle der nicht beiderseits an Luft grenzenden Brillen zu erledigen, bevor der Hauptteil begonnen wird, sei bemerkt, daß in gewissen Fällen das Brillenglas mit Wasser in Berührung kommt. Hierbei sind zunächst die Taucherbrillen zu erwähnen. Dabei ist von geringer Bedeutung der Fall, der bei den Helmen der Taucher schon früh verwirklicht war, wo ein ebenes Glas das Auge des Tauchers vor der Berührung mit dem Wasser schützt. Da aber das Auge eines helmlosen Tauchers einen starken Verlust an Brechkraft erleidet, weil die Wirkung der Hornhautvorderfläche nahezu ausgeschaltet wird, so muß für eine Vermehrung der Brechkraft gesorgt werden, eine Aufgabe, die schon um den Anfang des 17. Jahrhunderts gelöst wurde. In späteren Zeiten hat man die Forderung gestellt, es möge die Taucherbrille dem rechtsichtigen

Abb. 6.

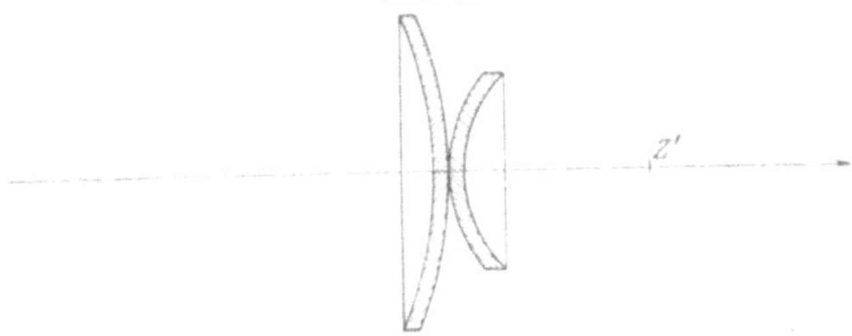

ZEISSische Taucherbrille mit Angabe des Ortes Z' für den Augendrehpunkt.

Träger beim Auftauchen nicht hinderlich sein, und in dieser Art werden heutigen Tages wohl die Taucherbrillen hergestellt. Das geschieht nach R. DUDGEON (*1.*) durch die Verwendung zweier in Luft afokaler Menisken von genügender Durchbiegung, die ihre erhabenen Seiten einander zukehren und beim Gebrauch nur an ihren hohlen Außenflächen vom Wasser bespült werden. Dadurch wird die zerstreuende Wirkung dieser Flächen stark vermindert, und beim Tauchen ergibt sich von selbst der gewünschte Wirkungsüberschuß der inneren Sammelflächen. — Solche Linsenfolgen hat man nach Abb. 6 auch (ZfoO *2.* 183) für das blickende Auge berechnen können.

§ 16. **Geschichtliche Bemerkungen dazu.** Zu den Taucherbrillen von CHR. HUYGENS († 1695) hat sich M. VON ROHR (*28.*) 1916 geäußert. Jener Vorschlag scheint dann in Vergessenheit geraten zu sein und wurde 1865 von P. GALTON (*1.*) in derselben einfachen Form aufgenommen; er bemerkte übrigens damals schon die Abnahme des Akkommodationsvermögens des mit der Taucherbrille bewaffneten Auges. Die neuzeitige Aufgabe wird 1871 gestellt und gelöst von R. DUDGEON (*1.*), weitere Lösungsversuche wird man in ZfoO *3.* 124; 7. 66 finden.

§ 17. **Th. Lohnsteins Hydrodiaskop.** Die beiden andern Möglichkeiten sehen ein nur einseitig an Wasser grenzendes optisches Instrument vor, und zwar handelt es sich hier in erster Linie um den Ausgleich des Hornhautkegels, wo durch die Einschaltung einer Wasserschicht zwischen Hornhaut und Brillenglas die Wirkung der ungünstig geformten Hornhaut nahezu aufgehoben wird. Die Wasserschicht kann, wie bei Th. Lohnsteins (*1.*) Hydrodiaskop, von großer Dicke oder, wie bei den Fickschen Haftgläsern, fast rein flächenhaft ausgedehnt sein.

Geht man zunächst auf die Theorie des Lohnsteinschen Hydrodiaskops ein, so stellt man mit Th. Lohnstein (*6.*) am besten die Aufgabe in folgender Weise:

Abb. 7.

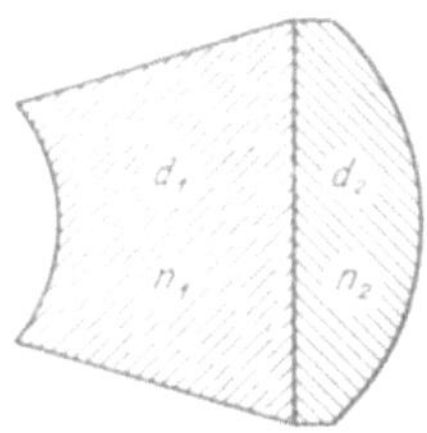

Ein Achsenschnitt durch eine Lohnsteinsche Wasserkammer.

Es ist die Flächenfolge der Wasserkammer nach Abb. 7 so anzusetzen, daß der Radius der ersten Fläche gleich dem Krümmungsradius der Hornhaut ist, die zweite Fläche ist plan und für die dritte ist r_3 so zu bestimmen, daß dem Bildpunkt auf der Netzhaut der unendlich ferne Dingpunkt entspricht. Das Mittel n_1 ist 0,85%ige Kochsalzlösung mit dem Brechungsverhältnis des Wassers

$$n_1 = 1{,}333.$$

n_2 ist die Brechzahl für gewöhnliches Glas

$$n_2 = 1{,}52.$$

Dem Bildpunkt auf der Netzhautgrube entspricht im Augenraum ein Punkt von der Hauptpunktsentfernung

$$a_1 = -a = -1/A,$$

wo A der Hauptpunktsbrechwert oder die Refraktion des Auges bei entspannter Akkommodation ist. Die negativen Zeichen sind hier einzuführen, weil ja die Lichtrichtung im Auge gerade umgekehrt verläuft wie gewöhnlich, indem eben der Punkt der Netzhautgrube als strahlend gedacht wird.

Setzt man mit Lohnstein (*6.*) zur bequemen Bildung einer richtigen Vorstellung voraus, daß die Wasserkammer durch eine unendlich dünne Luftschale von der achsensymmetrischen Hornhaut getrennt wäre, so ist die Dingweite des vorliegenden Auges wie oben angegeben, also bei Kurzsichtigkeit von positivem a_1-Wert, wenn man zunächst die unstrenge Annahme macht, daß der Hauptpunktsabstand von etwa 1,5 mm zu vernachlässigen sei. Bei genaueren Rechnungen muß man durch Anbringung dieser Größe aus dem Hauptpunktsbrechwert den Scheitelbrechwert berechnen. Man erhält schließlich für den Radius r_3 der den Brechungsfehler $-A$ aufhebenden Wasserkammer

$$\frac{r_3}{n_2 - 1} = \frac{1}{-A + (n_1 - 1)/r_1} - \frac{d_1}{n_1} - \frac{d_2}{n_2},$$

eine Formel, die mit der von LOHNSTEIN gegebenen nach der nötigen, auch das Zeichen von r_1 berücksichtigenden Umformung übereinstimmt.

Setzt man ein rechtsichtiges Auge mit

$$A = 0$$

voraus, so handelt es sich bei der so berechneten Wasserkammer um eine afokale Folge, und zwar ergibt sich, wie ebenfalls LOHNSTEIN bereits bestimmte, als seine Vergrößerungswirkung

$$\begin{aligned} V &= 1 - (d_1/n_1 + d_2/n_2)(n_1 - 1)/r_1 \\ &= 1{,}478 \end{aligned}$$

wenn man in Millimetern

$$r_1 = -7{,}7;\ d_1 = 10{,}0;\ d_2 = 5{,}4$$

ansetzt.

Es würde übrigens möglich sein, die Krümmungen der Außenlinse an der Wasserkammer so zu wählen, daß sie auch für ein bewegliches Auge punktuell abbildete.

Wegen der Akkommodationsänderung durch die Wasserkammer sehe man unter § 45.

§ 18. **Geschichtliche Bemerkungen dazu.** Was das LOHNSTEINsche *Hydrodiaskop* angeht, so wurde es 1896 von dem an Hornhautkegel leidenden Berliner Arzt TH. LOHNSTEIN (*1.*) aus dem 1851 vorgeschlagenen CZERMAKschen (*1.*) Orthoskop entwickelt sowie in der Fachpresse beschrieben, und im Jahre darauf gab der Erbauer (*6.*) eine sehr eingehende Theorie der Berechnung, wie der Leser aus dem Vorhergehenden weiß, und schlug eine Abänderung seines Instruments vor, bei dem nunmehr verschieden starke Plankonvexlinsen vor die mit einer Planfläche endende Wasserkammer gebracht werden konnten. Diese Form der optischen Teile verwandte 1898 C. V. MAJEWSKI (*1.*) für seinen Bericht über 14 das Hydrodiaskop zum Teil mit dem glänzendsten Erfolge tragende Kranke. Und schließlich ist es auch im wesentlichen diese Form, von der S. FATER (*1.*) 1906 handelte. In Bern hatte A. SIEGRIST 1897 mit der Hilfe des Baseler Optikers H. STRÜBIN zunächst eigene Versuche gemacht, sie aber dann an der von SYDOW aus Berlin bezogenen LOHNSTEINschen Form mit großem Erfolge fortgesetzt. Er ist es auch gewesen, der lange Zeit lebhaften Anteil an diesem optischen Hilfsmittel bei Hornhautkegel nahm und die FATERsche Arbeit anregte. Hier wurden die optischen Mittel durch die Einführung kreisförmiger

Lochblenden vermehrt und wieder ward die Verminderung der Akkommodationsbreite durch die Wasserkammer hervorgehoben. Weitere zehn Jahre später hat indessen A. Siegrist (*1.*) im wesentlichen aus Gründen der Bequemlichkeit und Unauffälligkeit diese Vorkehrung zugunsten der Müllerschen geblasenen Haftgläser (§ 20) verlassen.

§ 19. Was nun die Fickschen **Kontakt- oder Haftgläser** in theoretischer Hinsicht betrifft, so ist bei M. v. Rohr (*14.* 192—6) und W. Stock einiges darüber zu finden. Es handelte sich bei A. E. Fick (*1.*) um eine dünne, parallelwandige Glasschale, die sowohl der Sehnen- wie der Hornhaut mittels einer dünnen Flüssigkeitsschicht anliegen und den Ausgleich des Brechungsfehlers, namentlich aber die Hebung der Störung bei Hornhautkegel durch eine fast vollständige Ausschaltung der Hornhautwirkung und ihre Ersetzung durch die optisch bearbeitete, der Hornhaut vorliegende Fläche erzielen sollte. Die oben genannte Besprechung zeigt, daß der Ausgleich des Brechungsfehlers durch eine Verkürzung oder eine Verlängerung der Brennweite, also durch eine Änderung der Brechkraft, erfolgt. Man ersieht ferner, daß sich bei diesem Verfahren des Ausgleichs eine Größenveränderung der Netzhautbilder ergibt, und zwar für alle unter +1 dptr bleibenden Grade der Fehlsichtigkeit eine Vergrößerung, die bei —10 dptr bis auf 19% steigt, und für alle Übersichtigkeiten über +1 dptr eine Verkleinerung, die bei +5 dptr den Betrag von 5% erreicht. Dabei ist bereits eine sehr geringe Mitteldicke der Haftlinse von 0,4 mm angenommen worden. Die relative Sehschärfe (s. § 49) wächst nach M. v. Rohr (*14.* 196) und W. Stock für die schwächsten Sammel- und für alle Zerstreuungsgläser.

§ 20. **Geschichtliche Bemerkungen dazu.** Hinsichtlich der Haftgläser ist zunächst wohl J. Fr. W. Herschel (*1.* 398, Nr. 359) zu nennen, der sich aber 1827 die Aufgabe damit erschwerte, daß er mindestens aus einer gallertartigen Masse ein genaues Gegenbild (*intaglio*, *fac-simile*, *mould*) der Hornhautvorderfläche forderte. Zu einer wirklichen Anwendung in der Medizin kam es erst 60 Jahre später, als A. E. Fick (*1.*) diesen Gedanken selbständig wieder aufnahm, es aber der Flüssigkeit überließ, die optische Verbindung zwischen Hornhaut und Glas herzustellen. Bezüglich dieser Fickschen Haftgläser ist auf die geschichtliche Behandlung bei M. v. Rohr (*14.* 191) und W. Stock hinzuweisen, wonach Fick den etwa gleichzeitigen Bestrebungen E. Kalts zu Paris mit seiner Veröffentlichung zuvorkam. Es handelte sich nunmehr um die brauchbare Ausführung der Fickschen Vorschrift, die man zunächst durch Blasen zu erreichen suchte, und deren Herstellung durch Schleifen 1892 dem Berliner Optiker Himmler nicht vollkommen und nur zu einem hohen Preise — von 38 M. — gelang. Infolge der Anforderungen von D. E. Sulzer bemühten sich 1892 Pariser und Genfer Optiker um die Herstellung geschliffener Fickscher Gläser und verminderten die Preise merklich — bis auf 24 M. das Stück, H. Strübin forderte 1893 dagegen 32 M. —, doch scheint auch dann keine Verwendung in größerem Maßstabe eingetreten zu sein. Daran schloß sich 1893/4 ein Streit zwischen A. E. Fick (*2*, *3.*) und D. E. Sulzer (*1.*) sowie 1897 eine kurze Bemerkung von A. E. FICK (4.) und TH. LOHNSTEIN (5.), Äußerungen, aus denen man manche Einzelheiten zu dem Geschick der Haftgläser entnehmen kann: sie ließen sich damals eben nicht einführen. — Nach den Erfahrungen der neueren Zeit sollen die MÜLLERschen geblasenen Haftgläser alle Anforderungen hinsichtlich der Bequemlichkeit für den Träger erfüllen, dagegen ist ihre optische Leistungsfähigkeit noch nicht so hoch, wie man wünschen möchte. — Von neuem wurde 1912 die Aufmerksamkeit auf diesen FICKschen Gedanken gelenkt, als M. v. ROHR (14.) und W. STOCK vorschlugen, die Haftlinse zur künstlichen Hervorrufung von (Krümmungs-)Ametropien und von Astigmatismus zu verwenden. Später wird in § 88 und 138 noch darauf hingewiesen werden können. In der letzten Zeit hat W. STOCK (z. B. ZfoO 8. 177) über ZEISSische Haftgläser mit besonders (6 mm) breitem Randteil nach Abb. 8 berichtet.

Abb. 8.

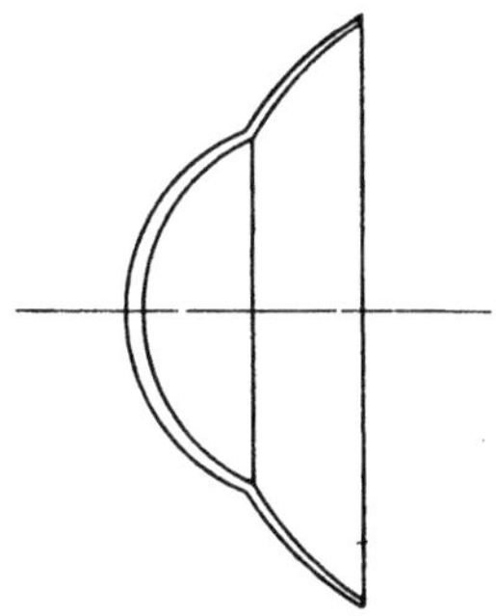

FICKsches Haftglas mit breitem Auflagerand, bei C. ZEISS geschliffen.
In etwa doppelter Größe.

§ 21. **Die Erhöhung des Sehvermögens mittels durchsichtiger Mittel mit optisch bearbeiteten Grenzflächen.** Der allgemeine Ausdruck »durchsichtige Mittel« läßt sich leicht begrenzen, denn wenn auch für verschiedene Zwecke Zellhorn und Bernstein sowie Schmucksteine wie Beryll vorgeschlagen worden sind, so kommt im Leben des Tages außer Glas nur noch Quarz (Bergkristall) ernsthaft in Frage. Nachteile hat dieses Mittel nur insofern, als es doppelbrechend ist, doch spielt das beim Gebrauch kaum eine Rolle, wenn nur senkrecht zur Achse geschnittene Stücke verwandt werden. Als wesentliche Vorzüge sind jedoch zu erwähnen die große Härte, die die Quarzlinsen gegen Verkratzung schützt, und die geringe Zerstreuung, die ziemlich weit unter den Werten bleibt, die sich bei den in der Regel für Brillen verwendeten Glasarten finden. Hinzu kommt ein großes Wärmeleitungsvermögen, dem ein geringeres Beschlagen beim Übergang von niedrigeren zu höheren Temperaturen entspricht, und eine große Gleichmäßigkeit ohne Blasen, Steinchen, Schlieren und Spannungen. Dagegen wird die Schutzwirkung gegen kurzwellige Strahlen durch die große Durchlässigkeit vermindert, die dem Quarz vor Glaslinsen eigen ist.

§ 22. **Geschichtliche Bemerkungen dazu.** Von diesen Mitteln kommt zuerst Bergkristall oder Quarz vor; für optische Linsen überhaupt wird dieser Stein schon im letzten Drittel des 17. Jahrhunderts verwertet, für Brillengläser im besonderen findet er sich — wohl im Anschluß an die uralte Verwendung von Beryll — bereits gegen den Ausgang des 16. Jahrhunderts, wo ihn TH. GARZONI 1585 erwähnte. DAZA DE VALDES wußte 1623 schon, daß sich Quarzlinsen kühler anfühlen als gläserne. — Genaueres zum Brillenwerkstoff in früher Zeit mag man bei M. v. ROHR (33.) nachlesen. Übrigens findet sich der Bergkristall bei Brillen wieder häufig im 18. Jahrhundert, wo ihn z. B. 1797 J. RICHARDSON (1.) bei Gelegenheit eines Patentes erwähnt. Im 19. Jahrhundert begegnet man Quarzlinsen als Brillengläsern ebenfalls oft, und es sei darum von der Anführung von Belegstellen hier abgesehen. — Auf die COHNschen Glimmer- und die HÄNSELschen Zellhornbrillen ist auf S. 4 unter den Schutzbrillen hingewiesen worden, denen sich in neuester Zeit Cellon- und Triplexbrillen angeschlossen haben. Der Bernsteinbrillen sei wenigstens gedacht, die möglicherweise (ZfoO *2.* 94) gelegentlich schon in alter Zeit angefertigt wurden. Ein englisches Patent nahmen G. und E. SOLOMONS (*1.*) 1832 allem Anschein nach für einen Ausländer, den man nach W. MENSERT (*1.* 115) vielleicht in dem Brillenhändler LEWENBERG [LOEWENBERG?] suchen möchte, doch gibt ED. PERGENS (*1.* 36) CHR. PARSCHIN an, der dafür auch in Betracht kommen könnte, leider ohne nähere Quelle.

Geht man nun zu den Brillen aus Glas über, so ist dafür zuerst venezianisches Spiegel- und deutsches geblasenes Glas verwandt worden, doch wird schon früh, so von J. AYSCOUGH (*2.*) vor 1752, auf die Verwendung besseren Werkstoffs, wahrscheinlich des alten Kronglases, Wert gelegt. Auch J. T. HUDSON (*1.*) folgt ihm 1840 darin und verweist namentlich auf das deutsche Glas. In älterer Zeit scheint man vielfach Flintglas für Brillengläser verwandt zu haben, wie M. v. ROHR z. B. (*24.* 79) ein solches Vorkommen für 1805 belegen konnte. Übrigens erwähnt F. C. DONDERS (*3.* 118) noch 1866 Brillen aus Flintglas, über dessen Härte er unrichtige Ansichten hat. Es ist vorläufig unbekannt, wann diese unzweckmäßige Wahl aufgegeben wurde, doch kann man vielleicht darauf hinweisen, daß in dem BUSCHischen (*1.*) Preisverzeichnis von 1868/69 hartgeblasenes Tafelglas als hauptsächlicher Rohstoff auftritt, dem man vor dem damals immerhin noch verwendeten Spiegelglas den Vorzug gab.

Seit dem Jahre 1896 wurden die Isometropgläser marktschreierisch angepriesen. Nach einem Bericht von J. GALEZOWSKI (*2.*) sind sie um diese Zeit von einem Pariser Optiker . . REVEHARD in den Handel gebracht worden. Er verwandte dazu Bariumkron von $n_D = 1{,}5778$ und $\nu = 58$ und tat sich auf die schwächeren Außenkrümmungen viel zugute, die er bei dem höheren Brechungsverhältnis erhielt, wenn er die gewohnten Werte der Flächenbrechkräfte herbeiführte. Aus späteren Auseinandersetzungen (z. B. § 88) wird sich herausstellen, daß die Aufgabenstellung unrichtig war, wenn sich diese Lösung ergab. Auf die Stärke der Außenkrümmungen kommt sehr wenig an, da die dadurch beeinflußte sphärische Abweichung im engeren Sinne als Fehler bei der Brille nicht ins Gewicht fällt. Die Fehler schiefer Büschel aber lassen sich bei richtiger Durchbiegung für einen beliebigen Werkstoff heben, und die Erhöhung der Brechzahl verlagert die Grenzwerte nicht in merklicher Weise. Eine sehr sorgfältige Beurteilung mit guten Quellenangaben zu der damaligen Neuheit stammt von H. KRÜSS (*2.*); auch er kommt zu einem ablehnenden Urteil.

In neuester Zeit ist optisches Glas, genauer Borosilikatkron, für Brillengläser verwandt worden (ZfoO *2.* 113, 121); ob es tatsächlich vor dem sonst verwandten Tafelglas Vorteile zeigt, sollte noch genauer untersucht werden.

§ 23. **Die Nebenbilder durch Spiegelung.** Da bei der Brechung an optisch bearbeiteten Flächen immer nebenher eine Spiegelung eintritt, so gelangen in das Auge, das zunächst der Brillenachse entlang blickend vorausgesetzt sei, nicht nur das eigentliche Brechungsbild des in der Achse liegenden Gegenstandspunktes, sondern auch Nebenbilder, an denen ein- oder mehrfache Spiegelungen einen Anteil haben.

Nebenbilder erster Ordnung oder solche mit einmaliger Spiegelung können nach E. WEISS (*4.*) von dem hellbeleuchteten Auge selbst ausgehen, oder bei etwas schiefem Einfall von Gegenständen seitlich hinter dem Kopfe des Brillenträgers, sobald sie an einer der Brillenflächen entsprechend gespiegelt werden; ihre Helligkeit entspricht einem verhältnismäßig großen Bruchteil des ausgesandten Lichts. Ausgeschlossen ist die Möglichkeit der Spiegelung äußerer Dingpunkte bei stark durchgebogenen Formen (s. S. 4), die sich an den Schläfenrand anlegen, oder bei Schutzbrillen, die das Seitenlicht durch Leder- oder Zeugbalgen oder auf andere Weise (s. S. 5) am Zutritt zum Auge hindern.

Nebenbilder zweiter Ordnung oder solche mit zwei Spiegelungen — also entsprechend geringerer Helligkeit — treten (Abb. 9) bei einfachen Brillengläsern in der Zahl von dreien auf, indem das lichtstärkste durch die beiden Glasspiegelungen, die lichtschwächeren durch je eine Glas- und eine Hornhautspiegelung geliefert werden. — Nebenbilder höherer Ordnung sind bei sehr großen Helligkeitsunterschieden (bei künstlicher Beleuchtung) zwar unter Umständen noch wahrnehmbar, haben aber, gegen die vorhergehenden gehalten, eine immer mehr abnehmende Helligkeit.

Abb. 9.

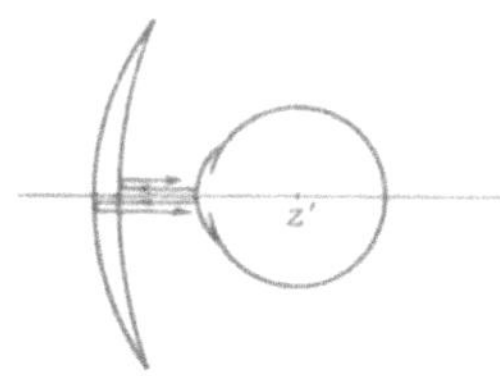

Übersichtsbild für die beiden unter Beteiligung der Hornhaut entstehenden Spiegelungen zweiter Ordnung.

Da die Linsenflächen, wie noch gezeigt werden wird, mit Rücksicht auf die Unterstützung des blickenden Auges gewählt werden, so können unter Umständen die Nebenbilder bei vollkommneren Brillen deutlicher wahrgenommen werden, also mehr stören, als bei einfacher geformten. Indessen wird sich diese Störung durch geringe Durchbiegungen meistens beseitigen lassen, und ferner gewöhnt sich der Träger bei dauerndem Gebrauch einer solchen Brille an diesen Mangel.

§ 24. **Geschichtliche Bemerkungen dazu.** Wendet man sich der Geschichte dieser Störungen zu, so hat H. ERFLE (*1.*) in einer sehr gründlichen Untersuchung nachgewiesen, daß die an den Linsenflächen entstehenden Nebenbilder bereits 1765 in einer ausgezeichneten Arbeit von dem Jesuiten R. BOSCOVICH untersucht worden waren, und daß die späteren, ihres Vorgängers unbewußten Bearbeiter über ihn meistens nicht weit hinausgekommen sind. Zu den dort aufgeführten Abhandlungen sei noch auf die von G. KREBS (*1.*) um 1874 hingewiesen. — Die Nebenbilder gerade bei Brillen sind wohl nicht vor M. v. ROHR (*16.*) allgemein behandelt worden; dort wurde auch die Bedeutung der Hornhautspiegelung hervorgehoben. Eingehende Formeln für die Nebenbilder höherer Ordnung lieferte E. WEISS (*4.*) 1917 zugleich mit dem Versuch einer bildlichen Darstellung durchgebogener Formen mit gefährlicher Lage der Nebenbilder, und in ZfoO *5.* 123—8 hat auch H. BOEGEHOLD zu diesem Gegenstande seinen Beitrag geliefert. — Eine Verwertung der Nebenbilder schlug 1892 A. SZILY (*1.*) vor, während nach WEISSischen Gedanken NITSCHE & GÜNTHER

(ZfoO 3. 124, 185) die Spiegelungen an den Brillenflächen (Katadi-Gläser) für Rückblickbrillen verwandten.

Doch sei jetzt der weitaus wichtigste Teil behandelt, nämlich

Die Brillenlinsen aus Glas.

§ 25. **Die Grenzflächen im allgemeinen.** Es wird zweckmäßig sein, hier zuerst auf die Begrenzung einzugehen. Im allgemeinen sind die Brillengläser als Linsen zu bezeichnen, und wenn man als allgemeinen Lehrbegriff der Linse nur den angeben kann, daß sie durch ein Stück Glas gebildet wird, das in den Bewegungsrichtungen des in das Auge gelangenden Lichts mindestens durch zwei optisch bearbeitete Flächen begrenzt wird, so ist hier bei achsensymmetrischen Augen häufig schon eine Beschränkung auf achsensymmetrische Flächen, d. h. auf Umdrehungsflächen eingetreten. Die Flächen dehnen sich, wie man leicht einsieht, quer zu den im Augenraum durch den Drehpunkt gehenden Lichtrichtungen aus, bilden also stets mit ihnen endliche, nicht verschwindende Winkel. Als eine im optischen Sinne weniger wichtige Begrenzungsfläche kommt noch der Rand des Brillenglases hinzu, der unter alleiniger Berücksichtigung der optischen Wirkung aus Teilen von Lichtwegen gebildet sein könnte, meistens aber auch endliche Winkel mit den für ihn in Betracht kommenden Lichtrichtungen bildet, da er bei Fassungsbrillen der Metallfassung einen Halt geben muß und zu diesem Zwecke in der Regel zugeschrägt (facettiert) ist. Er hat keine abbildende Aufgabe, wohl aber fällt ihm die Begrenzung des Gesichtsfeldes zu. Da auch dies zweifellos eine wichtige Obliegenheit ist, so seien hier die verschiedenen Formen des Randes beschrieben.

§ 26. **Die Begrenzung der Gläser durch den Rand.** Es sei zunächst von den Fassungsbrillen gesprochen, deren Gläser gewöhnlich von einem um die Winkelkante (Facette) herumgreifenden Metallrand oder auch wohl von einem in eine Rille oder Nute eingreifenden einfachen Draht (Nutenbrillen) getragen werden. Die sich aus der Herstellung am leichtesten ergebende und für die Genauigkeit der Fassung auch geeignetste Form der Begrenzung würde die kreisrunde sein. Sie würde auch insofern am zweckmäßigsten sein, als bei ihr die Ausdehnung des Blickfeldes nach allen Richtungen die gleiche ist. Früher war sie auch allein im Gebrauch, wurde aber später nur noch bei bestimmten Gläsern, wie manchen für linsenlose Augen, und für die Zielbrillen im Kriege regelmäßig verwandt; dagegen kommt sie in der Gegenwart wieder merklich in Aufnahme.

Unbedingt am weitesten verbreitet ist die ovale Randform; man sollte die Bezeichnung als elliptische besser vermeiden, weil es sich aus Gründen, die in der Einrichtung der Randungsmaschine liegen, in der Regel selbst bei den ebenen Leitlinien der Randzylinder nicht um eine Ellipse, sondern um Parallelkurven zu ihr handelt. Dabei ist es denn unvermeidlich, daß das Achsenverhältnis $a:b$ der Parallelkurven mit zunehmender Scheibengröße abnimmt, da ja bei diesen Parallelkurven beide Durchmesser um gleiche Stücke verlängert werden, so daß der Unterschied $a—b$ immer unverändert bleibt. Ein Beispiel der amerikanischen, neuerdings in Deutschland angenommenen Ordnung wird diese Verhältnisse klarer machen.

Bezeichnung	2	1	0	00	000	000½	0000	Jumbo
a	35,0	36,5	37,8	39,7	41,0	42,5	44,5	46,4
b	26,0	27,5	28,8	30,7	32,0	33,5	35,5	37,4
$a:b$	1,35	1,33	1,31	1,29	1,28	1,27	1,25	1,24.

Die Kurve der Winkelkante selbst ist aber nur in den Fällen gleichseitiger Gläser, die ja doch guter Abbildung wegen immer mehr verschwinden sollten, ein Oval, bei durchgebogenen Gläsern handelt es sich um eine viel verwickeltere Kurve: dort ist die Winkelkante eine Raumkurve, wie sie entsteht, wenn ein gerader Ovalzylinder eine bestimmte Randkugel oder einen bestimmten Randkegel durchstößt, wobei im allgemeinen die Mittelachse des Ovalzylinders durch den Mittelpunkt der Randkugel oder den Scheitel des Randkegels geht.

Nun brauchen die Längen der Durchmesser aber nicht genau eingehalten zu werden: die Größe, auf deren Einhaltung es ankommt, ist der *Umfang der Winkelkante*, der so gewählt werden sollte, daß er mit einer der Randlängen von Brillenfassungen, wie sie im Massenbetrieb hergestellt werden, genau übereinstimmt.

Es ist daher verständlich, daß diese Forderung in den Großbetrieben auf die Einhaltung gewisser, an sich willkürlicher Werte drängte. Sie sind als *Festmaße* (*Kalibermaße*) bekannt, und zwar hat man sich im allgemeinen auf die amerikanische Ordnung geeinigt.

Vom Standpunkte des Optikers ist zu der Frage der Festmaße zu bemerken, daß man die Ausmaße von Fall zu Fall wählen sollte, indem man sie von der Schläfenbreite und dem Pupillenabstande abhängig macht, wofür die Großbetriebe Ovale mit verschiedenen Achsenunterschieden und Scheibengrößen vorsehen. Setzt man voraus, daß die Bilder in seitlichen Blickrichtungen nicht merklich verschlechtert werden, so sollte man den Durchmesser der Brille immer so groß machen, wie es das Gewicht und die Schönheitsforderungen zulassen. Ist aber diese Voraussetzung nicht erfüllt, wie bei den gewöhnlichen Brillen, so kann diese mangelnde Bildgüte einen dritten Gesichtspunkt abgeben, der, besonders bei starken Brillen, die Grenze des Durchmessers mit bestimmen soll.

Ein sehr großes Blickfeld gewährt die *pantoskopische* oder *schuppenförmige* Randform, die man sich dadurch aus der kreisrunden entstanden denken kann, daß man nach Abb. 10 den oberen Halbkreis durch den Bogen eines halben Ovals ersetzt.

Von sonstigen, weniger wichtigen Randformen seien noch die halbrunden, die dachstein- und die hufeisenförmigen erwähnt.

Ganz ähnlich verhält es sich mit den Gläsern für Glasbrillen[1]). Diese müssen etwas größer gearbeitet werden als die vorher besprochenen, für Fassungsbrillen bestimmten, weil sie Platz für kleine Verschraubungen bieten sollen, die sie an den Nasen- oder den Nasen- und Schläfenseiten festhalten. Man hat schon früh dafür besondere Zapfen (beispielsweise ZfoO *2*. 84, 7) vorgesehen, doch haben sich diese Vorkehrungen nicht allgemein eingeführt. Die sehr mannigfachen Vorrichtungen für die Befestigung der Gläser bei Glasbrillen gehören verständlicherweise in eine Darstellung der Brillenfassung.

Abb. 10.

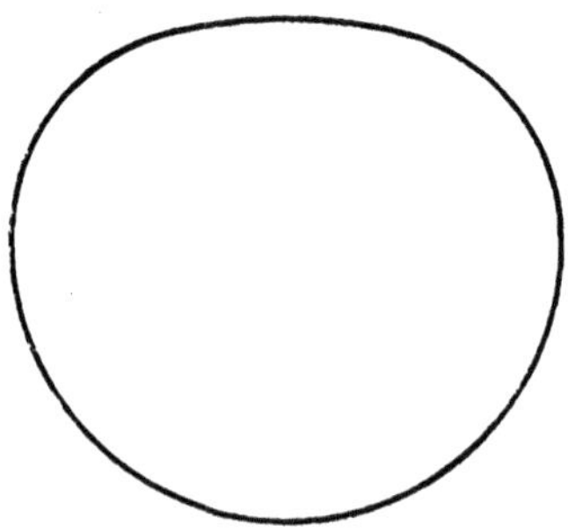

Die schuppenförmige (pantoskopische) Randform.

Bis jetzt wurde stillschweigend die Annahme festgehalten, daß es sich um die Begrenzung eines Werkstückes handele, dessen optisch brauchbarer Teil durch die Anbringung des Randes verkleinert werde. Das trifft aber nicht in allen Fällen zu; es kann sich sehr wohl ereignen, daß die optisch wirksame Fläche des Brillenglases viel kleiner ist als das zur Ausfüllung einer Brillenfassung notwendige Gebiet. Unter diesen Voraussetzungen werden die Randteile zu einer optisch wirkungslosen Trägerschicht ausgebildet. Diese kann entweder von dem eigentlichen, darauf gekitteten Brillenglas vollständig gesondert sein, oder sie ist mit ihm unlösbar verbunden, sei es, daß dies durch ein Schmelzverfahren geschieht oder daß dafür ein besonderes Schleifverfahren vorgesehen wurde. Einige Formen dafür finden sich im Übersichtsbilde 11 (S. 21) wiedergegeben.

§ 27. **Geschichtliche Bemerkungen zur Randbegrenzung.** Ganz alleinstehend machte H. Hart (*1.*) 1896 einen Vorschlag für die Gestaltung des Randes, worin ein richtiger Kern enthalten ist. Er schlug vor, den Rand durch einen von der Pupillenmitte aus zu beschreibenden und das Gesichtsfeld umfassenden Kegel ausschneiden zu lassen. Besser wäre es gewesen, er wäre dabei vom Augendrehpunkt ausgegangen. Aber man sieht nicht ein, wie er im allgemeinen ohne eine Zuschrägung für die Linsenfassung hätte auskommen können.

Den Rand zur Vermeidung von Spiegelung dunkel zu färben, kommt in den von mir durchgesehenen Schriften 1879 bei G. Rodenstock (*1.*) als Verbesserung an den schon lange bekannten Nutenbrillen vor.

---

1) Es ist das der heute übliche Fachausdruck für Augenhilfen ohne Einfassung der Gläser; früher haben die Optiker dafür auch Patentbrillen gesagt.

Geht man nun auf die geschichtliche Entwicklung innerhalb der einzelnen Gruppen ein, so ist über die Entwicklung der Glasgröße in dem regelmäßigen Betriebe der Brillenoptiker wenig bekannt geworden. Nach B. Martin (*1.*) hat das gewöhnliche runde Brillenglas um die Mitte des 18. Jahrhunderts die uns heute geläufige Größe von 3,8 cm im Durchmesser gehabt. Schon Martin blendete davon einen großen, bei den damaligen gleichseitigen Formen doch wenig nützen, Teil weg, und weiter ging darin noch W. Storer (*1.*). Er suchte 1783 ein Patent für besonders klein zentrierte Gläser nach, die im wesentlichen nur die Strahlen von der nächsten Umgebung des fixierten Punktes hindurchlassen sollten. Dadurch wurde das Blickfeld auf seine deutlichen Teile beschränkt, und ihn scheint die Folge davon, daß der Kopf fortwährend bewegt werden mußte, nicht weiter gestört zu haben. Ob diese Männer von allgemeinem Einfluß waren, ist mir nicht bekannt, Tatsache ist, daß zunächst einmal die Engländer W. Kitchiner (*1.*) 1824 und auch noch 1840 J. T. Hudson (*1.*) sehr kleine Maße mitteilen. Der erstgenannte gab (109) als Mindestwerte der Ellipsenachsen für den Rand des Brillenglases 28 : 23 mm an, Grenzen, die man heute

Abb. 11.

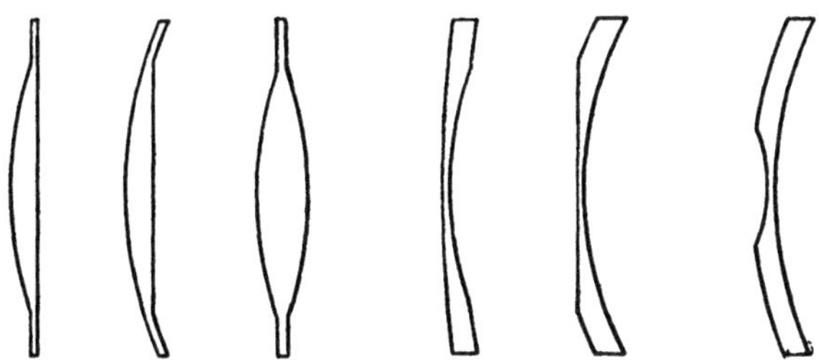

1 2 3 4 5 6

Gläser höherer Brechkraft mit einer Trägerschicht zur Gewichtsverminderung.

als recht niedrig ansehen würde, während die Form als sehr hoch ($a:b = 1,22$) auffallen dürfte, wogegen der zweite die Ausmaße von 2,5—3,2 cm für vollständig ausreichend hielt. Aus dem von England damals stark beeinflußten Auslande liegen namentlich von dem Wiener Augenarzte G. J. Beer (*2.*) um 1813 damit übereinstimmende Aussagen vor: so erwähnt er mit allen Zeichen der Entrüstung die kleinen Brillengläser, die »kaum die halbgeöffnete Augenliderspalte« deckten und deswegen ein sehr kleines Gesichtsfeld hätten. Es ist das sicherlich eine Frucht desselben Gedankenganges, der von W. Storer verfolgt worden ist. Man wird danach vielleicht zu der Annahme berechtigt sein, es hätte sich gegen das Ende des 18. Jahrhunderts bis in das 19. hinein eine Verkleinerung der Glasdurchmesser eingestellt, die erst allmählich überwunden wurde. Aber Einzelheiten zu einer genaueren Schilderung fehlen vorläufig noch ganz.

Was die neuere Zeit betrifft, so zeigen zwar schon ziemlich früh die Preisbücher der heimischen Brillenbetriebe Muster ihrer Begrenzungen, doch waren diese immer nur für das eigene, nicht für fremde Häuser gültig. Eine frühe Anregung zu einer für Deutschland allgemein gültigen Maßordnung findet sich 1903 bei J. Faber (*1.*) und hat endlich im Jahre 1917 zu einer allgemeinen Annahme durch die deutschen Optiker geführt, wobei durch O. Henker (*10.*) die

Behandlung der ganzen Frage auf eine erfreuliche Höhe gehoben wurde. An den zuletzt angeführten Stellen finden sich alle hier bekannten geschichtlichen Einzelheiten zu der nicht immer ganz einfachen Festlegung brauchbarer Randmaße.

Hinsichtlich der besonderen Brillenformen sei bemerkt, daß die Bezeichnung pantoskopische Randform auf das Jahr 1834 und den sie in allgemeinerem Sinne verwendenden G. R. Elkington (*1.*) zurückgeht, und daß sich die heutige Form — s. auch O. Henker (*10.* 55) — aus der ursprünglich von ihm für alterssichtig gewordene Patienten mit normalem Augenbau bestimmten entwickelt hat, die zusammen mit den halbrunden und nierenähnlichen Formen eigentlich zum Abschnitt der Doppelstärkengläser gehört. Die heutige pantoskopische oder nach G. Kloth schuppenförmige Randform aber hat diesen Zweck nicht; sie soll vielmehr ihrem Träger ein besonders großes Blickfeld verschaffen, indem von der Kreisform nur die Teile weggefallen sind, die nach dem Bau der Augenhöhle doch kein Licht in das blickende Auge treten lassen würden. Die dachstein- und hufeisenförmigen Begrenzungen sind schon vorher auf S. 4 bei den Eisenbahnbrillen erwähnt worden. Besonders große Randformen hat man für die Benutzer von Kraftwagen (ZfoO *2.* 183) und gelegentlich für Jagd- und Sportbrillen eingeführt. Aus dem Jahre 1902 stammte eine streifenförmige Glasform, die auf E. Ribard (*1.*) zurückgeht und gelegentlich auch als Schmetterlingskneifer bezeichnet wird. Offenbar wünschte er den Träger eines solchen Klemmers in den Stand zu setzen, an seinem Glas sowohl oberhalb als auch unterhalb vorbeizusehen; man geht kaum in der Annahme fehl, daß es sich meistens um schwächere Gläser gehandelt hat, die als Lupen- oder auch als Nahbrillen verwendet wurden. Indessen ist auf die Vorgängerschaft von P. Hannay (ZfoO *4.* 98) hinzuweisen, der bereits 1876, allerdings mit weniger Erfolg, ähnliche streifenförmige Gläser einzuführen bestrebt war. Heute ganz verschwunden sind die achteckigen Randformen, die sich noch in dem Buschischen Katalog von 1868/69 finden. Sie lassen sich im deutschen Sprachgebiet bei C. H. Weller (*1.*) bereits für 1821 belegen und stehen möglicherweise, wie das D. E. Sulzer (*2.*) annimmt, mit den Bestrebungen von Galland und Chamblant in Verbindung, so daß hier der Hinweis auf die später in § 127 zu gebende Behandlung dieser Optiker genügt. Noch früher erscheinen sie in England, wo sie zusammen mit den ziemlich frühen ovalen Formen 1797 in einer Patentschrift vorkommen, die D. Adams (*1.*) zum Verfasser hat. Die erste ovale Randform überhaupt trat nach Ed. Pergens (*8.*) im ersten Viertel des 18. Jahrhunderts auf.

Was die Glasbrillen angeht, so sei auf M. v. Rohr (*36, 41.*), A. v. Pflugk u. M. v. Rohr (*46.*) sowie R. Greeff (*3.*) hingewiesen, wonach man annehmen kann, daß die unzweckmäßigen Ausführungen zerstreuender Brillen aus einem Glasstück nach einem frühen ungenannt gebliebenen Vorgänger um 1824 wiederum durch den Wiener Optiker J. Waldstein zuerst um 1840 auf den Markt kamen. Sie wurden drei Jahre später in Rathenow und sechs Jahre später in Paris nachgeschliffen. Um 1848 brachte der Stuttgarter Optiker S. Fr. Trostel zunächst noch ohne Erfolg verschraubte Glasbrillen an die Öffentlichkeit, ein Erfindungsgedanke, der sich später als fruchtbar erweisen sollte. Solche und ähnliche Anlagen wurden nämlich in den Jahren von 1852—57 in Wien namentlich durch die Optiker W. Wintera und C. Müller sehr sorgfältig durchgearbeitet, während die engliche sammelnde Glasbrille aus einem Stück vom Jahre 1851 anscheinend ganz vereinzelt blieb. Die Handelsbezeichnungen der

Glasbrillen als Wiener Brillen und als Patentbrillen werden also hiermit erklärt sein, und es ist vielleicht nicht völlig ausgeschlossen, daß sich gelegentlich noch bei der Durchforschung der Schriften von Augenärzten eine ältere Bemerkung mit einigen Einzelheiten findet. Der alte Gedanke ist im Laufe der Zeit sehr häufig wieder aufgenommen worden, und zur Festhaltung der Gläser finden sich die verschiedensten Möglichkeiten der Lochung, Kerbung, Schlitzung und Kittung verwirklicht; all dies hat hier aber nur nebensächliche Bedeutung, es gehört in eine Geschichte des Brillengestells und seiner Abarten.

Gelangt man nun zur Ausbildung der Trägerschicht, so kommt sie schon bei Daza de Valdes 1623 vor, und ferner hat R. Greeff (*1.*) 1912 nachgewiesen, daß auch die besseren Arten der alten Nürnberg-Fürther Brillengläser — häufig eine üble Ramschware — diese Trägerschicht als »Facett-Brillen« führten. M. v. Rohr (*24.*) hat das im allgemeinen und für die Mayerschen Erzeugnisse im besonderen bestätigt, sowie auch auf einen alten Tadel vom Jahre 1783 gegen diese Ausführungsform hingewiesen. Übrigens ist diese Trägerschicht noch 1819 bei J. G. Bernstein (*1.*) nachweisbar, ist also erst langsam verschwunden. Sie tritt dann in der zweiten Hälfte des 19. Jahrhunderts von neuem auf, und zwar findet sie sich in den hier benutzten Schriften zunächst 1868 bei dem bereits erwähnten Patent von W. Pugh (*1.*) und J. Field, sowie bald danach bei E. Fl. Courvoisier (*1.*). Es handelt sich hier bei dem letztgenannten um mehrere Erfindungen, die in späterer Zeit häufig benutzt, aber immer andern Urhebern zugeschrieben werden. Die Zerlegung des Brillenglases in zwei Teile nutzte er dazu aus, die Farbenhebung im Bildpunkt herbeizuführen, und zwar beschränkte er sich auf verhältnismäßig kleine, kreisrunde Augengläser. Nach seiner früheren Beschreibung setzte er sie mitten in einen gewölbten dünnen Metallträger, kam aber schon 3 Monate danach auf den schönen Gedanken, die Negativlinse einer solchen Verbindung, also das Flintglas bei Sammel-, das Kronglas bei Zerstreuungslinsen, als richtigen Träger auszubilden. Er schliff nämlich in eine genügend große, später oval zu zentrierende Planplatte Flächen von vorgeschriebener Krümmung, aber kleinem Durchmesser ein. Er erzielte damit die gleiche optische Wirkung wie in dem ersten Falle, gab aber dem neuen Glase ein weniger auffälliges Aussehen.

Es ist das Verdienst von Ed. Pergens (*6.* 507), auf E. Lorings Anregung hingewiesen zu haben, der 1871 offenbar für Amerika erfolgreich eine leichte Form eines Starglases einführte: auf ein dünnes Zylinderglas oder Planglas wurde vorn mittels Kanadabalsam eine möglichst scharf ausgeschliffene Plankonvexlinse aufgekittet. Die entsprechende, durch Einschliff in eine dickere Planplatte entstandene Negativlinse stammt nach der gleichen Quelle ebenfalls aus Amerika, und zwar 1880 von J. Green. Später — ich weiß nicht wann — werden diese Gläser im Auslande als Lentikulare, in Deutschland unter dem tiefsinnigen, vorläufig für Anfang 1893 belegten Namen der »Gläser neuer Schleifart« vertrieben. Demgegenüber meldete F. Nitschmann (*1.*) ein Gebrauchsmuster auf eine Gestaltung der Trägerschicht an, die anscheinend viel Beifall gefunden hat. Er kittete an die Innenseite einer plankonvexen oder einer meniskenförmigen Trägerschicht von schwacher Wirkung ein kleineres ovales Brillenglas, das die eigentlich vorgeschriebene Brechkraft herbeiführte. Auch durch die Veröffentlichungen des Verfertigers R. Neumann (*1.*) sind diese Nitschmannschen Formen wohl bekannt geworden. — Die Herstellung einer Loringschen Linse aus einem einzigen Glasstücke bildete den Gegenstand einer von M. Bentzon (*2.*) 1907 veranlaßten Eintragung. — Ebenfalls im Zusammenhange mit einer besonderen Gestaltung des Randes stand ein 1908 von E. Klein (*1*, *2*.) nachgesuchter Schutzanspruch, wo von einem stark durchgebogenen Meniskus verschwindender Brechkraft vorn eine Sammellinse abgeschliffen wurde. Dadurch ergab sich eine starke Zerstreuungslinse an einer meniskenförmigen Trägerschicht.

Eine Gewichtsverminderung der Greenschen Form ohne Aufgabe der runden Begrenzung stammt 1912 von F. Tornier (ZfoO *1*. 120). Eine noch stärkere Gewichtsverminderung mit Herbeiführung einer elliptischen Begrenzung des optisch wirksamen Teils ließ sich 1909 Carl Zeiss (*7*.) schützen.

Abb. 12.

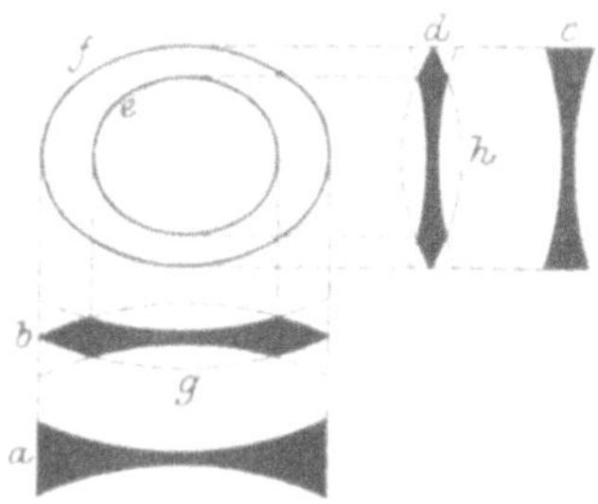

Gestaltung der Trägerschicht nach W. Koster.

Bei der Nitschmannschen Verwendung oval begrenzter sphärischer Kittlinsen war es selbstverständlich unmöglich gewesen, den Rand der Kittlinse auf dem ganzen Umfang scharf zu halten, da sich zwei Kugelflächen eben nur in einem Kreise schneiden können. Dem abzuhelfen, gestaltete J. Faber (ZfoO *1*. 121) 1912 die der Kittung unterworfene Fläche zylindrisch und erreichte damit eine langrunde und doch randscharfe Begrenzung der Trägerschicht. — Eine entsprechende Umwandlung der Greenschen Form nach Abb. 12 mit Hilfe von zwei torischen Flächen empfahl W. Koster (*1*.) Ende 1914.

§ 28. **Die hauptsächlichen Grenzflächen der Brillengläser.** In diesem Teile handelt es sich um die Entwicklung der wesentlichsten Eigenschaften der Brille, und es ergibt sich dadurch eine Einteilung von allgemeiner Bedeutung, daß man feststellt, ob für die Brillengläser einem Dingpunkt in der Achse wiederum ein solcher Bildpunkt im Sinne der Gaussischen Abbildung entspricht oder nicht. Wenn das der Fall ist, so handelt es sich um anastigmatische, wenn nicht, um astigmatische Brillen.

I. Anastigmatische Linsen.

1. Achsensymmetrische Linsen.

§ 29. **Achsensymmetrische Linsen im allgemeinen.** Es seien zunächst die beiden Begrenzungsflächen als Umdrehungsflächen angenommen, und zwar sei eine einzige Achse als vorhanden vorausgesetzt, so daß es sich um achsensymmetrische oder drehrunde Brillengläser handelt.

Die weitere Einteilung soll von dem Gesichtspunkte aus erfolgen, ob noch für andere Blickrichtungen als die der Achse eine punktuelle Abbildung vorhanden ist oder nicht; doch wird das erst auf der nächsten Stufe von § 73 ab geschehen können.

a) Die gewöhnlichen Brillen (ohne punktuelle Abbildung außer der Achse).

§ 30. **Die Probier- und die Zielbrillen.** Wenn zunächst diese behandelt werden, so geschieht das nicht bloß deshalb, weil dieser Klasse die überwiegende Mehrzahl der Brillengläser angehört, sondern weil hier zwanglos der wichtige Teil der Lehre von der Brille behandelt werden kann, der sich auf das ruhig und in der Achsenrichtung gehaltene brillenbewaffnete Auge bezieht. Dieser Fall sollte verwirklicht sein bei den Probierbrillen und den alten Zielbrillen.

Es ist also darauf zu achten, daß das zu prüfende Auge wirklich entlang der Achse des Probierglases blicke. Das sucht man bei vervollkommneten Probiergestellen dadurch zu erreichen, daß man die Probiergläser sowohl seitlich als auch nach oben und unten senkrecht zu der geradeaus gerichteten Wagerechten durch den Augendrehpunkt verschiebt. Noch vorteilhafter ist es, wenn man dem Probierglas einen verhältnismäßig kleinen Durchmesser gibt und so bei einiger Aufmerksamkeit eine merkliche Schiefe des Durchblicks verhindert. Denn die Folge schiefen Durchblicks ist, wie später noch genauer gezeigt werden wird, das Auftreten von Astigmatismus schiefer Bündel im Augenraum, wodurch die Feststellung des richtigen korrigierenden Glases sehr erschwert werden kann. — Ferner ist es zwar nicht üblich, aber sehr wünschenswert, eine Vorrichtung an der Probierbrille anzubringen, um die Größe ∂ zu messen, deren Betrag nach § 34 großen Schwankungen ausgesetzt ist, und die man doch zur Auswahl eines passenden Brillenglases von anderer Entfernung kennen muß.

Auf die Form des Glases der Probierbrille kommt es auf dieser Stufe der Darstellung nicht an, da man den Einfluß der sphärischen Längsabweichung auf das Bild eines Achsenpunktes vernachlässigen kann. Wenn man in neuerer Zeit von den sonst üblichen gleichseitigen Formen abgewichen ist und Planflächen eingeführt hat, so geschah das, soweit der achsennahe Raum in Betracht kommt, allein zu einfacheren Beschreibung der in dem Probiergestell etwa verwandten Gläserfolge.

In der Benutzung einer fertigen Brille gibt es wohl nur einen Fall, bei dem man versucht hat, sich auf den achsennahen Raum zu beschränken, und das geschieht bei einer bestimmten Art von Zielbrillen. Beim Anschlag wird der Kopf des Schützen an dem Kolben eines Gewehrs stark gesenkt und das Zielauge entsprechend gehoben. Bei einer gewöhnlichen Brille würde also der Schütze schief durch den oberen Rand blicken und dementsprechend durch den so entstehenden Astigmatismus schiefer Bündel gestört werden. Um dies zu vermeiden und gleichzeitig die Zielrichtung im Augen- und im Dingraum übereinstimmen zu lassen, richtete man namentlich in früheren Jahren das Brillengestell so ein, daß beim Zielen das Auge entlang der mit der Absehensrichtung zusammenfallenden Brillenachse blickte.

§ 31. **Geschichtliche Bemerkungen zu Probier- und Zielbrillen.** Die Probierbrillen werden sich bei brillenanpassenden Optikern und Händlern schon früh, jedenfalls im 18. Jahrhundert, von selbst entwickelt haben, wozu man zunächst auf M. v. Rohrs (*29.* 87) Anführung der Zahnschen Hilfsmittel, sodann auf seine Erinnerung an J. G. Leutmann 1728 und etwa noch auf J. Ayscough (*2.*) vor 1752 verweisen kann; bei dem letztgenannten probierten anwesende (nicht brieflich behandelte) Kunden in seinem Laden das beste Glas aus »über 30 verschiedenen Brillenarten« aus. Immerhin wird es erlaubt sein, von den Kunstregeln des Probierens zu jener Zeit nicht besonders hoch zu denken. Später hat sich das sicherlich geändert, und hier sei auf eine Angabe von .. du Bois (*1.*) aus dem Jahre 1826 hingewiesen, wo — allerdings für brillenanpassende Optiker — bestimmte Regeln für die Verwendung einer Reihe von Probiergläsern mitgeteilt werden. Aus medizinischen Kreisen gehört nach M. v. Rohr (*19.* 100) — was auch noch weiter benutzt werden wird — G. T. Fronmüller vom Jahre 1843 hierher, während der damals sehr bekannte Münchener Optiker G. Merz 1849 eine Verminderung der Gläserzahl durch den Gedanken der Zusammensetzung oder Schaltung befürwortete. Merklich später beschäftigte sich mit dem Brillenkasten der Königsberger Mediziner K. A. Burow, dem der Hauptanteil an der neuzeitigen Ausgestaltung dieses Hilfsmittels zur Brillenbestimmung gebührt. Auf seine Verdienste in der Wahl der Abstufung wird in § 58 zurückgekommen, hier muß aber darauf hingewiesen werden, daß er die vollständige Gläserreihe durch zwei ganz schwache Hilfsgläser, ein sammelndes und ein zerstreuendes, zu ergänzen vorschlug, die schnell vor das mit der Probierbrille ausgerüstete Auge gehalten und von ihm entfernt werden konnten. Natürlich drang er nicht sofort mit seinen Ansichten durch — in den Jahren unmittelbar nachher wurden von W. v. Zehender, A. Steinheil, .. Schulek vereinfachte Kästen nach dem Schaltgedanken empfohlen — aber er schlug nach M. v. Rohr (*23.*) möglicherweise als Gegenwirkung gegen die Schaltungskästen wegen der besonders raschen Wechselung die Einrichtung vor, die als Rekoszische Scheibe bekannt geworden ist. Dabei war von selbst der Durchmesser der Brillengläser etwa von der Größe der Augenpupille, und es bestand die Gefahr, daß bei einer Verschiebung der Pupille mit der unbemerkt bleibenden Abblendung der abbildenden Bündel eine Erhöhung der Sehleistung eintrete. Jedenfalls aber kam er 1870 auf den alten Gedanken des vollständigen Brillenkastens zurück. Die weiteren Schicksale des Probiersatzes sind dem Verfasser vorläufig nicht genau genug gegenwärtig; er kennt wohl aus der Folgezeit eine sehr große Zahl von Probiergestellen, die hier nicht besprochen werden sollen, sie haben alle auch den Zweck, das Brillenglas zentrisch vor das Auge zu bringen, wann aber der Burowsche Gedanke einer möglichst vollständigen Gläserreihe allgemein angenommen wurde und den Schaltgedanken verdrängte, wäre noch festzustellen. Wann mit der Beschränkung des freien Durchmessers des Probierglases begonnen wurde, ist hier ebenfalls noch nicht genügend genau bekannt, und es sei an dieser Stelle auf die Kritik hingewiesen, die H. Erggelet (*3.* 327) 1916 an dieser damals wohlbekannten Verengerung geübt hat. Er schlägt ganz eng geöffnete Brillengläser auf einer optisch bearbeiteten Trägerschicht vor, damit bei einer Verschiebung der Pupille das durch die prismatische Wirkung des Randes entstehende Doppelbild dem Prüfling auffallen und von ihm vermieden werden könne.

Ganz entsprechend verhält es sich mit den alten Zielbrillen, bei denen das Auge im Anschlag der Achse entlang durch ein einfaches Brillenglas hindurchsehen sollte. In einer eigenen Darstellung hat M. v. Rohr (*27.*) die Entwicklung dieses Gedankens mindestens für Deutschland einigermaßen ausführlich geschildert. Danach hat man zunächst wahrscheinlich schon in den 80er Jahren, die Ebene der beiden Gläser einer Fernbrille aus der Vertikalen gekippt, als wenn das

Auge zur Anschlaglage nur um einen Hubwinkel bewegt würde. Später hat man dann am Brillengestell für das Brillenglas des Zielauges auch noch die Berücksichtigung eines Wendewinkels vorgesehen, und hat dann etwa zur gleichen Zeit aus einer abweichenden Überlegung heraus einer Brille innen oben ein Zusatzglas beigegeben, das ein für allemal in eine feste Schiefstellung gebracht wurde. Diese ganze Entwicklung ist dann nach 1912 immer mehr zugunsten der Brillengläser mit erweitertem Blickfelde verlassen worden, wie sie später (in § 87f.) behandelt werden sollen. Auf die Darstellungen in ZfoO *7*. 66 und *8*. 56 sei ebenfalls hingewiesen.

§ 32. **Die Herbeiführung eines deutlichen Netzhautbildes.** Die auf der Netzhaut stattfindende Strahlenvereinigung des von einem fernen Dingpunkt ausgehenden Bündels ist an keinem Punkte von hoher Vollkommenheit, soweit dieser Begriff an die Vorstellungen eines technischen Optikers anknüpft. Wegen der nach den Seiten hin rasch abnehmenden Empfindlichkeit der Netzhaut seien zunächst alle größeren Neigungen ausgeschlossen, und man beschränke sich allein auf die Nachbarschaft der Augenachse, genauer der Strahlenrichtung, die nach dem Durchgang durch die Flächenfolge des Auges die Netzhautgrube trifft. Als Öffnung des parallelstrahligen Bündels sind je nach der Beleuchtung 2—6 mm anzusetzen. Aber auch für diese ausgezeichnete Richtung ist die Strahlenvereinigung unvollkommen; es ergibt sich auf der Netzhaut ein Zerstreuungsscheibchen von großem Umfange, allerdings mit einer gegen den Rand hin rasch abnehmenden Beleuchtungsstärke. Die stärkste Lichtverdichtung findet sich etwas vor dem Vereinigungspunkt der achsennahen Strahlen.

§ 33. **Die Brillen mit einer einzigen Brennweite.** Es sei zunächst die fast selbstverständlich erscheinende Voraussetzung gemacht, daß es sich nur um eine einzige Brennweite des Brillenglases handelt. Es wird sich später zeigen, daß die Abnahme der Akkommodationsbreite mit dem Lebensalter zur Aufgabe dieser Voraussetzung führen kann.

§ 34. **Der Scheitelbrechwert A_s und A_∞.** Im Ruhezustande des Auges, d. h. bei entspannter Akkommodation, wird von dem normalen oder nach F. C. Donders (*3*. 70) emmetropischen Auge der unendlich ferne Punkt deutlich wahrgenommen, von dem nicht normalen, dem ametropischen, ein um a m von dem vorderen Augenhauptpunkt entfernter. Dann hat a der Hauptpunktsabstand bei reellen Achsenpunkten in der Abb. 13 einen negativen, bei virtuellen einen positiven Zahlenwert. Man mißt durch die Größe

$$A = 1/a$$

die Refraktion oder den Hauptpunktsbrechwert in Dioptrien (dptr), und man ersieht aus dem vorhergegangenen, daß rechtsichtige oder emmetropische Augen den Refraktionswert Null haben, fehlsichtige oder ametropische einen endlichen Wert von A Dioptrien. Der Brechungsfehler hat im Falle eines virtuellen Fernpunkts einen positiven, im Falle eines reellen Fernpunkts einen negativen Wert, und man bezeichnet die positiven Fehlsichtigkeiten oder Ametropien nach F. C. Donders (3. 71) als Hypermetropien (nach H. Helmholtz 1859 als Hyperopien) oder Übersichtigkeiten, die negativen als Myopien oder Kurzsichtigkeiten. Als Grenzwerte kommen, wenn die häufigeren Fälle berücksichtigt werden sollen, etwa die Zahlen von — 20 dptr bis + 8 dptr in Betracht.

Nebenbei sei bemerkt, daß hier im wesentlichen nur Achsenametropien behandelt werden sollen, also Abweichungen der Augenlänge. Die sonst noch vorkommenden Indexametropien sollen ganz unberücksichtigt bleiben, und die Krümmungsametropien hier nur soweit besprochen werden, als es sich um aphakische Augen handelt, mit welchem Ausdrucke nach F. C. Donders (3. 258) linsenlose Augen bezeichnet werden.

Abb. 13.

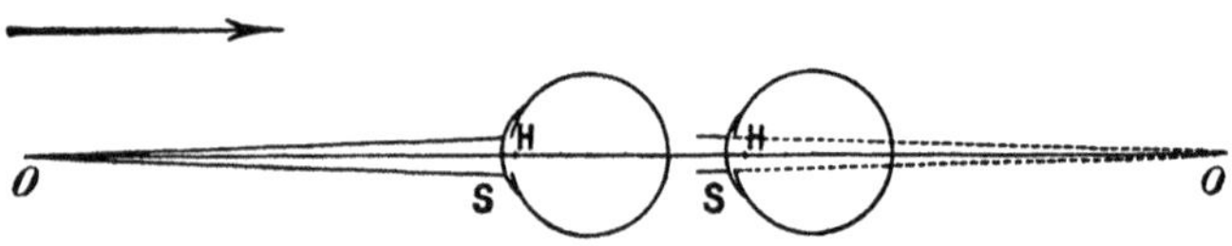

$a = -OH = HO$ $a = HO$

Der Hauptpunktsbrechwert $A = 1/a$ eines kurzsichtigen übersichtigen Auges.

Allgemein als Fernbrillenglas oder korrigierend bezeichnet man ein Brillenglas, wenn das damit ausgerüstete Auge den unendlich fernen Punkt deutlich sieht.

Unter vorläufiger Beschränkung auf Licht einer einzigen Wellenlänge, monochromatisches Licht, d. h. unter Nichtberücksichtigung der Farbenabweichungen, soll eine einfache Linse so ermittelt werden, daß sie als Fernbrillenglas wirkt, wenn ihre Achse mit der Richtung der Augenachse zusammenfällt. Bei den hier behandelten achsensymmetrischen Linsen wird man sich auf Kugelflächen beschränken können, deren Radien durch die Krümmung des betreffenden Achsenschnittes in der Nähe der Achse bestimmt werden. Der Durchmesser wird in der Regel etwa 40 mm betragen, also kann die Linse dünn sein, da es sich häufig um Gläser von langer Brennweite handelt, doch kommen auch — bei hohen Kurzsichtigkeiten und bei linsenlosen Augen — ziemlich kurze Brennweiten und zum Teil sehr merkliche Linsendicken vor.

Beträgt der Hauptpunktsbrechwert eines Auges A Dioptrien

$$A = 1/a; \quad a = HO,$$

so ist, wie schon oben bemerkt wurde, und wie zum Überfluß auch in der Abb. 13 angegeben wurde, die stets von links nach rechts gemessene Strecke mit einem negativen Zeichen zu versehen, wenn es sich um den Fall der Kurzsichtigkeit handelt. Ist der dem Auge zugekehrte Linsenscheitel S des Brillenglases um

$$S\mathbf{H} = \partial$$

von dem Augenhauptpunkt **H** entfernt, so ergibt sich nach Abb. 14 für den Bildabstand oder die Schnittweite $\overrightarrow{SO'} = s_{,}'$ des Brillenglases, das den fernen Punkt eben in O' abbildet, die für Kurz- und für Übersichtige geltende Beziehung

$$\overrightarrow{SO'} = S\mathbf{H} + \mathbf{H}O'$$

oder

$$s_{,}' = \partial + a \qquad (1)$$

Beachtet man nun, daß der Abstand $\overrightarrow{\mathbf{H}O'} = a$ sowohl ein positives als auch ein negatives Zeichen haben kann, während ∂ positiv sein muß, wenn das Brillenglas eher als das Auge vom Licht durchsetzt werden soll, so ergibt sich aus dieser noch ganz allgemeinen Beziehung, daß die Schnitt-

Abb. 14.

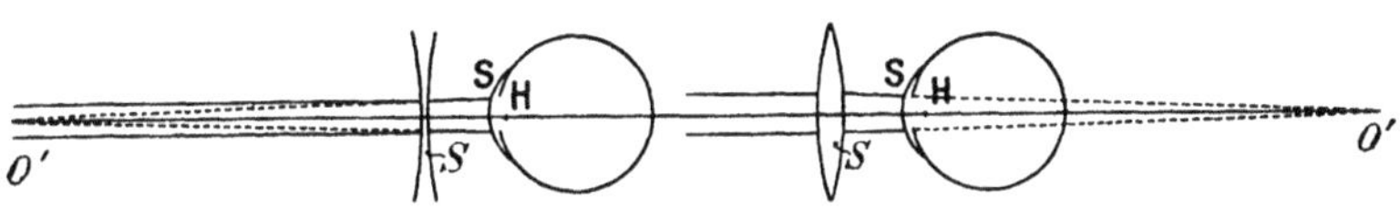

$a = \mathbf{H}O'$ $\quad \partial = S\mathbf{H}$ $\quad s_{,}' = SO$

Das Fernbrillenglas
für ein
kurzsichtiges . übersichtiges
Auge

$SO' = S\mathbf{H} + \mathbf{H}O'$
$s_{,}' = \partial + a$.

weite des Fernbrillenglases für kurzsichtige Augen um den Brillenabstand kürzer, für übersichtige um eben diesen Betrag länger sein muß als der Dingabstand des unbewaffneten Auges. Es ist von Wichtigkeit, daß in dieser allgemeinen Beziehung nur Abstände vom vorderen Augenhauptpunkt und Schnittweiten auftreten.

Hält man den Dingabstand $\overrightarrow{\mathbf{H}O'} = a$ fest, so ergibt sich beim Anwachsen des Abstandes ∂, daß eine negative Brillenschnittweite von immer kleinerem Betrage das deutliche Sehen ermöglicht, während positive Schnittweiten unter entsprechenden Umständen immer größer werden müssen. Anderseits können bei festgehaltener Brillenschnittweite $\overrightarrow{SO'}$ innerhalb gewisser Grenzen um so kleinere Dingabstände erreicht (um so höhere Fehlsichtigkeiten ausgeglichen) werden, je näher am Auge das zerstreuende und je weiter vom Auge entfernt das sammelnde Fernbrillenglas angebracht wird. Bei der Brillenverordnung mit Hilfe einer Probierbrille wird ∂ durch die Fassung der Brille und die Lage der Hornhautscheitel zur Nasenwurzel des Untersuchten beeinflußt. Dabei schwankt, wenn mit O. Henker (*1.* 132) als äußerste Grenzen für $S\mathbf{S}$ 2,5 und 20 mm angenommen werden, ∂ zwischen den Grenzwerten in Millimetern

$$3{,}85 < \partial < 21{,}35.$$

Nimmt man jetzt an, daß es sich um dünne Linsen handele, so wird die zu dem entfernten Dingpunkt gehörige Schnittweite $s_{,}'$ zur Brennweite $f_{,}'$ des Brillenglases, und da man deren Kehrwert als Brechkraft oder Stärke des Brillenglases bezeichnet, so läßt sich in die obige Aussage über den Einfluß des Brillenabstandes auch die Brechkraft des Brillenglases einführen. Unter diesen Umständen wird ∂ zu δ, dem Abstande $H_{,}'\mathbf{H}$, und $s_{,}' = f_{,}' = 1/D_{,}$. Gleichung (1) geht also über in

$$f_{,}' = \delta + a;\ 1/D_{,} = \delta + 1/A;\ D_{,} = A/(1 + \delta A);\ A = D_{,}/(1 - \delta D_{,}). \quad (2)$$

Selbstverständlich gelten diese Beziehungen in aller Strenge und ganz allgemein auch für beliebig dicke Linsen, wenn man die äußerlich sichtbaren Bezugspunkte S und $\mathbf{S}$ aufgibt und grundsätzlich nur von den inneren Bezugspunkten $H_{,}'$ und $\mathbf{H}$ ausgeht. Gewisse Linsenwirkungen, namentlich die Vergrößerung der Brillengläser, lassen sich mit Hilfe dieser inneren Beziehungen sogar besonders übersichtlich darstellen, und davon wird im folgenden noch reichlich Gebrauch gemacht werden.

Nennt man die so ermittelte Brechkraft $D_{,}$ des Brillenglases nach C. Hess (*2.* 200) den Korrektionswert der Ametropie, so hängt dieser eben von den beiden Veränderlichen δ und A ab. Man erkennt leicht, daß man diese Beziehung auch schreiben kann

$$A - \delta A D_{,} - D_{,} = 0\,.$$

Multipliziert man diese Gleichung mit der sicherlich nicht verschwindenden Größe δ, so kann man sie auch auf folgende Form bringen:

$$1 = 1 + \delta(A - \delta D_{,}A - D_{,});\quad 1 = (1 + \delta A)(1 - \delta D_{,}), \quad (3)$$

und das ist eine Beziehung, die bei wichtigen Überlegungen zur Sehschärfe auftreten wird.

Bei Brillen endlicher Dicke (etwa den Starbrillen) lassen sich aber die Brennweite $f_{,}'$ und die Schnittweite $s_{,}'$ nicht einander gleich setzen, sondern es ergibt sich bei festgehaltener Schnittweite $s_{,}'$ und unveränderter Linsendicke d eine von der Linsendurchbiegung abhängige Größe der Brennweite. Die beiden nachfolgenden Beispiele werden Belege dafür liefern; dabei ist angenommen, daß die plankonvexen Linsen dem Auge ihre Planfläche zuwenden und die schwach durchgebogenen Linsen ihre Hohlfläche, für die ein Radius von 12 cm Länge angenommen sei; das Brechungsverhältnis betrage 1,51.

		Gleichseitige Form	Plankonvexe Form	Schwach durchgebogene Form
$d = 4{,}0$ mm	$s_r' = 0{,}1$ m	$f_r' = 0{,}1013$	0,1026	0,1038 m
	$1/s_r' = 10$ dptr	$D_r = 9{,}87$	9,74	9,64 dptr
$d = 6{,}0$ mm	$s_r' = 0{,}067$ m	$f_r' = 0{,}069$	0,071	0,072 m
	$1/s_r' = 15$ dptr	$D_r = 14{,}56$	14,16	13,93 dptr

Man erkennt aus dieser Zusammenstellung, daß bei allen Brillengläsern, die nicht als dünne Linsen behandelt werden können, zweckmäßig ein Ausdruck für den Kehrwert der Schnittweite $1/s_r'$ einzuführen ist. Es sei in Zukunft diese Größe nach M. v. Rohr (S. 563) als Brillenscheitelrefraktion oder Scheitelbrechwert

$$A_s = 1/s_r' \tag{4}$$

bezeichnet. Für Fernbrillen wird A_s verständlicherweise zu A_∞.

Als Wert für ∂ findet sich häufig aus sogleich zu erörternden Gründen 15 mm angegeben, d. h. etwa der gebräuchliche Abstand zwischen dem vorderen Brennpunkt und dem vorderen Hauptpunkt des Auges, der dem Dondersischen reduzierten Auge entnommen ist. Für die Anpassung wird man diesen Abstand zweckmäßig nur so groß wählen, daß das Brillenglas von den Wimpern nicht mehr berührt wird. Es muß aber die Festlegung dieses Wertes für die Lehre von der Brille noch bis zu dem Zeitpunkt aufgeschoben werden, wo das Sehen mit bewegtem Auge behandelt werden kann. Bei der Probierbrille kann ∂ nach S. 30 schwanken, so daß der gegebenen Refraktion $A = 1/a$ andere und andere Werte von s_r' entsprechen. Man vermag also die Beziehung

$$A_\infty = 1/(a + \partial) = A/(1 + \partial A) \tag{5}$$

in ihrer Abhängigkeit von zwei Veränderlichen durch ein Schichtenbild der Linien gleicher A_s-Werte zu veranschaulichen. O. Henker (*1.*) hat das getan, und zwar für Brillenabstände ∂ zwischen 3,85 und 21,35 mm, sowie für Hauptpunktsbrechwerte (axiale Refraktionen) A zwischen -20 und $+20$ dptr. Die beiden nebeneinander gedruckten Teile seiner Schichtendarstellung Abb. 15 und 16 müßten eigentlich so angeordnet werden, daß Abb. 16 über 15 stünde. Man erkennt sofort, daß sich im linken (unteren) Teile, also für negative A-Werte, die Scheitelbrechwertslinien stark nähern, im rechten (oberen), also für positive A-Werte, mehr und mehr voneinander entfernen. Beides geschieht in einem um so höheren Grade, je größere ∂-Werte vorliegen. Beispielsweise ergibt sich an den Grenzen für $\partial = 20{,}6$ mm und $A = -20$ dptr, $A_\infty = -34$ dptr; und entsprechend für $\partial = 21{,}35$ mm und $A = +20$ dptr, $A_\infty = +14$ dptr. Nimmt man die kleinen ∂-Werte an, $\partial = 4{,}54$ mm und $A = -20$ dptr, so folgt $A_\infty = -22$ dptr, während wiederum $\partial = 3{,}85$ mm, $A = +19$ dptr und $A_\infty = +19{,}34$ dptr zusammengehören. Daraus wird der Einfluß von ∂ klar geworden sein. Ein flüchtiger Blick auf die ganze Darstellung zeigt, daß man für Hauptpunktsbrechwerte A, deren Ziffernwert etwa 6 dptr übersteigt, den Brillenabstand ∂ nicht vernachlässigen kann, ohne gröbere Fehler zu begehen.

Es sei gleich die Bemerkung hinzugefügt, daß bei zwei Brillengläsern

Abb. 15.

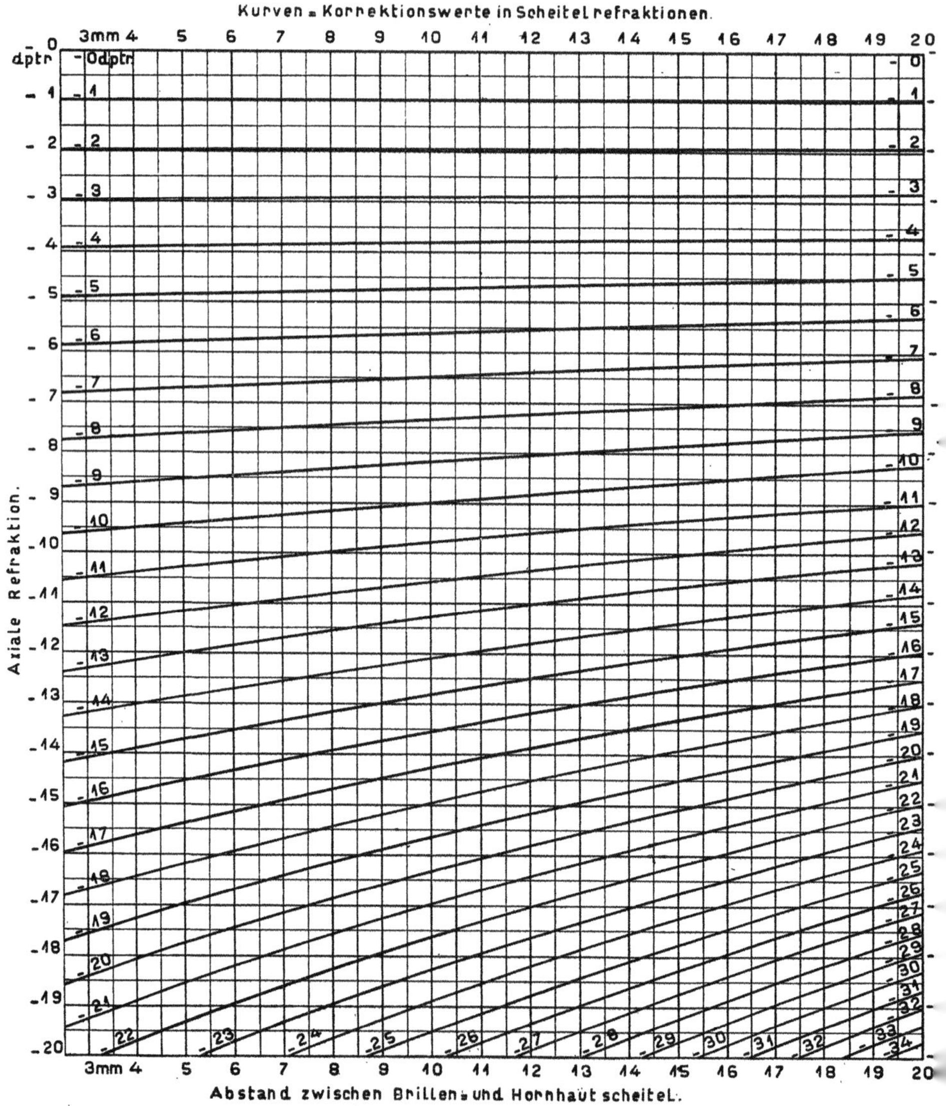

HENKERsches Schichtenbild für die Scheitelbrechwerte A_∞ in ihrer Abhängigkeit von dem Hauptpunktsbrechwert A kurzsichtiger Augen und dem Abstand ($\partial - 1{,}35$ mm) zwischen Brillen- und Hornhautscheitel. Der einer bestimmten Schichtlinie zugehörige Scheitelbrechwert ist ihrem Anfang und ihrem Ende beigeschrieben.

für denselben Bildpunkt $O_,'$ aber mit verschiedenen, um $\partial_,$ voneinander abweichenden Schnittweiten

$$s_,' = SO'; \quad \bar{s}_,' = \bar{S}O'; \quad \partial_, = \bar{S}S$$

gelten wird

Abb. 16.

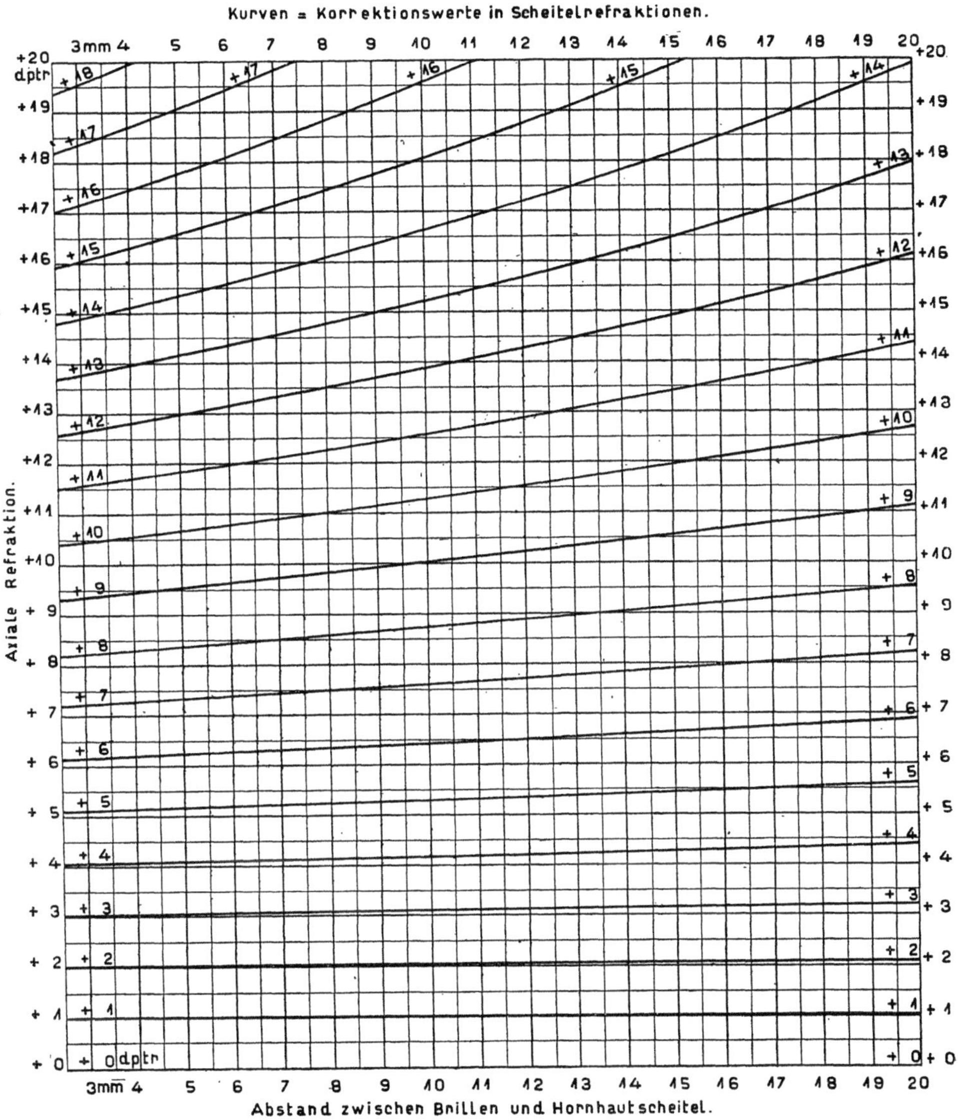

HENKERsches Schichtenbild für die Scheitelbrechwerte A_∞ in ihrer Abhängigkeit von dem Hauptpunktsbrechwert A übersichtiger Augen und dem Abstand (∂ — 1,35 mm) zwischen Brillen- und Hornhautscheitel. Der einer bestimmten Schichtlinie zugehörige Scheitelbrechwert ist ihrem Anfang und ihrem Ende beigeschrieben.

$$\overline{SO'} = \overline{S'S} + SO'; \quad \overline{s_,'} = s_,' + \partial_,; \quad 1/\overline{A_s} = \partial_, + 1/A_s;$$
$$\overline{A_s} = A_s/(1 + \partial_, A_s).$$

Man erkennt also, daß man das Henkersche Schichtenbild auch verwenden kann, wenn man einen gegebenen Scheitelbrechwert A_s auf einen größeren, um $\partial_,$ abweichenden Brillenabstand umrechnen will. — Im Falle dünner Linsen wird verständlicherweise wegen

$$\overline{f_,'} = f_,' + \partial_,$$
$$\overline{D_,} = D_,/(1 + \partial_, D_,).$$

§ 35. **Geschichtliche Bemerkungen zum Scheitelbrechwert.** Im allgemeinen kann man sagen, daß die Einführung der Scheitelbrechwerte keinen besonderen Widerständen begegnet ist. Daß in der Tat beim Ausgleichungs- oder Neutralisierungsverfahren die Ordnung der Brillengläser nach dingseitigen Scheitelbrechwerten stattgefunden hat, ist in dem oben genannten Henkerschen (*1.*) Aufsatz im einzelnen gezeigt worden, so daß für gleichseitige Brillengläser nichts geändert werden mußte, doch scheint der augenseitige Scheitelbrechwert selbst von den älteren Brillentheoretikern nirgends als eine neue Größe eingeführt worden zu sein, vielleicht weil sie, einigermaßen an den einfachen, meistens ziemlich dünnen und früher wohl auch selten durchgebogenen Brillengläsern haftend, eine Abweichung von dem besonders einfachen Falle der dünnen Linse scheuten. Weiteres über den Unterschied zwischen A_∞ und $D_,$ wird sich in § 67 bei der Fernrohrbrille finden.

Zur Annahme der Gläserordnung nach den Scheitelbrechwerten im Auslande sehe man Ch. F. Prentice (*4.* 25), wonach das Brillenwerk von Bausch & Lomb wohl schon vor dem Kriege damit in Nordamerika den Anfang gemacht hat. Über entsprechende Bestrebungen in England gibt H. Boegehold (ZfoO *9.* 59/62) einen kurzen Überblick.

Schon F. C. Donders (*3.* 122) hob deutlich hervor, daß man nur bei schwachen Brillengläsern den Abstand (also ∂ in der hier gebrauchten Bezeichnung) vernachlässigen dürfe, und A. Steinheil hat nach ZfoO *2.* 106 ebenfalls auf die Bedeutung dieses Abstandes hingewiesen, was ja bei einem rechnenden Optiker ganz selbstverständlich ist.

Damit die Berechnung des A_s-Wertes zu der Feststellung durch den Augenarzt stimme, forderte C. Zeiss im Frühjahr 1911 für die Gullstrandschen Star-(Katral-)Gläser eine ziemlich eingehende Beschreibung der Einzelglieder in dem Probegestell und ihrer Anordnung. — Auf die in einem solchen Falle vorliegenden Schwierigkeiten hatte bereits 1891 F. Dimmer (*1.*) hingewiesen, als er auf die Übelstände aufmerksam machte, wie sie sich ergäben, wenn man auch starke Sammelgläser wie dünne Linsen betrachte. Wenn an jener Stelle die Anwendung gerade auf astigmatische Gläser gemacht wurde, so kann man sie selbstverständlich auch auf den einfacheren Fall der kuglig begrenzten Linsen anwenden.

§ 36. **Die Hauptpunktslage und die Bildgröße beim brillenbewaffneten Auge.** Von besonderer Wichtigkeit ist neben der Deutlichkeit die Größe des Bildes β, in der ein gegebener Gegenstand α auf der Netzhaut wiedergegeben wird. Sind a und b die reduzierten konjugierten oder Luftabstände von den Hauptpunkten und[1])

$$A = 1/a; \quad B = 1/b; \quad D = 1/f'$$

die reduzierten Konvergenzen oder die Hauptpunktsbrechwerte in Luft, so bestehen die Beziehungen

$$B = A + D \tag{6}$$

$$\alpha A = \beta B. \tag{7}$$

Dabei ist, wenn, wie hier, auf der Dingseite Luft angenommen wird, αA der Ziffernwert der trigonometrischen Tangente, also bei den im achsennahen Raum auftretenden Neigungswinkeln auch des Strahl-Achsenwinkels w im dingseitigen Hauptpunkt. Handelt es sich bei den Fernbrillen um unendlich ferne Gegenstände, so kann die Größe des Gegenstandes nur durch den Winkel w angegeben werden, unter dem er dem Beobachter erscheint, und die obige Beziehung (7) geht über in

$$w = -\beta/f_{\prime\prime}'; \quad -\beta = f_{\prime\prime}'w. \tag{8}$$

Man sieht also ein, daß es hier darauf ankommen wird, die Brennweite f'_{12} für die Folge aus Fernbrillenglas und Auge zu ermitteln. Dieselbe Überlegung gilt übrigens bei der beschränkten Genauigkeit, mit der die Grundpunkte am Auge bestimmt werden können, auch dann, wenn a nur ein großes Vielfaches von f'_{12} ist, so daß auch dann gesetzt werden kann

$$B = 1/f'_{12}.$$

Für die folgende Untersuchung sollen zunächst nur achsenametropische Augen berücksichtigt werden, d. h. es wird angenommen, daß die Flächenfolge des Auges immer die gleichen Werte habe, und zwar die, die A. Gullstrand (8.) für sein exaktes schematisches Auge ermittelt hat:

$$D_{\prime\prime} = 58{,}64 \text{ dptr} = 1/0{,}017055 \text{ m},$$

$$n = 1{,}336,$$

der Ort des ersten Hauptpunkts **H** gemessen vom Hornhautscheitel:

$$\mathsf{h} = 1{,}348 \text{ mm},$$

der Ort des zweiten Hauptpunkts **H'** gemessen vom Hornhautscheitel:

$$n\mathsf{h}' = 1{,}602 \text{ mm}.$$

---

1) Um Irrtümer zu vermeiden, sei bemerkt, daß man sich daran gewöhnt hat, die Bezeichnungen A und B aus den allgemeinen Formeln (6, 7) auch für das mit dem Fernbrillenglas ausgerüstete Auge zu verwenden. Dabei werden die Strecken **b** nicht auf den Glaskörper, sondern stets auf Luft bezogen. Nur selten — wie etwa in § 43 — müssen die verschiedenen Akkommodationszustände durch Einführung von $R = 1/r$ und $P = 1/p$ auseinandergehalten werden.

Zur Erleichterung der Auffassung sind im folgenden die Brillenbrechwerte $A_{\prime}$, $B_{\prime}$, $D_{\prime}$ durch einen einzelnen, die Brechkraft des Auges $D_{\prime\prime} = 1/f_{\prime\prime}'$ durch zwei Weiser hervorgehoben worden. Die Bezugspunkte **H**, **H'**, **F**, **F'** und die von ihnen aus gemessenen Strecken am Auge sollen, soweit es sich um einfache Bezeichnungen handelt, durch halbfette Steilschrift kenntlich gemacht werden.

Aus den von A. Gullstrand (2.) angegebenen und (9.) streng analytisch abgeleiteten Formeln der Dioptrienrechnung sei der Ausdruck für die Brechkraft D_{12} der aus den Einzelteilen mit der Brechkraft $D_{,}$ und $D_{,,}$ gebildeten Folge entnommen:

$$D_{12} = D_{,} + D_{,,} - \delta D_{,} D_{,,} , \tag{9}$$

wo $D_{,}$ die Brechkraft des im folgenden als verschwindend dünn angenommenen Fernbrillenglases in Dioptrien ist und δ wie vorher der auf Luft bezogene Abstand zwischen dem zweiten Hauptpunkt von $D_{,}$ und dem ersten von $D_{,,}$. Die Hauptpunktsabstände der Folge ergeben sich zu

$$\mathsf{H}'_{12} = \delta D_{,,}/D_{12}; \qquad n\mathsf{H}''_{12} = -n\delta D_{,}/D_{12} , \tag{10}$$

wobei H'_{12} vom ersten Hauptpunkt des Brillenglases zum ersten der Folge und $n\mathsf{H}''_{12}$ vom zweiten Hauptpunkt des Auges zum zweiten der Folge gerechnet ist.

Fordert man, daß die Folge von gleicher Brechkraft sei wie $D_{,,}$, so ergibt sich aus (9) ohne weiteres die Bedingungsgleichung

$$D_{,}(1 - \delta D_{,,}) = 0 ,$$

was bei einem Fernbrillenglase, das selbstverständlich nicht von verschwindender Brechkraft ist, auf

$$\delta = 1/D_{,,} = f_{,,}' \tag{11}$$

führt, und das läßt sich in folgender Weise ausdrücken: die Flächenfolge des mit einem Brillenglase bewaffneten Auges fehlerhafter Länge hat stets die gleiche Brechkraft wie im normalen emmetropischen Auge, wenn der hintere Hauptpunkt $H_{,}'$ des Brillenglases mit dem vorderen Augenbrennpunkt F zusammenfällt.

Nach den Gullstrandschen Werten ist

$$\delta = 17{,}055 \text{ mm},$$

und der Abstand des hinteren Hauptpunkts H' der Brille vom Hornhautscheitel

$$H'\mathsf{S} = \delta - \mathsf{h} = (17{,}055 - 1{,}348) \text{ mm} = 15{,}707 \text{ mm}$$

zu setzen.

Für die Hauptpunktsabstände ergeben sich aus (10) die Beziehungen

$$\mathsf{H}'_{12} = \delta; \qquad n\mathsf{H}''_{12} = -n\delta D_{,}/D_{12} \begin{cases} < 0 & \text{für } D_{,} > 0 \\ > 0 & \text{» } D_{,} < 0 , \end{cases}$$

woraus sich zunächst ergibt, daß der erste Hauptpunkt H stets die gleiche Entfernung von dem ersten Brillenhauptpunkt einnimmt. In dem hier behandelten Falle dünner Brillen bleibt er also unverändert 1,348 mm hinter dem Hornhautscheitel. Der zweite Hauptpunkt der Folge entfernt sich dagegen der Brechkraft des Brillenglases entsprechend vom zweiten Hauptpunkt des Auges, und zwar nach vorn für Sammel-, nach hinten für Zerstreuungsgläser. Da die Brennweite unverändert bleibt, so liegt er in verschiedenen korrigierten achsenametropischen Augen immer in einer und derselben Entfernung $-f_{,,}'$ von der Netzhaut, und es wird somit die Achsenametropie ganz und gar durch diese Verschiebung des zweiten Hauptpunkts ausgeglichen.

Die Abb. 17 wird diese Verhältnisse für die Brillengläser zwischen — 10 und + 5 dptr verdeutlichen.

Abb. 17.

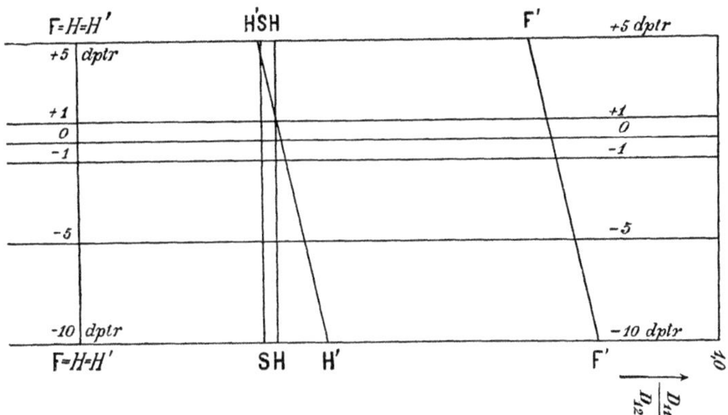

Eine Darstellung für die Lage der Grundpunkte der aus Vollauge und Brillenglas (von m dptr) gebildeten Folge

$H'S = 15{,}707$ mm; $5 \geqq m \geqq -10$.

§ 37. **Geschichtliche Bemerkungen zur Dioptrienrechnung.** Die tatsächliche Einführung der reduzierten Konvergenzen und der Brechkraft in den Gebrauch der Ophthalmologen geht auf A. Gullstrand (*2.*) 1899 zurück. Ansätze dazu sind dem Bearbeiter aufgefallen bei A. Schoen (*1.* 270) 1893 und (*2.* 2) 1897, wo sich auch der schöne Ausdruck Vollauge findet; er hat mit seinen Vorschlägen aber nicht durchdringen können. Früher, z. B. in den Handbüchern von H. Helmholtz (*1.*) und F. C. Donders (*3.*), hat man die Brennweite von Flächen- und von Linsenfolgen zu ermitteln gesucht, worauf hier hingewiesen sei. Man vermag für diesen Zweck auch Zeichenverfahren zu verwenden, die namentlich in England ziemlich weit entwickelt worden sind, wozu näheres bei H. Erggelet (*1.*) und bei M. v. Rohr (*42.*) zu finden ist. — Die Berücksichtigung des Luftabstandes ist in dem Anfange der sechziger Jahre von verschiedenen Seiten als notwendig hingestellt worden; mit dem größten Nachdruck wohl von F. C. Donders (*3.* 122), der in der ihm eigentümlichen Weise den Abstand $H_{,}'$K zwischen dem hinteren Brillenhauptpunkt und dem vorderen Augenknotenpunkt in seine Rechnungen einführte. Man wird heute dieser Art der Rechenanlage nicht nachfolgen.

Gleichung (9) wurde, wie gesagt, streng analytisch von Gullstrand (*9.* 244) abgeleitet. Sehr bequeme Beweise auf Grund der von Abbe bevorzugten Beziehung auf die Brennpunkte finden sich leicht zugänglich bei Czapski-Eppenstein (*1.* 54—8). Geometrische Herleitungen, namentlich auf dem Grunde des Sampsonschen Verfahrens, kann man in den oben angeführten Arbeiten bei

H. ERGGELET (*1.*) 1913 und bei M. v. ROHR (*42.*) einsehen. — Lehrversuche, die Lage des Fernpunkts bei kurz- und bei übersichtigen Augen einem größeren Zuschauerkreise bequem vorzuführen, gab 1919 O. HENKER (*14.*) an.

§ 38. **Die Folgen einer Änderung des Brillenabstandes.** Es kann indes nicht vorausgesetzt werden, daß die Annahme, das dünne Brillenglas stehe im vorderen Augenbrennpunkt, durchweg verwirklicht wäre. Die Betrachtung ist also noch dadurch zu vervollständigen, daß auch abweichende Stellungen des dünnen Brillenglases berücksichtigt werden.

1. Das Brillenglas stehe dem Auge näher, doch kann es selbstverständlich den Hornhautscheitel nicht erreichen; es sei also

$$1{,}348 \text{ mm} < \delta < 17{,}055 \text{ mm},$$

dann ist

$$D_{\prime}(1 - \delta D_{\prime\prime}) = D_{\prime}\omega^2,$$

wobei durch die Bezeichnung ω^2 veranschaulicht werden soll, daß es sich um eine positive Größe handelt.

$$D_{\prime\prime} + D_{\prime}\omega^2 = D_{12} \begin{cases} > D_{\prime\prime} & \text{für } D_{\prime} > 0 \\ < D_{\prime\prime} & \text{»} \;\; D_{\prime} < 0 \end{cases}$$

$$\frac{\delta D_{\prime\prime}}{D_{\prime\prime} + D_{\prime}\omega^2} = \frac{\delta}{1 + \omega^2 D_{\prime}/D_{\prime\prime}} = \mathsf{H}'_{12} \begin{cases} < \delta & \text{für } D_{\prime} > 0 \\ > \delta & \text{»} \;\; D_{\prime} < 0 \end{cases}$$

$$-\frac{n\delta D_{\prime}}{D_{\prime\prime} + D_{\prime}\omega^2} = \mathsf{H}''_{12} \begin{cases} < 0 & \text{für } D_{\prime} > 0 \\ > 0 & \text{»} \;\; D_{\prime} < 0. \end{cases}$$

2. Das Brillenglas stehe dem Auge ferner; es sei also

$$\delta > 17{,}055 \text{ mm},$$

dann ist

$$D_{\prime}(1 - \delta D_{\prime\prime}) = -D_{\prime}\omega^2,$$

wobei mit dem entsprechenden Mittel ausgedrückt wird, daß es sich um eine negative Größe handelt.

$$D_{\prime\prime} - D_{\prime}\omega^2 = D_{12} \begin{cases} < D_{\prime\prime} & \text{für } D_{\prime} > 0 \\ > D_{\prime\prime} & \text{»} \;\; D_{\prime} < 0 \end{cases}$$

$$\frac{\delta D_{\prime\prime}}{D_{\prime\prime} - D_{\prime}\omega^2} = \frac{\delta}{1 - \omega^2 D_{\prime}/D_{\prime\prime}} = \mathsf{H}'_{12} \begin{cases} > \delta & \text{für } D_{\prime} > 0 \\ < \delta & \text{»} \;\; D_{\prime} < 0 \end{cases}$$

$$-\frac{n\delta D_{\prime}}{D_{\prime\prime} - D_{\prime}\omega^2} = \mathsf{H}''_{12} \begin{cases} < 0 & \text{für } D_{\prime} > 0 \\ > 0 & \text{»} \;\; D_{\prime} < 0. \end{cases}$$

Diese Ausdrücke lassen sich kurz so beschreiben: ist der Abstand δ zwischen Brillenglas und vorderem Hauptpunkt des Auges kleiner (größer) als die vordere Augenbrennweite, so ist die Brechkraft der Verbindung größer (kleiner) als die der Flächenfolge im unbewaffneten Auge, wenn es sich um Sammellinsen, und kleiner (größer), wenn es sich um Zerstreuungslinsen handelt. Die Verschiebung des vorderen Hauptpunkts bei kleinerem (größerem) δ erfolgt nach vorn (hinten) für Sammellinsen und nach hinten (vorn) für Zerstreuungslinsen. Der hintere Hauptpunkt der Verbindung wandert in allen drei Fällen nach vorn bei Sammel- und nach hinten bei Zerstreuungslinsen, und die drei Fälle unterscheiden sich hierbei nur durch den Betrag der Verschiebung voneinander.

Abb. 18.

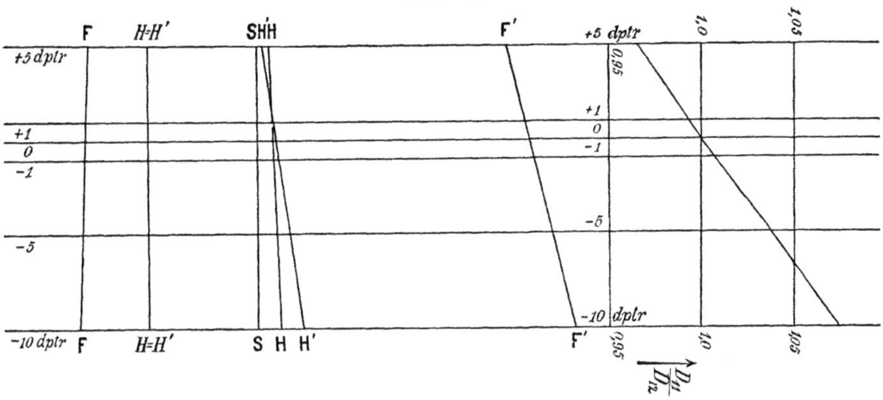

Eine Darstellung für die Lage der Grundpunkte der Verbindung von Vollauge und Brillenglas (von m dptr)

$H'\mathbf{S} = 8{,}652$ mm; $5 \geqq m \geqq -10$.

Abb. 19.

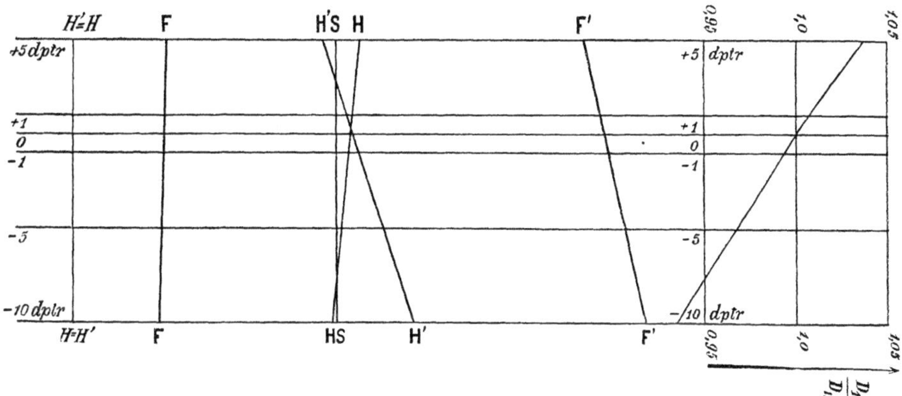

Eine Darstellung für die Lage der Grundpunkte der Verbindung von Vollauge und Brillenglas (von m dptr)

$H'\mathbf{S} = 22{,}772$ mm; $5 \geqq m \geqq -10$.

Die beiden Darstellungen 18 und 19, die die gleichweit vom ersten, normalen abstehenden Fälle für

$$\delta = 10 \quad \text{und} \quad \delta = 24{,}12 \text{ mm},$$

mithin $H'\mathbf{S}$ bzw.

$$\delta - \mathfrak{h} = (10{,}0 - 1{,}348) \text{ mm}$$

und

$$\delta - \mathsf{h} = (24{,}12 - 1{,}348)\ \mathrm{mm}$$

erläutern, lassen das Bestehen der soeben ausgesprochenen Regeln erkennen und zeigen sehr deutlich, in wie verschiedener Weise die Achsenametropien ausgeglichen werden. Man sieht sodann, daß mit einer ziemlich großen Genauigkeit angenommen werden kann, der Hornhautabstand von F, dem vorderen Brennpunkt der Verbindung, sei stets derselbe wie beim unbewaffneten Auge.

Beiden Zeichnungen ist an der rechten Seite noch eine Darstellung für

$$D_{\prime\prime}/D_{12} = f_{12}'/f_{\prime\prime}' \tag{12}$$

beigegeben, womit nach (8) das Verhältnis der Bildgrößen auf der Netzhaut des emmetropischen und des korrigierten Auges übereinstimmt, wenn es sich um genügend weit entfernte Sehproben handelt. Es zeigt sich, daß eine Annäherung oder Entfernung des Brillenglases die Größe des Netzhautbildes bei Sammellinsen gerade umgekehrt beeinflußt wie bei Zerstreuungslinsen. Man kann den Abb. 18 und 19 natürlich auch die Beträge der oben angeführten Brennweitenänderungen entnehmen. Es mag hier noch ausdrücklich darauf hingewiesen werden, daß die Linien HH, $\mathsf{H'H'}$, FF, $\mathsf{F'F'}$ keine Geraden sind, wie es nach den beiden Abbildungen scheinen könnte. Bei genauerer Ausführung würden sich Kurven ergeben.

§ 39. **Geschichtliche Bemerkungen zur Bedeutung des Brillenabstandes.** Von geschichtlichem Wert ist weiterhin namentlich die Verwendung von sammelnden Hilfslinsen mit einem größeren Abstande vom Hornhautscheitel. Für Kurzsichtige treten sie bei J. Kepler 1611 (*1.* Prop. 78) auf und werden dann, wie M. v. Rohr (*28.*) zeigte, 1681 von R. Hooke und 1719 von J. T. Desaguliers wieder empfohlen. Verständlicherweise erhält der Kurzsichtige dadurch ein umgekehrtes Bild, das, wie bei L. de Wecker (*1.*) und J. Masselon auseinandergesetzt wird, G. Poullain durch Prismen umzukehren bestrebt war. Desaguliers wies auch auf die Verwendung einer schwachen Sammellinse mit großem Abstande für Übersichtige hin und hob die Ähnlichkeit mit der Verwendung eines holländischen Fernrohres hervor. Die Leistung dieser Hilfsmittel kann man leicht ausdrücken, wenn man beachtet, daß — die Sammellinse dünn angenommen — nach (2) gilt

$$\delta = f_{\prime}' - a = 1/D_{\prime} - 1/A,$$

was in (9) eingesetzt auf

$$D_{12} = D_{\prime}(A + D_{\prime\prime})/A \tag{13}$$

führt, und entsprechend ergibt sich als Vergrößerung V des Netzhautbildes im Vergleich mit dem unbewaffneten rechtsichtigen Auge

$$V = \frac{D_{\prime\prime}}{D_{12}} = \frac{D_{\prime\prime}}{D_{\prime}}\,\frac{A}{A + D_{\prime\prime}}. \tag{14}$$

Man erkennt sofort, daß D_{12} mit A sein Zeichen ändert, da $A + D_{\prime\prime}$ stets eine positive Größe ist. Nach M. v. Rohr (*28.* **211**) sieht es so aus, als seien solche Linsen gelegentlich im 18. Jahrhundert gebraucht worden, aber unsere Kenntnis von der Verwendung dieser Vorrichtung bei Vollaugen ist noch sehr dürftig.

Vorläufig kann nur ein kurzer Hinweis bei F. C. DONDERS (*3.* 265) für Hypermetropen hohen Grades und dann bei W. T. RADFORT erwähnt werden, der 1871, wie M. v. ROHR (*26.* 148) mitteilte, eine Bemerkung zu dieser Frage veröffentlichte. In neuer Zeit hat zunächst E. PERGENS (*6.*) 1906 auf die Arbeit von R. HOOKE hingewiesen, und es hat B. BADEN-POWELL (*1, 2.*) sogar mehrere englische Patente auf die Verwendung dieser Einrichtung ehrwürdigen Alters genommen.

Gerade die entgegengesetzte, verkleinernde Wirkung eines solchen größeren Abstandes bei Zerstreuungslinsen benutzte 1914 J. KAUSEN nach ZfoO *3.* 54, um mit einfachen Mitteln eine Bildverkleinerung für billige Plätze in Lichtspielhäusern herbeizuführen (s. auch § 108).

§ 40. Die Einführung des Hauptpunktsbrechwerts in die Formeln.

So allgemein gültig und durchsichtig die Ausdrücke (9) und (10) gebildet sind, und so bequem sie gestatten, den Einfluß des Brillenglases $D_{,}$ auf die Lage der Grundpunkte der Verbindung zu durchschauen, so wird man doch gut tun, hier noch eine zweite Form mitzuteilen, bei der man von der oben abgeleiteten Beziehung (2) Gebrauch macht. Setzt man also (2) in (9) und (10) ein, so ergibt sich, wenn man in jedem Ausdruck alles auf einen gemeinsamen Nenner bringt,

$$D_{12} = \frac{A + D_{,,}}{1 + \delta A} = D_{,,} \frac{1 + f_{,,}' A}{1 + \delta A} \tag{15}$$

$$\mathsf{H}_{12}' = \delta \frac{1 + \delta A}{1 + f_{,,}' A}; \qquad \mathsf{H}_{12}'' = -\delta \frac{A f_{,,}'}{1 + f_{,,}' A} = -\frac{\delta f_{,,}'}{f_{,,}' + a}.$$

Führt man nun mit GULLSTRAND in $\delta = H_{,}'\mathsf{H}$, den Abstand δ_f des Fernbrillenglases vom Augenbrennpunkt, ein, so gilt die Beziehung allgemein

$$\begin{aligned} H_{,}'\mathsf{H} &= H_{,}'\mathsf{F} + \mathsf{FH} \\ \delta &= \delta_f + f_{,,}', \end{aligned} \tag{16}$$

dabei wird im allgemeinen $|\delta_f| < f_{,,}'$ und meistens sogar klein dagegen sein. Benutzt man (16) zur Umgestaltung jener Ausdrücke (15), so wird

$$\begin{aligned} D_{12} &= D_{,,} - \delta_f \frac{A D_{,,}}{1 + \delta A}; \qquad \mathsf{H}_{12}' = \delta + \delta_f \frac{\delta}{a + f_{,,}'}; \\ \mathsf{H}_{12}'' &= -\frac{f_{,,}'^2}{a + f_{,,}'} - \delta_f \frac{f_{,,}'}{a + f_{,,}'}. \end{aligned} \tag{17}$$

Alle diese drei Beziehungen haben das Gemeinsame, daß sie aus zwei Teilen bestehen, deren zweiter δ_f als Faktor enthält und also mit ihm zugleich verschwindet.

Setzt man nun $\delta_f = 0$, nimmt also an, daß $\delta = f_{,,}'$ werde, weil die Punkte $H_{,}'$ und F zusammenfallen, so erhält man aus (17)

$$D_{12} = D_{,,}; \qquad \mathsf{H}_{12}' = \delta; \qquad \mathsf{H}_{12}'' = -f_{,,}'^2/(a + f_{,,}').$$

Zu H'_{12} sei bemerkt, daß gilt

$$f_{''}' + a = \mathsf{FH} + \mathsf{HR} = \mathsf{FR} = l,$$

und dieser Ausdruck mithin den Brennpunktsabstand des Fernpunkts **R** bedeutet, also $\mathsf{H}''_{12} = -f_{''}'^2/l$ nach der Newtonschen Beziehung auf die Brennpunkte dem reduzierten oder Luftabstande der Netzhautgrube von dem hinteren Brennpunkte der Flächenfolge des Auges gleichkommt.

Berücksichtigt man diesen Umstand, so kann man in Übereinstimmung mit dem vorhergehenden sagen: bringt man den hinteren Hauptpunkt $H_{'}'$ des Fernbrillenglases im vorderen Augenbrennpunkt **F** an, so werden die Brechkraft D_{12} des brillenbewaffneten Auges und der vordere Hauptpunkt H_{12} für die neue Abbildung unverändert erhalten, und der Luftabstand des hinteren Hauptpunkts der Verbindung verschiebt sich mit dem Zeichen und um den Betrag des auf Luft bezogenen Längenfehlers der Augenachse.

Verschwindet indessen δ_f nicht, so bleiben auch diese δ_f enthaltenden Glieder von (17) bestehen, und man kann die Folgen leichter in Worte fassen, da bei den dem Augenarzt vorkommenden A-Werten der Nenner $(1 + \delta A)$ stets positiv bleibt, und unter den gleichen Umständen $a + f_{''}'$ stets das Zeichen von a annimmt. Aus der Form von D_{12} in (17) erkennt man, daß die Brechkraft der Verbindung von Auge und Fernbrille kleiner (größer) wird als die der Flächenfolge des Auges, wenn δ_f und a von gleichem (verschiedenem) Zeichen sind.

Ersetzt man in dem zweiten Gliede von H'_{12} in (17) wieder δ durch den Ausdruck (16), so wird es zu

$$\mathsf{H}'_{12} = \delta + \frac{\delta_f f_{''}'}{a + f_{''}'} + \frac{\delta_f^2}{a + f_{''}'},$$

und man erkennt, daß die Abweichung gegen den Musterwert für $\delta_f = 0$ bei H'_{12} in zwei Teile zerfällt, deren größerer, vom Zeichen abgesehen, gleich der Abweichung von H''_{12} wird. Sind also δ_f und a von gleichem (verschiedenem) Zeichen, so verschiebt sich — von dem Musterwert $\delta = f_{''}'$ aus gerechnet — H_{12} nach hinten (vorn) und H'_{12} nach vorn (hinten).

Ist, was auch möglich wäre, nicht der Hauptpunktsbrechwert A, sondern die auf Luft bezogene Augenlänge **b** vom hinteren Augenhauptpunkt gegeben, so gilt für ein Brillenglas in beliebigem Abstand gewiß, wenn man schließlich (2) berücksichtigt:

$$\mathsf{b} = -\frac{\delta D_{,}}{D_{12}} + \frac{1}{D_{12}} = \frac{1 - \delta D_{,}}{D_{''}(1 - \delta D_{,}) + D_{,}} = \frac{1}{D_{''} + D_{,}/(1 - \delta D_{,})}$$

$$B = D_{''} + D_{,}/(1 - \delta D_{,}) = D_{''} + A,$$

so daß also mit der Erledigung des Falles von A auch die von M. v. Rohr (*17.*) verwirklichte Möglichkeit erledigt ist, daß $\mathsf{b} = 1/B$ durch eine Festsetzung über die Augenlänge gegeben wäre.

Abb. 20.

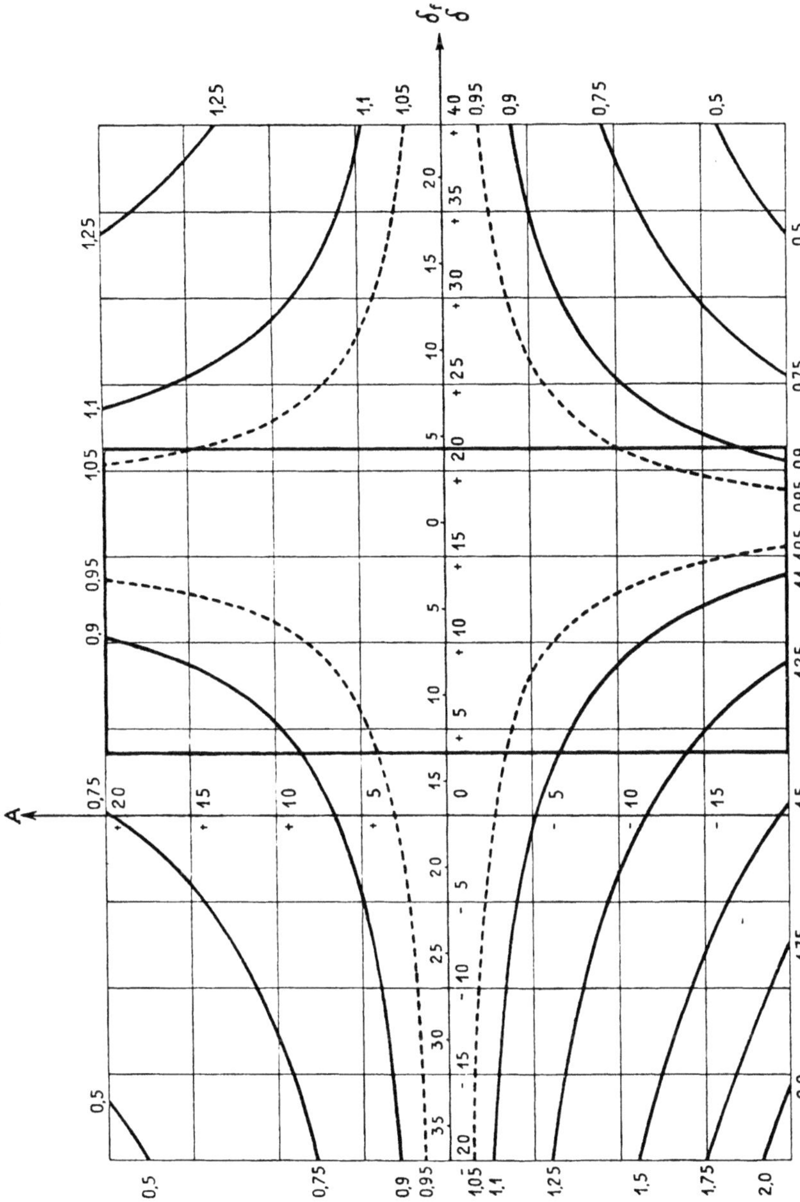

Schichtenbild für die Vergrößerung V des Netzhautbildes in ihrer Abhängigkeit von δ und A. Es sind die inneren Bezugspunkte $H_,'$ und H gewählt. In der Mitte ist durch stärkere Grenzgeraden das Henkersche Gebiet herausgehoben.

Ganz allgemein läßt sich die Vergrößerung $V = D_{,,}/D_{12}$ des Netzhautbildes durch die Fernbrille $D_,$ bei beliebigem δ in der folgenden Weise behandeln.

$$V = D_{,,}/D_{12} = 1/[D_, (1/D_{,,} - \delta) + 1] = 1/[1 - (\delta - f_{,,}') D_,].$$

Unter Berücksichtigung von (16) wird das zu

$$V = 1/(1 - \delta_f D_,) \\ = f_,'/(f_,' - \delta_f). \tag{18}$$

Beachtet man nun aber, daß für Fernbrillen ($F_,' = \mathbf{R}$) gilt

$$f_,' - \delta_f = H_,'F_,' - H_,'\mathbf{F} = \mathbf{F}H_,' + H_,'\mathbf{R} = \mathbf{FR} = 1/L,$$

so kann man mit H. ERGGELET (*4.* 150) schreiben

$$V = Lf_,' = L/D_,$$

oder in Worten sagen, die Vergrößerung V einer Fernbrille $D_,$ bei einem und demselben, durch $L = 1/\mathbf{FR}$ gekennzeichneten Auge ändert sich ihrer Brennweite entsprechend.

Bleibt man bei (18), so handelt es sich um Vergrößerungen, wenn δ_f und $D_,$ von gleichem, um Verkleinerungen, wenn sie von verschiedenem Zeichen sind.

Führt man auch hier für $D_,$ den Ausdruck aus (2) ein, so wird

$$V = D_{,,}/D_{12} = 1/\left(1 - \frac{\delta_f A}{1 + \delta A}\right) = \frac{1 + \delta A}{1 + (\delta - \delta_f)A} = \frac{1 + \delta A}{1 + f_{,,}' A}. \tag{19}$$

Dieser Ausdruck für die Vergrößerung hängt also nur von dem Brechungsfehler A des gerade vorliegenden Auges und dann von δ ab. Er eignet sich besonders zu einer Schichtendarstellung (Abb. 20), wenn man die Änderungen der Vergrößerung V übersehen will, die für ein und dasselbe durch A bestimmte Auge auf irgend eine Wahl von δ folgen. Hier liegen gleichseitige Hyperbeln als Schichtenlinien vor, die allerdings keinen gemeinsamen Mittelpunkt haben, sich aber alle in dem Punkte der Unbestimmtheit schneiden, der durch die Koordinaten

$$\delta = f_{,,}'; \quad A = -D_{,,}$$

gegeben ist. Da dieser Punkt in die untere Hälfte des Schichtenbildes fällt, und in der Breite des umrandeten Gebiets nach rechts verschoben ist, so erkennt man den Grund, warum die links unten liegenden Teile (langgebaute Augen mit kleinem Glasabstande δ) hinsichtlich der Vergrößerung besonders bevorzugt sind.

Wählt man für kurzsichtige Augen ein negatives δ, steigert dabei also die Brennweite ($f_,' = \delta + a$) des Brillenglases über seine Schnittweite ($s' = a + \partial$) hinaus, so entfernt man sich nach links hin von dem umrandeten Gebiet der gewöhnlichen Probebrillen. Für negative Brechwerte A befindet man sich dann in dem Gebiete der Fernrohrbrillen und sieht aus dem Schichtenbilde, daß bei einigermaßen großen negativen Beträgen von δ einem vorgeschriebenen A-Werte ein viel größeres V entspricht, als es bei dünnen Zerstreuungslinsen möglich wäre. Es sei erwähnt, daß man mit brauchbaren (auch das blickende Auge unterstützenden) Fernrohrbrillen etwa bis zu $V = 1{,}8$ kommt. Aus $\left(D_{,} = \frac{A}{1 + \delta A}\right)$ folgt, daß die Brechkraft $D_{,}$ des Fernrohrbrillenglases hier bei negativem δ um so mehr unter dem A-Wert bleibt, je höher dessen ziffernmäßiger Betrag ist. — Vergrößerungen des Netzhautbildes lassen sich, wie S. 40 bemerkt, auch durch die Verbindung eines positiven δ mit einem positiven A erreichen. Solche Fälle kommen bei den alten schwachen Sammellinsen großen Abstandes oder (bequemer zu tragen) bei Fernrohrbrillen für Übersichtige vor. — Die beiden Quadranten, in denen δ und A verschiedenes Zeichen haben, werden für Brillenzwecke verständlicherweise nicht häufig in Anspruch genommen, da sie ja auf Verkleinerungen des Netzhautbildes führen. Immerhin sei bemerkt, daß bei einer Brille für Einseitig-Aphakische eine solche Wirkung benutzt wurde, um die Netzhautbildgröße im linsenlosen mit der im Vollauge in bessere Übereinstimmung zu setzen. Im § 176 mag man darüber Näheres nachlesen.

§ 41. **Der Ausgleich linsenloser oder aphakischer Augen.** Mit dieser Feststellung der Grundpunkte des durch ein Brillenglas korrigierten achsenametropischen Auges ist der Weg gezeigt, den man auch bei Augen mit Krümmungs- und Indexametropien einschlagen kann, doch wird nicht beabsichtigt, hier näher auf diesen Gegenstand einzugehen. Nur der oben erwähnte Fall einer Krümmungsametropie soll kurz behandelt werden, wo es sich um die Bewaffnung aphakischer Augen durch Starbrillen handelt.

Setzt man hier wieder nach A. Gullstrand (*8.*) voraus

$$D_{,,} = 43{,}05 \text{ dptr}$$

und nimmt man ferner beispielsweise an

$$\delta = 12{,}05 \text{ mm},$$

so ergibt sich mittels einer dem Falle $\delta = 10$ mm ganz entsprechenden Rechnung für

$A_{\text{Vollauge}} =$	7,76	— 0,25	— 7,19	— 13,16	— 18,40	dptr
$D_{,} =$	+ 15	+ 10	+ 5	0	— 5	dptr
$\mathbf{SH'} =$	— 4,855	— 3,416	— 1,822	— 0,051	+ 1,930	mm
$\mathbf{SF'} =$	21,721	24,483	27,571	30,978	34,807	mm
$\frac{58{,}64}{D_{12}} =$	1,17	1,23	1,29	1,36	1,44	

Der einzige Unterschied von jenem Falle liegt bei der Berechnung der Bildgröße vor, wobei an Stelle von $D_{,,} = 43{,}05$ dptr die Brechkraft der Flächenfolge im normalen emmetropischen Auge eingesetzt wird.

Es steht mit diesem Ergebnis in guter Übereinstimmung, daß nicht selten nach Entfernung der Kristallinse des Auges eine Erhöhung der Sehschärfe festgestellt wurde. Und zwar müßte man nach der vorstehenden

Überlegung einen um so größeren Vorteil dieses Eingriffs erwarten, je stärker die Achsenverlängerung bei dem betreffenden Auge ist.

Ein anderes, sehr gefälliges Verfahren zur Vergleichung der Netzhautbildgröße im linsenlosen Auge mit der Bildgröße im Vollauge hat K. Bjerke (*1. 2.*) schon 1902/03 angegeben. Er geht davon aus, daß die Strahlachsenwinkel $\omega_{,}$ im optischen Zentrum der Kristallinse durch ihre Entfernung nicht geändert werden. Der scheinbare Ort dieses Punktes liegt 5,4 mm vom Hornhautscheitel entfernt. Während also der Verlauf der zu diesem Punkte gehörigen Strahlen im Bildraume des Brillenglases ungeändert bleibt, sind die Neigungswinkel im Raume der entfernten Sehprobe für das Vollauge und für das brillenbewaffnete linsenlose Auge ganz verschieden. Eine Darstellung dieses Verlaufs findet sich bei M. v. Rohr (*39.* 62).

§ 42. **Geschichtliche Bemerkungen zum Ausgleich linsenloser Augen.** Für Starpatienten ist die Verwendung einer schwachen Sammellinse in großem Abstande bereits bei F. C. Donders (*3.* 265) empfehlend erwähnt worden, und er hebt wie seinerzeit J. T. Desaguliers wieder die Ähnlichkeit mit der Verwendung eines holländischen Fernrohrs hervor. Die beiden Formeln (13) und (14) werden, wenn die Brechkraft der Hornhaut mit $\overline{D_{,,}}$ angenommen und die schwache Sammellinse $D_{,}$ wieder als dünn vorausgesetzt wird,

$$D_{12} = D_{,} \frac{A + \overline{D_{,,}}}{A}; \quad \frac{\overline{D_{,,}}}{D_{12}} = \frac{\overline{D_{,,}}}{D_{,}} \, \frac{A}{A + \overline{D_{,,}}}.$$

Ohne diese beiden Vorgänger zu kennen, empfahl P. Landsberg (*1.*) 1892 diese Ausgleichsmöglichkeit wieder und wies von neuem auf die Ähnlichkeit mit dem holländischen Fernrohr hin, ohne daß damals auch nur jene Stelle des Dondersischen großen Werkes herangezogen worden wäre, von J. T. Desaguliers ganz zu schweigen.

§ 43. **Der Einfluß der Brille auf die Akkommodationsbreite im allgemeinen** läßt sich in bequemer Weise darstellen, wenn man nach Abb. 21

Abb. 21.

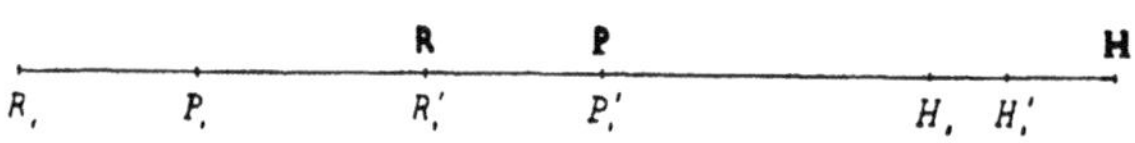

Die Lage der scheinbaren ($R_{,}$, $P_{,}$) und der wahren (**R**, **P**) Grenzpunkte des Akkommodationsgebietes.

auch den scheinbaren Nahepunkt $P_{,}$ und den scheinbaren Fernpunkt $R_{,}$ auf den vorderen Hauptpunkt **H** des Auges bezieht[1]) und auf diese Weise vergleichbare Abstände und Brechwerte schafft.

---

1) Der Ort des Augenhauptpunkts wird hierbei als unabhängig von der Akkommodation des Auges angenommen. Man vernachlässigt dabei nach dem strengen Gullstrandschen Übersichtsauge eine Verschiebung von etwa 0,4 mm, was bei der beschränkten Genauigkeit der Messungen am lebenden Auge ohne Bedenken geschehen kann.

In Bezug auf die zunächst beliebig angenommene Brechkraft $D_,$ ist wegen

$$\begin{aligned} H_,R_, &= H_,H_,' + H_,'\mathsf{H} + \mathsf{H}R, \quad & H_,P_, &= H_,H_,' + H_,'\mathsf{H} + \mathsf{H}P, \\ r_, &= i + \delta + \mathfrak{r}; & p_, &= i + \delta + \mathfrak{p} \end{aligned} \tag{20}$$

und ferner

$$\begin{aligned} H_,'R_,' &= H_,'\mathsf{H} + \mathsf{HR} \quad & H_,'P_,' &= H_,'\mathsf{H} + \mathsf{HP} \\ r_,' &= \delta + \mathbf{r}; & p_,' &= \delta + \mathbf{p}. \end{aligned} \tag{21}$$

Man hat nun nichts weiter zu tun, als in den Linsengleichungen

$$1/r_, = 1/r_,' - D_,; \qquad 1/p_, = 1/p_,' - D_, \tag{22}$$

die Werte $r_,$, $r_,'$, $p_,$, $p_,'$ durch δ, i, $\mathbf{r}$, $\mathfrak{r}$, $\mathbf{p}$, $\mathfrak{p}$ auszudrücken, wobei sich dann Beziehungen der Form ergeben wie

$$\mathfrak{r} + \delta + i = \frac{\mathbf{r} + \delta}{1 - D_,(\mathbf{r} + \delta)}; \quad \mathfrak{p} + \delta + i = \frac{\mathbf{p} + \delta}{1 - D_,(\mathbf{p} + \delta)}.$$

Bestimmt man nun im Anschluß an F. C. Donders (*3*. 26) die Akkommodationsbreite durch

$$A_k = 1/\mathbf{p} - 1/\mathbf{r}, \tag{23}$$

so ist, da allgemein

$$1/\mathbf{r} = A$$

gilt,

$$1/\mathbf{p} = A + A_k. \tag{24}$$

Bildet man sodann die v e r g l e i c h b a r e Akkommodationsbreite

$$\mathfrak{A}_k = 1/\mathfrak{p} - 1/\mathfrak{r}$$

eines mit der gegebenen Linse oder Linsenfolge $D_,$ ausgerüsteten Auges, so kommt man nach einigen keinerlei grundsätzliche Schwierigkeiten bietenden Rechnungen auf die ganz allgemeinen Beziehungen

$$\begin{aligned} &\mathfrak{A}_k = A_k \mathfrak{K}. \\ &1/\mathfrak{K} = [1 - i/\mathbf{p} + D_,(\delta + i)(1 + \delta/\mathbf{p})]\,[1 - i/\mathbf{r} + D_,(\delta + i)(1 + \delta/\mathbf{r})]. \end{aligned} \tag{25}$$

Setzt man nun voraus, daß es sich um die korrigierende oder Fernbrille handele, so wird in (22) wegen $r_, = \infty$

$$D_, = 1/r_,' = 1/(\delta + \mathbf{r}); \quad D_,(\mathbf{r} + \delta) = 1; \quad 1/\mathbf{r} = D_,(1 + \delta/\mathbf{r}) \tag{26}$$

Führt man den Ausdruck in (25) ein, so erhält man unter Benutzung von $1/\mathbf{r} = A$ zunächst

$$1/\mathfrak{K} = [1 - i/\mathbf{p} + D_,(\delta + i)(1 + \delta/\mathbf{p})]\,[1 + \delta A]$$

und dann unter Berücksichtigung von (24) ohne jede Vernachlässigung

$$1/\mathfrak{K} = (1 + \delta A)^2 + A_k(A\delta^2 - i). \tag{27}$$

In diesem Ausdruck fehlt die Brechkraft $D_,$ der Fernbrille; sie ist entsprechend (2) durch $D_, = A/(1 + \delta A)$ zu bestimmen. Es handelt sich hier eben wieder um die Benutzung der inneren Bezugspunkte, nämlich in erster Linie um den Augenhauptpunkt **H** und die beiden um $i = H_{,}H_{,}'$ voneinander abstehenden Brillenhauptpunkte. H. Erggelet (*5.* 163) bezeichnete $\mathfrak{A}_k = A_k\mathfrak{K}$ als äußeren Akkommodationserfolg.

Setzt man ein dünnes Brillenglas ($i = 0$) mit

$$\delta = 0{,}0133 \text{ m}$$

voraus, so wird (27) zu

$$1/\mathfrak{K} = (1 + \delta A)^2 + A A_k \delta^2;$$
$$\delta = 0{,}0133 \text{ m},$$

und darin ist bei dem für A und A_k anzunehmenden Bereich das zweite Glied sicherlich viel kleiner als das erste. Man kann also allgemein sagen, daß Übersichtige durch ihre (möglichst dünne) Fernbrille eine Abnahme, Kurzsichtige durch ihre dünne Fernbrille eine Zunahme der vergleichbaren Akkommodationsbreite erhalten. Das Schichtenbild (Abb. 22) wird näheres erkennen lassen.

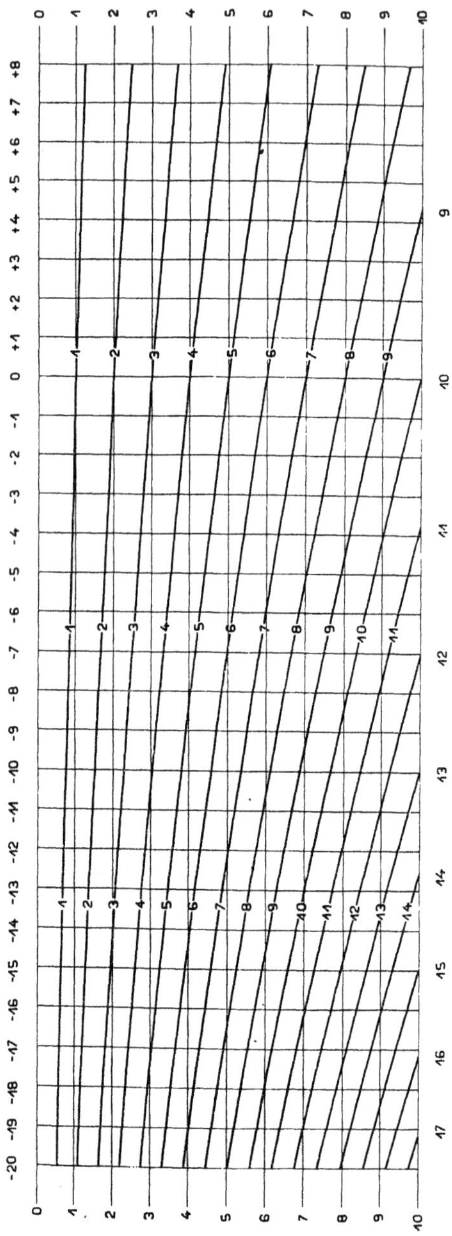

Abb. 22.

Schichtenbild der vergleichbaren Akkommodationsbreite $\mathfrak{A}_k$ fortgesetzt bis $0 \leqq -A_k \leqq 10$ dptr; -20 dptr $\leqq A \leqq +8$ dptr.

§ 44. **Geschichtliche Bemerkungen zur Änderung der Akkommodationsbreite durch die Brille.** Zuerst hat wohl F. C. Donders (*3.* 123 ff.) die Einwirkung des gewöhnlichen Brillenglases auf die Akkommodationsbreite hervorgehoben. — Eine gründliche Darstellung mit Hilfe des Sampsonschen Verfahrens gab in neuester Zeit H. Erggelet (*5.*), und ferner hat M. v. Rohr (*47.*) die hier wiedergegebenen Formeln abgeleitet.

§ 45. **Die Änderung des äußeren Akkommodationserfolges durch ein Lohnsteinsches Hydrodiaskop.** Untersucht man die Lohnsteinsche Wasserkammer (s. S. 12) mit Hinblick auf ihre Beeinflussung der Akkommodation, so hat schon ihr Erfinder darauf hingewiesen, daß die Einstellungsbreite beim Gebrauch seines Geräts abnimmt. Er ist aber in gewisser Weise durch die Bemerkung GALTONS bei den ähnlich wirkenden Taucherbrillen vom Jahre 1865 um das volle Recht an seiner Entdeckung gebracht worden. Bezeichnet man mit $-A_k$ den durch die Akkommodation hervorgebrachten zusätzlichen Betrag, so erhält man nach einigen, nicht weiter anziehenden Zwischenrechnungen für eine als Fernbrille dienende Wasserkammer den Ausdruck

$$\frac{1}{s'_3} = \frac{-A_k}{\{1-(d_1/n_1+d_2/n_2)(-A+(n_1-1)/r_1\}\{1-(d_1/n_1+d_2/n_2)(-A-A_k+(n_1-1)/r_1\}}$$

woraus man den Einfluß der auf ihren Luftwert gebrachten Dicken entnehmen kann. Wegen der unter Umständen notwendigen Umrechnung

Abb. 23.

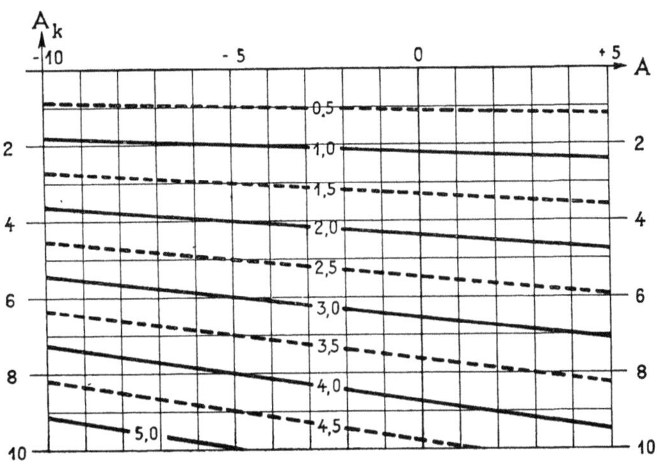

Schichtenbild der vergleichbaren Akkommodationsbreite bei einer LOHNSTEINschen Wasserkammer für $0 < -A_k \leqq 10$ dptr; -10 dptr $\leqq A \leqq +5$ dptr.

der A, A_k-Werte auf den Hornhautscheitel ist auf das oben gesagte zu verweisen. Zu der Formel ist zu bemerken, daß das negative Glied $(n_1 - 1)/r_1$ $-A$ und $-A_k$ gegenüber auch bei hohen Graden von Kurzsichtigkeit überwiegt. Durch die Multiplikation mit dem sehr kleinen Faktor $(d_1/n_1 + d_2/n_2)$ ergeben sich Brüche, die zu der Einheit hinzuzufügen sind. Eine gewisse Verwandtschaft dieses Ausdrucks mit (25) wird man nicht verkennen.

Diese auf den Scheitel des Hydrodiaskops bezogenen Werte sind zweckmäßigerweise, um vergleichbare Werte zu erhalten, auf den vorderen Augenhauptpunkt umzurechnen, was in seinem Beispiel TH. LOHNSTEIN (*6.* 270) ebenfalls schon getan hat. Hier soll, da sich nicht jeder Leser die Mühe geben kann, diese Formel auszuwerten und umzurechnen, ein Schichtenbild (Abb. 23) der vergleichbaren Brechwerte beim Gebrauch der Wasserkammer gegeben werden, wenn man verschiedene Brechungsfehler A und verschiedene Werte der Akkommodation A_k berücksichtigt, die d-Werte aber immer ungeändert läßt.

Man erkennt, wie es nach der vorhergehenden Darstellung zu erwarten war, deutlich den Einfluß des Brechungsfehlers A in dem Sinne wirkend, daß für die gleiche Akkommodationsanstrengung A_k die Abnahme des äußeren Akkommodationserfolges mit wachsendem A-Wert zunimmt.

§ 46. **Geschichtliche Bemerkungen dazu.** Auf die Galtonsche Bemerkung ist schon hingewiesen worden; nach der Lohnsteinschen (*6.*) Arbeit wurde auch die Aufmerksamkeit anderer auf die Einschränkung der Akkommodationsbreite hingelenkt; so widmete ihr auch S. Fater (*1.* 103—8) einige Seiten ihrer zusammenfassenden Arbeit.

Abb. 24.

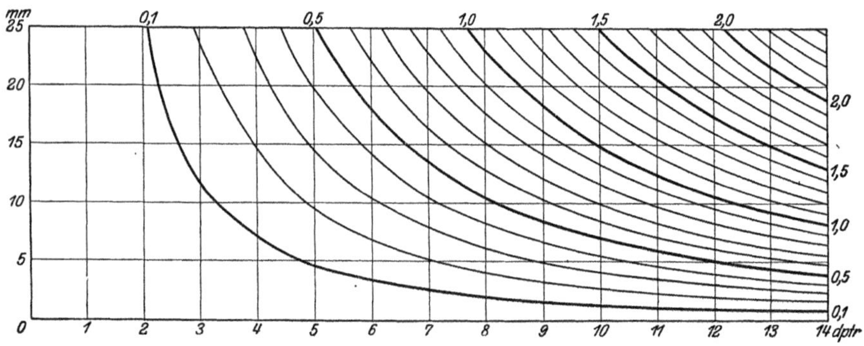

Schichtenbild der vergleichbaren Brechwerte — $\mathfrak{A}$ für verschiebliche Sammellinsen Übersichtiger mit $0 < A \leqq 14$ dptr und Vorschiebungen ε bei $0 \leqq \varepsilon \leqq 25$ mm über $\delta = 13{,}3$ mm hinaus.

§ 47. **Einfache Brillengläser für Augen mit ungenügendem Akkommodationsvermögen.** Mit hierher gehören auch die Vorschiebebrillen, die Linsenlosen das Lesen mit der auf dem Nasenrücken hinabgeschobenen Fernbrille gestatten sollen, also gleichsam dem Starauge auf eine bequeme Weise die Akkommodation ermöglichen. Eine Untersuchung der hier gebotenen Möglichkeiten findet sich bei M. v. Rohr (*29.* 113—6). Das dort entnommene Schichtenbild (Abb. 24) für den äußeren Akkommodationserfolg zeigt, daß mit der Vorschiebung allein nur ziemlich geringe Wirkungen erreicht werden können. Wenn diese Vorkehrung bei den mit gleichseitigen Starbrillen ausgerüsteten Brillenträgern besser wirkt, so liegt das dann an der eigentümlichen Krümmung der Bildfläche der Zerstreuungskreise und der Verwendung schiefer Bündel beim Lesen. An der angeführten Stelle ist näheres darüber zu finden. — Verständlicherweise kann man für die Lösung der vorliegenden Aufgabe auch zu Doppellinsen mit trennbaren Gliedern greifen. Man erzielt damit theoretisch annehmbare Ergebnisse;

freilich wird die Ausführung der besten Formen ziemlich teuer werden. — Der RUDINschen Vorwölbungsbrillen mag als einer optischen Merkwürdigkeit ebenfalls gedacht werden.

§ 48. **Geschichtliche Bemerkungen zu den Vorschiebebrillen.** Die Vorschiebebrillen waren auch F. C. DONDERS (*3.* 268—9) bekannt. — Doppelbrillen mit trennbaren Gliedern wurden schon 1824 von W. KITCHINER (*1.* 48) sowie neuerdings von J. MAYER empfohlen. — Eine sehr sorgfältig geplante Form einer Akkommodationsbrille mit trennbaren Gliedern, die zusammen eine Fernrohrbrille bildeten, empfahl 1915 H. LAUBER, s. ZfoO *3.* 37, 61 und auch *6.* 31. Einzelheiten finden sich eben in dem ROHRschen (*29.*) Aufsatze.

§ 49. **Die Sehschärfe.** Handelt es sich nur darum, die Sehschärfe des Auges festzustellen, so ist dafür auf die scharfe Unterscheidung hinzuweisen, die auf A. GULLSTRAND (*9.* 313—4) zurückgeht. Einmal will man durch die Angabe dieser Größe die Leistungsfähigkeit der Netzhaut messen, und dafür muß ein Verfahren angewandt werden, das einen Vergleich der Größe des Netzhautbildes in verschiedenen Augen gestattet. Zweitens aber

Abb. 25.

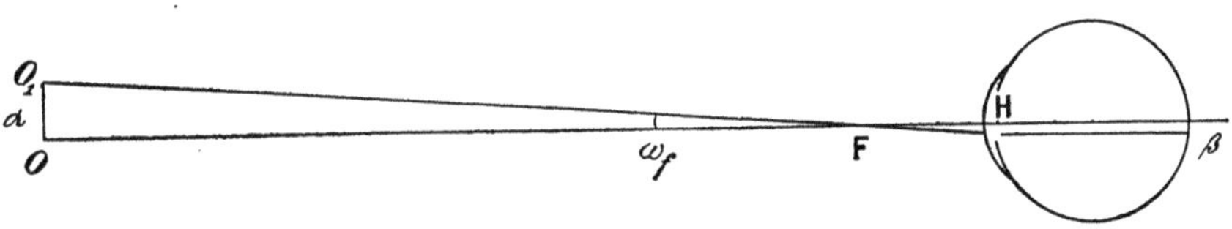

Der Brennpunktswinkel ω_f zur Bestimmung der absoluten Sehschärfe S.

soll durch die Angabe der Sehschärfe auch die Leistungsfähigkeit des gerade vorliegenden Auges gemessen werden, und dies Verfahren muß darum von dem Akkommodationszustande unabhängig sein. Dabei wird zunächst angenommen, daß die Leistungsfähigkeit des Auges vom Akkommodationszustande unabhängig sei.

Was das erste Verfahren angeht (Abb. 25), so empfiehlt sich die Bestimmung der Gesichtswinkel am vorderen Augenbrennpunkt **F**, worauf der O_1**F** im Innern des Glaskörpers entsprechende Strahl achsenparallel verläuft. Bei fernen Gegenständen und emmetropischen Augen mit erschlaffter Akkommodation ergibt sich für die kleinen, hier in Betracht kommenden Winkel, bei denen man die Tangente gleich dem Winkel setzen kann, ohne weiteres nach (8), auf S. 35:

$$\omega_f = \beta/\mathbf{HF} = -\beta/f_{\prime\prime}' = -\beta D_{\prime\prime}.$$

Liegt der Fernpunkt **R** bei fehlsichtigen Augen im Endlichen, so ergibt sich nach Abb. 26

$$\omega_f = \frac{\alpha}{\mathbf{RF}} = \frac{\alpha}{\mathbf{RH}+\mathbf{HF}} = -\frac{\alpha}{a+f_{\prime\prime}'} = -\frac{\alpha}{1/A+1/D_{\prime\prime}} = -\frac{\alpha A D_{\prime\prime}}{A+D_{\prime\prime}} \quad (28)$$

Die diesem Winkel ω_f umgekehrt proportionale Sehschärfe heißt aus dem oben angegebenen Grunde die absolute Sehschärfe S. Sie wurde von F. C. Donders (*3.* 164—6) eingeführt und sei geschrieben

$$S = c/\omega_f\ ^{1)}. \tag{29}$$

Abb. 26.

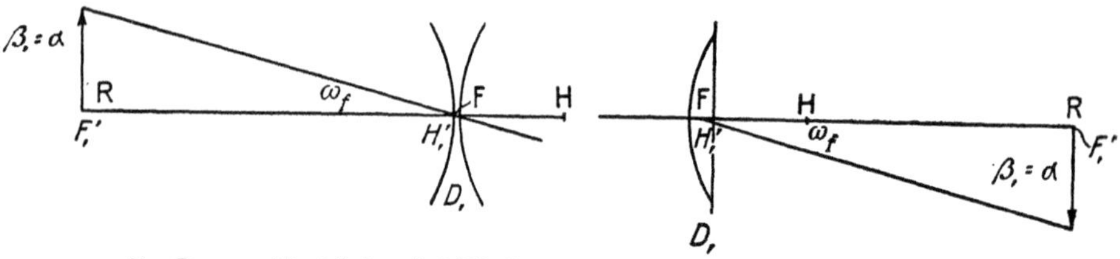

Der Brennpunktswinkel ω_f bei Erhaltung der Netzhautbildgröße des Musterauges für zerstreuende / sammelnde Fernbrillengläser.

Abb. 27.

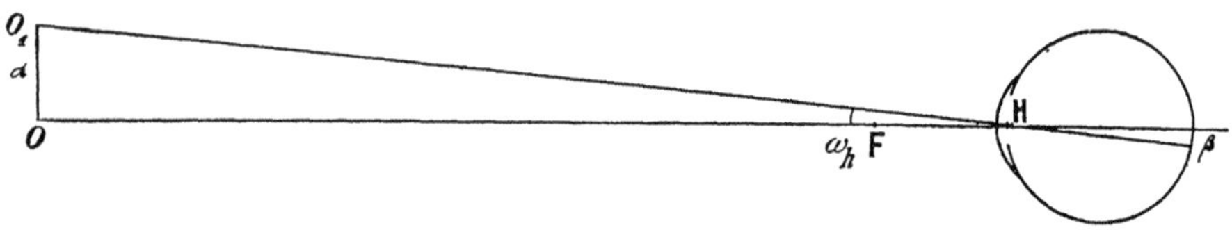

Der Hauptpunktswinkel ω_h zur Bestimmung der natürlichen Sehschärfe S_n.

Für die Bestimmung der Leistungsfähigkeit des gerade vorliegenden Auges wählt man (Abb. 27) zweckmäßig den Winkel ω_h am vorderen Augenhauptpunkt **H**, und zwar eignet sich dieser darum so gut für den hier

1) Grundsätzlich kann die Berechnung von c erfolgen, wenn der Winkel $\bar{\omega}$ bestimmt wird, der dem Normalwert der absoluten Sehschärfe $S = 1$ entspricht. Offenbar wird dann

$$c = S\,\omega_f = \bar{\omega}.$$

Setzt man nach C. Hess (*3.* 249) für die Landoltschen Ringe auf der Sehprobentafel der Internationalen Kommission

$$\bar{\omega} = 1',$$

so folgt

$$c = 0{,}000291.$$

Tatsächlich aber geht man so nicht vor, sondern bildet

$$S = \bar{\omega}/\omega_f,$$

wonach sich dann der Wert der Sehschärfe bei gleicher Schriftprobe als Verhältnis der (genügend großen) Abstände $\bar{a}$, a zu

$$S = a/\bar{a}$$

oder bei gleichem Abstande als Verhältnis der Ausmaße $\bar{p}$, p der Schriftproben zu

$$S = \bar{p}/p$$

ergibt.

verfolgten Zweck, weil die kleine Verschiebung[1] des hinteren Hauptpunkts bei der Akkommodation für die hier erreichbare Genauigkeit vernachlässigt werden kann. Läßt man demnach diese Vernachlässigung zu, so wird die Bildgröße auf der Netzhaut gegeben durch

$$\beta = \mathsf{b}\,\omega_h = \omega_h/B; \quad \omega_h = \beta B,$$

wo **b** die zugeordnete, auf Luft bezogene Bildweite im Augeninnern ist. Die durch diesen Hauptpunktswinkel bestimmte Sehschärfe nennt man nach A. Gullstrand (*9.* 313) die natürliche Sehschärfe S_n, und es ist

$$S_n = c/\omega_h. \tag{30}$$

Abb. 28.

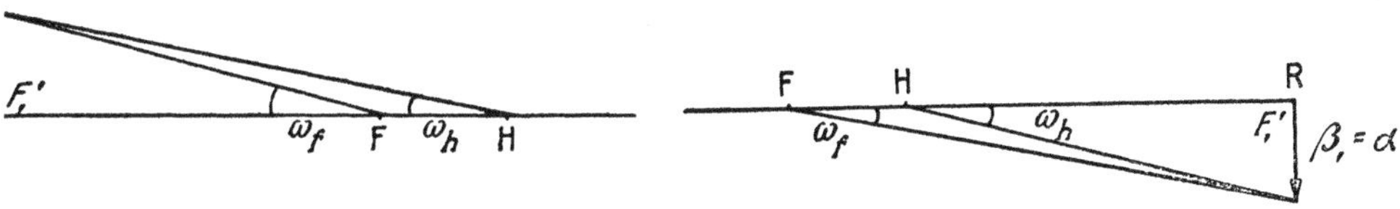

Eine Zusammenstellung von Brennpunktswinkel ω_f und Hauptpunktswinkel ω_h für zerstreuende / sammelnde Fernbrillengläser.

Allgemein für fehlsichtige Augen erhält man für ω_h nach Abb. 28 und

$$\omega_h = \alpha/\mathsf{RH} = -\alpha/a = -\alpha A, \tag{31}$$

mithin

$$S/S_n = \omega_h/\omega_f = B/D_{,,} = 1 + A/D_{,,}. \tag{32}$$

Abb. 29.

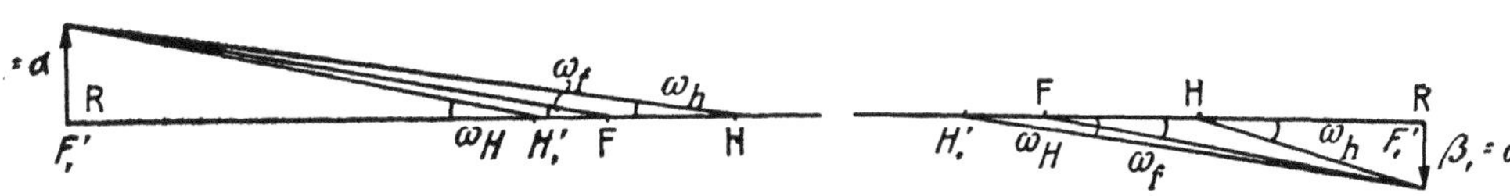

Eine Zusammenstellung von Brennpunktswinkel ω_f, Hauptpunktswinkel ω_h und Brillenhauptpunktswinkel ω_H für zerstreuende / sammelnde Fernbrillengläser.

Man sieht ein, daß bei emmetropischen Augen und entspannter Akkommodation die natürliche mit der absoluten Sehschärfe zusammenfällt, weil hier gilt

$$A = 0$$

und die Strecke **FH** einem unendlichen a-Wert gegenüber verschwindet.

---

1) Nach den Werten für das Gullstrandsche exakte schematische Auge beträgt diese Verschiebung bei einer Akkommodationsbreite von 10,6 dptr

(2,086 — 1,602) mm = 0,484 mm.

Handelt es sich aber um ametropische Augen, so ergeben diese beiden Bestimmungen der Sehschärfe verschiedene Werte.

Da aber der vordere Augenbrennpunkt F äußerlich nicht kenntlich ist, so wird man es im allgemeinen nicht erreichen, daß die beiden Punkte $H_,'$ und F zusammenfallen. Nimmt man wie in Abb. 29 an, daß

$$H_,'\mathsf{F} = \delta_f$$

der auf S. 41 schon eingeführte Brennpunktsabstand des Brillenglases ist, so ist der im vorderen Brillenhauptpunkt $H_,$ gemessene Winkel ω_H verständlicherweise verschieden von ω_f, und man muß für

$$S_r = c/\omega_H \tag{33}$$

nach A. GULLSTRAND (9. 341) den Ausdruck der relativen Sehschärfe einführen. Offenbar ist

$$\omega_H = \frac{\alpha}{\mathsf{R}H_,'} = \frac{\alpha}{\mathsf{RF} + \mathsf{F}H_,'} = \frac{-\alpha}{l + \delta_f}, \tag{34}$$

und wenn man mit $1/L = l = \mathsf{FR}$ den Brennpunktsabstand des Fernpunkts R bezeichnet, so kann man mit dieser Größe auch (28) als $\omega_f = -\alpha/l$ ausdrücken. Ohne weiteres ergibt sich dann

$$S_r/S = \omega_f/\omega_H = (l + \delta_f)/l = 1 + \delta_f L. \tag{35}$$

Setzt man weiter

$$l = \mathsf{FR} = \mathsf{F}H_,' + H_,'F_,' = 1/D_, - \delta_f = (1 - \delta_f D_,)/D_,,$$

so kann man in (35) L fortschaffen und erhält

$$S_r/S = \omega_f/\omega_H = 1/(1 - \delta_f D_,) \tag{36}$$

als einen bequemen Ausdruck der Abhängigkeit des Wertes S_r/S von $D_,$ und δ_f.

Schreibt man

$$S/S_r = 1 - \delta_f D_,, \tag{37}$$

so kann man für ein passendes Fernbrillenglas $D_,$ an dem Probegestell δ_f angenähert ablesen und dann S/S_r berechnen. Vervielfacht man mit dieser Zahl die an der Probetafel festgestellte relative Sehschärfe S_r, so erhält man ohne weiteres die absolute Sehschärfe S des unter den vorliegenden Bedingungen (δ_f, $D_,$) ausgeglichenen Auges. Die relative Sehschärfe ist also, wenn δ_f und $D_,$ verschiedenes Zeichen haben, zu vergrößern, und zu verkleinern, sobald sie gleiches Zeichen aufweisen, wenn man zu dem Werte der absoluten Sehschärfe kommen will. Der Ausdruck (37) eignet sich daher besonders zu einer Schichtendarstellung, und sie ist in Abb. 30 für dasselbe Bereich geliefert, das bei den HENKERschen Schichtenbildern auf S. 32 und 33 vorlag, nämlich unter Beachtung von (16) für

$$-13{,}2 \text{ mm} \leqq \delta_f \leqq 4{,}3 \text{ mm}.$$

Die obere Begrenzung gilt für die Werte $A = +20$ und $A = -20$ dptr.

Da diesen aber je nach dem δ_f-Werte andere und andere (aus den Henkerschen Schichtenbildern zu entnehmende) D_r-Werte entsprechen, so verläuft weder der obere noch der untere Rand gerade, sondern sie werden je von einem Stück einer bestimmten Hyperbel geliefert. Die Schichtenlinien für bestimmte Werte von S/S_r — hier sind die um ganze Zehntel verschiedenen Linien gewählt mit Einschaltung der gestrichelten Linien für das erste halbe Zehntel — sind gleichseitige Hyperbeln zu dem Anfangspunkte als Mittelpunkt. Jeder Hyperbelast ist hinsichtlich der trennenden Achse das Spiegelbild seines Nachbarn mit der ziffermäßig gleichen Abweichung von der Einheit. Man erkennt, daß das herausgegriffene Bereich ziemlich ungleichmäßig von den Linien bedeckt wird, denn für positive δ_f-Werte sind die beiden Sehschärfenwerte viel weniger verschieden als für negative, und der Teil mit positiven D_r-Werten zeigt geringere Unterschiede zwischen S und S_r als der Teil mit negativen. Im ungünstigsten Falle ist $S = 0{,}71\ S_r$, also wird eine merkbare Verkleinerung der Prüfungsergebnisse in diesem Falle nötig.

Abb. 30.

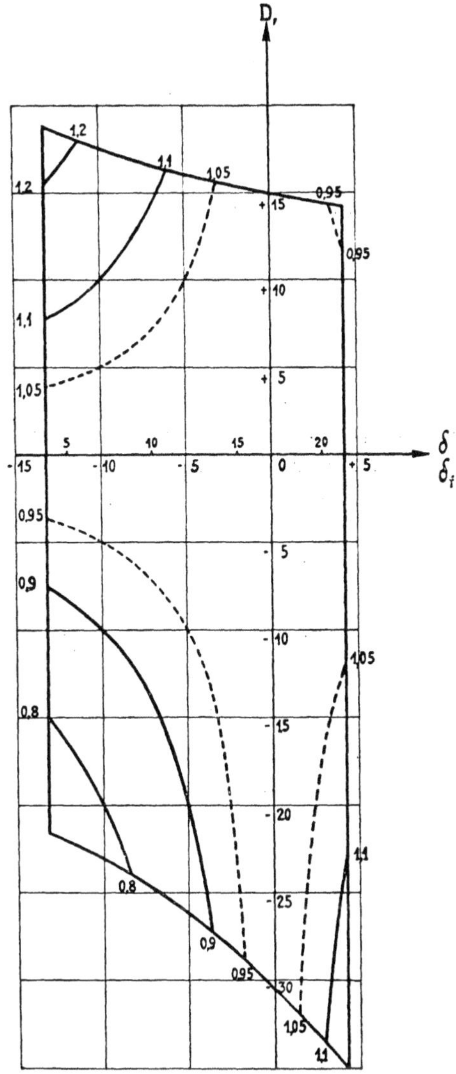

Schichtenbild für S/S_r.
Das Henkersche Gebiet ist durch stärkere Umrandung hervorgehoben.

Um die Beziehung auf andere, mit δ als Abszisse entworfene, Tafeln zu erleichtern, sind nebenbei auf der Achse auch die δ-Werte kenntlich gemacht worden.

Indessen kann man die Größe L auch noch auf eine andere Weise entfernen, wenn man gleich oben bei (34) schreibt

$$\omega_H = \frac{\alpha}{\mathsf{R}H_{,}'} = \frac{\alpha}{\mathsf{RH} + \mathsf{H}H_{,}'} = \frac{-\alpha}{a+\delta} = -\frac{\alpha A}{1+\delta A}, \tag{38}$$

und man erhält dann unter Benutzung von (28)

$$S_r/S = \omega_f/\omega_H = \frac{a+\delta}{a+f_{,,}'} = \frac{1+\delta A}{1+f_{,,}' A}. \tag{39}$$

Wie man sieht, sind aber (36) und (39) schon auf S. 44 für $V = D_{,,}/D_{12}$ unter (18) und (19) abgeleitete Beziehungen, und man erkennt, daß die Proportion gilt

$$S_r : S = D_{,,} : D_{12} = f_{12}' : f_{,,}'.$$

Auf eine ganz entsprechende Weise läßt sich aus (38) und (31) bilden

$$S_r/S_n = \omega_h/\omega_H = 1 + \delta A$$

oder, wenn man die auf S. 30 abgeleitete Beziehung (3) benutzt,

$$S_n/S_r = 1 - \delta D_{,}.$$

Faßt man diesen Ausdruck in Worte, so kommt man auf die GULLSTRANDsche (9. 315) Regel: »Wenn δ in Zentimetern gemessen wird, so erhält man die natürliche Sehschärfe allgemein aus der bei großem Objektabstande ermittelten relativen Sehschärfe durch Abziehen von δ % für jede Dioptrie des angewendeten Glases, wobei es gleichgültig ist, ob das Auge akkommodiert oder nicht.«

Bequemer wird die Entnahme der entsprechenden Werte von S_n/S_r aus dem zugehörigen Schichtenbild, wie es in Abb. 31 angegeben ist. Es gilt wieder für das HENKERsche Bereich

$$3{,}85 \text{ mm} \leqq \delta \leqq 21{,}35 \text{ mm}$$
$$-20 \text{ dptr} \leqq A \leqq +20 \text{ dptr},$$

und die Schichtlinien sind in der Weise wie vorher ausgezogen worden.

Man erkennt, daß man hier bei der Prüfung mit den gewöhnlichen sammelnden Probebrillen für S_n/S_r Werte unter 1 erhält und solche über 1 bei zerstreuenden Probegläsern. Das ist selbstverständlich nur der zahlenmäßige Ausdruck dafür, daß für sammelnde Gläser gilt $\omega_H < \omega_h$ und für zerstreuende $\omega_H > \omega_h$. Nebenbei sei bemerkt, daß nach (32) gelten muß

$$(S/S_r : S_n/S_r) - 1 = A/D_{,,}$$
$$S/S_r - S_n/S_r : S_n/S_r = A : D_{,,},$$

so daß man nur einen dieser Brüche zu kennen braucht, um mit Verwertung von A und $D_{,,}$ auch den andern zu ermitteln.

Doch geht man auf Abb. 31 zurück, so handelt es sich bei den verschiedenen Schichtlinien wieder um gleichseitige Hyperbeln mit dem Anfang als Mittelpunkt. Die Abweichungen der beiden Sehschärfenwerte voneinander sind hier wesentlich größer als im vorigen Falle und steigen an der Grenze für weit abstehende starke Zerstreuungsgläser bis zu $S_n/S_r = 1{,}75$.

§ 50. **Geschichtliche Bemerkungen zur Sehschärfe.** Schichtenbilder der Vergrößerung des Netzhautbildes in ihrer Abhängigkeit von der Achsenlänge **b** des auszugleichenden Auges und von δ finden sich zuerst bei M. v. ROHR (*17.*). Später hat derselbe Verfasser (*40.*) eine Darstellung erscheinen lassen, der sich die soeben mitgeteilte ziemlich genau anschließt.

Nach R. KIRSCH (*1.*) scheint indessen die Nahsehschärfe recht merklich — um 12—27 v. H. — hinter der Fernsehschärfe zurückzubleiben.

Abb. 31.

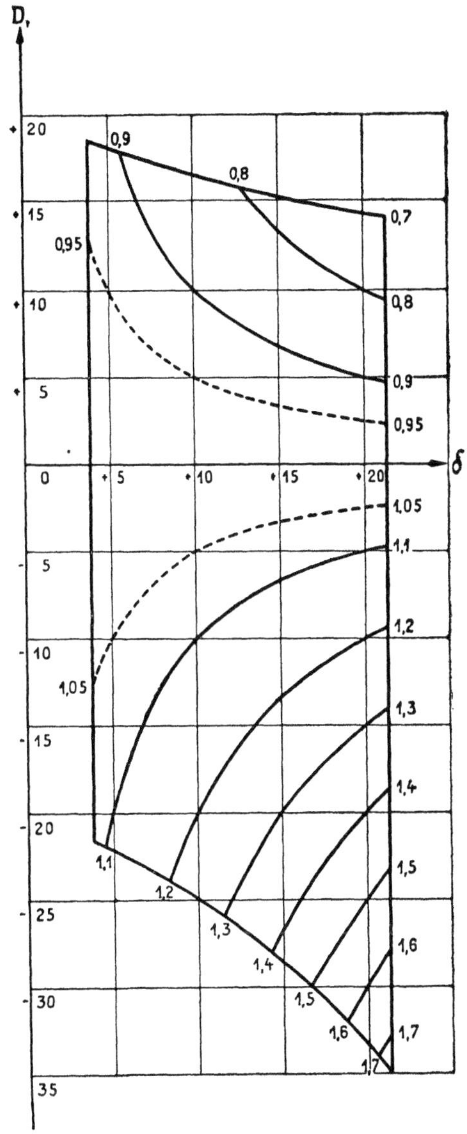

Schichtenbild für S_n/S_r.
Das HENKERsche Gebiet ist durch stärkere Umrandung hervorgehoben.

§ 51. **Die Presbyopen- oder Nahbrillen.** Eine weitere Abweichung ist der Zustand der Alterssichtigkeit oder der Presbyopie. Dabei wird infolge abnehmender Formveränderlichkeit der Kristallinse die Akkommodation eingeschränkt und schließlich ganz aufgehoben. Unter einem presbyopischen Auge versteht man nach F. C. DONDERS (*3.* 179) des Näheren ein solches emmetropisches oder korrigiertes Auge, wo der Nahepunkt eine weitere Entfernung angenommen hat als 8″ P.M. = 8 × 2,707 cm = 22 cm. Für die Abnahme der Akkommodationsbreite kann man folgende durchschnittliche Werte ansetzen:

im Alter von 40 50 60 Jahren
besteht noch eine Akkommodationsbreite von 4,5 2,5 1,0 dptr.

Die mit der Verminderung der Akkommodation verbundene Verschiebung des Nahepunkts macht es für Alterssichtige in der Regel (s. aber § 43 auf S. 46) notwendig, ein Brillenglas zu tragen, das als Presbyopen- oder Nahbrille bezeichnet werden soll.

Die Brechkraft $D_,$, die der Augenarzt dafür vorschreiben muß, richtet sich nach dem Brechungsfehler der Flächenfolge des zu bewaffnenden Auges und der bei der Naharbeit noch anzuwendenden Akkommodation. Mithin gehören hierher nicht nur die Nahbrillen für Fehlsichtige, sondern auch die Arbeitsbrillen für alterssichtig gewordene Emmetropen, da beim Gebrauch der Nahbrillen fast immer akkommodiert werden soll.

Es wird sich also darum handeln, aus der von dem verordnenden Augenarzt angegebenen Bildentfernung $b_,$ und der, ebenfalls in m gemessenen Dingweite $a_, < 0$

$$0{,}2\ \mathrm{m} < -a_, < 0{,}75\ \mathrm{m}$$

die Brechkraft $D_,$ der Nahbrille zu bestimmen. Sie ergibt sich zu

$$D_, = B_, - A_,$$

und man sieht ein, daß $D_,$ von positivem Zeichen ist, wenn es sich bei Emmetropen von 60 Jahren und darunter noch um einen Nahepunktsabstand $-b_,$ handelt, wo

$$-b_, > -a_,$$

gilt. Bei Kurzsichtigen wird das Vorzeichen von $D_,$ je nach der Größe der Ametropie auch negativ ausfallen können.

§ 52. **Geschichtliche Bemerkungen dazu.** Einen Vorschlag für eine allgemeingültige Formel zur Bestimmung der Nahbrille machte 1875 F. Monoyer (2.). Er ließ dabei nicht nur den Brechungsfehler A und den Brechwert B der Arbeitsentfernung, sondern auch einen Bruchteil des noch vorhandenen Betrags A_k der Akkommodationsbreite erscheinen. Die angekündigte, ausführlichere Begründung dieses Vorschlages hat hier nicht vorgelegen.

Abb. 32.

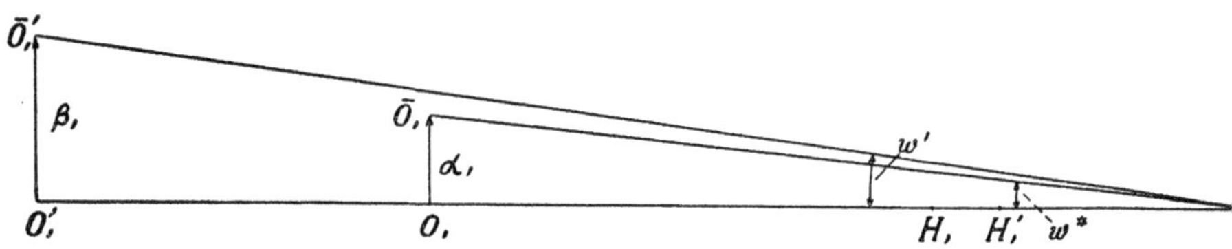

Zur Ableitung der Bildgröße beim akkommodierenden Auge.
$a^* = \mathbf{H}\,O_,;\quad a = \mathbf{H}\,O_,'$.

§ 53. **Die Bildgröße beim akkommodierenden Auge.** Wendet man sich jetzt zur Bestimmung der Änderung der Netzhautbildgröße beim brillenbewaffneten, akkommodierenden Auge, so muß man dafür die Hauptpunktswinkel im Augenraum einführen.

Gegeben sei der Gegenstand $\alpha_, = O_,\bar{O}_,$, der durch das Brillenglas $D_,$ mit den Hauptpunkten $H_,H_,'$ nach $\beta_, = O_,'\bar{O}_,'$ abgebildet werde (Abb. 32).

Wenn überall im achsennahen Raume tg$w$ durch w ersetzt wird, so ist für das unbewaffnete Auge

$$w^* = \frac{O_, \overline{O}_,}{O_, \mathsf{H}} = \frac{O_, \overline{O}_,}{O_, H_, + H_, H_,' + H_,' \mathsf{H}} = \frac{\alpha_,}{-a_, + i + \delta}$$

und für das bewaffnete

$$w' = \frac{O_,' \overline{O}_,'}{O_,' \mathsf{H}} = \frac{O_,' \overline{O}_,'}{O_,' H_,' + H_,' \mathsf{H}} = \frac{\beta_,}{-b_, + \delta}.$$

Die Vergrößerung des Netzhautbildes durch die Brille ist also gegeben mit

$$N = \frac{w'}{w^*} = \frac{\beta_,}{\alpha_,} \; \frac{-1/A_, + \delta + i}{-1/B_, + \delta} = \frac{\beta_, B_,}{\alpha_, A_,} \; \frac{1 - (\delta + i) A_,}{1 - \delta B_,},$$

also nach Berücksichtigung von (7)

$$N = \frac{1 - (\delta + i) A_,}{1 - \delta B_,} = \frac{1 - (\delta + i) A_,}{1 - \delta A_, - \delta D_,}.$$

Vernachlässigt man für dünne Linsen den Wert von i, so ergibt sich

$$N = \frac{1 - \delta A_,}{1 - \delta A_, - \delta D_,} = 1 : 1 - \frac{\delta D_,}{1 - \delta A_,} = 1 : 1 - = \frac{\delta a_,}{f_,' (a_, - \delta)},$$

und das ist eine ältere Formel, die aus diesem Grunde abgeleitet sei.

Führt man nun die Entfernungen von dem beim Akkommodationsvorgange unveränderlich angenommenen Augenhauptpunkte **H** ein durch

$$a^* = a_, - (\delta + i); \quad a = b_, - \delta,$$

so kann man schreiben

$$N = \frac{\beta_,}{\alpha_,} \frac{a^*}{a} = \frac{A_,}{B_,} \frac{a^*}{a} = \frac{B_, - D_,}{B_,} \frac{a^*}{a} = \frac{f_,' - b_,}{f_,'} \frac{a^*}{a} = \frac{a^*}{a} \frac{f_,' - (a + \delta)}{f_,'}$$

$$= a^* \left[\frac{1}{a} (1 - \delta/f_,') - 1/f_,'\right] = a^* [A (1 - \delta D_,) - D_,]. \qquad (40)$$

Beachtet man schließlich, daß der Hauptpunktswinkel $w = \omega_h$ des bewaffneten Auges gegeben wird durch

$$\omega_h = \beta_, / - a,$$

so fällt a^* heraus, und man erhält für das Vergrößerungsvermögen die wichtige Formel GULLSTRANDS[1])

$$N / - a^* = \omega_h / \alpha_, = D_, - A (1 - \delta D_,), \qquad (41)$$

die das Verhältnis des Hauptpunktswinkels ω_h des mit $D_,$ bewaffneten Auges zur Gegenstandsgröße $\alpha_,$ ausdrückt durch $D_,$, δ und A des im

1) Daß $\omega_h/\alpha_,$ hier abweichend von GULLSTRAND kein negatives Zeichen führt, erklärt sich durch die abweichende Bestimmung der Winkel, die in der deutschen rechnenden Optik von jeher in umgekehrtem Sinne gezählt wurden wie in der Mathematik.

allgemeinen akkommodierenden Auges. Bei Lupen wird man $D_{\prime} > 0$ anzusetzen haben.

Man erkennt ohne weiteres, daß für rechtsichtige Augen in Akkomodationsruhe $A = 0$ das Vergrößerungsvermögen gegeben ist durch

$$\omega_h/\alpha_{\prime} = D_{\prime};$$

man nennt das den absoluten Wert des Vergrößerungsvermögens gegenüber dem individuellen für $A \gtrless 0$.

Will man diese Angabe auf die gewohntere Vergrößerungszahl N in der üblichen Sehweite von $l = 25$ cm $= 1 : 4$ dptr zurückführen, so ist in (41) $-a^* = l$ zu setzen:

$$N = \omega_h a^*/\alpha_{\prime} = l D_{\prime} \tag{42}$$

für die absolute Vergrößerungszahl, und entsprechend für die individuelle:

$$N = \omega_h a^*/\alpha_{\prime} = l\,[D_{\prime} - A\,(1 - \delta D_{\prime})]. \tag{43}$$

Beachtet man, daß bei einer Lupe mit $f_{\prime}' > 0$

$$1 - \delta D_{\prime} \lesseqgtr 0 \text{ gilt, je nachdem } f_{\prime}' \lesseqgtr \delta \text{ ist,}$$

so kann man sagen, daß der Faktor $1 - \delta D_{\prime}$ positiv (negativ) ausfällt, je nachdem $F_{\prime}'$ hinter (vor) **H** liegt. Unter Berücksichtigung von (41) folgt weiter, daß im ersten Falle das individuelle Vergrößerungsvermögen bei Kurzsichtigen (Übersichtigen) größer (kleiner) ist als das absolute. Im zweiten Falle gelten gerade die umgekehrten Beziehungen. Wechselt $\omega_h/\alpha_{\prime}$ das Zeichen, so daß es sich um einen negativen Wert handelt, so wird das Bild umgekehrt wahrgenommen.

§ 54. **Geschichtliche Bemerkungen dazu.** Die oben abgeleitete GULLSTRANDsche Form des Vergrößerungsvermögens wurde bereits 1884 von ABBE (*1.*) mitgeteilt, der dafür den allerdings anders aussehenden Ausdruck

$$\operatorname{tg} u/h = 1/f + 1/f \cdot d/l$$

angab, wobei in der derzeitigen ABBEschen Bezeichnungsweise

$$d = F'P' = F'H_{\prime}' + H_{\prime}'\mathsf{H} = -f + \delta$$

zu setzen ist, während l von der Akkommodation des Auges abhängt und zu a wird, wenn man, wie soeben angenommen, den Hauptpunkt **H** des Auges in den Hauptstrahlenkreuzungspunkt P' hineinrücken läßt. Der Ausdruck $\operatorname{tg} u/h$ links ist ohne weiteres $\omega_h/\alpha_{\prime}$, und man hat nur noch zu beachten, daß nach der ABBEschen Beziehung auf die Brennpunkte die Brechkraft der Linsenfolge $1/f$ hier ohne weiteres durch $D_{\prime}$ zu ersetzen ist. Man erhält also durch Umschreiben

$$\omega_h/\alpha_{\prime} = D_{\prime} - A + \delta D_{\prime} A$$

oder

$$= D_{\prime} - A\,(1 - \delta D_{\prime}),$$

wie es auch sein muß. A. GULLSTRAND (*9.* 310) hat auf diesen Sachverhalt hingewiesen.

Eine Behandlung dieses Ausdrucks für schwache Linsenfolgen hatte ABBE (*1.* 349) damals bewußterweise ausgeschlossen.

§ 55. **Die Lupenbrillen.** Handelt es sich aber um den Fall, daß bei weiter Entfernung des Fernpunktes die Akkommodation vollständig aufgehört hat, und solche Fälle werden bei Emmetropen im Alter von mehr als 70 Jahren und bei Staroperierten vorkommen, so ergibt sich für Gegenstände in der Entfernung a aus der Forderung, das von der Brille entworfene Bild solle in den unendlich entfernten Fernpunkt fallen, das Vorzeichen der Brennweite als positiv, und nach (8), wenn man berücksichtigt, daß hier die weite Entfernung für das Bild gilt, die Gleichung

$$-w' = a/f_{\prime}'; \quad -w'/a = 1/f_{\prime}' = D_{\prime}.$$

Man erkennt also, daß der Gesichtswinkel w', unter dem ein kleiner Gegenstand a dem greisenhaften emmetropischen Auge erscheint, in derselben Weise von der Brechkraft des Brillenglases abhängt, wie er sich bei der Verwendung einer Lupe ergeben würde. Aus diesem Grunde seien so benutzte Brillengläser als Lupenbrillen bezeichnet; sie gehören demnach auch zu den Nahbrillen.

In diesem Falle eines greisenhaften Emmetropen ist es übersichtlicher, nicht die Grundpunkte der aus Brillenglas und Auge zusammengesetzten Verbindung aufzusuchen, sondern allein die Wirkung des Brillenglases zu betrachten. Da das Bild im Unendlichen entworfen wird, so hat die Wahl eines bestimmten Abstandes ∂ auf die Größe von w' keinen Einfluß; wenn man aber auch bei einer Lupenbrille die Einhaltung eines vorgeschriebenen Abstandes von dem Hornhautscheitel fordert, so liegen die Gründe dafür anderswo, nämlich in der Berücksichtigung des Sehens mit bewegtem Auge.

Als Brechkraft der Lupenbrille ergibt sich der Ungleichung auf S. 58 entsprechend

$$5 \text{ dptr} \geqq D_{\prime} \geqq 1{,}33 \text{ dptr},$$

doch liegt auf der vorliegenden Stufe der Untersuchung kein Grund vor, die Reihe gerade bei $+5$ dptr abzubrechen. Gibt man aber diese Einschränkung auf, so führt die Reihe stetig zu den eigentlichen Lupen hinüber.

§ 56. Was **die Änderung der Abbildungstiefe** durch die Vorschaltung eines Brillenglases angeht, so sei darauf hingewiesen, daß sich diese Aufgabe wegen der großen Abweichungen bei der Abbildung im Auge wenig zur Behandlung auf dieser Stufe eignet. Die abzuleitenden Ergebnisse sind also nur auf ganz kleine Pupillendurchmesser anzuwenden. Hier sei auf die Darstellung bei M. v. Rohr (*4.* 326) verwiesen, wo eine solche Ableitung durchgeführt worden ist. Danach ist man zu der folgenden, angenähert gültigen Aussage berechtigt:

Man übersieht die in der Abbildungstiefe des Auges durch das Brillenglas hervorgebrachte Änderung am leichtesten, wenn man die (Schein-) Annahme macht, die Brille verändere den Pupillendurchmesser im quadratischen Verhältnis der linearen Vergrößerung und berühre den Wert der Sehschärfe im Gegenstandsraum des Brillenglases gar nicht. Zerstreuende Linsen vergrößern daher die Abbildungstiefe, sammelnde vermindern sie.

§ 57. **Die Bestimmung des korrigierenden oder Fernbrillenglases; die Dioptrie.** Es folgt aus dem oben eingeschalteten Abschnitte über die Verbindung des ruhenden Auges mit der dünnen Brille, daß die Radien des Brillenglases in den Formeln überhaupt nicht auftreten, sondern nur seine Brechkraft $D_,$ und (bei merklicher Dicke) seine Schnittweite $s_,'$.

Da die Farbenfehler vorläufig außer Betracht bleiben, so wird der Rohstoff durch eine einzige Brechzahl n genügend gekennzeichnet, und dafür gilt etwa

$$1{,}51 \leqq n \leqq 1{,}53,$$

denn in der Tat werden die meisten Brillengläser aus Glasarten dieser Beschaffenheit hergestellt. Höhere Brechzahlen — z. B. 1,58 — kommen zwar auch vor, sind aber ziemlich selten. Sie gestatten, verglichen mit den ersterwähnten, etwas geringere Krümmungen bei gleicher Brechkraft, doch ergibt sich im allgemeinen kein merklicher Vorteil.

Die Krümmungen werden, wie schon bemerkt, so gewählt, daß sich eine bestimmte Schnittweite $s_,'$ ergibt, wie sie durch den Brechungsfehler A des Auges und die Entfernung ∂ gefordert wird. Ist nach (1) auf S. 29

$$s_,' = \partial + a,$$

so ergibt sich für die Schnittweite $s_,'$, die beiden Radien $r_1\, r_2$, die Brechzahl n und die Glasdicke d der folgende Zusammenhang

$$s_,' = 1/D_, + H'' = 1/D_, - \delta D'/D_,$$

$$\frac{1}{s_,'} = \frac{D_,}{1 - \delta D'}, \tag{44}$$

indem

$$\delta = d/n$$

den Luftwert der Glasdicke,

$$D' = (n-1)/r_1, \quad D'' = (1-n)/r_2$$

die Brechkraft der ersten und der zweiten Grenzfläche, $D_,$ die Brechkraft der Brille darstellen und außerdem nach (9) und (10)

$$D_, = D' + D'' - \delta D' D''; \quad H'' = -\delta D'/D_,.$$

Vernachlässigt man in dem Nenner von $1 : s_,'$ nach Formel (44) $\delta D'$ gegenüber 1, nimmt also $\delta = 0$ an, so wird wegen $H'' = 0$

$$1/s_,' \text{ angen.} = D_,; \quad s_,' = f_,',$$

und man konnte so nicht nur die richtige Regel aussprechen, daß die Schnittweite des dünn angenommenen Brillenglases gleich seiner Brennweite ausfalle, sondern glaubte auch stillschweigend annehmen zu können, daß die gebräuchlichen Brillengläser als dünne Linsen anzunehmen seien.

Den Kehrwert der Brennweite, die **Brechkraft**, hatte man entsprechend abzustufen, und zwar dient jetzt allgemein als Einheit der Brechkraft die **Dioptrie**, deren ganz allgemeine Bestimmung nach dem Vorgange von A. GULLSTRAND (*2.* 66) in der folgenden Weise zu geben ist. »Die Dioptrie ist die Einheit des reziproken Wertes einer durch Division mit dem betreffenden Brechungsindex reduzierten, in Meter gemessenen Haupt- oder Konjugatbrennweite.«

In früheren Jahren wurden die Linsen verschiedener Brechkraft durch Nummern bezeichnet, die in Zollen die Länge des Radius angaben, der unter Verwendung eines Brechungsverhältnisses von 1,5 für eine gleichseitige Linse dieser Brennweite verwendet werden mußte. Unter diesen Umständen stimmte für dünne Linsen die Länge dieses Radius überein mit der Länge der Brennweite, und man erkennt, wie man die alte in die neue Bezeichnung überführen kann. Es ist eben

$$1/f_{\prime}' = D_{\prime} = (n - 1)\, 2/r.$$

Setzt man nun $D_{\prime} = M_{\text{dptr}} \cdot \text{dptr}$ und $r = M_{\text{Zoll}} \cdot 0{,}02615$ m für rheinländische (preußische) Zolle, sowie

$$n = 1{,}528,$$

so ergibt sich die Regel

$$M_{\text{dptr}} = \frac{1{,}056}{0{,}02615\, M_{\text{Zoll}}} = \frac{40{,}4}{M_{\text{Zoll}}}$$

für die Überführung der Maßzahlen der einen in die der andern Bezeichnungsart.

Da man nun unmöglich sämtliche vorkommenden Brechwerte durch besondere, in aller Strenge passende Fernbrillengläser ausgleichen kann, sondern sich auf eine bestimmte endliche Zahl von Stärken beschränken muß, so wird man dafür Abstufungen wählen, die für schwache Brechkräfte klein sind und für stärkere allmählich an Größe zunehmen. Nach M. v. ROHR (*19.* 107) hat man kurz vor der Annahme der Dioptrienteilung im Jahre 1874 drei verschiedene Stufengrößen eingeführt, nämlich $^1/_4$ dptr zwischen $^1/_4$ und $3^1/_2$ dptr, $^1/_2$ dptr zwischen $^1/_2$ und 11 dptr und schließlich 1 dptr zwischen 1 und 20 dptr. Mit einer solchen Abstufung hatte 1868 K. A. BUROW den Anfang gemacht.

§ 58. **Geschichtliche Bemerkungen zur Bestimmung des Fernbrillenglases und zur Einführung der Dioptrie.** Wie die Bezifferung der Brillengläser in den ältesten Zeiten durchgeführt wurde, ist nicht ganz einfach zu sagen. Zuerst scheint man den schwachen Sammelgläsern, die Alterssichtige für die Naharbeit bedurften, mit wachsender Stärke zunehmende Alterszahlen wie 50—60, 60—70 Jahre aufgeschrieben zu haben, ein Brauch, den man auch, noch weniger glücklich, auf Zerstreuungsgläser ausdehnte, die bald allgemein als junge Gläser bezeichnet wurden. Diese auf die Wanderhändler zugeschnittene Übung hat sicher um das Ende des 15. Jahrhunderts in voller Kraft gestanden. —

Sie wurde im letzten Drittel des 16. Jahrhunderts anscheinend in Venedig für den Innenbetrieb der Brillenwerke durch eine Bezifferung ersetzt, die nach der Wirkung der Gläser, also nach einem bestimmten Bruchteil einer Dioptrie, fortschritt, und zwar scheint es, als habe der Wert der Einheitsstufe etwa 0,6 dptr betragen. Deutliche Angaben über die Ausführung einer nachträglichen Messung finden sich bei dem Gewährsmann Th. Garzoni im Jahre 1585 zwar nicht, immerhin ließe sich manches dafür beibringen. — Im Jahre 1623 beschrieb der spanische Lizentiat Daza de Valdes ein solches Verfahren genauer, das man ihm nicht wohl zuschreiben, sondern eher auf eine venezianische Vorgängerschaft zurückführen möchte, da er es offenbar an verschiedenen Stellen grob mißverstanden hatte. Bei diesem Verfahren wurde die Vergrößerung von Meßkreisen durch sammelnde und ihre Verkleinerung durch zerstreuende Linsen dazu benutzt, um die Brechkraft der Linse in der Anzahl der Einheitsstufen zu ermitteln, deren Betrag hier größer, etwa zu einer Dioptrie, gewählt gewesen zu sein scheint. Einige durchdachte Angaben darüber finden sich bei A. v. Pflugk u. M. v. Rohr (*38.*).

Leider wurde dieses den geringen Anforderungen jener Massenbetriebe zur Not genügende Meßverfahren schon 1618 von H. Sirturus, dem ersten Vertreter einer sorgfältigeren Brillenherstellung, nicht übernommen: er führte vielmehr eine Abstufung nach der Länge des Radius der Schleifschale ein, während doch die Anforderungen des täglichen Lebens gerade dessen Kehrwert abzustufen geboten. Man kann wohl sagen, daß die verschiedenen Reihen von Brillennummern mehr oder minder unbewußt einer Lösung zustrebten, wie sie bei den alten Massenbetrieben mindestens für den inneren Dienst in Kraft gestanden hatte. — Die unglückliche Radienteilung ist dann weiter zu beobachten 1716 bei Chr. G. Hertel (*1.*) und nach M. v. Rohr (*25.* 118) bei J. G. Leutmann 1728, nach W. Kitchiner (*1.* 33, 98) bei J. Ramsden (†1800) sowie auch bei J. T. Hudson (*1.*) 1840. Ein Jahr später, 1841, schlug Ch. Chevalier, wie E. Pergens (*2.*) mitteilt, vergeblich vor, die Schleifschalen nach Zentimetern abzustufen. So hatten sich verschiedene Reihen von Brillennummern herausgebildet, wovon M. v. Rohr (*19.*) und (*23.*) mehrere Beispiele gibt. Sie hatten alle den Nachteil, daß bei den niedrigen Nummern viel Auswahl vorhanden war, was nach den höheren zu immer mehr aufhörte. — Ferner sei hier auf den Vorschlag des französischen Optikers Soleil Fils vom Herbst 1857 hingewiesen, den M. v. Rohr (*23.*) bespricht. Hier wurde tatsächlich zum zweiten Male eine Abstufung nach der Brechkraft, nicht nach der Brennweite, vorgeschlagen, und zwar war der Stufenwert in heutigem Maß 0,4 dptr. Indessen scheint dieser seiner Zeit weit voraufeilende Vorschlag damals gar keine Beachtung gefunden zu haben. Von den gebräuchlichen Gläserfolgen am günstigsten in dieser Hinsicht war wohl die von dem Rathenower Hause Busch vor 1863 erfahrungsmäßig angenommene Reihe. Hier setzten die Verbesserungsvorschläge K. A. Burows ein, der zuerst 1863 ein einheitliches »Refraktionsintervall« — in der heute üblichen Bezeichnung von $^1/_3$ dptr — vorschlug. Schon 1864 erkannte er, daß man diese kleine Stufe nur etwa für Gläser bis zu 6 dptr hin brauche, für stärkere komme man mit dem doppelt so großen Intervall von $^2/_3$ dptr aus. Im Jahre darauf schenkte er seine Aufmerksamkeit dem Einfluß des Brechungsverhältnisses und stellte fest, daß für den damaligen Rathenower Brillenwerkstoff der Wert von n zwischen 1,527 und 1,533 läge. — Etwas später wurden von französischer Seite ähnliche Bestrebungen einer allgemein gültigen Regelung laut, und zwar haben sich hier F. Giraud-Teulon und E. Javal beteiligt, und namentlich der letzterwähnte hat die Rechnung mit Brechkräften sehr gefördert, dazu auch 1865 ein zur Umrechnung von Brennweiten in Brechkräfte sehr bequemes Gerät, einen Rechenschieber, angegeben, der noch vier Jahre danach zu 8 fr. (6,40 M.) von Pariser Häusern angeboten wurde. Zu einer Einigung über den Stufenwert kam es aber nicht, sondern man blieb trotz allen wohlbekannten Einwänden bei dem Zoll als Grundlage, und dabei störte es auch, daß die Zollänge in den verschiedenen Ländern nicht dieselbe war. Es ließen sich Mißverständnisse kaum vermeiden, da mindestens drei verschiedene Zolle in Betracht kamen, die in den Ländern der metrischen Ordnung für die gewöhnliche Längenmessung entweder schon längst verschwunden waren oder doch um diese Zeit außer Gebrauch kamen. Es handelte sich dabei vornehmlich um den englischen Zoll mit 25,40 mm, den Pariser mit 27,07 mm oder 106,6% des englischen und den rheinländischen oder preußischen mit 26,15 mm oder 103,0% des englischen. Die erste Andeutung dafür, die metrische Ordnung auch in die Brillenlehre einzuführen, findet sich 1866 bei A. NAGEL (*2.* 30), und 1867 wurde dem in Paris tagenden Ophthalmologischen Kongreß ein dahingehender Antrag von A. NAGEL (*3.*) u. E. JAVAL vorgelegt.

Die Annahme durch die Augenärzte geschah nach der im Jahre 1875 erfolgten Zustimmung von F. C. DONDERS (*4.*) im Laufe der 70er Jahre, nur wurde nach dem zweckmäßigen Vorschlage von F. MONOYER (*1.*) die Einheit der Brechkraft seit 1872 mit einem besonderen Namen als Dioptrie bezeichnet und nicht mit Hilfe des Ausdrucks Meterlinse umschrieben, wie es A. NAGEL (*4.*) gewünscht hatte. Genaueres läßt sich dazu aus den mehrfach genannten ROHRschen Aufsätzen (*19.*) und (*23.*) entnehmen. Natürlich wurde die neue Abstufung nach Dioptrien nicht überall sofort angenommen, namentlich hat sich L. MAUTHNER unter den bekannteren Ophthalmologen nicht mit ihr befreunden mögen. Immerhin wird man annehmen können, daß sich um die Jahrhundertwende die Dioptrieordnung bei den Ärzten völlig eingebürgert hatte, bei den kleineren Optikergeschäften mag sich die Brennweitenbezeichnung nach Zollen noch länger erhalten haben.

M. v. ROHR (*17.* 45/6) hat den Versuch gemacht, die allmählich zunehmende Stufengröße aus der Vorschrift zu begründen, daß der Einstellfehler $O'F'_{12}$ des abgestuften Brillenglases zur Achsenverlängerung $F'O'$ des fehlsichtigen Auges in einem bestimmten kleinen Verhältnis K stehen solle. In seinem Beispiel war $K = 0{,}0323$, und die erfahrungsmäßig gewählten Stufengrößen von S. 63 würden nicht eben schlecht zu den auf diese Weise bestimmten passen.

§ 59. **Die Durchbiegung und ihr Einfluß auf die Verschiedenheit von Schnitt- und Brennweite.** Geht man auf die Formel (1) zurück, und führt man die Glasdicke d nicht als eine willkürlich zu wählende Veränderliche ein, sondern beschränkt man ihren Betrag so sehr als möglich, setzt also d ang. $= 0$, was mindestens bei zerstreuenden Gläsern möglich ist, so sieht man leicht ein, daß man entsprechend (44) und (9) nur die Brechkraftsumme der beiden Flächen erhält, wenn man die Schnittweite s_I' des Glases vorschreibt. Man kann dann noch über einen Radius, etwa den ersten, frei verfügen. Eine solche Änderung der Form des Brillenglases, wobei die Brechkraftsumme der beiden Flächen unverändert bleibt, bezeichnete man ursprünglich mit dem bereits auf S. 17 vorausgenommenen

Fachausdruck Durchbiegen. Später hat man allerdings diesen Ausdruck auch für solche gleichzeitigen Änderungen beider Radien verwandt, bei denen eine andere Größe, etwa die Schnittweite $s_,'$ oder die Brennweite $f_,'$ einer Linse endlicher Dicke, ungeändert bleibt.

Bei sammelnden Gläsern, wo $\delta > 0$ gelten muß, wenn das Glas den üblichen Durchmesser von etwa 40 mm haben soll, wird aber $s_,'$ stets von $f_,'$ abweichen, und zwar entsprechend $1/s_,' = D_,/(1 - \delta D')$ um so stärker, je größer D', d. i. die Durchbiegung, gewählt wurde. Eine Verwechslung beider Größen muß, wie namentlich O. Henker (*1.*, *8.*) betonte, zu ungünstigen Ergebnissen bei der Brillenanpassung führen.

§ 60. **Geschichtliche Bemerkungen dazu.** Eigentümlicherweise scheint dieser doch recht merkliche Unterschied zwischen $s_,'$ und $f_,'$ oder zwischen ihren Kehrwerten A_∞ und $D_,$ in früherer Zeit fast gar nicht hervorgehoben worden zu sein. Abgesehen von der hierhergehörigen, ganz gelegentlichen Bemerkung der Gebrüder Mittelstrass (*1.*) 1890 ist dem Bearbeiter keine Äußerung nach dieser Seite bekannt geworden, was für jene Zeit einen Schluß auf ein ziemlich geringes Verständnis für die Anpassung von Fernbrillen erlaubt.

Am eingehendsten hat sich, wie schon bemerkt, O. Henker mit diesen Fragen beschäftigt; abgesehen von seinen beiden bereits erwähnten Arbeiten ist auch noch ein weiterer Aufsatz (*9.*) aus dem Jahre 1917 zu erwähnen, wo für drei wichtigere Gruppen von sammelnden Brillengläsern (plankonvexe, periskopische und Halbmuschelgläser) an einem Schaubilde der Zusammenhang zwischen ding- und augenseitigen Scheitelbrechwerten angegeben wird.

§ 61. **Die Bestimmung der Brechkraft eines vorliegenden Brillenglases.** Da nach dem vorigen die Brechkraft einer dünnen Linse gegeben ist durch

$$D_, = D' + D'' = (n-1)/r_1 + (1-n)/r_2,$$

so kann man, an dieser Annahme festhaltend, in gebräuchlicher Weise mit einem Sphärometer oder Flächentaster die Brechkraft der Grenzflächen bestimmen und daraus die Gesamtbrechkraft ermitteln. Dabei muß aber die Voraussetzung gemacht werden, daß die Brechzahl n eine bekannte Größe sei. Der Flächentaster kann ja nur den Wert von r oder den von $1/r$ angeben und zwar dadurch, daß an einer vorliegenden Kugelfläche die Pfeilhöhe durch Tasten bestimmt wird, die zum Durchmesser des Tasterkreises gehört. Der Taster mißt also die Krümmung $1/r$, und man kann seine Skala nur dann mit den Dioptrienwerten der Brechkraft

$$D' = (n-1)/r_1; \qquad D'' = (1-n)/r_2$$

beziffern, wenn man für n einen bestimmten Wert einsetzt. Dieser Wert sollte als eine der Bestimmungsgrößen auf dem Taster angegeben sein.

Hat das abgetastete Glas aber eine Brechzahl n_1, so gilt für die beiden Flächen

$$D' = (n_1 - 1)/r_1; \qquad D'' = (1 - n_1)/r_2,$$

und bezeichnet man die am Werkzeug abgelesenen, zu einem nicht zutreffenden Brechungsverhältnisse gehörigen Zahlen mit $\bar{D}'$, $\bar{D}''$, so ergibt sich leicht

$$D' = \bar{D}'(n_1 - 1)/(n - 1); \qquad D'' = \bar{D}''(1 - n_1)/(1 - n),$$

und man erhält für das ganze Brillenglas die Brechkraft

$$D_{,} = \bar{D}_{,}(n_1 - 1)/(n - 1).$$

Setzt man beispielsweise

$$n = 1{,}54; \qquad n_1 = 1{,}52,$$

so ist

$$(n - 1)/(n_1 - 1) = 0{,}54/0{,}52 = 1{,}038,$$

und man erhält, wenn ein Glas aus dem Mittel von 1,52 und einer Brechkraft von $\pm$ 6 dptr vorliegt, durch Tasten mit einem Sphärometer, das für ein Mittel mit 1,54 bestimmt ist, den unrichtigen Wert

$$\bar{D}_{,} = \pm 6^1/_4 \text{ dptr}.$$

§ 62. **Geschichtliche Bemerkungen zur Bestimmung der Brechkraft vorliegender Brillengläser.** In alter Zeit hat man wohl zu der Bestimmung der Brennweite eines Sammelglases stets das reelle Bild eines fernen Gegenstandes entworfen, obwohl sich dabei nur die Schnittweite $s_{,}'$ ergab, was aber bei den damaligen geringen Ansprüchen genügte. — Bei den zerstreuenden Gläsern hat man manchmal die Hohlfläche als Spiegel benutzt und so ihren Radius ermittelt, meistens aber wohl mit Hilfe eines bekannten Sammelglases eine Verbindung mit positivem Zeichen hergestellt, was denn auch früh auf das Neutralisations- oder Ausgleichsverfahren geführt haben wird. — Bemerkenswert ist der von .. du Bois (*1.*) 1826 gemachte Vorschlag, aus der scheinbaren Verschiebung von Sehzeichen, also einer optischen Messung, auf die Brennweite zu schließen, doch scheint er nicht zum Bau eines marktgängigen Geräts geführt zu haben. — Die Aufstellung eines solchen wurde mit einem jeden Jahre wichtiger, und so findet sich wenigstens ein Ansatz bei dem Königsberger Optiker .. Goldschmidt (*1.*) um 1850. Es handelt sich dabei in alter Art um ein rein optisches Einstellverfahren für Sammelgläser, während die Zerstreuungsgläser durch Ausgleichung ermittelt werden sollten. — Von einer wesentlich tiefer gehenden Begründung ist der Vorschlag eines Phakometers, den H. Snellen (*1.*) 1876 machte, doch ist es nicht wahrscheinlich, daß diese Vorrichtung bei den Brillenoptikern eine weite Verbreitung fand. — Da also die Geräte zur optischen Messung fehlten, entwickelte man den Flächentaster (das Sphärometer). In den durchgesehenen Schriften findet sich der erste Taster nach Art der heutigen, allerdings noch nach den alten Zollnummern bezeichnet, bei G. Paus (*1.*) 1882. L. Laurent (*1.*) teilte, auf die frühere Aufgabe zurückgreifend, 1885 ein auf der Beobachtung optischer Bilder begründetes Gerät mit, das auch die Messung von Zylindergläsern gestattete. Danach verbindet sich die Aufgabe, einen Taster zu bauen, mit der Absicht, der neuen Teilung Eingang zu verschaffen, und hier ist auch S. P. Thompson (*1.*) vom Jahre 1889 zu nennen. Eine weitere Darstellung soll unterlassen werden, da weder ausreichende Vorarbeiten vorliegen, noch hier zu einer eingehenden Bearbeitung dieses Seitengebiets Raum genug ist.

Daß sich bei der Tastermessung von Meniskengläsern unrichtige Werte für die Brechkraft ergäben, haben, wie oben bemerkt, in den hier berücksichtigten Schriften zuerst die Gebrüder MITTELSTRASS (*1.*) 1890 mitgeteilt. Auf die Bedeutung des Brechungsverhältnisses bei der Tastermessung wies H. KRÜSS (*1.*) hin. — Merkwürdigerweise scheint nach F. OSTWALT (*3*, 43) noch 1899 bei manchen Herstellern die Tasterteilung rein nach den Werten der Krümmung $1/r_1$ vorgenommen worden zu sein. Da diese Größe für Glas von der bequemen Brechzahl $n = 1\,^1/_2$ gleich wird $2(n-1)/r_1$, so konnte man diesen Brauch auch so ausdrücken, wie es F. OSTWALT an jener Stelle tut, daß man sagt, die Schleifschalen seien nach der Brechkraft des zugehörigen gleichseitigen Glases zu beziffern. — Eine rein optische Feststellung des Scheitelbrechwerts geht auf O. HENKER (*2.*) zurück, wo ein besonderes Gerät zur unmittelbaren Messung von $s_,'$ beschrieben wird. Bei diesem Vorgange ist eine Kenntnis der Brechzahl ebensowenig nötig wie die der einzelnen Grenzflächen des Brillenglases.

§ 63. **Die Abstufung der Brillengläser nach Scheitelbrechwerten.** Ein anderes Verfahren, die Brechkraft eines Glases zu bestimmen, ist eingeschlagen worden, wenn man im Besitze eines Brillenkastens mit einer genügenden Anzahl von zuverlässig bezeichneten Bestandteilen ist. Hat man ein Probierglas $D_,$ gefunden, das, dicht vor das unbekannte mit D_x gehalten, eine afokale Verbindung ergibt, und wo außerdem eine seitliche Verschiebung der Verbindung keine Bewegung eines durch die beiden Gläser gesehenen Gegenstandes nach sich zieht, so findet sich nach (9) auf S. 36

$$0 = D_, + D_x - \delta_{,x} D_, D_x,$$

und man erhält die einfache Beziehung

$$D_x = -D_,,$$

wenn man die meistens unzutreffende Annahme macht

$$H_,' H_x = \delta_{,x} = 0\,.$$

Diesen Vorgang nennt man, wie oben erwähnt, Neutralisieren oder Ausgleichen.

Eine solche Annahme führt bei schwachen Gläsern zu befriedigenden Ergebnissen, erlaubt aber die Bestimmung von starken nur mit Fehlern, da hier gilt, auch wenn die Verbindung afokal ist,

$$\delta_{,x} \gtreqless 0.$$

Eine genauere Untersuchung, wie sie O. HENKER (*1.*, *8.*) vorgenommen hat, zeigt, wie schon auf S. 34 angegeben, daß die allgemein beobachteten Vorschriften für das Ausgleichen nicht, wie man stillschweigend angenommen hatte, auf die Bestimmung der Brechkraft, sondern auf die Feststellung des dingseitigen Scheitelbrechwerts des untersuchten Glases führen. Diese Größe ist im allgemeinen als solche gleichgültig, doch ist sie in dem Falle gleichseitiger Formen verständlicherweise gleich dem augenseitigen Scheitelbrechwert, ergibt also für die gleichseitigen Brillengläser, d. i. solche der ältesten Form, den für die Anpassung der Brille wichtigen Wert.

Bei nicht gleichseitigen Formen aber, und dazu gehören die neueren Arten der Brillengläser, entfernt sich nach O. HENKER (*9.*) der Betrag des dingseitigen Scheitelbrechwerts um so mehr von dem der Brechkraft und besonders dem des hier allein wichtigen augenseitigen Scheitelbrechwerts, je stärker die Durchbiegung und die Linsendicke ist. Infolgedessen bedarf es zu befriedigendem Ersatz gleichseitiger sammelnder Brillengläser (namentlich der 6 dptr übersteigenden Wirkungen) durch neuere Formen mit stärkerer Durchbiegung einer auf theoretische Kenntnisse gestützten Achtsamkeit.

Es ist auch möglich, nach Art der bei photographischen Linsen üblichen Verfahren die Brennweite $f_{\prime}'$ zu bestimmen, doch scheinen sich diese Verfahren auf dem Brillengebiet nicht eingebürgert zu haben.

Stehen die Hilfsmittel eines Meßraums zur Verfügung, so empfiehlt sich am meisten (s. S. 31) die Bestimmung von

$$1/s_{\prime}' = A_{\infty},$$

weil diese Größe nach (1) für die Anpassung einer Brille von besonderer Wichtigkeit ist, und weil sie auch bei starken Sammellinsen (Starbrillen) und verwickelter gebauten Brillen (Fernrohrbrillen) merklich von $D_{\prime}$ abweicht.

§ 64. **Geschichtliche Bemerkungen dazu.** Dem Verfasser ist es unbekannt, wer als Erfinder des Ausgleichsverfahrens bei Brillengläsern zu gelten hat. Es mag indessen auf eine verwandte Beobachtung hingewiesen werden. Es war DAZA DE VALDES 1623 bekannt, daß hohle und erhabene Brillengläser gleicher Nummer eng zusammengelegt jede Brechkraft verlören und wie einfache Schutzgläser wirkten. Beachtet man die Tatsache, daß die Brillengläser damals vielfach mit einer Planfläche ausgeführt wurden, wo dann die Brechungswirkung wegen $\delta_{12} = 0$ in aller Strenge verschwindet, so wird man diese Bemerkung in der Brillengeschichte nicht übergehen dürfen.

Die Wichtigkeit der hier angestellten Überlegungen ist den Fachkreisen lange entgangen, und es scheinen zuerst die schon auf S. 66 erwähnten Gebrüder MITTELSTRASS (*1.*) 1890 auf Schwierigkeiten hingewiesen zu haben, die sich ihnen beim Ersatz gleichseitiger Gläser ergaben. Die von ihnen in Aussicht genommene Tafel ist dem Bearbeiter nicht zu Gesicht gekommen, und er weiß nicht, ob sie überhaupt erschienen ist. Daß es den großen in- und ausländischen Brillenfabriken nicht gelang, für ihre durchgebogenen Gläser den Gebrauch solcher Hilfsmittel zu empfehlen und durchzusetzen, nimmt etwas wunder, doch mag ihre geflissentlich beobachtete und oft betonte Fernhaltung von der Privatkundschaft zur Erklärung herangezogen werden.

Zu erwähnen ist hier, daß 1895 CH. F. PRENTICE (*1.*) darauf hingewiesen hat, nur die zerstreuenden Linsen des Brillenkastens ließen sich mit der Formel für gleichseitige Linsen

$$r = 2(n-1)F$$

bestimmen. Schreibe man vor, wie man es bei den Brillenkästen wirklich tue, daß die sammelnden Linsen nach den zerstreuenden beziffert werden sollten, die ihre Wirkung gerade aufhöben, so ergäbe das für die gleichseitigen Sammellinsen stets schwächere Brechkräfte, als sie der Bezeichnung entsprächen. Merklich würde der Einfluß der Mitteldicke für Linsen über + 8 dptr Brechkraft. Auf S. 34 findet man einige Angaben zur Einführung der Scheitelbrechwerte.

Die oben erwähnte Möglichkeit, photographische Verfahren anzuwenden, geht auf M. TSCHERNING (2.) zurück. Er beschrieb zur Messung der Brennweite eines Brillenglases 1904 ein Gerät, das nach dem PORROschen Phozometer gebaut ist, wonach man dicht vor die zu messende Linse einen Kollimator bringt, der das Bild einer Marke im Unendlichen unter einem genau bekannten Winkel entwirft. Mißt man die Ausdehnung des Bildes, das die zu messende Linse entwirft, so kann man unter Vernachlässigung der Verzeichnung sehr einfach die Brennweite $f_{,}'$ ermitteln.

Für weitere Kreise hat erst O. HENKER (*1.* 131) im Januar 1914 in einer ZEISSischen Druckschrift solche oben vermißte Hilfstafeln herausgegeben und sich (*1.* 135) 1915 kritisch zu dem Ausgleichsverfahren geäußert. Auf ihn gehen dann die erfolgreichen Bestrebungen zurück, die Abstufung nach Scheitelbrechwerten durchzuführen, und er (2.) hat schon früh den Scheitelrefraktionsmesser dafür veröffentlicht. In neuester Zeit hat er (*S.* 14—9) weiterhin die Wichtigkeit dieser Vorschriften für die Brillenanpassung betont. Zum Teil im Zusammenhang mit HENKER, wie E. WEISS, oder in der Anlehnung an ihn, wie A. KLUGHARDT, haben sich zu diesem Gegenstand auch andere vernehmen lassen.

§ 65. **Die üblichen Formen der einfachen Brille.** Auf der gegenwärtigen Stufe der Behandlung, wo nur die Brechkraft des Brillenglases in der Achsenrichtung maßgebend war, kann man im 19. Jahrhundert, als einer Zeit ziemlich weit entwickelter Technik, als entscheidend für die Wahl der Durchbiegung die Rücksichten auf die Anfertigung gelten lassen. Da die auf großen Schleifschalen erfolgende Herstellung sphärischer Flächen um so bequemer und wirtschaftlicher ist, je mehr Linsen auf einmal bearbeitet werden, und da diese Anzahl bei gleichem Durchmesser der Brillengläser mit wachsender Krümmung der zu bearbeitenden Fläche rasch abnimmt, so lag es nahe, die beiden Krümmungsradien gleich und von entgegengesetzten Vorzeichen zu wählen, weil dann die gemeinsame Flächenkrümmung ihren kleinsten Wert annimmt. So ergaben sich die gleichseitigen Sammel- und die gleichseitigen Zerstreuungslinsen. Wählt man die plankonvexe oder plankonkave Form, so wird zwar der eine Krümmungsradius wesentlich kürzer — etwa halb so lang —, der andere aber unendlich, und die dann zu bearbeitende Planfläche bietet einem großen Betriebe sehr merkliche Vorteile. Es sei vorgreifend gleich hier bemerkt, daß die im allgemeinen nicht vollkommene Form der plankonvexen und -konkaven Brillengläser dem Benutzer etwas bessere Dienste leistet als die vorher besprochenen gleichseitigen.

Aus einem ebenfalls erst später zu erörternden Grunde schliff man schließlich auch meniskenförmige (periskopische) Brillengläser und ging dabei in den Großbetrieben häufig so vor, daß man der Fläche von einer dem Zeichen der Brillenbrechkraft entgegengesetzten Wirkung einen Radius von etwa 40 cm erteilte. Die Wirkung wurde im allgemeinen auch wirklich gesteigert, aber für die verschiedenen Brillennummern in einem ganz verschiedenen Maße und fast überall nicht in ausreichendem Betrage.

Später hat man auch noch andere Meniskenformen hergestellt, nämlich solche mit den festen Radien $r = 17^1/_2$, $11^1/_2$, 9 und 6 cm. Die Gläser mit den beiden letzterwähnten, schon recht starken Durchbiegungen sind als Halbmuschel- und als Muschelgläser (s. S. 4) beschrieben worden. (In den englisch-amerikanischen Preislisten erscheint gelegentlich die Übersetzung *Mi-Coquille*, *Coquille*.) Unter diesen Formen befinden sich, wie schon hier bemerkt sei, hier und da für bestimmte Scheitelbrechwerte gute Gläser, doch scheinen in der Zeit des Tappens keinerlei Angaben darüber veröffentlicht worden zu sein, welche aus der großen Zahl der angebotenen vor anderen vorzuziehen seien. Wie schon manchmal bemerkt, läßt sich auf dieser Stufe der Untersuchung eine solche Entscheidung auch noch nicht fällen; für die bevorzugte Achsenrichtung allein sind alle Brillengläser brauchbar.

§ 66. **Geschichtliche Bemerkungen zu den Brillenformen.** Die alte Geschichte der zu Brillen benutzten Linsenformen ist allmählich etwas deutlicher geworden. Es scheint, als ob man in ältester Zeit sehr vielfach Gläser mit einer Planfläche verwandte, wohl mit, um an Arbeit zu sparen; doch war den alten Brillenbetrieben nach dem Zeugnis von DAZA DE VALDES auch die bessere Abbildung durch Gläser mit einer Planfläche wohl bekannt, und man war sich dessen ganz klar, daß die Planfläche bei Sammelgläsern dem Auge zu-, bei Zerstreuungsgläsern vom Auge abzukehren sei. Es stimmt damit gut überein, daß M. C. DE DOMINIS 1611 seine Brillengläser immer dieser Regel ensprechend stellte. — Diese Kenntnis scheint H. SIRTURUS 1618 bei seinen Bemühungen um die Verbesserung des Brillenschleifens nicht übernommen zu haben; er bevorzugte die gleichseitigen und daneben auch die ungleichseitigen Formen, allerdings stets mit gleichen Vorzeichen der beiden Flächenwirkungen. — Die Hauptbezugsquellen für weite Käuferkreise waren um diese Zeit aber noch nicht die als Einzelhandwerker arbeitenden Brillenoptiker, sondern die bereits mit Arbeitsteilung und ungemein billig arbeitenden Großbetriebe hauptsächlich in Venedig und den süddeutschen Reichsstädten. Über diese frühe Fabrikarbeit ist allerdings allgemein und wohl auch mit Recht viel geklagt worden. Diese Betriebe lieferten zwar hauptsächlich Nahbrillen für Alterssichtige, versahen aber auch Kurzsichtige, und zwar in recht großem Umfange mit Eingläsern, die unter dem Einfluß der französischen Mode vor ein Auge gehalten wurden. Im deutschen Sprachgebiete nannte man solche Augenhilfen mehr als 100 Jahre lang Ferngläser. Näheres zu diesen Hilfsmitteln mag man bei M. v. ROHR (*32.*) nachlesen. — Der Meniskus wurde für Brillengläser 1611 von J. KEPLER (*1.* 71, CXXX; *2.* 77) beschrieben, ohne daß ihm indessen besondere Vorteile nachgerühmt wurden; im 17. Jahrhundert kommt er gelegentlich vor, worauf M. v. ROHR (*33.* 3/4) hingewiesen hat, doch erst im 18. werden ihm, so von J. G. LEUTMANN, Vorteile zugeschrieben. Zu einer allgemeineren Anerkennung verhalf ihm erst W. H. WOLLASTON (*1*, *2.*) 1804, und auch er nur aus einer ziemlich unbestimmten Überlegung heraus. M. v. ROHR (*22.* 211) hat aus der WOLLASTONschen Schutzschrift nachgewiesen, daß er die stärker gekrümmte

Fläche des Meniskus zur Herbeiführung der vorgeschriebenen Brechkraft verwandte und die schwächere aller Wahrscheinlichkeit nach ungeändert ließ. Nach der gleichen Arbeit (210) ist es mir nicht recht wahrscheinlich, daß WOLLASTON eine klare Erkenntnis der Bedeutung der Augendrehung für die Anlage seiner periskopischen Brillengläser hatte. Bei der Ausführung in London hat sich die unter dem WOLLASTONschen Patentschutz arbeitende DOLLONDsche Werkstätte nach der Angabe des Optikers W. JONES (*1*, *2*.) von der Form mit einer Planfläche, wenn überhaupt, nicht sehr weit entfernt. Auf den Streit zwischen W. H. WOLLASTON (*3*, *4*, *5*.) und W. JONES (*3*, *4*.) sei wenigstens hingewiesen, näheres findet sich dazu bei M. v. ROHR (*33*. 3/4). Im Auslande war die Anteilnahme zunächst sehr groß, und zwar, wie es scheint, namentlich 1813, im Anschluß an den WOLLASTONschen (*4*.) Aufsatz über die Verbesserung der *Camera-obscura*-Linse. J. B. BIOT (*1*.) ließ im September 1813 durch R. A. CAUCHOIX (*1*.) sehr stark durchgebogene Brillengläser anfertigen, von denen dieser nach M. v. ROHR (*18*. 410—1) im Jahre darauf zugunsten des bestimmten Radienverhältnisses 5 : 8 abging. Im deutschen Sprachgebiet beschäftigten sich mit WOLLASTONschen periskopischen Linsen bereits 1815 A. DUNCKER in Rathenow und FR. VOIGTLÄNDER in Wien, und in den Jahren darauf wird die periskopische Form von mehreren Kleinbetrieben (OSTERLAND, AMUEL) angeboten, und es scheint, als sei in Deutschland die Durchbiegung dieser Brillengläser mindestens in den Kleinbetrieben stärker gewählt worden. Bereits 1831 hat S. STAMPFER (*1*.) und nach M. v. ROHR (*30*. 403) die Verwendung verschiedener Durchbiegungen bis zu der recht starken Grundwirkung von 6,5 dptr (etwa der der heutigen Halbmuschelgläser) vorgeschlagen. Immerhin muß die Anteilnahme weiterer Kreise verhältnismäßig bald nachgelassen haben, denn die periskopischen Gläser gehören in den 40er Jahren, wo Berichte zugänglich sind, zu den wohl bekannten, aber wenig gebrauchten Formen.

Im großen und ganzen blieb es bei den gleichseitigen Gläsern, von denen namentlich die Massenbetriebe des 18. Jahrhunderts — in Deutschland die reichsstädtischen; im Auslande sind die entsprechenden Herstellungsorte, von Venedig abgesehen, noch nicht bekannt — schwache Sammelgläser für Alterssichtige in ungeheuren Mengen und zu lächerlich niedrigen Preisen vertreiben ließen. M. v. ROHR (*24*.) gibt Großhändlerpreise von 6,1 bis 14,1 Pf. für die fertige Klemmbrille, s. § 161, an. Diese Waren wurden den Käufern durch Wanderhändler vermittelt, deren Tätigkeit aus Kupferstichen schon seit dem Beginn des 16. Jahrhundert belegt ist. Im 18. Jahrhundert und in der ersten Hälfte des 19. sind die Klagen der Augenärzte, Ladenoptiker und Brillenfabriken über dieses nur sehr allmählich aussterbende Gewerbe lebhaft und häufig.

Mit der Zeit nahm in Deutschland im 19. Jahrhundert sicherlich die Bedeutung der Ladenoptiker als Brillenhersteller mehr und mehr zugunsten der großen Fürther und Rathenower Betriebe ab, und die Ware wird gleichmäßiger, wohl auch besser und billiger, aber die Fachkenntnis der Ladenoptiker verringert sich, wie es scheint. Wann die Einführung der Grundkrümmung mit einem Radius von 40 cm bei den periskopischen Brillengläsern regelmäßiger angenommen wird, ist vorderhand noch nicht bestimmt zu sagen, nach ZfoO *2*. 123 ist später gelegentlich dafür das Jahr 1866 angegeben worden. Jedenfalls ist dieses Verfahren E. H. OPPENHEIMER 1904 ganz geläufig gewesen, doch das kann auch an der Auswahl seiner Gewährsmänner gelegen haben. An anderen Stellen, so nach FR. COBLITZ (*1*.) sind für die periskopischen Gläser auch stärkere Grundwirkungen, 2—3 dptr, verwandt worden.

Neuerungen in den Brillenformen sind in der zweiten Hälfte des 19. Jahrhunderts selten, doch berichtet K. Stellwag v. Carion (*I.* 10) 1867 von Muschelbrillen, die von den Herstellern auf A. v. Graefe zurückgeführt wurden. Es sind das (s. S. 4) stark durchgebogene, brennpunktlose Schutzgläser mit einer Grundwirkung von 11,3 dptr, und es ist ganz wohl denkbar, daß A. v. Graefe eine solche Anregung an die ihm durch ihre gelegentliche Verbindung mit seinem Vater bekannte Rathenower optische Industrieanstalt gegeben hat. In den 70er Jahren hat man dann auch so tief durchgebogene Brillengläser mit endlicher, nicht verschwindender Brechkraft in Rathenow hergestellt. Wie es scheint, sind gegen das Jahrhundertende dann die Halbmuschelgläser mit 6 dptr Grundwirkung, also etwa die am stärksten durchgebogenen Stampferschen Formen, auf den Markt gebracht worden. Über die zur Unterstützung des blickenden Auges geplanten Brillen wird später, § 88, zu handeln sein.

§ 67. **Brillen aus zwei Linsen (namentlich Fernrohrbrillen).** Schon gegen Ende des 18. Jahrhunderts kam man auf den Gedanken, anstatt eines einzigen zwei hintereinander geschaltete Brillengläser anzuwenden, um die Bildgüte zu erhöhen. Dabei hat man sowohl die Verkittung beider Bestandteile vorgeschlagen als auch einzelstehende Linsen ins Auge gefaßt.

Eine derartige Anordnung von zwei Linsen geringer Dicke in einem kleinen Abstande voneinander liefert eine Verbindung, bei der die Hauptpunkte in der Nähe der Linsenscheitel liegen. Es zeigt sich also auch hier nur eine geringe Verschiedenheit zwischen Schnittweite s_l' und Brennweite f_l', und dieser Unterschied kann nur bei Linsen höherer Brechkraft merklich werden. — Bei etwas größeren Abständen kann man durch Verschiebung der Linsen gegeneinander die beste Einstellung für den vorliegenden Fall finden.

Ein anderer Gedankengang führte auf zwei Einzelglieder von verschiedener Wirkung, die zu einer Art von schwach vergrößerndem holländischem Fernrohr vereinigt wurden. Im 17. Jahrhundert, wo dieser Gedanke zuerst in etwas größerem Umfange und in Durchführung der Brillenform auftrat, blieb man dabei, später schlug man auch eine Art Gregoryschen Spiegelobjektivs vor, so daß diese Anlage nur uneigentlich hier, wo es sich um durchsichtige Mittel handelt, erwähnt werden kann. Schon damals legte man großes Gewicht darauf, daß der Abstand der beiden Bestandteile veränderlich sei. Später wurden die gleichen Bestrebungen mit zwei Linsen verschiedenen Zeichens, sowie auch an einer dicken Einzellinse mit sammelnder Vorder- und zerstreuender Hinterfläche durchgeführt, doch scheint auch hier der Erfolg, den man für kurzsichtige Augen erwartete, ausgeblieben zu sein. Verbindungen dieser Art sollen weiterhin als Fernrohrbrillen bezeichnet werden, und sie verlangen eine etwas genauere Beachtung, da sich ihre Wirkung nicht auf den ersten Blick übersehen läßt. Da diese Folgen in der Regel für höhere Grade von Kurzsichtigkeit bestimmt sind, so müssen sie natürlich eine ziemlich kleine negative Schnittweite haben, und das wird erreicht, wenn die Zerstreuungslinse mit kürzerer Brennweite ziemlich nahe an der Sammellinse mit längerer steht. In neuerer Zeit stellen auch die Kriegsverletzten — man sehe etwa bei W. STOCK (*1*, *2*.) und H. WOLFF (*2*.) — eine nicht geringe Zahl von Augenleidenden, die einer solchen schwachen Vergrößerung bedürfen, ohne daß immer gerade Kurzsichtigkeit vorläge. Unter allen Umständen läuft es dabei für ferne Gegenstände darauf hinaus, die schließliche Brennweite f'_{12} der Folge Brille + Auge über den Wert $f_{,,}'$ der Flächenfolge des Auges allein hinaus zu steigern, und man hat in der Tat auch Fernrohrbrillen mit Vorteil für schwach kurzsichtige oder gar für übersichtige Augen mit den gleichen Vergrößerungen hergestellt, die sich bereits bei hochgradig kurzsichtigen Brillenträgern als zweckmäßig erwiesen hatten. Immerhin wird im folgenden an dem Musterbeispiel der Fernrohrbrille für Kurzsichtige festgehalten werden. So wie bei der aus den entsprechenden Teilen, aber in größerem Abstande voneinander, zusammengesetzten sammelnden Verbindung, die unter dem Namen des photographischen Teleobjektivs bekannt ist, sind auch bei einer solchen zerstreuenden Fernrohrbrille die Hauptpunkte ziemlich weit von den Linsenscheiteln entfernt, doch sind sie hier umgekehrt angeordnet wie dort, nämlich gegen das zerstreuende Glied hin verschoben und in gekreuzter Lage.

Abb. 33.

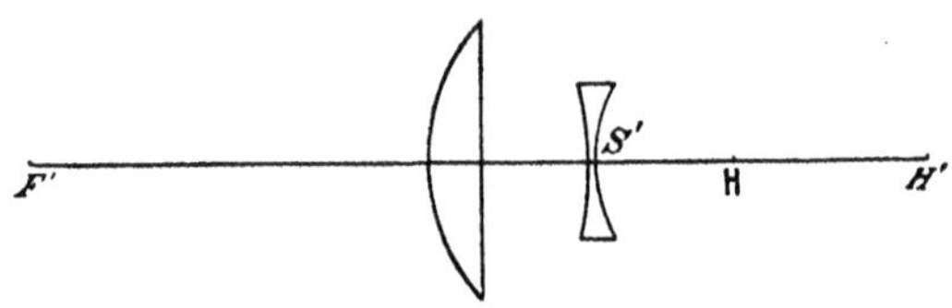

Achsenschnitt durch eine Fernrohrbrille; zu leichterer Übersicht sind die hauptsächlichsten Achsenpunkte hervorgehoben; in dem zugehörigen Beispiel gilt:
$1/S'F' = A_\infty = -18$ dptr; $1/\mathbf{H}F' = A = -14{,}64$ dptr; $1/H'F' = D_{12} = -11{,}42$ dptr.

In einem besonderen Aufsatz über diese Fernrohrbrillen hat M. v. ROHR (*8*.) mehrere Beispiele angegeben, von denen eines hier in Abb. 33 benutzt sei, das sich auf ein Auge von $A = -14{,}64$ dptr und eine dafür passende Fernrohrfernbrille bezieht.

Hier sind unter Beibehaltung der dort gewählten Bezeichnungen die Brechkräfte D_1, D_2 der beiden Bestandteile und der Abstand

$$H_1'H_2 = \delta_{12}$$

gegeben durch

$$D_1 = 26{,}35 \text{ dptr}; \quad D_2 = -60{,}20 \text{ dptr}; \quad \delta_{12} = 0{,}01414 \text{ m},$$

und es ergibt sich die Brechkraft der Fernrohrbrille zu

$$D_{12} = -11{,}42 \text{ dptr}$$

und der Abstand zwischen den beiden Hauptpunkten

$$\delta = H'\mathsf{H} = -0{,}01923 \text{ m},$$

so daß sich die Brechkraft der aus dem kurzsichtigen Auge und der Fernrohrbrille bestehenden Folge zu

$$D = 34{,}35 \text{ dptr}$$

herausstellt.

Man erhält also in diesem Falle für die Vergrößerung des Netzhautbildes gegenüber dem eines Durchschnittsauges

$$V_k = D_{,,}/D = 58{,}64/34{,}35 = 1{,}707.$$

Auch andere Angaben findet man an der angegebenen Stelle, so z. B. über die Wirkung von schwachen Vorhängegläsern.

Handelt es sich um die Betrachtung näherer Gegenstände, so sei der angeführten Arbeit die Angabe entnommen, daß die Akkommodationsbreite durch eine korrigierende Fernrohrbrille meistens so stark vermindert wird, daß man entweder Vorhängegläser verwendet oder zu einer besonderen Fernrohrnahbrille greift. Was die Vergrößerung angeht, so ist die Fernrohrbrille auch hier wieder in Beziehung zu setzen zu der Leistung einer dünnen Brille im Abstande δ', deren Brechkraft D' so bestimmt werden muß, daß dem in gleicher Entfernung vom hinteren Brillenscheitel angenommenen Gegenstand die gleiche Bildentfernung entspricht, die für die Fernrohrnahbrille galt. Für die dünne Brille ergibt sich nach S. 59

$$\omega'_h/\alpha_{,} = D' - A(1 - \delta' D')$$

und für die Fernrohrnahbrille von der Brechkraft D_{12}

$$\omega_h/\alpha_{,} = D_{12} - A(1 - \delta D_{12}),$$

mithin erhält man die geforderte Änderung der Vergrößerung

$$V_p = \frac{D_{12} - A(1 - \delta D_{12})}{D' - A(1 - \delta' D')}.$$

Für einen viel zierlicheren, von A. Gullstrand selbst mitgeteilten Ausdruck für V_p sei auf die bereits angeführte Rohrsche Arbeit (*S.* 573) verwiesen, wie sich dort überhaupt die Verhältnisse für die Fernrohrbrille besonders eingehend behandelt finden.

Dieser Ableitung steht die Bestimmung der Vergrößerung gegenüber, die zuerst von F. Plehn (*1.*) und A. Gleichen 1910 noch etwas vor der Rohrschen Arbeit niedergelegt wurde. Die Verfasser stellten sich in der hier gebrauchten Bezeichnungsweise vor, ein Brillenträger sei sowohl mit einer gewöhnlichen einfachen Lesebrille D' als auch mit einer Fernrohrnahbrille D_{12} ausgerüstet, die beide gut bestimmt seien. Von einem in gleicher Entfernung vom Augenscheitel angenommenen Gegenstand in O, werde von beiden Brillen ein Bild in demselben Achsenpunkt $O_{,}'$ des Augenraums entworfen, der selbstverständlich im Akkommodationsbereich des bewaffneten Auges liegen muß. Um die Vergrößerung der Fernrohrbrille zu bestimmen, denkt man sie sich in zwei Teile zerlegt: einen Vorderteil $\bar{D}_{12}$ und die einfache dünne Lesebrille D'; dann bildet $\bar{D}_{12}$ den Gegenstand an $O_,$ in einem Punkt $\bar{O}_,$ ab, der mit $O_,$ räumlich zusammenfällt. Die Vergrößerung in $\bar{O}_,$ ist dann eben die Vergrößerung der Fernrohrbrille, und M. v. Rohr (*26.* 161) hat gezeigt, daß sie mit dem Gullstrandschen analytischen Ausdruck genau übereinstimmt.

Will man die Fernrohrfernbrille zu den gewöhnlichen Brillen in Beziehung setzen, so muß man sie an die Beispiele des zweiten Falles (S. 39) anschließen, weil auch hier

$$\delta < 1/D_{,,}$$

gilt. Da aber, gegen jenen Fall gehalten, δ sein Zeichen geändert hat, so ergeben sich gewisse Abweichungen von den dort gültigen Gesetzen. Die hauptsächlichste ist wohl der negative Abstand des zweiten Hauptpunkts der Fernrohrbrille vom Augenhauptpunkt. In engem Zusammenhange damit steht die wesentliche Verlängerung der Brennweite f'_{12} der Folge Fernrohrbrille + Auge. Genauere Hinweise auf diese Eigentümlichkeiten der Fernrohrbrille finden sich bei M. v. Rohr (*17.* 41) und bei H. Erggelet (*4.*). Dort wird hervorgehoben, daß es der große negative Betrag von δ ist, der die Abnahme der Brechkraft D_{12} und die Zunahme der Vergrößerung nach sich zieht. Man erkennt auch, daß in dem Schichtenbild Abb. 20 zu den Koordinaten $\delta = -19$ mm, $A = -14{,}6$ dptr der Wert $V = 1{,}7$ gehört. Die sehr merkbare Zunahme der Bildgröße auf der Netzhaut um fast 71 % scheint diese Folge für gewisse Fälle hochgradiger Kurzsichtigkeit mit herabgesetzter Sehschärfe geeignet zu machen, bei denen das gewöhnliche Fernbrillenglas nicht gut vertragen wird, und das war auch E. Hertels Gedanke, als er dem Verfasser diese Aufgabe stellte. E. Hertel (*3.*) hat dann 1910 eingehend über seine Erfahrungen mit den Fernrohrbrillen berichtet. Er hat gezeigt, daß die Erhöhung der Sehleistung durch die Fernrohrbrille ganz der Vergrößerung des Netzhautbildes entspricht, und ferner darauf hingewiesen, daß man zweckmäßig die Vergrößerung nicht zu weit steigere. Denn da mit dem Wachsen der Vergrößerung das Gesichtsfeld unweigerlich abnimmt, so ist es möglicherweise für den größeren Teil der Brillenträger wichtiger, ein verhältnismäßig großes Feld zu übersehen, als in einem kleinen Teile eine sehr deutliche Wahrnehmung zu haben.

Hilfsmittel mit wesentlich stärkeren Vergrößerungen unter Benutzung der Prismenfernrohre sind nach A. Wagenmann (*1.*) 1911 von O. Henker als Fernrohrlupen vorgeschlagen und seitdem von ihm noch weiter entwickelt worden. Man sehe deswegen § 105 ein.

§ 68. **Geschichtliche Bemerkungen namentlich zu den Fernrohrbrillen.** Doppelbrillen mit einem mäßigen Abstande sind von A. v. GRAEFE (*1.*) 1865 und im Jahre darauf von H. GEROLD (*1.*) vorgeschlagen worden. Im ersten Falle sollte nach der zugrunde gelegten Rechnung das Sehfeld erweitert werden, im zweiten scheint die Leichtigkeit der Einstellung der Hauptgrund für die Erfindung gewesen zu sein.

Die Fernrohrbrille ist nach M. v. ROHR (*26.* 146) aus den unauffälligen Handperspektiven (holländischen Fernrohren) schwacher Vergrößerung hervorgegangen, die im Laufe des 17. und 18. Jahrhunderts bei Kurzsichtigen beliebt waren. Ihr erstes Auftreten ist noch nicht ganz genau bestimmt, immerhin müssen sie vor 1698 in weitem Gebrauch gewesen sein [nach M. v. ROHR (*43.* 36)] und sie waren sicherlich 1746 eine ganz bekannte Ware in dem Laden eines fortgeschrittenen Optikers. Sie wurden vielfach mit fester Einstellung für den Brechungsfehler des Trägers geliefert. Jedenfalls im ersten Jahrzehnt des 19. Jahrhunderts traten solche Perspektive als Zwillingsinstrumente in Brillengestellen für das beidäugige Sehen hier und da auf und bildeten vielleicht auch einen Anreiz zur Entwicklung des doppelten Theaterglases durch den Wiener Optiker VOIGTLÄNDER, der diese einzelnen Handperspektive gut kannte. Allem

Abb. 34.

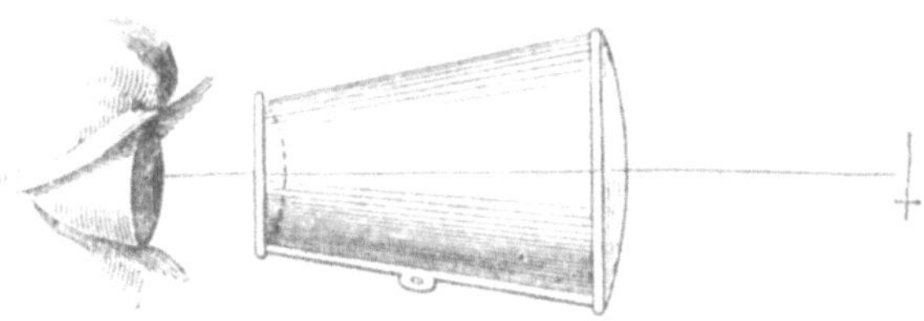

Stöpsellinse nach A. PRITCHARD um 1850.
Das Licht ist hier ausnahmsweise von rechts nach links fortschreitend angenommen.

Anschein nach wurden im Wettkampf der Erfinder — genaueres ist noch nicht bekannt — der dicke Meniskus, möglicherweise auf Anregungen von R. DESCARTES und andern älteren Optikern hin, und die Stöpsellinse wahrscheinlich in Deutschland geschäftlich ausgebildet. Davon war namentlich der Stöpsellinse (s. Abb. 34) dadurch eine weitere Verbreitung beschieden, daß sich F. C. DONDERS (*3.* 357) für sie einsetzte. Er veranlaßte ihre Herstellung durch A. STEINHEIL in München, und da die früheren Ausführungsformen in Vergessenheit geraten waren, so erschien die Stöpsellinse etwa 1866 als STEINHEILscher Konus auf dem Markt. Sie wurde sehr bald auch von C. PONTI in Venedig, nach Klin. Mtsbl. 1869, 7. 373 in Pommern (möglicherweise von FR. NOBERT in Barth) geschliffen und scheint sich namentlich in Paris — dort vielfach verbunden mit einem stenopäischen Loch — bis in unser Jahrhundert am Leben erhalten zu haben. Inzwischen wurden leichte Theatergläser in Brillen- oder Kneiferfassung vielfach angeboten, und 1887 erschien bei STEINHEIL in München in dem panorthischen Monocle ein für geringe Hauptstrahlneigungen besonders gut korrigiertes Perspektiv. Diesen Fortbildungen und Verbesserungen der alten Formen traten in neuerer Zeit zwei Mediziner entgegen, die darin gemeinsame Ziele verfolgten, daß sie die Fernrohrbrille auch als Arbeitsglas zu verwenden vorschlugen. Der zeitlich frühere H. SCHOELER wünschte 1908, durch eine Art Wendebrille, das Glas für die Ferne und für die Nähe zu vereinigen, während

F. PLEHN (*1.*) und A. GLEICHEN 1910 eine den tatsächlichen Bedürfnissen schwachsichtiger Myopen entsprechende Bestimmung der Zusammensetzung der Fernrohrnahbrille erstrebten. Die weitere Entwicklung, die Berücksichtigung des blickenden Auges, wird weiter unten in § 104 zu schildern sein. — Eine Zusammenstellung der Ergebnisse an 148 Fernrohrbrillen lieferte 1919 J. RAEFLER (*1.*).

Nach den Kriegserfahrungen werden, wie in neuester Zeit H. ERGGELET (*4.*) berichtet hat, in Jena Fernrohrbrillen noch mit Vorteil für Schwachsichtige verwandt, deren Sehvermögen wesentlich unter $^1/_5$ bis zu $^1/_{20}$ des Einheitswertes liegt. Um nun Enttäuschungen möglichst zu vermeiden, empfiehlt sich eine sorgfältigere Feststellung der Sehschärfe, wofür O. HENKER (*6.*) besondere Prüfungstafeln vorgeschlagen hat. Auf seine weiteren Erleichterungen für die richtige Wahl der neuzeitigen Hilfsmittel stärkerer Vergrößerung des Netzhautbildes wird in § 105 hinzuweisen sein.

Die Brillen mit verschiedenen Brennweiten.

§ 69. **Die Vorhängebrillen.** Noch ein anderes Ziel hat man dadurch zu erreichen gestrebt, daß man zwei Linsen nacheinander vom Licht durchsetzen ließ. Man wollte nämlich in den Fällen, wo die Fernbrille nicht auch zur Arbeit in der Nähe verwandt werden kann, dem Brillenträger das Lesen ermöglichen, ohne ihn die Brille abnehmen zu lassen. Dies wurde durch eine schwache Sammellinse erreicht, die mit dem Fernbrillenglas zusammenwirkte. Solche Zusatzlinsen sind nach einer häufig zur Verwirklichung vorgeschlagenen Möglichkeit der Anbringung Vorhänger oder Vorbrillen genannt worden, und es läßt sich wohl sagen, daß dieser Gedanke eines weiteren Ausbaus fähig ist. Verständlicherweise stehen ihnen Nachsteckgläser gegenüber, die indessen sehr selten verwirklicht worden sind. Auch für Starbrillen hat man diese Zusatzlinsen empfohlen, um das für Aphakische besonders unangenehme Wechseln des Fern- und des Naheglases zu vermeiden. Übrigens hat man auch die Fernbrillen aus zwei Bestandteilen hergestellt und davon einen von negativem Zeichen fortgeklappt, um eine Arbeitsbrille übrig zu behalten. Als Empfehlung für diese Einrichtungen hat man größere Unauffälligkeit vorgebracht, da die getrennte Anordnung bei der Arbeit, also in der Regel in kleinen Räumen getragen würde.

Freilich sind trotz aller Mühe, die man sich im vorigen Jahrhundert mit ihnen gegeben hat, die Vorhängebrillen nicht wirklich in Aufnahme gekommen, und seit der Einführung der Zweistärkengläser schien keine Aussicht mehr dafür vorhanden zu sein; indessen hat A. SONNEFELD (*1.*) auf besondere Vorzüge dieser Anlage hingewiesen, die in § 110 besprochen werden sollen.

Wo man in unserer Zeit schon solche Zusatzlinsen empfohlen hat, sind sie in der Regel als gänzlich von dem Brillengestell getrennte Teile ausgeführt worden, die meistens nur zu Lesezwecken ihm vorgesteckt oder vorgehängt werden.

§ 70. Geschichtliche Bemerkungen zu den Vorhängebrillen. Geht man nun zu ihrer Geschichte über, so ließ sich A. SMITH (*1.*) 1783 Doppelgläser schützen, die sowohl einzeln als miteinander verbunden getragen werden konnten. Seine Beschreibung ist nicht sehr deutlich, doch muß man wohl annehmen, daß bereits zu dieser Zeit die Bedürfnisse alterssichtiger Brillenträger durch eine Art von Zusatzbrillen befriedigt werden sollten. Auch der ausgezeichnete Fachmann CH. CHEVALIER hat ganz ausdrücklich auf die SMITHischen Doppelgläser hingewiesen, und dessen Ausspruch ist ein größerer Wert beizulegen, da er wohl noch solche Gläser gesehen haben mag. Merkwürdig ist es, daß sich dies Verfahren, Alterssichtige durch Zusatzgläser zu unterstützen, so von höherem Alter herausstellt als die Veröffentlichung der Zweistärkenbrillen durch B. FRANKLIN (*1.*). Eine frühe Weiterbildung des SMITHischen Vorschlags geht auf J. RICHARDSON (*1.*) zurück, der sich 1797 ein Brillengestell schützen ließ, das Zusatzgläser vor und bei Nichtgebrauch seitlich an die Schläfen zu klappen gestattete, wovon schon auf S. 6 bei den farbigen Schutzbrillen die Rede war. Es scheint, daß gerade diese Anordnung auf dem europäischen Festland um 1800 sehr viel nachgeahmt wurde (ich verdanke einen solchen Hinweis der Freundlichkeit von A. v. PFLUGK). Dagegen sind die Vorsatzgläser W. KITCHINER 1824 nur als Aushilfsmittel einzelner Brillenträger bekannt. Dreißig Jahre später, 1854 schlug .. VAN MINDEN (*1.*) eine Zusatzbrille vor, und zwar hatte er auch die Möglichkeit vorgesehen, gegebenenfalls an Stelle der Zusatzbrillengläser von bestimmter Brechungswirkung auch bloße Farbgläser zu verwenden. Er klappte die Nahgläser zum Lesen vor, mußte sie mithin beim Sehen in die Ferne aus dem Wege schlagen und dann also ziemlich auffällig tragen.

Die äußere Einrichtung für die Anbringung war von .. VAN MINDEN (*1.*) sehr zweckmäßig so getroffen worden, daß die Lösung einer Haltevorrichtung eine Feder wirken ließ, die dann die Gläser in die Höhe zog. In der Anbringung der Zusatzgläser liegt fast der einzige Unterschied, den spätere Erfindungen von der vorliegenden erkennen lassen. Die Zusatzgläser außer Gebrauch liegen manchmal den Schläfen an, manchmal fallen sie nach unten oder werden zur Seite geschlagen, oder die Gelenke befinden sich nicht an den oberen Glasrändern, sondern an den unteren oder auf dem Steg, und was dergleichen nicht optische Änderungen des ursprünglichen Planes mehr sind.

Wenn schon der nächste Erfinder von Zusatzbrillen, der Bristoler Optiker J. BRAHAM (*1.*), aus dem Jahre 1861 erwähnt wird, so geschieht das nicht wegen dieser Erfindung, sondern weil seine Patentbeschreibung die wichtige Form der wagerechten Schraubenfeder für Balkenklemmer enthält, die in England sehr verbreitet war und und namentlich bei Klemmern für astigmatische Gläser früher schwer entbehrt werden konnte.

Gerade die umgekehrte Anordnung, eine Fernbrille mit Doppelgläsern, wobei die schwachen Zerstreuungslinsen beim Arbeiten fortgeklappt werden, wird 1885 von dem norwegischen Optiker A. J. HVALE (*1.*) empfohlen, doch scheint sich diese Zusammensetzung damals nicht eingeführt zu haben. In einer ganz entsprechenden Weise beschäftigte sich von 1894 ab mit den Zusatzbrillen A. BOURGEOIS (*1.*) zunächst unter Beschränkung auf Staroperierte, indem er in einem sehr klaren Aufsatze die Anordnung empfahl, die Fernbrille aus zwei Teilen zusammenzusetzen und nur für das Lesen das negative Zusatzglas wegzuklappen. 2 Jahre später führte er (*2.*) diesen Gedanken allgemein für solche Brillen durch, die alterssichtige Augen unterstützen sollten. Aus dem ungefähr gleichzeitigen, A. BOURGEOIS übrigens nicht erwähnenden Artikel von J. GALEZOWSKI (*1.*) läßt sich erkennen, wie schwer Neuerungen Eingang finden. In neuester Zeit sieht man verschiedene Vorschläge in den regelmäßigen Berichten, und man wolle dazu beispielsweise ZfoO *1.* 22/3; 124/5; 187/8; *4.* 186; *6.* 95/6 einsehen.

Abb. 35.

Achsenschnitt durch ein Brillenglas mit Nachsteckglas nach A. WOLFF.

Als einzige dem Berichterstatter bekannt gewordene Form eines Nachsteckglases sei in Abb. 35 auf den Vorschlag A. WOLFFS in ZfoO *1.* 124 vom Jahre 1913 hingewiesen.

§ 71. **Die Zweistärkenbrillen.** Dieser Gedanke — der Vorhänger — wird bekämpft von den Zweistärkenbrillen, d. h. von Gläsern, bei denen verschiedene Teile verschiedene Brennweiten haben. Häufig treten nur zwei verschiedene Brennweiten auf, wonach auch der Name gebildet worden ist, doch sind auch schon drei oder gar vier verschiedene Brennweiten an demselben Brillenglase vereinigt worden. Verständlicherweise ordnet man die verschiedenen Brechungswirkungen den einzelnen Brillenteilen so zu, daß die Benutzung besonders bequem wird. So erhält der obere, in der Regel zum Sehen in die Ferne benutzte Brillenteil die geringere Sammelwirkung (kleinere Konvex-, größere Konkavnummer), der untere, beim Arbeiten (Lesen) benutzte die stärkere (größere Konvex-, kleinere Konkavnummer).

Die Herstellung solcher Doppelstärkengläser kann sowohl durch bloße Zusammensetzung geschehen, wobei dann für das Zusammenhalten beider Teile die Brillenfassung eine große Rolle spielt, als auch durch eine feste Verbindung der optischen Teile unter sich. Hierbei kommt sowohl das Anschleifen zweckmäßig gewählter Grenzflächen an das gleiche Glasstück vor, als auch die Verbindung zweier Linsen durch einen Kitt und schließlich durch ein Schmelzverfahren. Häufig, und bei dem Schmelzverfahren immer, werden eben die verlangten Brechungswirkungen nicht durch die Abänderung der Flächenkrümmung, sondern durch die geeignete Wahl der Linsenmittel bei fester Flächenkrümmung erreicht. Dabei kann es allerdings, wie vorgreifend bemerkt werden soll, zu unerwünschten Farbenfehlern kommen. In jedem Falle wird zu fordern sein, daß die Stellen des Brillenglases, bei denen keine Richtungsänderung auftritt (optische Zentren), nahe beieinander liegen, damit man nicht durch eine starke prismatische Wirkung (Verschiebung, Springen der Bilder) in der Nähe der Trennungslinie gestört wird. Andererseits soll aber möglichst keine Unstetigkeitsstelle (Sprungschicht, Stufe) in der Oberfläche vorhanden sein.

Beschränkt man sich bei den Grenzflächen auf sphärische, so kann man eine allgemeine Aussage machen. Da ein stetiger Übergang von zwei Flächen ineinander — und damit ein sprungloser Übergang der beiden von ihnen entworfenen Bilder — nur dort stattfindet, wo sie eine gemeinsame Tangente haben, und weil zwei Kugeln sich nur in einem Punkte berühren können, so folgt nach Abb. 36 für zwei einander in einem Punkt berührende Kugelflächen, daß bei allen andern Stellen zwischen den zwei Flächen eine endliche Stufe bestehen muß. Anders ausgedrückt heißt das: durch Schliff hergestellte Zweistärkengläser mit sphärischen Grenzflächen sind nicht unauffällig, wenn sie an einer Stelle einen sprunglosen Übergang von dem Bilde des Fernteils zu dem Bilde des Naheteils haben. Ordnet man aber

Abb. 36.

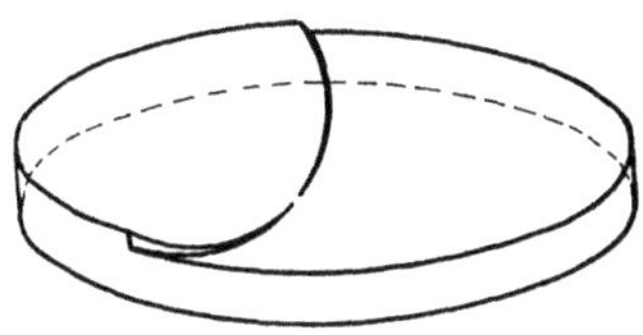

Ein zerstreuendes Zweistärkenglas mit einem Berührungspunkt der beiden Grenzflächen und einer endlichen Stufe.

Abb. 37.

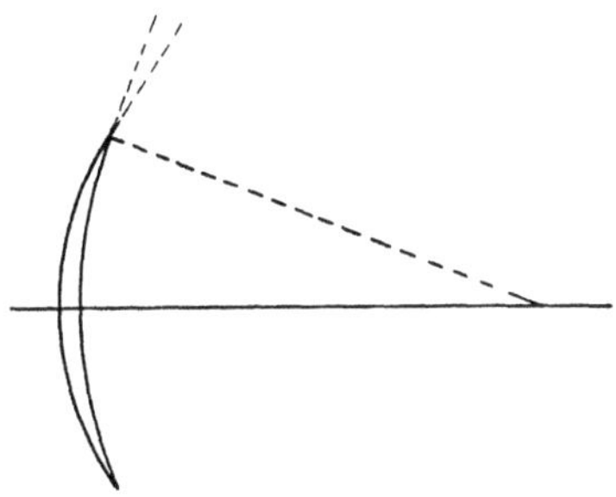

Das Tangentenpaar an einem Grenzpunkte eines unauffälligen Zweistärkenglases.

die beiden Kugelflächen so an, daß nirgendwo an der Grenze beider Flächen eine Stufe vorkommt, so ergibt sich, wie man aus der Abb. 37 ersieht, an jeder Grenzstelle ein Tangentenpaar mit endlichem Richtungsunterschied, d. h. ein endlicher Sprung beim Übergang von einem Bild zum andern. Drückt man diese Erkenntnis noch etwas anders aus, so ergibt sich der Satz: durch Schliff hergestellte Zweistärkengläser mit kugeligen Grenzflächen zeigen einen sprunghaften Übergang von einem Bilde zum anderen, wenn sie unauffällig aussehen.

Kommt man nun noch auf die zusammengeschmolzenen Gläser zu sprechen, so sind bei diesen die Außenflächen einheitlich bearbeitet, während, wie in der Abb. 38, die zusätzliche Brechkraft des Nebenteils — anscheinend stets des Naheteils — durch ein Sammelglas von höherer Brechung — meist ein Flintglas — herbeigeführt wird. In den bekannt gewordenen Formen, z. B. den *Kryptok*-Gläsern, ist dieses exzentrisch im unteren Teil angebracht, es zeigt sich also ein endlicher Sprung des Bildes an der prismatisch wirkenden Übergangsstelle. Für diese ebenfalls unauffällig wirkenden Gläser sind verschiedene Herstellungsverfahren ausgearbeitet worden, bei denen aber wohl keine mustergültige Form der inneren Grenzfläche gewährleistet ist. Abgesehen von diesem Einwand muß auch noch auf den Umstand hingewiesen werden, daß bei solchen Doppelstärkengläsern sammelnder Wirkung Farbenfehler dadurch eingeführt werden, daß am Naheteil ein Zerstreuungsglas aus Kron und ein Sammelglas aus Flint zusammenwirken. Daß die hier angedeuteten Fehler nicht mehr auffallen, liegt an der geringen Ausdehnung des durch den Naheteil bestimmten Blickfeldes: die Leistungsfähigkeit der durch Schliff hergestellten Gläser kann zweifellos größer ausfallen, wenn sie richtig geplant sind; in der Regel wird auch ihr Gewicht geringer sein.

Abb. 38.

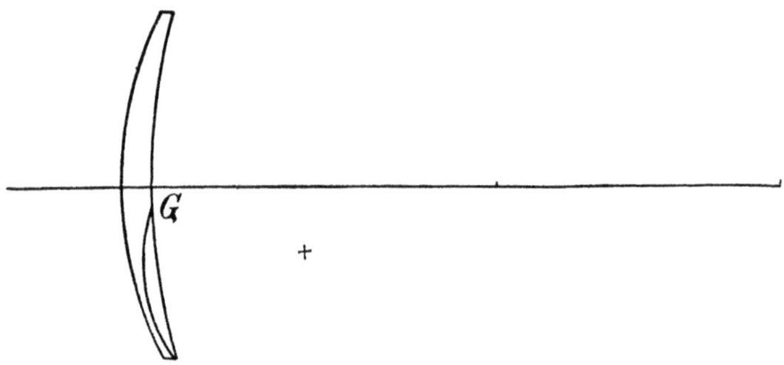

Ein Zweistärkenglas aus zwei Bestandteilen von verschiedenem Brechungsverhältnis. + gibt das Zentrum der Innenfläche an.

Man ersieht aus dieser Darstellung, daß diese beiden Forderungen, nämlich die theoretische (der Vermeidung jeglicher prismatischer Wirkung) und die kosmetische (der Vermeidung einer Stufe zwischen Fern- und Naheteil) sich nicht zusammen erfüllen lassen, so daß man zu verschiedenen Formen kommen kann, je nachdem man der einen oder der anderen Forderung ein größeres Gewicht beilegt. Aus dem großen Beifall, den in neuerer Zeit verschiedene, noch zu besprechende Doppelstärkengläser gefunden haben, die das Hauptgewicht auf die Unauffälligkeit legen, darf man wohl den Schluß ziehen, daß sich die Mehrzahl der alterssichtigen Brillenträger an ein mäßiges, beim Übergang über die Grenze erfolgendes Springen der Bilder gewöhnt.

Der Brechkraftsunterschied kann in doppelter Weise angebracht werden. Entweder geht man, wie das bisher meistens üblich gewesen ist (z. B. bei den *Uni-Bifo-* und den *Uni-Bifo-Luxe-*Gläsern), von dem Fernglas aus, dann muß der Naheteil von höherer Sammelwirkung unten gleichsam aufgeschliffen werden, wie in der Abb. 39, was sich nur durch eine umständliche und teure Herstellungsweise erreichen läßt. Solche Gläser werden allen Trägern gute Dienste leisten, die, wie etwa Landwirte, in der Hauptsache mit fernen Gegenständen zu tun haben, gelegentlich aber auch nahe

Dinge betrachten wollen. Oder es handelt sich um Naharbeiter mit vermindertem Akkommodationsvermögen, so wird man, wie in der Abb. 40, von ihrem Nahglase ausgehen und in seinem Oberteil eine zerstreuende Wirkung durch das viel billigere Einschleifen anbringen können. Wenn der Naharbeiter dann gelegentlich aufsieht (beim Gespräch, beim Umhergehen), so bedient er sich des kleineren Fernfeldes.

Abb. 39.

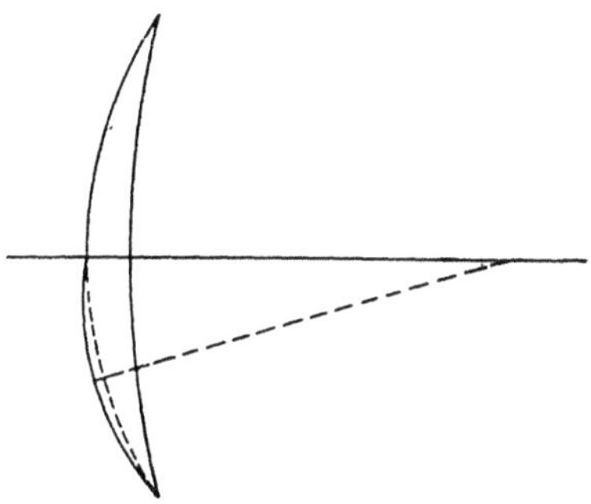

Achsenschnitt durch ein unauffälliges Zweistärkenglas mit großem Fernteil.

Abb. 40.

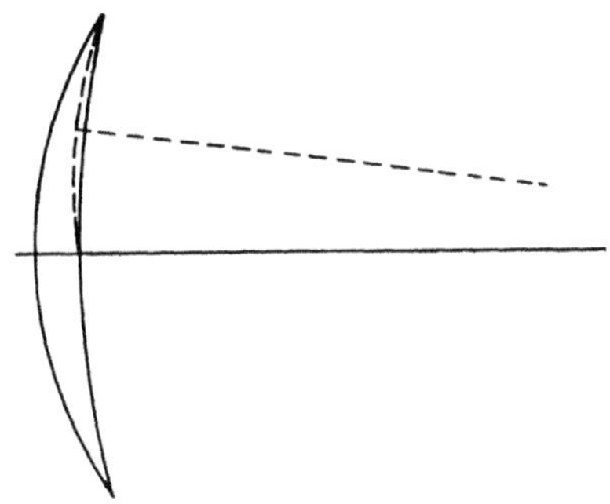

Achsenschnitt durch ein unauffälliges Zweistärkenglas mit kleinem Fernteil.

Auf die Gläser mit stetigem Übergang zwischen den beiden Grenzbrechkräften, wie sie Henry Orford (*1.*) im Anfang des Jahres 1909 unter Schutz stellte, sei hier nur hingewiesen. Sie sollen im nachstehenden als Wahlstärkengläser bezeichnet werden. Sie werden nicht mit sphärischen Grenzflächen hergestellt; die eine Fläche der bekannt gewordenen Formen ist jedenfalls eine asphärische. Die Möglichkeit, eine solche Einrichtung durch

Abb. 41.

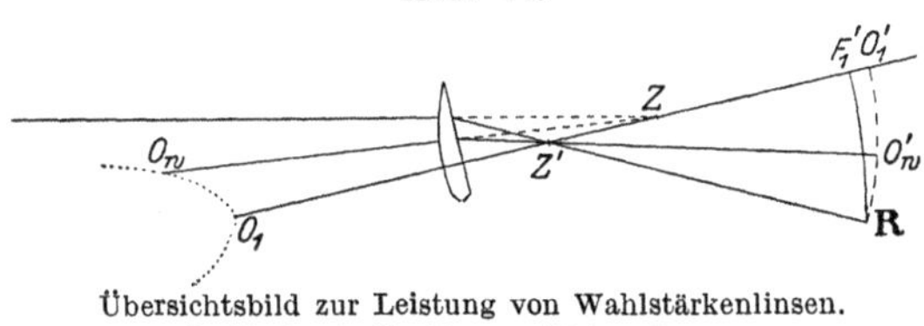

Übersichtsbild zur Leistung von Wahlstärkenlinsen.
--- O_1'R Achsenschnitt durch die Fernpunktskugel.
—— F_1'R » » das Bildfeld der Wahlstärkenlinse.
.... $O_w O_1$ » » die Schale der deutlich wahrgenommenen Dingpunkte.

eine achsensymmetrische, punktuell abbildende Linse zu verwirklichen, läßt sich für ein Sammelglas und ein der Akkommodation beraubtes Auge beispielsweise folgendermaßen durch Abb. 41 dartun. Im allgemeinen werden solche Einzellinsen ein Bildfeld haben von schwächerer Krümmung als die Fernpunktskugel des zu unterstützenden Auges. Benutzt man nun einen exzentrisch gelegenen Glasteil zum Ausgleich für die Ferne, indem man eine in ihrem mittleren Teile zu starke Linse um den Augendrehpunkt Z' schwenkt, so wird beim Übergang zum Scheitel die Linsenwirkung stetig anwachsen. Das Auge ist also nach der Mitte des Linsenfeldes hin mehr und mehr überverbessert, oder die aus Auge und Brille bestehende Verbindung hat mit andern Worten nach der Linsenmitte zu mehr und mehr die Anlage eines kurzsichtigen Auges. Eine bestimmte Annäherung des Dingpunkts auf jedem gesenkten Hauptstrahle wird also — wenn man von der Veränderung des Astigmatismus schiefer Bündel absieht, wie sie eintritt, wenn man den Dingpunkt längs seinem Hauptstrahle verschiebt — den Bildpunkt auf die Netzhautgrube fallen lassen. Genauer entspricht einem jeden Hauptstrahlenkegel von bestimmter Neigung gegen die Linsenachse eine ganz bestimmte Dingweite ZO_w, gemessen auf den schiefen Hauptstrahlen von dem scheinbaren Drehpunkt Z aus, für die der Brillenbildpunkt O'_w auf die Fernpunktskugel fällt, womit eine deutliche Gesichtswahrnehmung vorhanden ist.

Den Zusatzlinsen gegenüber zeigen die Doppelstärkengläser eine sehr fühlbare Einschränkung des Gesichtsfeldes für jede der beiden Gebrauchsmöglichkeiten. Das kann unter Umständen, z. B. beim Treppensteigen und beim Wandern auf schlechtem Wege, recht störend werden, und man hat

Abb. 42.

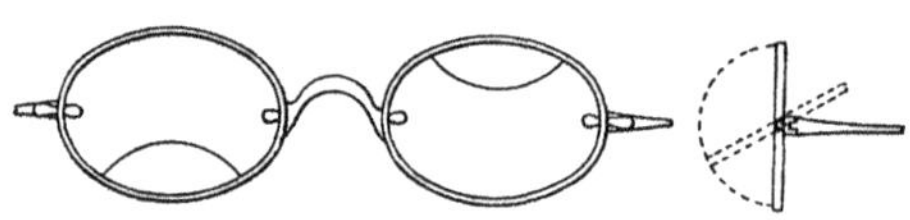

Um die Verbindungslinie der Backen schwingendes Zweistärkenglas nach G. W. Baker.

Abb. 43.

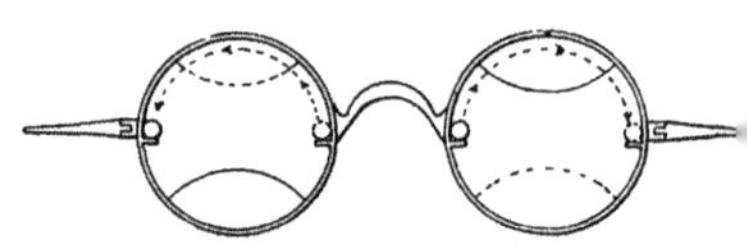

In seiner Fassung drehbares Zweistärkenglas nach G. W. Baker.

dafür Glasverschiebungen (ZfoO *1.* 23 u. *4.* 112/3) empfohlen, die nach Abb. 42 und 43 den Naheteil nach oben zu bringen gestatten. Trotz allen solchen Einwänden ist doch die Doppelstärkenbrille leichter und zierlicher und erlaubt einen schnelleren Übergang von einer der vorgesehenen Entfernungen zur andern. Daß die Gunst der Käufer vorläufig auf der Seite der Doppelstärkengläser steht, ist nicht zu bezweifeln.

§ 72. **Geschichtliche Bemerkungen zu den Zweistärkenbrillen.** Die Entwicklung der Doppelstärkenbrillen zu einem vielfach gebrauchten Hilfsmittel ist von keinem hohen Alter und in Deutschland besonders noch nicht sehr weit gediehen. Immerhin sehen nach der hier benutzten Darstellung M. v. Rohrs (*29.*) die ersten hierher gehörigen Versuche, so die Probierlinse des Mönchs J. Zahn, auf ein Alter von 230 Jahren zurück. Für die Brillen — Probierlinsen dieser Art sind seit 1716 bekannt — empfahl zuerst zwei durch die Fassung zusammengehaltene Halblinsen Benjamin Franklin (*1.*) im Jahre 1784, doch ist es wohl möglich, daß sie sein Londoner Optiker S. Pierce bereits 1760 herstellte, und ihm wurden sie zunächst auch zugeschrieben. Diese Doppelstärkengläser führten sich im Anfang des 19. Jahrhunderts ein wenig ein, doch erlahmte der Anteil der Käufer bald, und auch die ganz ausgezeichnete Arbeit des Pianofortebauers J. I. HAWKINS (*1.*) vom Jahre 1826 vermochte nicht, eine größere Anteilnahme der Benutzer herbeizuführen.

Handelte es sich hier stets um Stücke verschiedener Brillengläser, die durch die Fassung vereinigt wurden, so leitete das fast gleichzeitige Vorgehen von J. F. JAMIN FILS (*2.*) und dem Nanteser Hause MOUSSIER & BOULLAND (*1, 2, 3.*) um die Mitte des vorigen Jahrhunderts einen neuen Abschnitt ein. Sie beabsichtigten, ein Zweistärkenglas aus einem Stück einzuführen, bei dem die verschiedenen Wirkungen durch Anschleifen verschiedener Flächen hervorgebracht worden waren. Dabei kamen in der Fläche noch Absätze oder Stufen vor, doch hatten sie sich eine besondere Art von Doppelstärkenlinsen schützen lassen, bei denen in zierlicher Weise die Stufe vermieden war, indem man den kleinen Fernteil des Doppelstärkenglases oben einschliff. Diese von allem Gewohnten abweichende Anlage wurde aber zunächst von den Käufern verworfen, und man mußte sich noch lange Jahre mit gekitteten oder solchen geschliffenen Formen begnügen, die eine Stufe zeigten. Namentlich in Amerika wurde an der Verbesserung dieser Brillen gearbeitet, während der einzige hierher gehörige frühzeitige Erfinder im deutschen Sprachgebiet, der Baseler Optiker H. STRÜBIN, seine Gedanken zu spät veröffentlichte. Mit der Zeit entwickelten sich zwei besondere Formen, die alle andern mehr oder minder verdrängen werden, indem es sich bei ihnen um ein fest zusammenhängendes Stück handelt, das im Aussehen und beim Putzen gar keinen Unterschied von den gewöhnlichen Brillengläsern mit einer einzigen Brennweite zeigt. Das läßt sich entweder durch Schleifen erreichen, was dem Optiker M. BENTZON (*1, 2.*) gelang; vor dem Kriege waren solche Gläser unter der Bezeichnung *Uni-Bifo-Luxe* bekannt. Oder man nimmt ein Schmelzverfahren zu Hilfe, wie es seit 1897 von dem amerikanischen Optiker J. L. BORSCH (*1, 2.*) ausgearbeitet wurde. Gläser nach dieser Art, etwa in der Anlage von Abb. 38, sind als *Kryptoks* bekannt geworden. Genaueres möge man der oben angeführten Schrift von M. v. ROHR (*29.*) entnehmen.

b) Die punktuell abbildenden Brillen.

§ 73. **Die Berücksichtigung des Augendrehpunkts in der Brillenlehre.** Die vorher vorgetragenen Erwägungen bezogen sich allein auf die Grundpunkte des Brillenglases, wie sie für den Raum in geringer Entfernung von der Achse, den fadenförmigen achsennahen Raum, gelten. Es ist das ohne Zweifel nur eine sehr oberflächliche Art der Behandlung, aber sie ist jahrhundertelang allein im Gebrauch gewesen, und erst seit dem Ausgange des 19. Jahrhunderts beginnt sich sehr allmählich eine etwas tiefer gehende Anschauung Geltung zu verschaffen. Es handelt sich dabei um die Berücksichtigung des Auges im direkten Sehen, also um die Verwendung der Kenntnis, daß sich das Auge beim gewöhnlichen Gebrauch wegen des sehr kleinen Bezirks des deutlichen Sehens unaufhörlich bewegt.

Wenn nun auch diese Tatsache sehr lange bekannt gewesen ist, so hat man doch erst recht spät die Forderung ausgesprochen, Linsen so zu gestalten, daß sie dem bewegten Auge, d. i. dem Auge beim Blicken, möglichst gute Dienste leisten können. Diese Forderung fällt mit der Vorschrift zusammen, verschiedene Fehler schiefer Bündel für den Augendrehpunkt als Kreuzungspunkt der Hauptstrahlen aufzuheben.

Hierzu ist namentlich in neuerer Zeit bemerkt worden, daß man in aller Strenge für das Durchschnittsauge kaum von einem Drehpunkt sprechen könne, da das blickende Auge in den meisten bisher genauer untersuchten Fällen nicht um einen festen Punkt seines Innern bewegt werde. Läßt man indessen diese Abweichungen ihres geringen Betrages wegen unbeachtet und hält an einer mittleren Entfernung von 13 mm zwischen Hornhautscheitel und Drehpunkt bei Durchschnittsaugen fest, so kann man die weitere Frage dahin stellen, wie diese mittlere Lage bei kurz- und bei langgebauten Augen anzunehmen sei. Umfangreichere Untersuchungen dazu fehlen anscheinend.

§ 74. **Geschichtliche Bemerkungen zur Berücksichtigung des Augendrehpunkts in der Brillenlehre.** Handelt es sich nun darum, festzustellen, wer zuerst die Bedeutung des Augendrehpunkts für die Zusammensetzung des Auges mit dem Brillenglase erkannt habe, so wird man den ersten Keim der oben behandelten Theorie bei J. Kepler im Jahre 1611 finden. M. v. Rohr (*22.*) machte darauf aufmerksam, daß die Bedeutung des Drehpunkts (*centrum visus* oder *centrum oculi*) sowohl für das freie Sehen als auch für das Sehen durch ein Brillenglas damals von Kepler hervorgehoben wurde. Es ist das ganz verständlich, wenn man daran denkt, daß er 7 Jahre zuvor die Bedeutung der Augendrehung bei der Ausführung astronomischer Messungen hervorgehoben hatte. So glänzend ferner Keplers Landsmann, der Jesuit Chr. Scheiner, auch die Lehre von dem direkten und dem indirekten Sehen entwickelte, so hat er doch seine Aufmerksamkeit nicht auf das mit einem Brillenglase bewaffnete Auge gerichtet, und die schöne, von den beiden großen Schwaben geschaffene Lehre von der Augendrehung sank in Vergessenheit, kaum daß sich im 18. Jahrhundert einige kümmerliche und schwerlich ganz verstandene Reste nachweisen lassen.

Daß W. H. Wollaston 1804 und 1812 von der Augendrehung ausgegangen sei und bewußt den Drehpunkt als den virtuellen Blendenort des Brillenglases eingeführt habe, wird hier nicht angenommen, und für die näheren Beweisgründe sei auf jene Rohrsche Arbeit (*22.* 210—2) verwiesen, in der auch von Wollastons rechnenden Nachfolgern auf diesem Gebiet, G. B. Airy und seinem Schüler H. Coddington, die Rede ist.

Dagegen tritt der Augendrehpunkt der Sache nach 1826 bei J. Müller auf und erhält von A. W. Volkmann 10 Jahre darauf seinen heute allgemein angenommenen Namen, ohne daß sich indessen diese beiden Forscher mit der Zusammensetzung von Auge und Brillenglas beschäftigten. Nach einer für die Perspektive des freien Sehens wichtigen Arbeit C. Th. Tourtuals vom Jahre 1841, die 1855 durch J. J. Oppel eine wichtige Erweiterung erfuhr, nahm die hier vorliegende Aufgabe, auf A. W. Volkmann gestützt, in einer sehr allgemeinen Weise L. J. Schleiermacher 1842 auf und bemerkte auch schon, daß man bei den Brillen den Augendrehpunkt als Hauptstrahlenkreuzungspunkt anzusehen habe. Diese Behandlung geriet aber völlig in Vergessenheit und wurde erst 1920 von H. Boegehold (*3.*) der Gegenwart mitgeteilt. In einer viel weniger allgemeinen Weise streifte die hier vorliegende Aufgabe zuerst wieder R. H. Bow im Jahre 1863, wo für ein als Lupe zu verwendendes Brillenglas von 10—11 *dptr* der Augendrehpunkt und seine Rolle für die Abbildung längs schiefen Bündeln berührt wird. Näheres dazu und zu dem folgenden mag man bei M. v. Rohr (*12.*) nachlesen. Damit wurde zuerst über die Keplersche Kenntnis hinausgegangen, denn verständlicherweise konnte dieser von dem Fehlerzustande eines im schiefen Strahlengange benutzten Brillenglases nichts wissen.

Die Aufgabe für die eigentlichen Brillengläser stellte in einer brauchbaren Weise 1889 A. Müller (*1.*) in seiner Doktorarbeit, doch fehlte ihm wohl die mathematische Schulung zu sehr, als daß er unmittelbar Früchte für die Brillenkunde hätte ernten können.

Damit ist diese Darstellung bei F. Ostwalt angelangt, der 1898, wie noch genauer im § 90 gezeigt werden wird, diese Aufgabe von neuem und mit bewunderungswürdigem Arbeitsernst angriff, leider behindert durch eine Verwechselung des Augendrehpunkts mit seinem scheinbaren Ort. Diesen Fehler stellte M. Tscherning 1899 mit Bemerkungen richtig, die sich ihm aus seinen gemeinsam mit . . Rosenfeld angestellten Versuchen ergeben hatten. 5 Jahre darauf veröffentlichte er auf Grund von Vorrechenformeln eine Reihe von Tafeln für achsensymmetrische punktuell abbildende Brillengläser, was ebenfalls in § 90 noch genauer geschildert werden wird.

Inzwischen war die Drehpunktsbedingung durch A. Gullstrand im Jahre 1901 zur Kenntnis der Jenaer Werkstätte gekommen und 1907 durch die Berücksichtigung der Farbenfehler erweitert worden. Somit ist es ganz verständlich, daß bei den von 1908 ab in Jena vorgenommenen Arbeiten zur Entwicklung der Brillentheorie die erweiterte Drehpunktsbedingung ständig im Auge behalten wurde.

E. Weiss (*7.*) hat unter Annahme einer der Achsenlänge des fehlsichtigen Auges entsprechenden Verlagerung ein Täfelchen für den Drehpunktsabstand angegeben, das auch bei H. Boegehold (*4.*) angeführt worden ist. Ehe man es als maßgebend ansieht, müßte es erst noch durch eingehendere Untersuchung fehlsichtiger Augen bestätigt werden.

Das Sehen mit bewegtem Auge.

§ 75. **Die Schärfenflächen.** Für die dem Auge beim gewöhnlichen Gebrauch eigentümliche Bewegung findet sich nur bei wenigen und ziemlich unwichtigen Instrumenten ein Seitenstück, und es wird daher um so nötiger sein, kurz die Folgen einer solchen Anlage zu erörtern, als es sich jetzt um das Sehen in dem endlich ausgedehnten Blickfelde handelt, das früher in den Lehrbüchern nicht dargestellt wurde.

Während vorher beim Sehen mit ruhendem Auge allein der Ort des Brennpunkts und die Größe eines sehr kleinen Feldes in der unmittelbaren Nachbarschaft der Achse zu behandeln waren, müssen jetzt Neigungswinkel w von beträchtlicher Größe berücksichtigt und dafür der Bildort und die Bildgröße ermittelt werden. Die Richtung der optischen Achse des Auges gehe bei den Abbildungen 44 und 45 in jeder Lage durch den Augendrehpunkt Z, der 13 mm hinter dem Hornhautscheitel angenommen werden soll. Die so bestimmte zweifache Mannigfaltigkeit von Strahlen soll in Übereinstimmung mit dem Gebrauch in der geometrischen Optik das Hauptstrahlenbündel heißen, und es sei hier ausdrücklich darauf aufmerksam gemacht, daß dieses Hauptstrahlenbündel wohl zu unterscheiden

Abb. 44.

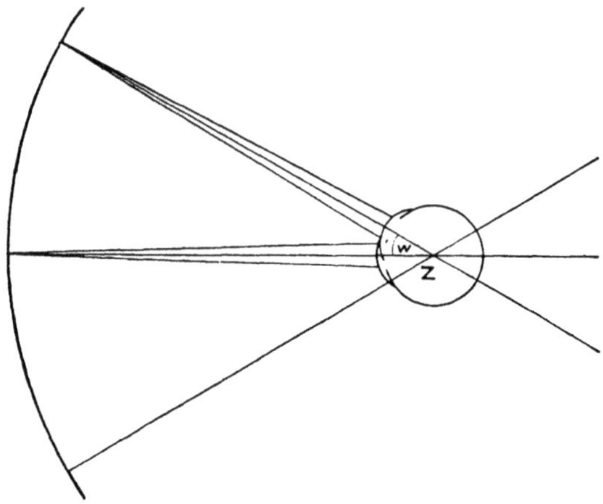

Übersichtsdarstellung der reellen Schärfenfläche eines stark kurzsichtigen Auges. Die eintretenden Büschel sind gleichmäßig divergent.

Abb. 45.

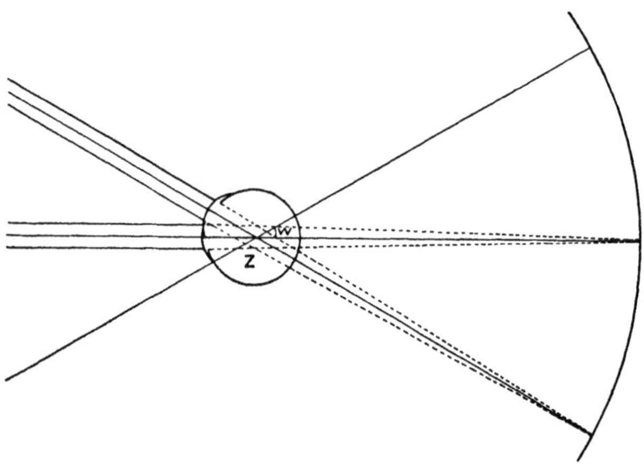

Übersichtsdarstellung der virtuellen Schärfenfläche eines stark übersichtigen Auges. Die eintretenden Büschel sind gleichmäßig konvergent.

ist von dem früher betrachteten wenig geöffneten Strahlenbündel, das seine Spitze in dem vorderen Augenhauptpunkte hatte. Sucht man auf jedem Hauptstrahl den Dingort auf, indem man auf ihm den Abstand des Fernpunkts vom vorderen Augenhauptpunkt aufträgt, so erhält man als Ergebnis, daß bei Entspannung der Akkommodation die deutlich gesehenen Punkte auf einer zum Drehpunkt des Auges konzentrischen Kugel liegen, die in dem Sonderfalle eines emmetropischen Auges in die unendlich ferne Ebene übergeht; diese Kugelfläche sei entsprechend den Auseinandersetzungen von M. v. Rohr (7. 580) als die Fernpunktsfläche des Auges eingeführt. Dem Nahepunkt seinerseits entspricht die Nahepunktsfläche, und beide, Fern- und Nahepunktsfläche, schließen einen gewissen Raum, den Schärfenraum, ein. In ihm liegen unendlich viele, zum Augendrehpunkt konzentrische Schärfenflächen, die je den verschiedenen Akkommodationszuständen des Auges (zwischen völliger Entspannung und höchster optisch wirksamer Betätigung) entsprechen.

Die Winkel w', unter denen ein Gegenstand beim Blicken erscheint, werden unmittelbar durch den Winkel erhalten, um den sich das Auge beim Fixieren des Gegenstandes dreht. Da dieser Winkel durch keinerlei optische Abbildung, sondern einfach durch die Drehung selbst erhalten wird, so folgt, daß das unbewaffnete Auge beim Blicken keine Verzeichnung aufweist.

Die Abbildung längs endlich geneigten Hauptstrahlen erfolgt ebenso wie beim Sehen mit ruhendem Auge, da die Gesichtslinie mit der augenseitigen Richtung des Hauptstrahls zusammenfällt.

Die Brillen mit einer einzigen Brennweite.

§ 76. **Die Lupenbrillen.** Daß diese Brillen am einfachsten zu behandeln sein werden, kann man schon daraus folgern, daß sie nach S. 61 als einfache Zusatzlinsen zu dem emmetropischen, akkommodationslosen Auge aufzufassen sind. Da in diesem Falle die Fernpunktsfläche des Auges mit der unendlich fernen Ebene zusammenfällt, so lautet die Forderung für eine vollkommene Lupenbrille: es ist eine reelle Dingebene (die Schreib- oder Druckfläche) durch eine dünne Linse positiver Brennweite verzeichnungsfrei und ohne Astigmatismus schiefer Bündel im Unendlichen abzubilden.

Hierin müssen die Ausdrücke »verzeichnungsfrei« und »ohne Astigmatismus schiefer Bündel« näher erläutert werden.

§ 77. **Die Verzeichnung im allgemeinen.** Für die Feststellung der Verzeichnung (Anorthoskopie) soll die umstehende Abb. 46 (S. 90) gelten. Es bezeichne L das Brillenglas, Z' den Augendrehpunkt, Z den ihm auf der Dingseite unter Beschränkung auf achsennahe Bündel entsprechenden Gegenstand (den scheinbaren Ort des Augendrehpunkts), Z_w den Schnittpunkt des unter w geneigten dingseitigen Hauptstrahls, der nach dem Durchtritt durch L die Achse in Z' unter der Neigung w' schneidet (Z_w fällt darum nicht mit Z zusammen, weil der scheinbare Ort des Augendrehpunkts mit sphärischer Abweichung behaftet dargestellt worden ist). Ist dann das Ding durch OO_w gegeben, so entspricht ihm auf der in O' achsensenkrecht errichteten Bildebene die Strecke $O'O'_w$, da O'_w der Durchstoßungspunkt des bild- oder augenseitigen Hauptstrahls $Z'O'_w$ ist. Nach der GULLSTRANDschen Bezeichnungsweise gehört O'_w zu der durch L und Z' vermittelten punktuellen Korrespondenz auf der als Schirmfläche dienenden Bildebene in O', und es gibt

$$V_w = O'O'_w/OO_w \tag{45}$$

die Vergrößerung an, die der endliche Abstand OO_w durch die in Z' abgeblendete Linse oder Linsenfolge L erfährt, wenn man ihn mit dem

Abb. 46.

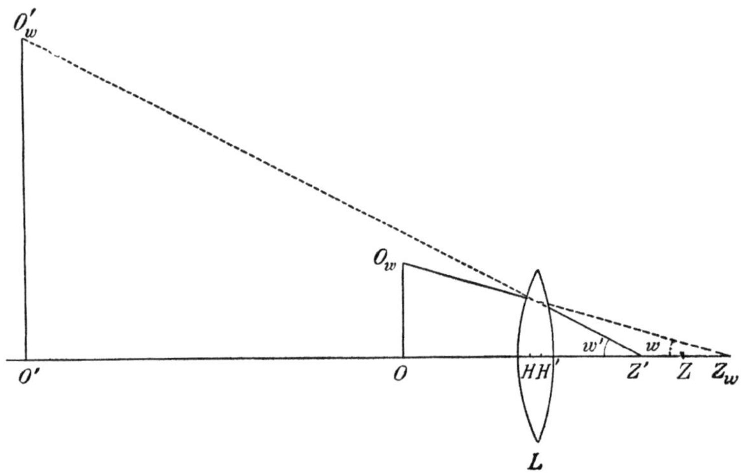

Übersichtsbild des Strahlenganges für die Bestimmung der Verzeichnung eines Brillenglases bei endlichen Neigungswinkeln w, w' des Hauptstrahls.

Achsenabstande $O'O'_w$ in der Schirmfläche vergleicht. Ein Dingflächenstück in der Nähe der Achse erfährt nach (7) auf S. 35 die Vergrößerung

$$\beta/\alpha = A/B = b/a = H'O'/HO = V_o,$$

und die Linsenfolge L ist, wenn diese Beziehung für verschiedene Werte w gültig bleibt, frei von Verzeichnung oder orthoskopisch, sobald

$$O'O'_w/OO_w = H'O'/HO; \quad V_w = V_o$$

gilt. In diesem Falle kann man die aus Punkten O'_w gebildete Darstellung mit der Gesamtheit der Dingpunkte O_w in perspektivische Lage bringen, die beiden Darstellungen auf der Dingebene und der ebenen Schirmfläche sind also ähnlich.

Ist das nicht der Fall, so ist Verzeichnung vorhanden, und zwar ist sie **tonnenförmig**, d. h. ein Quadrat wird in einem gegen den Rand hin abnehmenden Maßstab wiedergegeben (s. Abb. 47), wenn

$$V_w < V_o,$$

oder die Verzeichnung ist **kissenförmig**, d. h. ein Quadrat wird in einem gegen den Rand hin zunehmenden Maßstab wiedergegeben (s. Abb. 47), wenn

$$V_w > V_o$$

gilt. In diesen beiden Fällen kann also das Bild mit dem Ding nicht in eine perspektivische Lage gebracht werden.

Abb. 47.

Übersichtsbild der Erscheinungsform der tonnenförmigen — kissenförmigen Verzeichnung für ein Quadrat.

Ist wie bei der Lupenbrille

$$LO' = H'O' = b_, = \infty,$$

so sind für die Brille die Abstandswinkel w' mit den linearen Dingabständen OO_w zu vergleichen

$$V_w = \operatorname{tg} w'/OO_w, \tag{46}$$

und beim Übergang zur Grenze ist (da $H'O' = 1/B_,$ gilt)

$$\lim_{w'=0} \operatorname{tg} w' = \lim O'O'_w/O'H' = -\lim O'O'_w/H'O' = -\beta B_,$$

folglich

$$V_o = -\beta B_,/\alpha = -A_, = D_,.$$

In jedem Falle aber ist es wichtig, festzustellen, daß die hiernach allein durch die Durchstoßungspunkte der Hauptstrahlen bestimmte Verzeichnung, wie es bei der Behandlung eines solchen Entwurfsvorganges auch sein muß, von der Güte der Strahlenvereinigung in den Bildpunkten vollständig unabhängig ist. Außerdem soll noch hervorgehoben werden, daß die soeben eingeführte Bestimmung der Verzeichnung des Brillenglases übereinstimmt mit der für optische Instrumente im allgemeinen gültigen. Aus den Näherungsformeln ergibt sich übrigens, daß man für kugelig begrenzte, dünne Fernbrillen mit einem endlichen positiven Abstande LZ' die Bedingung der Verzeichnungsfreiheit auch nicht einmal annähernd erfüllen kann. Auf die Verbindung des Auges mit dem Brillenglase ist weiter noch keine Rücksicht genommen worden, als daß die Ableitung einen endlichen positiven Abstand LZ' voraussetzte. Man wird also den Augendrehpunkt an den Ort Z' bringen können, wenn LZ' groß genug angenommen wird. In § 97 wird noch eine andere Möglichkeit, die Verzeichnung zu bestimmen, angegeben und zu dieser in Beziehung gesetzt werden, und zwar wird dabei gerade die Verbindung des Auges mit dem Brillenglase zu behandeln sein.

§ 78. **Geschichtliche Bemerkungen zur Verzeichnung.** Eine mathematische Behandlung der Verzeichnung von Brillengläsern scheint zuerst von M. Tscherning (*1.*) versucht worden zu sein. So hat er nach M. v. Rohr (*12.* 383/4) bereits 1899 von Formeln auch zur Verzeichnung gesprochen und solche 5 Jahre später veröffentlicht. Es handelt sich dabei um algebraische Vorrechenformeln im Gebiete des achsennahen Raums, und auch hier ergibt sich ihm eine quadratische Gleichung für den Radius der ersten Brillenfläche, bei deren Erfüllung er von orthoskopischen Brillengläsern sprach.

Man kann dieser Auffassung nicht zustimmen, mindestens darf man den Ausdruck orthoskopisch nicht mit verzeichnungsfrei übersetzen. Schon die trigonometrische Durchrechnung einer Stichprobe zeigt, daß die Verzeichnungsfreiheit für endliche Hauptstrahlneigungen keineswegs erreicht ist, und der Grund dafür ist in dem Ansatz der Vorrechenformeln zu suchen. Der von M. Tscherning (*2.* 245—6) vorgeschlagene Näherungsansatz gibt nämlich allein die Bedingung für die Abweichungsfreiheit des scheinbaren Drehpunkts, und er müßte noch durch einen Ausdruck ergänzt werden, der sich auf die Tangentenbedingung bei kleinen Neigungswinkeln bezieht. Behandelt man mit A. König (*1.* 248—9) und M. v. Rohr den Ausdruck $V = 0$ für $\sigma = 0$, so ergibt sich für das Geltungsbereich der Annäherungsformeln die bereits erwähnte Unmöglichkeit, die obige Forderung zu erfüllen.

Ungefähr den gleichen Standpunkt nimmt eine spätere Arbeit desselben Verfassers (*3.*) ein, in der sich dieselben Ableitungen, zum Teil dieselben Abbildungen und dieselben Tabellenwerte finden wie in der eben besprochenen. Unter den Zusätzen ist hier die Mitteilung[1]) besonders wichtig, daß sich das Pariser Haus F. Benoist, L. Berthiot et Cie. bereit erklärt habe, die Wollastonsche Form der punktuell abbildenden Gläser als orthoskopische Brillengläser (verres orthoscopiques) regelmäßig anzufertigen. Aus der beigegebenen Darstellung 5b sieht man allerdings, daß ein solches Glas mit

$$D_{,} = +10 \text{ dptr}$$

weder frei von Astigmatismus schiefer Büschel noch frei von Verzeichnung ist. Man mag also schon damals die Bezeichnung orthoskopisch in einem unstrengen Sinne angewandt haben. — Zu den neuesten Tscherningschen Ansichten über Verzeichnung von Brillengläsern sehe man unter § 98 nach.

§ 79. **Der Astigmatismus schiefer Bündel im allgemeinen und die Scheitelkugel.** Geht man nun zur Feststellung des »Astigmatismus schiefer Bündel« über, so ist zunächst der Ausdruck näher zu bestimmen. Die

1) Diese findet sich bereits in dem Vortrage G. Lindsay Johnsons (*1.*) vom 17. Oktober 1905 vor der Londoner Ophthalmologischen Gesellschaft.

Verschiedenheit, die leider zwischen der in der Ophthalmologie und in der technischen Optik üblichen Bezeichnungsweise herrscht, wird sehr deutlich von A. GULLSTRAND (*4.* 948) hervorgehoben, und zwar geschieht das mit den folgenden Worten: »Was die Terminologie betrifft, so habe ich den »Astigmatismus als Eigenschaft des Strahlenbündels längs einem ausgewählten »Strahle bezeichnet, was immer gemeint wird, wenn kurz vom Astigmatis»mus eines Strahlenbündels gesprochen wird. Unter Astigmatismus eines »optischen Instrumentes wird leider Verschiedenes verstanden. In der »medizinischen Optik, wo Instrumente vorkommen, in welchen das axiale »Strahlenbündel längs der Achse astigmatisch ist, — astigmatische Augen, »sphärozylindrische bzw. torische Brillen — wird diese Eigenschaft ge»meint. In der Literatur der konstruktiven Optik dagegen versteht man »darunter den Astigmatismus eines schief einfallenden Strahlenbündels, oft »auch nur den eines Strahlenbündels mit unendlich kleiner Neigung gegen »die Achse, in welchem letzteren Falle der Astigmatismus des Instrumentes »durch die Krümmungsdifferenz der beiden Bildflächen im Schnittpunkte »mit der Achse gemessen wird. Ich kann nicht umhin, der Meinung Aus»druck zu geben, daß erstere Terminologie wissenschaftlich richtig, letztere »recht unglücklich ist.« In Übereinstimmung damit soll im folgenden unter Astigmatismus schiefer Bündel schlechthin nur der Astigmatismus längs den durch eine bestimmte Blende Z' bestimmten Hauptstrahlen verstanden werden, und zwar soll ein achsensymmetrisches optisches Instrument dann frei vom Astigmatismus schiefer Bündel, oder wie im folgenden gesagt werden soll, punktuell abbildend für einen Neigungswinkel w heißen, wenn längs einem durch Z' bestimmten Hauptstrahl mit der endlichen objektseitigen Neigung w der Astigmatismus ebenso wie längs der Achse den Wert Null annimmt.

Daß überhaupt bei schiefem Durchgang von Strahlen durch optische Instrumente mit Umdrehungsflächen Astigmatismus auftritt, folgt nach der GULLSTRANDschen Behandlungsweise aus der allgemeinen Natur aller ein optisches Instrument verlassenden Wellenflächen. Deshalb hat man auch vorschlagen können, den nach Staroperationen manchmal auftretenden Astigmatismus aphakischer Augen durch Schiefstellung des Starbrillenglases günstig zu beeinflussen.

Die Formeln zur rechnerischen Feststellung des Astigmatismus schiefer Bündel sollen hier nicht mitgeteilt werden; sie sind leicht in den Handbüchern der geometrischen Optik zu finden. Die S. 94 folgende Abb. 48 wird aber deutlich machen, daß man im allgemeinen Falle von zwei besonderen Bildpunkten O'_{wt} und O'_{ws} zu sprechen hat, die zu einem und demselben Dingpunkte O_w gehören. Es sind die Brennpunkte in den beiden zu dem betreffenden Hauptstrahl gehörigen Hauptschnitten. Für den hier betrachteten Fall einer zentrischen Benutzung, d. h. bei ausgerichteten

Abb. 48.

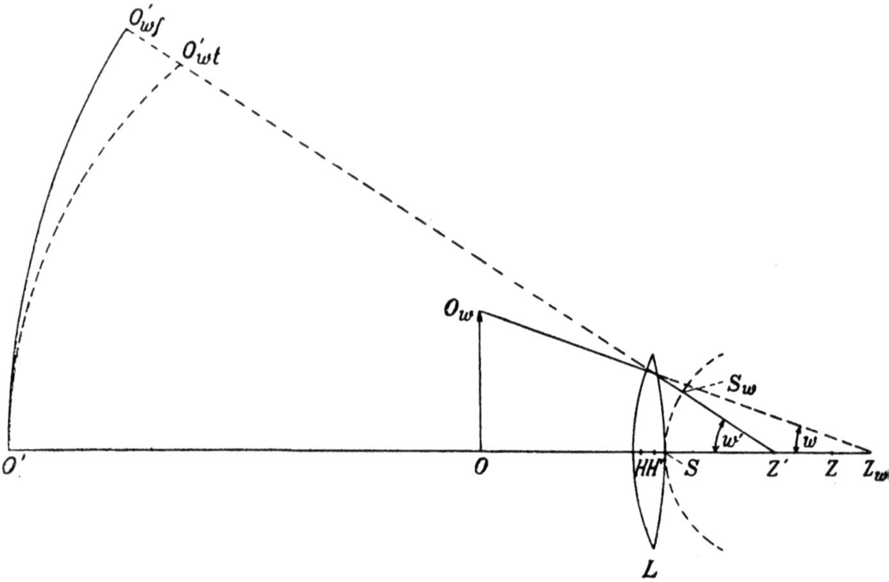

Übersichtliche Darstellung der Scheitelkugel und des Strahlenganges für den Astigmatismus längs einem unter w, w' geneigten Hauptstrahle endlicher Neigung.

Abb. 49.

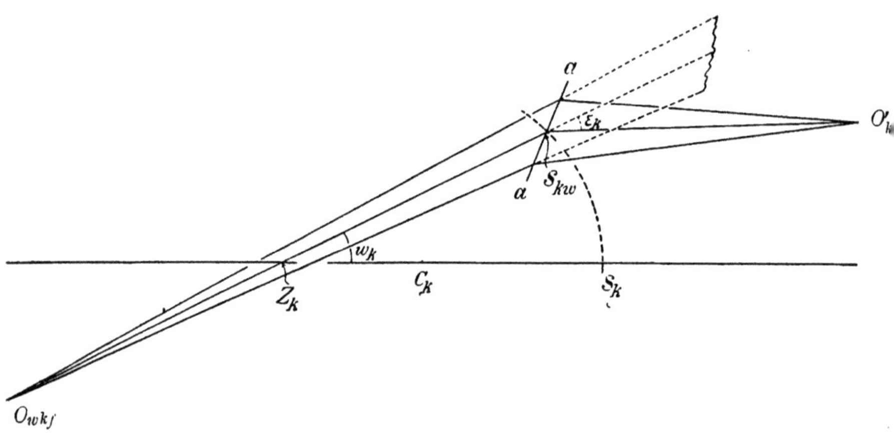

Ins Endliche überhöhtes Übersichtsbild der Drehung der Sagittalebene bei der $k$ten Brechung des Hauptstrahls in S_{kw}.

Neigung des Hauptstrahls vor der Brechung w_k, nach der Brechung $w'_k = w_k - \varepsilon_k$; Einfallspunkt S_{kw}; Richtungsänderung ε_k; a—a Richtung der auf der Zeichenebene senkrechten im Einfallspunkt S_{kw} an die Umdrehungsfläche gelegten Tangente, um die sich die Sagittalebene bei der Brechung dreht.

Umdrehungsflächen und einem auf der Hauptachse liegenden Kreuzungspunkt der Hauptstrahlen, kann man die Lage dieser Hauptschnitte unmittelbar angeben. Der erste ist die Ebene der tangentialen (t-) Büschel, die den Hauptstrahl und die Hauptachse enthält (die Papierebene der Zeichnung), und der zweite ist eine jedesmal durch den Hauptstrahl gelegte und auf der ersten senkrecht stehende Ebene. Sie soll die Ebene der sagittalen ($\mathfrak{s}$-) Büschel heißen. Es sei darauf hingewiesen, daß die Strahlen der t-Büschel unsymmetrisch, die $\mathfrak{s}$-Büschel symmetrisch zum Hauptstrahl verlaufen. Während also bei den verschiedenen Brechungen, die ein Hauptstrahl von beliebiger endlicher Neigung w erfährt, die Ebene der tangentialen Büschel als ein Achsenschnitt im Raume festbleibt, ändert, wie Abb. 49 erkennen läßt, die Ebene der sagittalen bei jeder Brechung ihre Lage im Raume: sie bleibt zwar immer senkrecht zu dem Achsenschnitt, dreht sich aber um eine im Einfallspunkt auf dem Achsenschnitt senkrecht errichtete Tangente aa um den ganzen Betrag der durch die Brechung verursachten Richtungsänderung des Hauptstrahls. Die erste Fokallinie (in O'_{wt} auf Abb. 48) steht also senkrecht auf der Zeichenebene und dem Hauptstrahl, die zweite (in $O'_{w\mathfrak{s}}$) steht ebenfalls senkrecht auf dem Hauptstrahl und liegt in der Zeichenebene.

Fällt ein astigmatisch entstelltes Bündel auf das optisch zu unterstützende achsensymmetrische Auge, dessen Drehpunkt Z' auf der Hauptachse liegt, und das somit den nach dem Durchtritt unter w' geneigten Hauptstrahl mit senkrechtem Einfall aufnimmt, so bleibt offensichtlich der durch das Brillenglas bestimmte erste (t-) Hauptschnitt ein solcher auch für das Auge, und damit bleibt die gleiche Eigenschaft auch dem Hauptschnitt des sagittalen ($\mathfrak{s}$-) Büschel erhalten. Es nimmt also bei zentrischer Benutzung ein achsensymmetrisches Auge den im Brillenglase entstehenden Astigmatismus schiefer Bündel wahr.

Sucht man für verschiedene Hauptstrahlneigungen w die beiden Orte O'_{wt} und $O'_{w\mathfrak{s}}$ auf, wo die beiden Brennpunkte entstehen, so ergeben sich dafür zwei Umdrehungsflächen, die Schale der t- und die der $\mathfrak{s}$-Brennpunkte, die beide ihre besondere Lage im Raume haben und einander nur in der Achse nahe kommen, wo sie sich in achsensymmetrischen Linsen oder Linsenfolgen auch berühren. Ein Schnitt durch diese beiden Schalen ist in der Abb. 48 für den oberen Teil gezeichnet, und zwar wurde, wie es in der geometrischen Optik üblich ist, die Spur der Schale der t-Brennpunkte gestrichelt, die Spur der Schale der $\mathfrak{s}$-Brennpunkte ausgezogen.

Es ist nur noch übrig, für das um den allgemeinen Drehwinkel w' gegen die Brillenachse geschwenkte Auge die Größe abzuleiten, die dem Scheitelbrechwert (s. S. 31)

$$A_s = 1/SO'$$

entspricht. Das geschieht mit Hilfe der **Scheitelkugel**. Legt man nämlich durch den inneren Brillenscheitel S eine Kugel mit dem Mittelpunkt in Z', so ist ein jeder auf diese Kugel bezogene Brechwert

$$A_{wf} = 1/S_w O'_{wf}; \quad A_{wt} = 1/S_w O'_{wt}$$

ohne weiteres mit dem Scheitelbrechwert A_s der Brille vergleichbar, und für eine vollkommene Brille würde gelten

$$A_s = A_{wf} = A_{wt}; \quad 0 < w' \leqq \overline{w'}.$$

Der Übergang zu den Hauptpunktsbrechwerten geschieht durch Berücksichtigung von δ, weil sich auch der Augenhauptpunkt **H** auf einer zu Z' konzentrischen Kugel bewegt, also in dem Augenraum ein jeder Hauptstrahl ebenso wie die Brillenachse diese beiden den Hauptpunkt **H** und den Brillenscheitel S, enthaltenden Kugeln senkrecht durchdringt.

Alle im folgenden gegebenen Darstellungen des Zusammenhangs zwischen dem Augendrehwinkel und den augenseitigen Brechwerten der im allgemeinen astigmatischen Bildpunkte sind dementsprechend auf die Scheitelkugel bezogen.

§ 80. **Geschichtliche Bemerkungen zum Astigmatismus schiefer Bündel bei Brillen.** Auf die Brille sind astigmatische Rechnungen, wie es scheint, erst spät, 1898 durch F. Ostwalt (*1.*), angewandt worden. Am nächsten kamen dem von früheren Forschern G. B. Airy 1827 und sein Schüler H. Coddington 1829, indem sie mit Vorrechenformeln die Gestalt einer möglichst befriedigenden Linse für die *Camera obscura* bestimmten. Indessen wurde dabei, wie M. v. Rohr (*22.* 213) hervorhob, die Brillenfrage durch eine flüchtige Erwähnung der Lupenbrillen eben gestreift, nicht aber eingehend behandelt, andernfalls wäre einem guten Kopf wie Airy schwerlich die Bedeutung der Schärfenflächen für die allgemeine Brillenaufgabe entgangen. — Die Entwicklung der Formeln zur Berechnung des Astigmatismus schiefer Bündel an einer Kugelfläche wurde zuerst wohl von H. Coddington 1829 ganz allgemein geleistet, und es sind die gleichen Formeln später von E. Abbe entwickelt und 1892 von S. Czapski veröffentlicht worden. Bei seinen oben erwähnten Arbeiten hat sich F. Ostwalt auf die Formeln L. Hermanns vom Jahre 1874 gestützt, worauf in § 90 auf S. 112 noch zurückzukommen sein wird. — Ein Lehrgerät zur Bildung richtiger Vorstellungen über die möglichen Lagen der Hauptschnitte bei zentrisch benutzten Umdrehungsfolgen wurde nach ZfoO *2.* 84 C. Zeiss 1913 geschützt. Durch fünf Drähte wird ein astigmatisch entstelltes Büschel dargestellt, derart daß einer der Hauptschnitte in die Achsenebene fällt, die durch e und die Büschelachse bestimmt ist. Da man dieses Übersichtsbüschel um die Achse drehen kann, so werden die dargestellten Hauptschnitte durch einen vollständigen Umlauf in jede überhaupt mögliche Lage gebracht. — Eine sehr eingehende Darstellung der Lehrmittel zur Veranschaulichung des Astigmatismus schiefer Büschel gab O. Henker (*12.*) 1918.

Die sehr einfache Einführung der Scheitelkugel durch M. v. Rohr (*7.* 580) erfolgte erst 1909. Es ist das nicht verwunderlich, weil vorher anscheinend niemals die Aufstellung einer vollständigen, das Blicken umfassenden Brillenlehre versucht worden war, wiewohl schon F. C. Donders (*3.* 121—43) gewisse Abschnitte daraus behandelt hatte. — Bei jener ersten Einführung war auch nur beabsichtigt, die Angaben für das ruhende Brillenglas dieser Besonderheit des bewegten Auges anzupassen, und daher blieb es bei der Einführung dieser Bezugsfläche in den Augenraum oder den Bildraum des Brillenglases. In neuester Zeit hat E. Weiss (*9*. 339, 21) auch eine »vordere Scheitelfläche« im Dingraum des Brillenglases hervorgehoben, von der aus er die Dingweiten zu messen und wofür er die »objektseitige Refraktion« festzustellen vorschlägt.

§ 81. **Der Astigmatismus schiefer Bündel bei der Lupenbrille.** Besteht längs einem Hauptstrahl von endlicher Neigung w Astigmatismus, so kommt in dieser Richtung für ein achsensymmetrisches Auge überhaupt keine punktuelle Abbildung zustande. Es bleibt daher die erste Aufgabe eines Brillenglases, eine deutliche Abbildung zu vermitteln, unerfüllt. Diese Forderung ist so wichtig, daß auf S. 27 in den einleitenden Bemerkungen zum Sehen des brillenbewaffneten ruhenden Auges das Entstehen einer deutlichen Abbildung vor der Größe des Bildes behandelt wurde. Die Forderung einer punktuellen Abbildung längs schiefen Hauptstrahlen führt zunächst bei dem vorliegenden, durch sphärische Flächen begrenzten Brillenglase auf die Aufgabe, den Astigmatismus längs dem Hauptstrahl von der endlichen Neigung w' aufzuheben.

Wenn also der Augendrehpunkt den Kreuzungspunkt der Hauptstrahlen festlegt, so muß man für die Rechnung, wo sonst die Blendenmitte den Kreuzungspunkt der Hauptstrahlen bestimmt, diesen Kreuzungspunkt genügend weit von der letzten Linsenfläche entfernt annehmen. Setzt man für den Abstand

$$S\mathsf{S} = \mathsf{d}$$

die zunächst willkürlich gewählten Grenzen fest

$$12 \text{ mm} \leqq \mathsf{d} \leqq 17 \text{ mm},$$

so ergibt sich unter Beachtung des Abstandes zwischen Drehpunkt und Hornhautscheitel

$$25 \text{ mm} \leqq \mathsf{x}' \leqq 30 \text{ mm},$$

wo x' den Abstand des Kreuzungspunkts der Hauptstrahlen vom benachbarten Brillenscheitel bedeutet[1].

---

1) Da bei Lupenbrillen das Bild stets im Unendlichen anzunehmen ist, so ist es für den von der Berechnung optischer Instrumente ausgehenden Optiker bequemer, den Strahlengang umzukehren und eine sammelnde Einzellinse zu fordern, die — mit einer Vorderblende vom vorgeschriebenen Abstande versehen — die unendlich ferne Ebene ohne Astigmatismus bei der angegebenen endlichen Hauptstrahlneigung abbilde. So gestellt entspricht diese Forderung der zwar viel später auftretenden, aber früher rechnerisch bearbeiteten Aufgabe, die Bestimmungsstücke einer möglichst vollkommenen photographischen Landschaftslinse mit Vorderblende anzugeben. Allerdings bleibt bei der vorliegenden Aufgabe der Unterschied bestehen, daß verglichen mit der Brennweite der Lupenbrille der Blendenabstand ungewöhnlich groß ist, wenn man an die Blendenabstände neuzeitiger Lahdschaftslinsen denkt. Es ist das entschieden die Hauptschwierigkeit bei der Planung solcher Instrumente, die zur Unterstützung des Auges im freien direkten Sehen bestimmt sind.

Die Mittel dafür, den Astigmatismus für endliche Neigungen zu heben, sind nun insofern beschränkt, als die Brechkraft $D_{,}$ der Linse und die Größe von $\mathfrak{x}'$ vorgeschrieben sind, und als ferner schon auf S. 65 die Forderung aufgestellt worden war, mit einer möglichst geringen Linsendicke auszukommen.

Das einzige Mittel, das somit noch verfügbar ist, ist die Wahl des einen Radius, oder wie man nach S. 17 auch sagen kann, die Durchbiegung der Linse, und man sieht hieraus deutlich, daß bereits die erste Forderung bestimmter Eigenschaften schiefer Bündel zur Bestimmung der Linsenform führt, die für das ruhende entlang der Brillenachse blickende Auge gleichgültig gewesen war.

Hält man, die Anforderungen des Gebrauchs berücksichtigend, an dem endlichen Werte von w fest, so gibt es kein anderes Mittel als das wiederholter trigonometrischer Durchrechnungen und Bestimmungen des Astigmatismus für verschiedene Werte der Durchbiegung. Ein solches Verfahren ist zwar ganz streng, aber recht umständlich und ziemlich unübersichtlich.

Beschränkt man sich aber auf einer vorbereitenden Stufe der Rechnung auf kleine Winkel w', d. h. setzt man sich zunächst zum Ziel, den Astigmatismus auf Hauptstrahlen im achsennahen Gebiet aufzuheben, so werden aus den schwerfälligen trigonometrischen leicht übersichtliche algebraische Formeln (Vorrechenformeln), aus denen man den Einfluß der verschiedenen Bestimmungsstücke, meistens allerdings nur für verschwindende Linsendicken, leicht erkennen kann. Solche Ausdrücke finden sich beispielsweise bei A. König (*1.* 264) u. M. v. Rohr, und man kann aus ihnen auch ersehen, daß die Forderung, den Astigmatismus auf Hauptstrahlen im achsennahen Gebiet aufzuheben, auf eine quadratische Gleichung für den zweiten Radius führt.

Eine solche Gleichung hat nun im Bereiche der reellen Zahlen entweder zwei (getrennte oder zusammenfallende) Wurzeln oder gar keine, und daraus folgt, daß sich für ein vorgeschriebenes Wertepaar ($D_{,}$, $\mathfrak{x}'$) entweder zwei Durchbiegungen einer dünnen Linse ergeben, die jedoch im Grenzfall identisch sein können, oder gar keine. Hält man an einem bestimmten $\mathfrak{x}'$-Wert fest, so hat man für die Brechkraft $D_{,}$ einer Lupenbrille die Grenzen

$$1{,}33 \text{ dptr} \leqq D_{,} \leqq m \text{ dptr}$$

einzuführen, wobei m eine vorläufig noch unbestimmte größere positive Zahl bedeutet. Hinsichtlich der beiden reellen Werte für r_2, nämlich r_{21} und r_{22}, sei die Bezeichnung so gewählt, daß der Ziffernwert von r_{21} größer sei als der von r_{22}.

Man kann, wie es in Abb. 50 geschehen ist, diese Werte in ihrer Abhängigkeit von $D_{,}$ auftragen und erhält dann zwei Teile einer Kurve für die Außenradien der nahe der Achse punktuell abbildenden Lupenbrillen, von denen der eine Teil die Formen mit schwächerer, der andere die mit stärkerer Durchbiegung zusammenfaßt. Der geschichtlich berechtigte Name des Kurventeils der stärker durchgebogenen Formen ist der WOLLASTONsche Zug, der andere mag der OSTWALTsche Zug heißen und die gewöhnlichen Lupenbrillen zusammenfassen.

Man erkennt aus Abb. 50 leicht, daß die allgemeine Lösung auch negative $D_,$-Werte einschließt; im vorliegenden Falle gilt etwa

$$-8^1/_2 \text{ dptr} \leqq D_, \leqq 13^3/_4 \text{ dptr}.$$

Abb. 50.

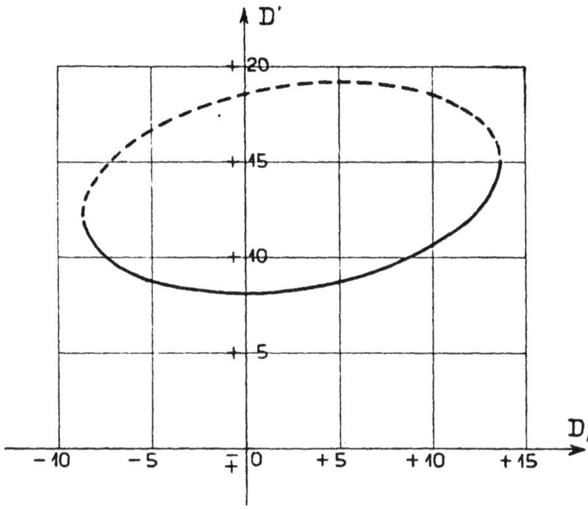

Der Zusammenhang der Brechkraft D' der Außenfläche und $D_,$ der ganzen Linse bei Lupenbrillen für $\mathfrak{x}' = 28$ mm und $n = 1{,}52$.

Die negativen Lösungen $D_,$ haben bei Nahbrillen allerdings keine Bedeutung, wo die Abbildung einer greifbaren Gegenstandsebene gefordert wird.

Bei dieser Gelegenheit mache ich auf die mir soeben erst zugegangene Arbeit A. WHITWELLS (2.) von 1914 aufmerksam, wo die Abhängigkeit dieser Kurven von dem $\mathfrak{x}'$-Werte sorgfältig untersucht worden ist.

Wie für so bestimmte Formen der Astigmatismus bei endlicher Neigung und dementsprechend endlicher Linsendicke ausfällt, läßt sich nur mit Hilfe der strengen trigonometrischen Durchrechnung zeigen. Es ergibt sich dabei, daß die Vorrechenformeln tatsächlich eine große Bedeutung haben, und daß nur verhältnismäßig geringe Änderungen an den so einfach bestimmten Werten der Durchbiegung anzubringen sind, um auch für endliche Dicken und für endliche Hauptstrahlneigungen punktuell abbildende Linsen zu erhalten. Daß sie dann auch längs Hauptstrahlen von zwischenliegenden Neigungswinkeln hinreichend angenähert anastigmatisch sind, sei hier bemerkt. In der Sprache der technischen Optik würde man sagen, die Zonen des Astigmatismus schiefer Bündel sind bei diesen Brillen bemerkenswert klein.

Solche punktuell abbildende Lupenbrillen sind nun für

$$x' = 28 \text{ mm}$$

bis zu $13^3/_4$ dptr möglich, wenn die Brechzahl des Glases zu 1,52 angenommen wird. Die obere Grenze für m läßt sich um ganz geringe Beträge hinausschieben, wenn Glasarten von höherer Brechzahl eingeführt werden, doch wird das für Lupenbrillen, wo schon

$$m = 13; \quad D_{,} = 13 \text{ dptr}$$

eine überreichliche Brechkraft ist, kaum nötig sein. Berücksichtigt man aber noch andere Aufgaben, etwa den Bau schwacher Lupen, so würde hierin allerdings ein gewisser Vorzug des optisch dichteren Mittels zu finden sein, der indessen durchaus von dem verschieden ist, den man in der Verminderung der Krümmung der Grenzflächen (s. S. 16) zu finden meinte.

§ 82. **Die Form der Bildfläche bei der Lupenbrille.** Zur Erleichterung der Bildung richtiger Vorstellungen sei hier eine gewöhnliche Lupenbrille von 10 dptr Brechkraft gezeichnet. Es ist das eine plankonvexe Linse L, die so aufgesetzt wird, daß der Abstand zwischen der Planfläche und dem Hauptstrahlenkreuzungspunkt Z' sogar 30 mm beträgt. Fragt man nun nach der durch den vorderen Brennpunkt F gehenden Dingfläche, deren Punkten mit ausreichender Genauigkeit parallelstrahlige Bündel entsprechen, die die enge Blendenöffnung in Z' verlassen, so sieht man nach der Abb. 51 ein, daß von einer Erfüllung der an die vollkommene Lupenbrille gestellten Forderung eines ebenen Feldes keine Rede ist. Das Feld der deutlich gesehenen Dingpunkte ist merklich gekrümmt, und zwar kehrt es dem Brillenglas seine hohle Seite zu. Ist durch eine geringe Verschiebung auf das Brillenglas zu der Rand eines ebenen Gegenstandes so eingestellt, daß er im Unendlichen abgebildet wird, so ergibt sich für jede der Mitte näher gelegene Stelle der Dingebene ein virtuelles Bild, das dem Brillenglase um so näher liegt, je näher jene Stelle der Achse lag. Ein mit Akkommodation begabtes Auge wird also — selbst bei der Benutzung einer der höheren Nummern der Lupen — die Krümmung des Feldes in gewissem Grade auszugleichen vermögen, indem es für die Mitte stärker akkommodiert.

Da nun bis zum 60. Lebensjahre die Akkommodationsbreite 1 dptr beträgt, so folgt, daß für die meisten Lupenbrillen die soeben beschriebene Krümmung des deutlich gesehenen Feldes nicht schädlich ist, weil eben die Akkommodationsbreite zu ihrer Ausgleichung ausreicht. Ein Brillenträger noch höheren Alters muß sich dadurch helfen, daß er seinen Kopf dem ebenen Gegenstand ein wenig nähert, wenn er seitlich gelegene Teile betrachten will.

Fragt man nun nach der Krümmung des im Unendlichen abgebildeten Dingfeldes, so läßt sich diese für verschwindende Hauptstrahlneigungen in aller Strenge angeben. Nach dem CODDINGTON-PETZVALschen Gesetz ist für Ding und Bild in Luft der Unterschied zwischen der Dingkrümmung $1/\mathfrak{r}$

Abb. 51.

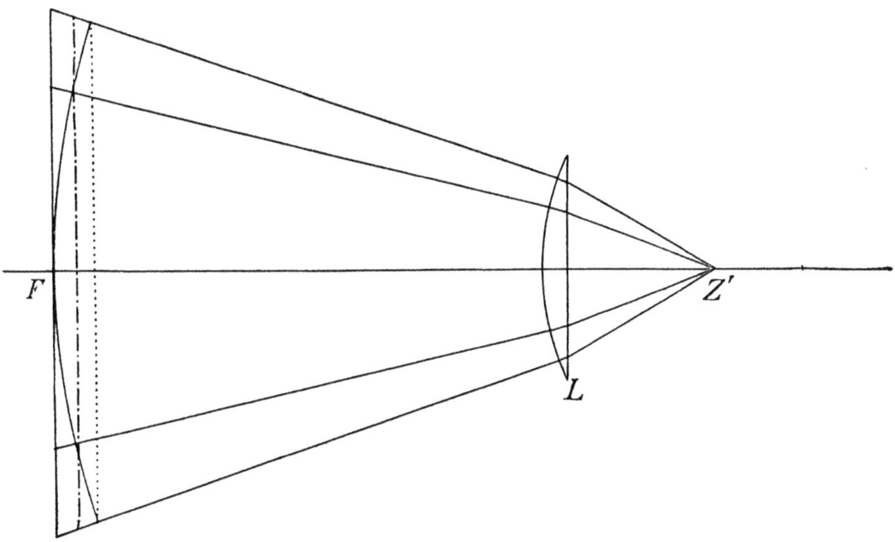

Die Schärfenfläche einer plankonvexen Lupenbrille $D_1 = 10$ dptr in $^2/_3$ der natürlichen Größe.
Die Pfeilhöhe der Schärfenfläche bei $w' = 30°$ ist 8,5 mm; bei Einstellung auf ⋯⋯ liegt der Rand des Blickfeldes im Unendlichen, seine Mitte 97 cm vor F. Bei einer Akkommodationsbreite von + 1 dptr kann also das ganze Feld deutlich gesehen werden.
Die ausgleichende Einstellung für alterssichtige Augen ist durch —·—·— angedeutet.

und der Bildkrümmung $1/\mathfrak{r}'$, bei einer aus unverkitteten Linsen je vom Brechungsverhältnis n gebildeten Folge, gegeben durch

$$1/\mathfrak{r}' - 1/\mathfrak{r} = -\sum D/n$$

wobei allgemein D die Brechkraft der Linsenflächen bezeichnet, bei dünnen Linsen aber für die Brechkraft der Einzellinsen steht. Bei letztgenannter Bezeichnung ergibt sich für eine einzelne dünne Linse $D_,$ von der Brechzahl n und ein ebenes Bild, wo

$$\mathfrak{r}' = \infty$$

ist, die Beziehung

$$1/\mathfrak{r} = D_,/n.$$

Die Feldkrümmung hat also bei dünnen Linsen stets einen endlichen, bei vorgeschriebener Brechzahl der Brechkraft entsprechenden Wert, und dieser bleibt übrigens auch für endliche Hauptstrahlneigungen und endliche Linsendicken annähernd gültig, was bemerkenswert genug ist.

§ 83. **Geschichtliche Bemerkungen zur Bildebenung bei Lupenbrillen.** Bei der großen Bedeutung, die diese Forderung, wie oben erwähnt, auch für die einfache photographische Linse hat, kann es nicht wundernehmen, daß die Frage nach der Herbeiführung der Bildebenung mit einfachen Mitteln schon behandelt worden ist.

E. v. Höegh (*1.*) hat 1900 darauf hingewiesen, daß man durch zweckmäßige Verfügung über die Linsendicke die Brechkraftsumme der beiden Flächen gleich Null machen und so sehr wohl der unendlich fernen Ebene ein ebenes Bild entsprechen lassen könne; er hat auch als erster ein Ziffernbeispiel dafür veröffentlicht. Später hat A. König (*2.* 397—9) eine eingehende Theorie des Höeghschen Meniskus mitgeteilt und den Weg gewiesen, der einzuschlagen ist, wenn es sich etwa nur um eine Verminderung der Bildwölbung handelt. Die Untersuchung einer solchen Annahme zeigt in Übereinstimmung mit der Anmerkung auf S. 97, daß, im Vergleich mit der Anlage der einfachen Landschaftslinse, für den vorliegenden Fall einer Brille eine Erschwerung insofern besteht, als es sich bei nicht ganz schwachen Brillengläsern stets um einen im Vergleich zur Brennweite sehr großen Blendenabstand handelt. Als Ergebnis stellt sich heraus, daß auch nur eine Annäherung an die Bildfeldebenung mittels der Linsendicke bei Sammellinsen nach Art der Lupenbrille nicht anders möglich ist, als durch die Einführung unverhältnismäßig großer Linsendicken und damit eines unerträglich großen Gewichts. Beides kann vielleicht für Stielbrillen zulässig sein, nicht aber für Brillen in gewöhnlichen Fassungen. Somit muß die Hoffnung aufgegeben werden, die Bildkrümmung einer dünnen unverkitteten Lupenbrille mit sphärischen Grenzflächen wesentlich zu verbessern, denn die Erhöhung der Brechzahl n kann keine große Wirkung haben, da dieser Wert wohl stets unterhalb von 1,61 wird bleiben müssen. — Zwei frühe Schutzschriften auf Lupenbrillen von C. Zeiss (*5*, *6.*) sind zu erwähnen; sie beziehen sich auf die Ostwaltsche und die Wollastonsche Form. — Die Aufgabe, die Bildfeldebenung bei Lupenbrillen durch die Einführung asphärischer Flächen zu erreichen, wurde dem Verfasser schon 1907 von A. Gullstrand gestellt; die damals gefundenen Lösungen befriedigten aber noch nicht durchaus.

§ 84. **Die Verzeichnung der Lupenbrillen.** Erinnert man sich daran, daß die Form der verhältnismäßig dünnen Lupenbrille mit sphärischen Grenzflächen durch die Forderung völlig bestimmt war, den Astigmatismus schiefer Bündel aufzuheben, so wird es nicht wundernehmen, daß die Verzeichnung nicht gleichzeitig gehoben ist. In der Tat ist unter den angegebenen Voraussetzungen immer ein gewisser Betrag von Verzeichnung vorhanden, und zwar ist ihr Aussehen leicht festzustellen, wenn man die Verhältnisse bei einer photographischen Landschaftslinse mit Vorderblende zum Vergleich heranzieht.

Es ist sicher, daß solche photographischen Landschaftslinsen alle tonnenförmig verzeichnen, d. h. daß einem dingseitigen Winkel w eine zu kleine

Bildhöhe $y' = O'O'_w$ entspricht. Vergegenwärtigt man sich aber, daß die Lupenbrille im umgekehrten Strahlengange benutzt wird, so sieht man ein, daß für eine Achsenentfernung $y = OO_w$ in der Objektebene auf der Augenseite ein zu großer Winkel w' entstehen wird. Die Lupenbrillen verzeichnen also alle kissenförmig.

Die beiden Formen des Wollastonschen Kurventeils und des Ostwaltschen Zuges oder der gewöhnlichen Lupenbrillen unterscheiden sich hinsichtlich der Verzeichnung so voneinander, daß die ersterwähnten eine entschieden geringere Verzeichnungswirkung erkennen lassen. Es ist indessen kaum zu bestreiten, daß die durch die stärkere Durchbiegung bedingte Preissteigerung zu beträchtlich ist, um die Formen des Wollastonschen Zuges allgemeiner in Aufnahme kommen zu lassen.

Eine Korrektion sowohl der Verzeichnung als auch des Astigmatismus wird sich bei Lupenbrillen nur dadurch erreichen lassen, daß man asphärische Umdrehungsflächen (in den Schriften der technischen Optik auch als deformierte Flächen bekannt) vorsieht. Diese Möglichkeit sei hier aber nicht behandelt, weil der Verzeichnungsfehler bei Lupenbrillen keine so große Bedeutung hat, daß weitere Kreise die sehr merkbare Preiserhöhung für gerechtfertigt halten würden, die vorläufig wenigstens mit der Anfertigung asphärischer Flächen verbunden ist.

§ 85. **Die Nahbrillen.** Die Nahbrillen lassen sich fast vollständig im Anschluß an die Lupenbrillen behandeln. Ihre Brechkraft D_r wird, wie auf S. 58 bemerkt, durch die von dem Augenarzt zu bestimmenden Größen b_r und a_r festgelegt.

Die Vergrößerung für endliche Hauptstrahlneigungen w muß nach (45)

$$V_w = O'O'_w / OO_w$$

bestimmt werden, und der Astigmatismus schiefer Bündel ist für die Punkte einer achsensenkrechten Ebene festzustellen, die hier nicht durch den vorderen Brennpunkt F sondern durch einen Achsenpunkt O geht, der von dem vorderen Hauptpunkt der Nahbrille den Abstand a_r hat.

Wesentliche Unterschiede von der Lupenbrille ergeben sich hier nicht. Bei der Berechnung eines solchen Brillenglases wählt man die Durchbiegung so, daß der endlich entfernten Dingebene eine punktuelle Bildfläche des Brillenglases entspricht, die mit der dem Werte von b_r entsprechenden Schärfenfläche des Auges möglichst zusammenfällt. Die Durchbiegungen, die man auf diese Weise erhält, lassen sich wieder paarig ordnen, da sie aus den beiden Wurzeln einer quadratischen Gleichung hervorgehen. Hinsichtlich der Form der Bildfläche gilt auch hier, daß die deutlich gesehene Dingfläche eine Krümmung hat, die sich — wiederum für endliche Neigungen genügend genau — aus der Coddington-Petzvalschen Formel ableiten läßt und in der Regel wohl durch den Rest der Akkommodation des

Trägers ausgeglichen werden kann. Durch diese Durchbiegung ist aber die Erscheinungsform und der Betrag der Verzeichnung bestimmt, und es sind zu deren Korrektion keine Veränderlichen mehr verfügbar, solange man sich auf sphärische Grenzflächen und geringe Linsendicken beschränkt.

Man sieht leicht ein, daß die Nahbrille zu einer Lupenbrille wird, sobald $b_,$ einen unendlich großen Wert erhält.

Was die Formen der Nahbrillen angeht, so seien sie nach den TSCHERNINGschen Annahmen dargestellt, wenn man D', die Brechkraft der ding-

Abb. 52.

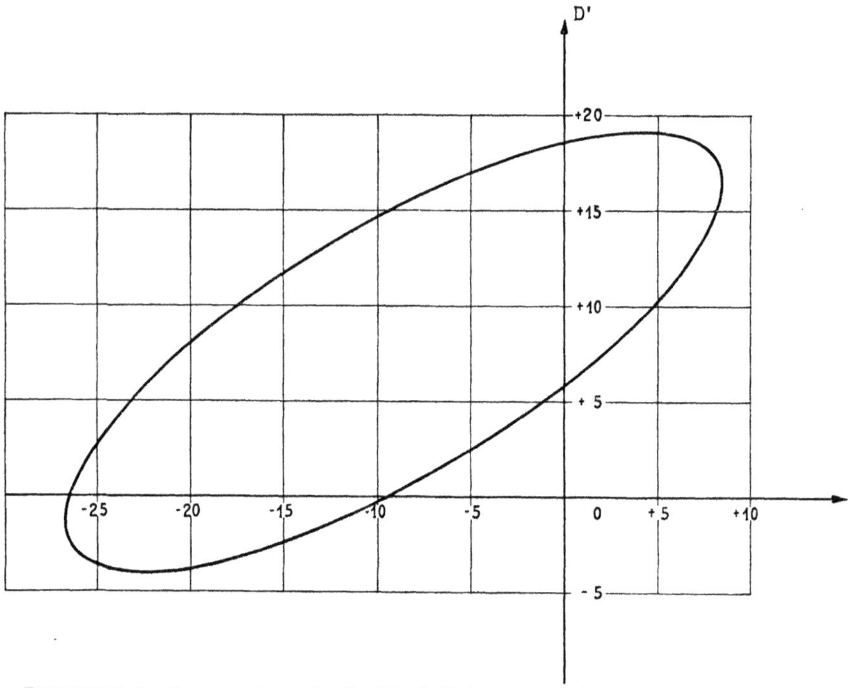

Der TSCHERNINGsche Zusammenhang der Brechkraft D' der Außenfläche und $D_,$ der ganzen Linse bei Nahbrillen für $a_, = -0{,}33$ m, $x' = 23$ mm und $n = 1{,}52$.

seitigen Brillenfläche, bestimmt[1]). Das Bereich, wofür sich reelle $D_,$-Werte finden, ist hier bei Abb. 52 merklich weiter als bei den Fernbrillen auf Abb. 53. Man erkennt ferner auch in Übereinstimmung mit M. TSCHERNING, daß bei hohen zerstreuenden Brechkräften besonders für den OSTWALTschen

1) Ich verdanke diese Zeichnung meinem Kollegen, Herrn A. SONNEFELD, der sie nach seinen Grundsätzen (*1.* 71) entworfen hat. Sie stimmt mit den entsprechend umgerechneten Angaben M. TSCHERNINGS (*2.*) gut überein, wenn man beachtet, daß er damals nur auf ganze Millimeter abgerundete Radienlängen angegeben und das Gebiet bis zu $D_, = -20$ dptr als linker Grenze berücksichtigt hat.

Zug die Formen beidseitig hohl werden, während fast alle stärker durchgebogenen Formen und alle rechts von der Ordinate etwa durch $D_, = -10$ dptr bleibenden Linsen die Form eines Meniskus haben. Vergleicht man hiermit die Abb. 53 für die Fernbrillen, so sieht man, daß bei jeweils gleicher Brechkraft $D_,$ die WOLLASTONschen Formen für mittelstarke zerstreuende und für die sammelnden Gläser ziemlich gleich durchgebogen ausfallen, während die stark zerstreuenden WOLLASTONschen und alle OSTWALTschen Gläser eine deutliche Einwirkung der Dingweite auf die Durchbiegung erkennen lassen.

Abb. 53.

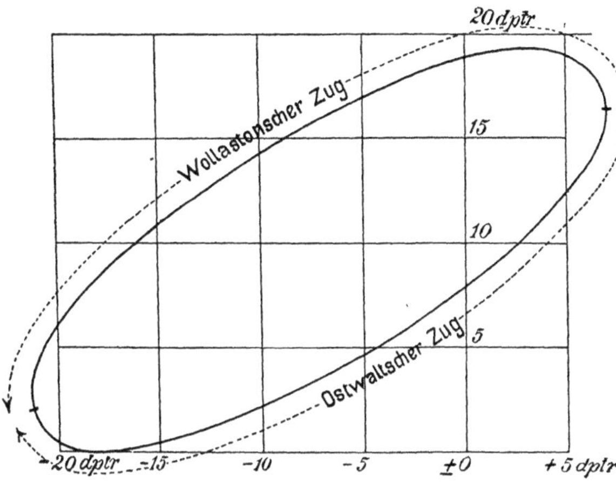

Die TSCHERNINGschen Werte für den Radius der Vorderfläche umgerechnet auf die Brechkraft dieser Fläche (Ordinate) und dargestellt als abhängig von der Brechkraft $D_,$ des korrigierenden Brillenglases (Abszisse) für dickenlose Linsen und $x' = 28$ mm.

§ 86. **Geschichtliche Bemerkungen zu den Nahbrillen.** Schon 1898 hat F. OSTWALT (*2.*) bei der Schilderung seines Rechenverfahrens an Fernbrillen auf die Notwendigkeit hingewiesen, gelegentlich auch eine andere Dingweite anzunehmen. M. TSCHERNING hat ebenfalls von vornherein den Fall der Nahbrillen in seine Behandlung eingeschlossen und (*2.* und *3.*) sehr umfassende Tafeln dafür angegeben. Später, 1913, hat der englische Theoretiker A. WHITWELL nach ZfoO *1.* 95 diese Aufgabe in ziemlicher Ausführlichkeit behandelt und durch mehrere Schaubilder erläutert.

§ 87. **Die Fernbrillen.** Die Angehörigen der zweiten, wichtigeren Klasse, die für fehlsichtige Augen bestimmten korrigierenden oder Fernbrillen, unterscheiden sich dadurch schon äußerlich von den Lupenbrillen, daß für sie stets ein unendlich ferner Gegenstand anzunehmen ist, dessen für das Sehen mit bewegtem Auge in Betracht kommende Seitenausdehnung durch einen endlichen Winkel w bestimmt wird. Ganz ähnlich wie für die schon behandelten Lupengläser lautet hier die Forderung an eine vollkommene Fernbrille: es ist ein unter einem endlichen Winkel w gegen die

Achse erscheinender Teil der unendlich fernen Ebene durch eine möglichst dünne Linse negativer oder positiver Brennweite verzeichnungsfrei und ohne Astigmatismus schiefer Bündel auf der Fernpunktsfläche des fehlsichtigen Auges abzubilden.

§ 88. **Der Astigmatismus schiefer Bündel bei den Fernbrillen.** Die nächste Aufgabe ist wiederum die, eine deutliche Abbildung herbeizuführen, und dazu ist es notwendig, den Astigmatismus schiefer Bündel aufzuheben. Läßt man die gleichen Grenzen für $\mathfrak{x}'$ zu wie in dem Falle der Lupenbrille auf S. 97, so verändert sich auch $\mathfrak{d}$ entsprechend. Man muß sich dann gegenwärtig halten, daß damit Änderungen der Bildgröße auf der Netzhaut verbunden sind, deren Behandlung sich auf S. 38—45 findet. Der Grund, von dem seinerzeit als normal angegebenen Werte

$$\delta = 17{,}05 \text{ mm}; \qquad \delta - \mathfrak{h} = 15{,}7 \text{ mm}$$

abzuweichen, liegt darin, daß mit steigendem Abstand des Brillenglases auch die Größe zunimmt, die sein Durchmesser erhalten muß, wenn die Hauptstrahlen für einen gegebenen Augendrehwinkel w' noch hindurchtreten sollen. Daß aber mit dem Durchmesser das Gewicht des Glases wächst, leuchtet ein. Ferner nimmt, wie sich auch aus der S. 126 folgenden Behandlung der Verzeichnung an Fernbrillen ergeben wird, die Verzeichnung unter sonst gleichen Umständen um so geringere Werte an, je geringer der Wert von $\mathfrak{x}'$ wird. Zum Schluß kann man auch noch darauf hinweisen, daß sich, wie sogleich genauer gezeigt werden wird, die Grenze der deutlich abbildenden sphärischen Einzellinsen um so weiter in das Gebiet der höheren positiven Brechkräfte erstreckt, je näher der Kreuzungspunkt der Hauptstrahlen an die ihm nächste Linsenfläche heranrückt.

Gegen eine starke Verkleinerung von δ spricht nicht so sehr die Verkleinerung der Bildgröße auf der Netzhaut Übersichtiger — sie ist zu geringfügig, um in Betracht gezogen zu werden — als vielmehr der Umstand, daß die Wimpern ein zu nahe stehendes Brillenglas verunreinigen.

Ist also ein bestimmter Wert für $\mathfrak{x}'$ festgelegt, so kann mit Hilfe entsprechender Vorrechenformeln eine Hebung des Astigmatismus auf den Hauptstrahlen im achsennahen Gebiet vorgenommen werden, denn auch hier zeigt die nachträglich vorgenommene strenge Durchrechnung, daß die in solcher Weise für dickenlose Linsen ermittelte Durchbiegung nur einer geringen Änderung bedarf, um auch für Linsengläser endlicher Dicke und für Hauptstrahlen endlicher Neigung w, w' gültig zu werden. Auf diese Weise kann man auch leicht ermitteln, daß sowohl für negative als auch für positive Brechkräfte Grenzwerte bestehen, über die hinaus der Astigmatismus schiefer Bündel durch Durchbiegung sphärisch begrenzter Einzellinsen nicht mehr gehoben werden kann. Der Wert n des Brechungsverhältnisses spielt für die Grenzwerte keine merkliche Rolle. Setzt man

$$\mathfrak{x}' = 30 \text{ mm},$$

so ergibt sich, sobald für Augendrehwinkel $w' = \pm 30^\circ$ (35°) der Astigmatismus schiefer Bündel gehoben sein soll,

$$-21 \text{ dptr} \leqq D_r \leqq +6^1/_4 \text{ dptr}.$$

Um den Einfluß übersehen zu können, den die Verkleinerung von $\mathfrak{x}'$ auf 25 mm ausübt, braucht man sich nur eine gleichmäßige Verkleinerung aller Ausmaße auf 25/30 vorzustellen, der also eine Erhöhung der Brechkraft auf das 1,2fache entspricht. Man erhält demnach für

$$\mathfrak{x}' = 25 \text{ mm}$$

die Beziehung

$$-25 \text{ dptr} \leqq D_r \leqq +7^1/_2 \text{ dptr}.$$

Innerhalb des Gebietes, wo sich der Astigmatismus schiefer Bündel mit sphärischen Linsen überhaupt heben läßt, kann er, genau so wie vorher, für zwei verschiedene Durchbiegungen gehoben werden. Stellt man in einer entsprechenden Weise die Vorderkrümmungen in ihrer Abhängigkeit von der Brechkraft des Brillenglases dar, so ergeben sich zwei Teile (ein oberer und ein unterer) einer in sich zurücklaufenden Kurve, genauer einer Ellipse. Die Gemeinschaft der stärker durchgebogenen Formen soll den WOLLASTONschen, die Gemeinschaft der schwächer durchgebogenen den OSTWALTschen Zug bilden. Die Gründe für diese Benennung werden sich aus der geschichtlichen Darstellung in § 89 und 90 entnehmen lassen.

In beiden Fällen ist der Astigmatismus auf Hauptstrahlen von mittlerer Neigung gering, wenn er auf solchen von der Grenzneigung

$$w' = \pm 30^\circ \ (35^\circ)$$

gehoben worden ist, und man ist daher berechtigt, solche Linsen als punktuell abbildend oder praktisch frei vom Astigmatismus schiefer Bündel für ein Blickfeld endlicher Größe zu bezeichnen, immer vorausgesetzt, daß der Kreuzungspunkt der Hauptstrahlen den vorgeschriebenen, durch $\mathfrak{x}'$ bestimmten Ort einnimmt. Ein merkbarer Vorteil kommt bei mäßiger Ausdehnung des Blickwinkels in der Verwendung keiner der beiden Formen in dieser Richtung zu, die man etwa die Größe der Zonen des Astigmatismus schiefer Bündel nennen könnte. Die Rechenergebnisse stellen sich allerdings für die WOLLASTONsche Form deutlich vorteilhafter, und davon wird später bei der Anlage prismatischer Brillen Gebrauch gemacht werden. Für die Fernbrillen wird mithin die Bequemlichkeit der Herstellung den Ausschlag geben können, solange es sich eben nur darum handelt, daß die Abbildung eine punktuelle ist. Man wird also im allgemeinen die OSTWALTsche Form wählen, da bei ihr die längeren

Radien vorkommen. Einen weiteren Vorteil hat, wie auf S. 123 genauer angegeben werden soll, E. WEISS (7.) hervorgehoben.

Betrachtet man den Verlauf dieses Kurventeils — beispielsweise in Abb. 53 nach den von M. TSCHERNING (2. 249—50) auf Grund der Vorrechenformeln angegebenen Werten dargestellt — für

$$x' = 28 \text{ mm},$$

so erkennt man, daß seine Ordinaten der Reihe nach alle Werte annehmen, die zwischen weit entfernten Grenzen liegen. Für gewisse Werte der Brechkraft der Brillengläser müssen sie also den festen Radien entsprechen, die nach S. 72 für die Herstellung meniskenförmiger Brillengläser in Gebrauch sind oder gewesen sind. Hierdurch rechtfertigt sich auch jene vorgreifende Aussage, daß gewisse dieser Durchbiegungen auf durchaus gute Formen führen. Man sieht aber ebenfalls ein, daß es keine einzelne Länge gibt, die, etwa als Vorderradius gewählt, stets auf ein deutlich abbildendes Brillenglas führe, vielmehr wird das Vorstehende die Erkenntnis vermittelt haben, daß der Vorderradius durch eine ziemlich verwickelte Beziehung von der Brechkraft des Brillenglases abhängt.

Bei den hohen positiven Brechkräften, wie sie für angenähert rechtsichtige Augen nach der Linsenentfernung notwendig sind, kann man an einfachen sphärischen Gläsern den Astigmatismus schiefer Bündel nicht heben, sondern höchstens auf einen sehr kleinen Wert hinabdrücken. Auch solche Linsen sind auf dem Markte.

Einen Beweis für die Erhöhung der Bildgüte hat man sowohl durch die Angabe der Ergebnisse trigonometrischer Durchrechnung als auch, seit 1908, durch photographische Aufnahmen — meistens von kleinen Sehproben — geliefert. Die aufzunehmende Ebene wurde jeweils senkrecht zu dem unter w geneigten Hauptstrahl (wenn nötig unter Benutzung eines Kollimators) aufgestellt und in einer um den Augendrehpunkt Z' unter w' geschwenkten Aufnahmekammer meistens mit dem Licht der grünen Quecksilberlinie schief durch das der Prüfung unterzogene Brillenglas hindurch aufgenommen. Dieses Verfahren liefert Belege von besonders großer Anschaulichkeit, benutzt ein wirklich ausgeführtes Brillenglas und läßt sich, worauf noch in § 137 hinzuweisen sein wird, auch da bequem anwenden, wo die trigonometrische Rechnung einen zu großen Aufwand an Zeit und Kosten erfordern würde.

Eine sehr einfache Grundlage würde sich darbieten, wenn sich der Beobachter für ein vorliegendes Brillenglas durch ein passendes Haftglas gerade im richtigen Betrage fehlsichtig machte und dann die Prüfung an einem Geräte vornähme, wo die Sehprobe längs einem um den scheinbaren Drehpunkt des prüfenden Auges beschriebenen Kreisbogen von 5 m Halbmesser verschoben würde. Doch sind die Vorbedingungen dafür ziemlich schwierig zu beschaffen. — Weitere Möglichkeiten, die Strahlenvereinigung in schiefem Strahlengange zu prüfen, können durch besondere Vorführungsgeräte von kleinerem Umfange und bequemer Benutzung verwirklicht werden; ihr Grundgedanke besteht darin, daß das vorliegende Brillenglas in dem Strahlengange benutzt wird, der im ständigen Gebrauch beim Blicken eintritt. Man kann die Richtung der abbildenden Strahlen dann noch bestimmen und sie sowohl in demselben als auch im entgegengesetzten Sinne verlaufen lassen wie in der Wirklichkeit. Mit andern Worten kann man entweder das im Augenraum entworfene Bild ferner Gegenstände betrachten oder die Abbildung von Sehzeichen in der hinteren Brennfläche des Brillenglases. Häufig läßt sich die Einrichtung auch so vorsehen, daß die Bilder auf einem Schirm entworfen und so einem größeren Zuschauerkreise gleichzeitig sichtbar gemacht werden.

Waren diese Einrichtungen mehr als Vorführungsgeräte zur Gewinnung schneller Übersicht gedacht, so kann man auch Geräte zu genauer Untersuchung bauen, bei denen die zu beurteilenden Bilder durch ein Hilfsmikroskop einer nachträglichen Vergrößerung unterworfen werden.

§ 89. **Geschichtliche Bemerkungen zur Verbesserung der Brillengläser bis zu F. Ostwalt.** Die Forderung, die Güte der Abbildung beim schiefen Durchblick zu erhöhen, muß schon sehr früh gestellt worden sein, mindestens kann man so die Abbildungen bei M. C. de Dominis (†1624) auffassen; bei ihm kommen nur Brillen mit einer Planfläche vor, und diese ist bei Zerstreuungslinsen den Gegenständen, bei Sammellinsen dem Auge zugekehrt. Bestätigt wird diese Auffassung durch den wenig späteren spanischen Brillenkundigen, B. Daza de Valdes, der nach A. v. Pflugk u. M. v. Rohr (*38.* 60) ausdrücklich eine entsprechend abgefaßte Vorschrift mitteilte. Im Jahre 1645 empfahl J. Bourgeois (ZfoO *5.* 3) in Paris durchgebogene Brillengläser, deren hohle Seite dem Auge zuzukehren sei, doch ist dem Berichterstatter über den Erfolg dieser Neuerung nichts bekannt geworden. Auch J. Zahn (*3.* 87) waren 1686 solche Menisken, und zwar sowohl mit sammelnder als auch mit zerstreuender Brechkraft, wohlbekannt. — Wenn nun auch im 18. Jahrhundert, wo die Sorgfalt in der Abfassung von Brillenschriften entschieden abnahm, nicht viel über solche Fragen gehandelt wurde, so hat 1728 doch J. G. Leutmann nach M. v. Rohr (*25.* 115) auf den beträchtlichen Vorteil schwach durchgebogener Menisken — die Stärke der schwächeren, der Brillenbrechkraft entgegenwirkenden Fläche scheint den festen Betrag von 1,84 dptr gehabt zu haben — sowohl bei sammelnden wie bei zerstreuenden Gläsern hingewiesen. — Zu W. H. Wollaston findet man in dieser Hinsicht einiges bei M. v. Rohr (*22.* 211/2) Auch hier handelt es sich um eine feste Wirkung der schwächeren Fläche mit einem der Gesamtbrechkraft entgegengesetzten Zeichen, und die stärker gekrümmte Fläche wurde zum Ausgleich des Brechungsfehlers am Auge des Brillenträgers verwendet. Die Durchbiegung war hier sehr stark geplant — die feste Brechkraft hat der Erfinder anscheinend mit etwa 15 dptr angesetzt —, indessen sträubte sich die ausführende Werkstätte gegen diese Vorschrift, und man kann nach gleichzeitigen Berichten wohl mit Sicherheit annehmen, daß die periskopischen Brillengläser des Dollondschen Betriebes nur sehr schwach durchgebogen waren.

Nun wurden allerdings bald nach der Veröffentlichung des WOLLASTONschen Vorschlages auch tiefere Krümmungen vorgeschlagen; und zwar hört man zunächst von R. A. CAUCHOIX (*1.*), der sich schon um 1814 mit der Herstellung von periskopischen Linsen nach dem WOLLASTONschen Vorbilde befaßte. Er versuchte später aber selbständig die günstigsten Krümmungen zu finden und kam dabei auf ein Radienverhältnis von 5:8. Nun kann man ja von einem solchen für alle Nummern festen Radienverhältnis nicht sprechen, aber man wird dem Pariser Optiker solche Versuche immerhin hoch anrechnen müssen, zumal ja auch die WOLLASTONschen Angaben der Verbesserung bedürftig waren. Zum Vergleiche braucht man nur an die sogar 20 Jahre später verfaßte Schilderung J. A. FR. ARNOLDS (*1.*) zu denken, wonach in Deutschland bei der Annahme der periskopischen Brillenformen derartige Versuche nicht angestellt wurden. Bei seinen Formen mußten, wie M. v. ROHR (*18.* 410) hervorhob, jedenfalls die beiden Gläser mit Brechkräften von —3,5 und +4,5 dptr die gute Form erhalten, während abweichende Stärken ein weniger günstiges Ergebnis gezeigt haben werden. — Die Brillenbetriebe von J. FR. VOIGTLÄNDER in Wien und von A. DUNCKER in Rathenow haben, wie bereits auf S. 72 erwähnt ist, im deutschen Sprachgebiete seit 1815 die Herstellung periskopischer Brillengläser aufgenommen — der Erstgenannte nach M. FERENCZY (*1.* 170/1) wohl auf Grund seiner Ausbildung in England — doch fehlen nähere Nachrichten über die von ihnen verwandte Durchbiegung. — Nach M. v. ROHR (*18.* 411) sind etwa zu gleicher Zeit, jedenfalls seit 1817, von einzelnen ausübenden Optikern Deutschlands periskopische Gläser in Einzelanfertigung und zum Teil mit stärkerer Durchbiegung hergestellt worden. Daß sich diese Formen in einer gewissen Wertschätzung hielten, kann man nicht allein aus den gelegentlichen, bei M. v. ROHR (*18.* 409) mitgeteilten Funden beweisen, sondern noch mehr aus der sehr wertvollen STAMPFERschen Arbeit (*1.*) vom Jahre 1831, wo Menisken von verschiedener Durchbiegung bis zu einer Grundwirkung von 6,55 dptr hin empfohlen und in eingehenden Radientafeln beschrieben werden. Verständlicherweise muß nach der letzten Annahme ein bestimmtes zerstreuendes Glas und sehr nahezu eine ganze Reihe von sammelnden Gläsern eine gute Form erhalten haben. — Auf einem andern Gebiete erschien im Jahre 1863 über den Astigmatismus schiefer Bündel eine wichtige Arbeit des schottischen Ingenieurs R. H. BOW (*2.*). Ihn beschäftigten die beiden astigmatischen Bildschalen photographischer Objektive im allgemeinen und namentlich der Landschaftslinsen, und er unternahm es, in einfachen Fällen, auf H. CODDINGTONS Darlegungen gestützt, durch Rechnung, in verwickelteren durch Beobachtung der Brennlinien auf der Mattscheibe die Spuren der Bildflächen auf einem Achsenschnitte niederzulegen. Zur Ermittlung der besten Form sammelnder, das blickende Auge unterstützender Brillengläser würde sein Verfahren ohne weiteres haben dienen können, doch geriet es in Vergessenheit und ist zur Lösung dieser Aufgabe anscheinend nicht verwandt worden. — Nach ZfoO *2.* 123 scheint es, als seien 1866 von dem damals ganz jungen Betriebe NITSCHE & GÜNTHERS periskopische Gläser mit der festen Grundwirkung von $1\,{}^1/_4$ dptr vertrieben worden. Aus den hier benutzten Quellenschriften ist indessen nicht festzustellen, ob diese Anlage damals eine Neuerung bedeutete. — Wesentlich stärkere Durchbiegungen traten (S. 4) zuerst 1858 möglicherweise unter dem Einfluß A. v. GRAEFES bei den (afokalen) brennpunktlosen Uhrglasbrillen E. BUSCHENS auf, und um die Mitte der 70er Jahre werden ebenso starke Durchbiegungen mit 11 oder 12 dptr fester Grundwirkung nach ZfoO *2.* 123 regelmäßig auch in gängigen Brechkräften angeboten. Noch wesentlich stärkere

Durchbiegungen soll um 1879 J. Rodenstock in seinen Perphagläsern mit einer festen Grundwirkung von 26—23 dptr versucht haben — eine gleichzeitige Quelle dafür ist hier nicht eingesehen worden —, doch kann man sich nach der Tscherningschen Kurve von einer solchen Anlage keinen Vorteil für die Hebung des Astigmatismus schiefer Bündel versprechen. — Neben diesen Bestrebungen der Brillenhersteller, wozu gleichzeitige theoretische Begründungen hier nicht bekannt geworden sind, laufen einzelne Mitteilungen von Wissenschaftern her, über deren einige M. v. Rohr (*12.* 381/3) berichtet hat. Es handelt sich um R. H. Bow, der 1863 eine Lupe von etwa $2^1/_2$facher Vergrößerung als eine nahezu punktuelle Abbildung liefernd empfahl. Ferner um den Arzt A. Müller (*1.*), der 1889 in seiner Doktorarbeit eine allgemeine Anlage von punktuell abbildenden Brillengläsern vorschlug. Erfolge hat er allerdings nicht geerntet, weil er zuviel erstrebte; er versuchte nämlich, neben der Hebung der Fehler schiefer Bündel auch noch den Betrag der Längsabweichung eines achsenparallelen Bündels endlicher Öffnung herabzudrücken. — Allein mit der Änderung des Gesichtsfeldes durch starke Sammellinsen beschäftigte sich 1869 R. Berlin (*1.*), hielt dabei aber am ruhenden Auge fest; er stellte einige Überlegungen zur Strahlenbegrenzung an, was damals, noch vor der Abbeschen Arbeit von 1871, verdienstlich genug war. In seinen Einzelvorschlägen war er nicht glücklich: wollte er doch den hinteren Brillenhauptpunkt $H_{\prime}'$ mit dem vorderen Augenknotenpunkt K zusammenfallen lassen; zu diesem Zwecke sollte die durchgebogene Linse dem Auge ihre erhabene Seite zukehren.

Man kann in einem Rückblick auf diese vor Ostwalt fallenden Bestrebungen nicht sagen, daß sie erfolglos waren — namentlich die tiefer durchgebogenen Stampferschen Formen waren besonders für Sammelgläser sehr wohl brauchbar —, aber es fehlte ganz an dem Verständnis, welche von den zahlreichen vorhandenen Formen nun eigentlich den Vorzug verdienten, und diese Erklärung, die nur auf Grund der Berücksichtigung des blickenden Auges geliefert werden konnte, gegeben zu haben, ist das Verdienst F. Ostwalts und M. Tschernings.

§ 90. **Die Arbeiten F. Ostwalts und M. Tscherning s.** Der erste Erklärungsversuch, der auf Grund theoretischer Behandlung gemacht wurde, stammt aus dem Jahre 1898 und geht auf den damals in Paris ansässigen Augenarzt F. Ostwalt zurück. Da die Bedeutung dieses Fachmannes in dieser Schrift ohne Rückhalt anerkannt worden ist, so verlohnt es sich wohl, etwas näher auf seine Behandlungsweise einzugehen und die Gründe dafür aufzusuchen, daß seinen Veröffentlichungen doch keine Umwälzung in der Formgebung für Brillengläser folgte.

Im Mai 1898 erschien ein kurzgehaltener Aufsatz aus der Feder F. Ostwalts (*1.*) in den Berichten der Pariser Akademie. Man lasse die Gesichtslinie eine um 25° von der Ruhestellung abweichende Lage einnehmen, dann habe er durch eingehende Rechnungen festgestellt, daß für Konkavgläser

$$0 > D_{\prime} \geqq -12 \text{ dptr}$$

stets zwei Formen, eine schwächer und eine stärker durchgebogene, beständen, bei denen der Astigmatismus schiefer Bündel für dieses Gesichtsfeld endlicher Ausdehnung gehoben sei. Probeversuche mit

$$D_{\prime} = -4 \text{ dptr und } D_{\prime} = -9 \text{ dptr}$$

hätten die Ergebnisse der Rechnung bestätigt. Dagegen habe seine Rechnung für Brillengläser positiver Brechkraft, wenn überhaupt, dann nur einen ganz verschwindenden Vorteil ergeben.

Bei dieser ersten Mitteilung fällt es auf, daß der Augendrehpunkt nicht unmittelbar erwähnt wird. Doch erhält man eine größere Klarheit über die Ansichten des Verfassers in betreff dieses Punktes aus seiner im Herbste desselben Jahres folgenden ausführlichen Arbeit (*2*, *3*.).

Nach einem kurzen geschichtlichen Rückblick, der die Bedeutung W. H. Wollastons erkennen läßt, wird zunächst die sphärische Abweichung von Menisken im Anschluß an S. Czapskis Darstellung behandelt. Doch kommt der Verfasser (485/86) zu dem Ergebnis, daß der Betrag der sphärischen Abweichung für seine Aufgabe ziemlich wenig bedeute, und wendet sich alsdann seiner eigentlichen Aufgabe zu. Er sei von den Hermannschen Formeln ausgegangen und habe sich die Aufgabe gestellt, den Astigmatismus längs schiefen Strahlen aufzuheben. Dabei habe als Kreuzungspunkt ein [virtueller] Punkt gedient, der 30 mm hinter der Vorderfläche des Brillenglases gelegen sei, und nach dem der dingseitige Strahl mit einer Neigung von 25° ziele. Die trigonometrische Verfolgung dieses Hauptstrahls durch das Brillenglas habe dann die Grundlagen geliefert, um nach jenen Formeln den Astigmatismus längs ihm festzustellen, und es sei die Linse so lange durchgebogen worden, bis der Astigmatismus schiefer Bündel verschwunden sei, was auf zwei verschiedene Linsenformen führe. Dabei habe er als bedeutungsvollsten Fall den Dingpunkt im Unendlichen angenommen, doch sei er sich (s. S. 105) wohl bewußt, daß eine andere Festsetzung der Gegenstandsweite auf etwas andere Linsenformen führen werde.

Hiermit sind offenbar die Unterlagen der ersten Veröffentlichung wiedergegeben worden. Man muß — namentlich vom Standpunkte des Optikers aus — rückhaltlos den Arbeitsernst des Verfassers anerkennen, in den berufsfreien Stunden die für einen Nicht-Fachmann geradezu gewaltigen Rechnungen durchzuführen. Sein Verfahren der Durchbiegung erwies sich als recht fruchtbar, und es führte ihn zur Erkenntnis der Doppellösigkeit der Aufgabe. Da er hier wie in seinen späteren Arbeiten aus ganz verständlichen Gründen die schwächer durchgebogenen Formen bevorzugte, so schien es passend und angemessen, diesen Teil der oben (S. 99 u. ff.) behandelten Kurve mit seinem Namen zu bezeichnen, während der andere Teil, bei dem sich die Einfallsrichtungen den senkrechten viel mehr nähern, zweckmäßig W. H. Wollastons Namen führt. Bei allen diesen Vorzügen darf aber nicht verhehlt werden, daß zwei grundsätzliche Fehler F. Ostwalt nicht an das Ziel gelangen ließen, das er sich gesteckt hatte. Einmal war ihm ein Formelfehler bei der Berechnung der Schnittweite der Sagittalstrahlen untergelaufen, den er übrigens selbst in einer späteren Arbeit (*5*.) richtiggestellt hat, sodann aber hatte er bedauerlicherweise eine Verwechslung des scheinbaren Augenorts und des Auges begangen: denn nicht der scheinbare Augenort liegt bei einem Brillenglase 30 mm hinter der Vorderfläche, sondern der Drehpunkt des Auges selbst befindet sich in einer Entfernung von 25 bis 30 mm hinter dem ihm benachbarten Flächenscheitel. Es handelt sich bei der Ostwaltschen Zeichnung (*2*. 489) darum, daß D der scheinbare Augenort, G der Ort des Augendrehpunkts ist. Für die Ostwaltschen dickenlosen Zerstreuungslinsen wird für achsennahe Strahlen der Augenabstand $\mathfrak{x}'$ bei dem Abstande δ des scheinbaren Augenorts und der Brechkraft $D_{\prime}$ des Brillenglases nach der Grundgleichung (6) auf S. 35 zu

$$1/\mathfrak{x}' = D_{\prime} + 1/\delta,$$

d. h. wenn man mit F. OSTWALT

$$\delta = 30 \text{ mm und } D_{\prime} = -4 \text{ dptr oder } = -9 \text{ dptr}$$

setzt, zu

$$\chi'_{-4} = 34{,}1 \text{ mm} \qquad \chi'_{-9} = 41 \text{ mm}.$$

Es ergeben sich also Werte, die wahrscheinlich nicht einmal bei den Versuchen eingehalten worden sind, die aber ganz sicher nicht beim regelmäßigen Tragen der Brille vorkommen. Die Gerechtigkeit verlangt, hervorzuheben, daß F. OSTWALT in der Anmerkung (*2.* 505/6) auf die Schwierigkeit hingewiesen hat, die ihm durch die sphärische Abweichung seines Augenortes *G* gemacht wurde. Daß sein Ansatz aber schon für die achsennahen Strahlen einen Fehler enthielt, ist ihm anscheinend entgangen.

Faßt man alles zusammen, so würde die OSTWALTsche Annahme auf einen mit Abweichungen behafteten Augenort führen und ferner das Auge bei stärkeren Zerstreuungsgläsern unzweckmäßig weit vom Brillenglase entfernen, bei stärkeren Sammelgläsern es ihm untunlich nahe bringen. Namentlich für den zweiten Fall ist sein Versehen von einer besonderen Bedeutung.

Der 9. internationale Ophthalmologenkongreß zu Utrecht im Spätsommer 1899 gab F. OSTWALT (*4.*) Gelegenheit, noch einmal auf seinen Gegenstand zurückzukommen. Seine Rechenunterlagen scheint er damals noch nicht erweitert zu haben, dagegen gab er ein photographisches Prüfverfahren an, das ein wenig näher behandelt werden soll. Es findet sich übrigens auch in seiner nächsten Arbeit (*5.*) in deutscher Übersetzung. Er schlug eine Einrichtung vor, um mit Hilfe einer photographischen Kammer Aufnahmen durch ein Brillenglas zu machen, wobei dessen Achse entweder mit der Achse der photographischen Linse zusammenfiel oder in 30 mm Abstand von der Vorderfläche mit ihr einen vorgeschriebenen Winkel bildete. Es leuchtet ein, daß hier wirklich der Abstand von 30 mm auf den Ort von *G* bezogen wurde, und daß daher die Ergebnisse der photographischen Prüfung nicht notwendig mit denen der Rechnung übereinzustimmen brauchten, wo diese Maßangabe für den Ort von *D* Geltung hatte. Diese Versuchsanlage empfahl der Verfasser zur Formbestimmung für schwache Sammellinsen.

In der Erörterung meldete sich ein zweiter Fachmann zum Wort, dessen Name mit der Anlage von punktuell abbildenden Brillengläsern enge verknüpft ist, nämlich M. TSCHERNING (*1.*). Er erhob auf Grund seiner gemeinsam mit .. ROSENFELD angestellten Versuche gegen die von F. OSTWALT zunächst immer noch festgehaltene Bemängelung der Strahlenvereinigung bei Sammellinsen Einspruch und wies darauf hin, daß mindestens die annähernde Rechnung zeige, daß bei mäßigen Brechkräften auch hier zwei punktuell abbildende Formen beständen. Bei der Anlage der Rechnung war er richtig vom Augendrehpunkt ausgegangen, für den er $\chi' = 28$ mm angenommen hatte, und er hob diesen Umstand schon damals deutlich hervor, was man im einzelnen auch M. v. ROHR (*12.* 383/4) entnehmen kann. Auch die Verzeichnung zog er in den Kreis seiner Betrachtung, und er stellte fest, daß von den beiden durch F. OSTWALT ermittelten Formen die stärker durchgebogene weniger verzeichne. Vorgeführt wurde die Verzeichnung durch photographische Aufnahmen auf ebenen Platten, bei denen dann natürlich die Bildkrümmung auffiel. Dies sah M. TSCHERNING für einen Brillenfehler an, ohne zu bedenken, daß bei der eigentlichen Benutzung der Fernbrillengläser, die sich allerdings mit der Wirkung einer photographischen Linse auf einer Ebene auch nicht entfernt vergleichen läßt, die Bildfeldkrümmung der überwiegenden Mehrzahl der Brillengläser viel zu gering ist. Zur Erzielung eines auch bei Ausschaltung der Akkommodation vollkommen deutlichen Feldes sollte man eben die Bildfeldkrümmung des Fernbrillenglases verstärken und nicht abschwächen.

Besonderes Aufsehen scheinen diese Bestrebungen unter den Fachleuten nicht hervorgerufen zu haben, anscheinend deswegen, weil die Aufgabe selbst und ihre Behandlung noch völlig außerhalb des Gesichtskreises der hier als Käufer in Betracht kommenden Brillenträger lag. So dauerte es noch einige Zeit, bis im Frühsommer 1900 F. Ostwalt (*5.*) in einer neuen und, wie es scheint, seine Bestrebungen in dieser Richtung abschließenden Arbeit den Faden noch einmal aufnahm.

In seiner früheren Arbeit (*2.*) sei ihm bei der Ableitung der Formeln [für die Sagittalstrahlen] ein Fehler untergelaufen, der zunächst zu berichtigen sei. Danach ändere sich der Verlauf der Kurve seiner Darstellung namentlich für die schwächeren Zerstreuungslinsen, und es stelle sich weiterhin heraus, daß auch Sammelgläser bis zu 6 dptr hin durch die richtige Wahl des Vorderradius verbessert werden könnten, doch stehe hier die periskopische Wirkung merklich hinter der zurück, die bei passend geformten zerstreuenden Menisken zu erreichen sei. Die am meisten geeigneten Formen seien durch Versuche zu bestimmen.

Ohne die Bedeutung der Verbesserung zu unterschätzen, muß man hier doch hervorheben, daß das Hauptversehen, die Verwechslung von Auge und scheinbarem Augenort, auch durch diesen Nachtrag nicht gehoben wurde, und vielleicht läßt sich der zum Schluß erteilte Rat, die richtigen Formen durch planmäßige Versuche zu ermitteln, durch den Mangel an Übereinstimmung erklären, in dem auch für den Verfasser die Ergebnisse der trigonometrischen Rechnung und die der photographischen Prüfung standen.

In der französischen Übersetzung hat er (*6.*) zum Schluß eine Auseinandersetzung mit M. Tscherning's vorher besprochenen Äußerungen versucht, doch ist seine Abweisung nicht als gelungen anzusehen.

Verhältnismäßig kurze Zeit danach, im September 1901, ließ ein Berufsgenosse F. Ostwalts, der Vorsteher der Augenklinik zu Newcastle-on-Tyne, A. S. Percival (*1.*) eine Arbeit erscheinen, die, von jener Vorgängerschaft beeinflußt, etwa auf dem Standpunkte stand, den F. Ostwalt (*2.*) eingenommen hatte. Als Aufgabe stellte er sich, für ein Fernbrillenglas den Durchmesser des kleinsten Zerstreuungskreises (circle of least confusion) im Auge kleiner zu machen als einen Zapfenquerschnitt im gelben Fleck.

Zunächst untersuchte er ziffermäßig den Einfluß der sphärischen Abweichung eines achsenparallelen Bündels auf die Verundeutlichung und fand ihn in dem betrachteten Falle verschwindend. Die Formeln, die er für die t- und f-Strahlen (1- und 2-Strahlen nach der von ihm übernommenen Bezeichnung englischer Optiker) gab, sind richtig, doch verwechselt auch er wie sein Vorgänger das Auge mit seinem scheinbaren Ort, da der (virtuelle) Punkt M, nach dem die dünnen Parallelstrahlenbüschel gerichtet sind, eben der scheinbare Drehpunkt ist. Daß A. S. Percival über die Genauigkeit der Grundlagen der Rechnung im unklaren war, kann man daraus ersehen, daß er die vordere Brennweite des Auges mit 15,498308 mm bis auf $\mu\mu$ genau annahm. Die Rechnung wird dann mit einer solchen Stellenzahl weitergeführt, daß auch bei größeren Winkeln (über $18^1/_2{}^0$) noch hunderttausendstel Winkelsekunden angegeben werden!! Auf die Richtigkeit der Rechnung sei hier nicht weiter eingegangen, da jener grundsätzliche Fehler vorliegt, und das Mißverhältnis zwischen dem vorgesteckten Ziel und den dafür aufgewandten Mitteln genügend erwiesen sein wird. Eine Tafel für die Radien der den Ostwaltschen Kurventeil bildenden Linsenformen für

$$-20 \text{ dptr} \leqq D_r \leqq 20 \text{ dptr}$$

machte den Schluß, und sie scheint auch in England ziemlich bekannt geworden zu sein.

Einen Nachtrag ließ derselbe Verfasser (*2.*) im Juli 1903 erscheinen, in dem er seine frühere Annahme einer festen Linsendicke von 2 mm berichtigte und nunmehr seine Tafel für das Bereich

$$-16 \text{ dptr} \leqq D_r \leqq 15 \text{ dptr}$$

neu bestimmte. Sie läßt sich nicht ohne weiteres mit der alten vergleichen, da er in der ersten Veröffentlichung die Radien der beiden Kugelflächen in Millimetern, in der neuen die Flächenbrechkräfte in Dioptrien angab. In beiden Arbeiten spielte er undeutlich darauf an, daß man die beste Form der periskopischen Linsen benutzen könne, um gute Formen der sphäro-torischen Linsen für astigmatische Augen zu finden. Er scheint dabei die torische Wirkung stets auf der Außenfläche angebracht zu haben.

In dem großen französischen Sammelwerke zur Ophthalmologie vom Jahre 1904 setzte M. Tscherning (*2.*) auf Grund von Annäherungsformeln verschiedene Brillenformen fest. Er ging von dem richtigen Ansatze aus, daß sich die Hauptstrahlen nach dem Durchtritt durch das Brillenglas im Augendrehpunkt kreuzen müßten, und er entwickelte zunächst die in der Nähe der Achse geltenden Ausdrücke für die Krümmungsradien der beiden astigmatischen Bildflächen einer entsprechend benutzten dickenlosen Linse von vorgeschriebener Brechkraft. Es stellte sich heraus, daß man zwar anastigmatische Bildfeldebnung unter diesen Umständen nicht herbeiführen, wohl aber durch zweckmäßige Verfügung über einen Flächenradius r_1 die beiden Bildkrümmungen im achsennahen Raum einander gleich machen könne. Und zwar gebe es, da die Bestimmungsgleichung vom zweiten Grade sei, stets zwei Lösungen, wenn sich die Aufgabe überhaupt im Bereich der reellen Zahlen lösen lasse. Durch die Einführung geeigneter Sonderwerte

$$\mathrm{x}' = 28 \text{ mm}; \qquad n = 1{,}52 \text{ mm}; \qquad s = \infty$$

ergäben sich als Grenzwerte für die Brennweiten, für die sich der Astigmatismus schiefer Büschel heben ließe,

$$-21{,}50 \text{ dptr} \leqq D_1 \leqq 6{,}94 \text{ dptr}.$$

Für Linsen außerhalb dieser Grenzen vermöge man nur die Bildfeldkrümmung dadurch günstig zu beeinflussen, daß man die Krümmungen der beiden astigmatischen Bildflächen möglichst klein zu machen suche.

Eine ganz ähnliche Behandlung ließ er auch der Verzeichnung zuteil werden; über seine Ansichten in dieser Hinsicht ist bereits auf S. 92 gesprochen worden.

Eine Tafel von Radienwerten für punktuell abbildende Fern- und Nahegläser, sowie für orthoskopische Brillengläser macht den Beschluß.

Zum Schluß sei noch auf die letzte Arbeit (*4.*) M. Tschernings auf diesem Gebiete hingewiesen worden, die sich in ZfoO 7. 115 besprochen findet. Es handelt sich dabei um ein Prüfgerät für Brillengläser, und es ist sehr bedauerlich, daß dabei dem um die Brillenkunde so verdienten Gelehrten das Mißgeschick begegnete, den scheinbaren Augendrehpunkt mit dem Augendrehpunkt zu verwechseln, also den gleichen Fehler zu begehen, der bei F. OSTWALT (S. 87, 112, 114) gerügt werden mußte.

§ 91. **Die Herstellung der neuen Formen und ihre Prüfung.** Eine Einwirkung auf die Brillenbetriebe außerhalb Paris scheint zunächst nicht eingetreten zu sein, mindestens konnte den durchgesehenen Fachschriften kein solcher Hinweis entnommen werden. Namentlich ist es dem Berichterstatter nicht möglich, zu entscheiden, wer zuerst für die Sammelgläser mittlerer Stärke bewußt die feste Grundkrümmung von 6 dptr zur Erzielung nahezu punktuell abbildender Brillengläser ausgenützt habe, was nach der TSCHERNINGschen Arbeit (*2.*) vom Jahre 1904 nicht weiter schwierig war.

Im Jahre 1908 begannen die Bemühungen der ZEISSischen Werkstätte um die Brillenherstellung, und es wurde bereits in der ersten Ausgabe dieses Buches (*10.* 149) darauf hingewiesen, daß den Jenaer Fachleuten die Bedeutung des Augendrehpunkts durch A. GULLSTRAND nahegebracht worden ist; es sei hier hinzugefügt, daß sie in jener Zeit durchaus nicht alle im vorhergehenden besprochenen Arbeiten kannten, als sie ihre punktuell abbildenden achsensymmetrischen Brillen anboten. — Die Geschichte der Jahre 1914 und 15 hat gezeigt, daß lebhafte Auseinandersetzungen der Brillenwerke untereinander nicht vermieden worden sind; wer sie verfolgen will, findet eine ziemlich vollständige Sammlung der nötigen Nachweise in ZfoO *2.* 116 und *5.* 110, 112. — Hier wird es genügen, darauf hinzuweisen, daß in den letzten Jahren vor dem Kriege verschiedene deutsche Brillenwerke die folgenden nach dem Anfangsbuchstaben geordneten, punktuell abbildenden, achsensymmetrischen Brillengläser Isokrystar, Neo-Perpha, Punktal, Rectavist angeboten haben.

Die Verminderung der Fehler schiefer Büschel bei starken Sammellinsen durch stärkere Durchbiegung stellte M. v. ROHR (*5.*) 1908 mit Hilfe photographischer Aufnahmen (s. S. 108) dar. Ihm lag daran, die Überlegenheit einer wirklichen Hebung des Astigmatismus über eine bloße Verringerung vorzuführen. — E. WEISS (*1.* 72) hat 1914 die Fehler einer sphärischen Starlinse mit möglichst geringem Astigmatismus schiefer Büschel für $D_r = 13$ dptr veröffentlicht, und NITSCHE & GÜNTHER haben solche Ausführungen als Rectavist-Stargläser angeboten. — An dieser Stelle ist ganz besonders darauf hinzuweisen, daß 1920 aus der Feder von E. WEISS (*9.* s. a. ZfoO *9.* 30) eine sehr eingehende analytische Darstellung der Eigenschaften achsensymmetrischer, in der Mitte oder am Rande dünner Brillengläser stammt, die jeder einsehen sollte, dem an der rechnerischen Feststellung der Brillenformen im einzelnen liegt. Da der vorliegenden Arbeit ein solches Ziel nicht gesteckt wurde, so mag es bei diesem Hinweise sein Bewenden haben. Noch an verschiedenen andern Stellen dieses Buches wird auf die gleiche, sehr wichtige Arbeit hinzudeuten sein.

Die Ausführung photographischer Aufnahmen, die zur Veranschaulichung des ROHRschen Vortrages (*5.*) erwünscht war, wurde damals von O. HENKER durchgearbeitet und ist seitdem vielfach zu Unterrichtszwecken verwirklicht worden. Über die verschiedenen Lehrgeräte zur Vorführung der Strahlenvereinigung an vorliegenden Brillengläsern hat O. HENKER (*13.*) einen zusammenfassenden Bericht abgestattet. Die einzelnen Formen sind zum Teil unter Musterschutz gestellt worden, und es sei dafür auf ZfoO *2.* 84/5; 184 sowie *4.* 186 verwiesen. — Das strenge Prüfgerät hat O. HENKER (7.) auf Anregung von E. KRÜCKMANN 1916 hergestellt und eingehend beschrieben.

§ 92. **Die Form der Bildfläche bei den Fernbrillen.** Wenn bei den Lupenbrillen untersucht werden mußte, wie die einem unendlich fernen ebenen Bilde entsprechende Dingfläche von der tatsächlich vorliegenden Dingebene abwich, so würde eine Untersuchung auf Bildebenung für Fernbrillen ganz zwecklos sein. Im Gegenteil ist hier festzustellen, wie die Bildfläche, die nach dem Durchgang der von der unendlich fernen Dingebene stammenden Strahlen durch das Brillenglas auf der Augenseite entsteht, von der Fernpunktsfläche des Auges abweicht. Sind die Abweichungen gleich Null, d. h. fallen die Bildfläche der Brille und jene Fernpunktsfläche des Auges zusammen, so erhält das bewegte akkommodationslose Auge offenbar für endliche, unter einer gewissen Grenze bleibende Drehwinkel ein wirkliches, d. h. punktweise dem Gegenstand entsprechendes Bild von den gerade fixierten Teilen der unendlich fernen Ebene.

Abb. 54.

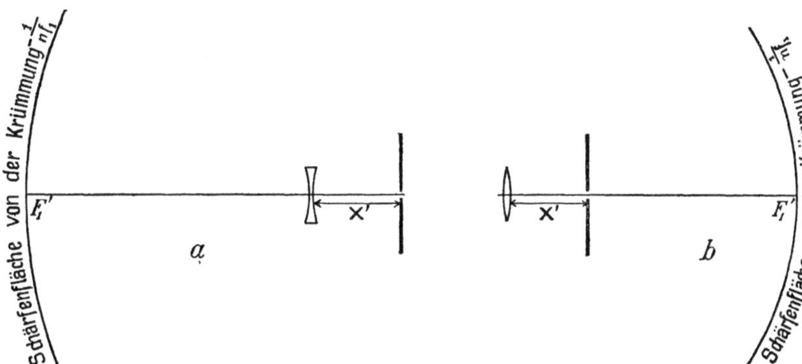

Übersichtsdarstellung der Lage von Schärfen- oder Bildfläche und Blende mit dem Abstand x' für eine zerstreuende / sammelnde Fernbrille mit deutlichem Blickfelde.

Beschränkt man sich wie vorher auf dickenlose Linsen, wobei man darauf hinweisen kann, daß die so erhaltenen Ergebnisse auch auf sammelnde Brillengläser von nicht zu großer Dicke anwendbar bleiben, so kann man die folgende Überlegung anstellen. Nach dem CODDINGTON-PETZVALschen Satze ist der Krümmungsradius der Bildfläche der unendlich fernen Ebene in der Nähe des Brennpunkts gegeben durch $-nf_,'$, und man erhält, wie man aus den beiden für Zerstreuungs- und für Sammellinsen geltenden Abb. 54 a und b ersieht, die Beziehung dafür, daß für endliche Werte von $f_,'$ Fernpunktsfläche des Auges und Bildfläche der Linse zusammenfallen:

$$\mathfrak{x}' - f_,' = -nf_,'; \qquad f_,' = -\mathfrak{x}'/(n-1)$$

oder, wenn man $1/\mathfrak{x}' = \xi'$ setzt,

$$D_, = -(n-1)\xi'; \; \xi' = -D_,/(n-1). \tag{47}$$

Diese aus dem Coddington-Petzvalschen Gesetz folgende Beziehung erlaubt aus dem Tscherningschen Ausdruck die beiden Formen (eine Ostwaltsche und eine Wollastonsche) der beiden Brillengläser abzuleiten, für die die Brennfläche mit der Fernpunktskugel des nach (47) kurzsichtigen Auges zusammenfällt; E. Weiss (*9.* 341, 27) nennt sie die gleichzeitig punktuell abbildenden und »refraktionsrichtigen« Formen.

Eine für die vorliegende Verwendung besonders bequeme Form des auf die Tscherningsche Ellipse führenden Ausdrucks findet sich bei H. Boegehold (*4.* 11), und zwar ergibt sich dabei, daß für den $D_{,}$-Wert aus (47) in dem Ausdruck für die Stärke D' der Vorderfläche

$$L_0 - L_1 D' + L_2 D'^2 = 0 \tag{48}$$

die Koeffizienten die folgenden Werte annehmen:

$$L_0 = 0;\quad L_1 = -D_{,}^2/(n-1)^2;\quad L_2 = (n+2)D_{,}/n(n-1)^2.$$

Mithin wird (48) nach Unterdrückung des hier unnötigen Faktors $D_{,}/(n-1)^2$ und nach Erweiterung mit n zu

$$nD_{,}D' + (n+2)D'^2 = 0 = D'(nD_{,} + (n+2)D');$$

man findet also die beiden Werte

$$D_1' = 0;\quad D_2' = -nD_{,}/(n+2) = n(n-1)\xi'/(n+2),$$

woraus man erkennt, daß der erste Wert mit $r_1' = \infty$ die Ostwaltsche, der zweite mit einem weniger einfachen Wert r_2' die Wollastonsche Form bestimmt. Die Brechkraft D'' der Hinterfläche folgt in beiden Fällen aus der Beziehung

$$D'' = D_{,} - D',$$

was für die beiden Formen zu den bereits von E. Weiss (*9.* 341, 27) angegebenen Gleichungen führt

$$D_1'' = -(n-1)\xi';\quad D_2'' = -2(n^2-1)\xi'/(n+2).$$

Aus der Gleichung für D_1'' folgt $r_1'' = \chi'$, während der Wert für r_2'' keine so einfache Beziehung erkennen läßt.

Zusammenfassend kann man sagen, daß der zu dem Ostwaltschen Zuge gehörende Berührungspunkt der Tscherningschen Kurve und der Abszissenachse eines der beiden punktuell abbildenden zerstreuenden Gläser bestimmt, für die die Bildfläche mit der Fernpunktskugel zusammenfällt; dabei handelt es sich um ein plan-konkaves Glas mit einer aus dem Augendrehpunkt beschriebenen inneren Hohlfläche.

Für den vornehmlich behandelten Fall ist

$$\chi' = 30\text{ mm};\qquad n = 1{,}52$$

mithin

$$f_{,}' = -57{,}7\text{ mm};\qquad D_{,} = -17{,}3\text{ dptr.}$$

Die Fernpunktsfläche des Auges kann also mit der Bildfläche des Brillenglases nur dann zusammenfallen, wenn es sich um ungewöhnlich hohe Grade von Kurzsichtigkeit handelt. Dieses Ergebnis hat für das tägliche Leben leider keine besonders große Bedeutung, weil so stark kurzsichtige Augen in der Regel keine besonders hohe Sehschärfe haben, den Vorteil der gleichmäßigen Schärfe also auch nicht vollständig zu würdigen vermögen.

Alle andern punktuell abbildenden Brillengläser zeigen eine nach dem Rande immer wachsende Abweichung der Bildfläche des Brillenglases von der Fernpunktsfläche des Auges, und diese Abweichung tritt hier an die Stelle der Bildfeldkrümmung bei Lupenbrillen. Da sie, wie oben angedeutet, auch für afokale Brillen ($f_{\prime}' = \infty$) verschwindet, so ist ihr Verlauf für verschiedene Stärken recht verwickelt. Näheres kann man aus E. Weiss (*9.* 341, 26) ersehen. Jedenfalls ist diese Abweichung in dem hier in Betracht kommenden Bereich für sammelnde Gläser dem Betrage nach größer als für entsprechende zerstreuende. Hinzuweisen ist dieserhalb auch noch auf die Darstellung bei O. Henker (*15.* 126), wo auf Grund trigonometrischer Durchrechnung diese Beträge aufgezeichnet sind, und man das Maximum etwa für $D_{\prime} = -11$ dptr gut erkennt.

Durch zweckmäßige Wahl der Brennweite des Fernbrillenglases könnte man es dahin bringen, daß die Abweichungen besser über das Blickfeld verteilt wären, und zwar könnte man die Bildfläche der Brille und die Fernpunktsfläche des Auges sich in einem Kreise schneiden lassen, der einem Neigungswinkel zwischen der Mitte und dem Rande des Blickfeldes entspräche. Die Tiefe der Abbildung würde dann auch bei akkommodationsunfähigen ametropischen Augen die noch vorhandenen Abweichungen um so geringer erscheinen lassen, je gröber die wahrzunehmenden Gegenstände wären.

Ein solcher Ausgleich aber hätte nur bei Aphakie in Fällen außerordentlich großer Sehschärfe einen Sinn, denn der Radius der Fernpunktsfläche des Auges ist bei den in der Regel vorkommenden Fällen kürzer als der Radius der Bildfläche der Brille. Der Übersichtige braucht also nur bei seitlicher Blickrichtung etwas zu akkommodieren (bei $\chi' = 25$ mm, $n = 1{,}52$, $D_{\prime} = 7{,}5$ dptr und $w' = 30^{\circ}$ ist nur ein Akkommodationsbetrag von 0,5 dptr nötig), was ohne Nachteil ist. Der Myop dagegen ist bei vollkommenem Ausgleich für die Ausgangsstellung $w' = 0$ für seitliche Blickrichtungen nur sehr unbedeutend unterkorrigiert (bei $\chi' = 25$ mm, $n = 1{,}52$, $w' = 30^{\circ}$ beträgt die Unterkorrektion für $D_{\prime} = -5$ oder -10 dptr nur 0,17 oder 0,23 dptr), was wiederum einesteils ohne Nachteil wäre, anderenteils durch Überkorrektion auf der Achse ausgeglichen werden kann.

§ 93. **Geschichtliche Bemerkungen zur Krümmung des Bildfeldes.** Es kommt dem Verfasser vor, als sei mit der Betonung der wünschenswerten Kugelform der Bildfläche an Fern- und Nahbrillen — so einfach sie auch war — ein merklicher Fortschritt in der Bildung richtiger Vorstellungen gemacht worden.

Es sieht so aus — man sehe etwa bei M. TSCHERNING (3. 404) vom August 1908 —, als seien noch um die Jahrhundertwende herum die Bedingungen, die man an das Bildfeld photographischer Linsen zu stellen gewohnt war, ohne Bedenken auf die zur Unterstützung des bewegten Auges dienenden Brillen übertragen worden, ohne daß sich anfangs ein Widerspruch dagegen erhoben hätte; ja einzelne Brillenwerke haben noch in neuerer Zeit gelegentlich solche Darstellungen auf ebenen Platten zur Vorführung von Verbesserungen benutzt, obwohl man daraus doch nur mittelbar einen Schluß auf die Form der Bildfläche des Brillenglases ziehen kann.

Die auch in § 92 mehrfach angeführte WEISSische Arbeit hat auf diesem Gebiete nicht nur die Beziehungen zwischen der Bildfläche der Brille und einer Schärfenkugel um den Augendrehpunkt Z' eingehend behandelt, sondern auch die Möglichkeit von »refraktionsrichtigen« Brillengläsern allgemein erörtert. Dabei versteht E. WEISS (9. 340, 24) unter einem refraktionsrichtigen ein solches Brillenglas, wo das Mittel der tangentialen und der sagittalen Bildkrümmung der Krümmung einer um den Augendrehpunkt beschriebenen Kugelfläche gleich sein soll. Es weicht übrigens von den punktuell abbildenden Formen nur sehr wenig ab. Damit wird für das Brillenglas ein ähnlicher Weg eingeschlagen, wie man ihn bei der photographischen Linse vor Durchführung der anastigmatischen Bildfeldebenung verfolgte, wenn man etwa Weitwinkel mit einer Bildfeldebenung im übertragenen Sinne versah.

§ 94. **Die Folgen einer Verschiebung des Augendrehpunkts längs der Achse.** Da nun weder der Augendrehpunkt für alle Blickrichtungen fest noch auch seine Lage in dem gerade vorliegenden Auge bekannt ist, so wird man die Möglichkeit zulassen müssen, daß bei einer dem Träger angepaßten, punktuell abbildenden Brille der Drehpunkt nicht an den bei der Rechnung angenommenen Ort falle. Macht man die Annahme, der Augendrehpunkt liege bei den langgebauten Augen Kurzsichtiger tiefer im Augeninnern, bei den flach gebauten Augen Übersichtiger weiter vorn als 13 mm, so muß man die Frage stellen, welche Folgen eine solche Verschiebung habe. Genauer wird untersucht werden müssen, wie es mit der Punktmäßigkeit der Abbildung bei einem für $\mathfrak{x}' = 25$ mm berechneten Brillenglase steht, wenn man den Kreuzungspunkt der Hauptstrahlen im ersten Falle in der Entfernung 25 mm $+ \varepsilon$, im zweiten Falle in 25 mm $- \varepsilon$ annimmt, wobei ε eine kleine ($\leqq 5$ mm) Strecke von einigen Millimetern bedeutet.

Um einen Begriff von den Abweichungen zu erhalten, sei mit H. BOEGEHOLD eine trigonometrische Durchrechnung für $w' = 30^\circ$ (35°) durch zerstreuende (sammelnde) Brillengläser punktueller Abbildung vorgenommen; Brechkräfte und Fehler sind in Dioptrien angegeben.

Brillenstärke	−23	−20	−17	−15	−10	−5	+1	+3	+5	+7 dptr
$\mathfrak{x}' = 30$ mm	−0,60	−0,12	+0,15	+0,23	+0,25	+0,14	−0,03	−0,06	−0,05	+0,10 dptr
$\mathfrak{x}' = 20$ mm	−0,02	−0,25	−0,37	−0,41	−0,36	−0,20	+0,05	+0,13	+0,15	+0,05 dptr

Man erkennt, daß der aus falscher Lage des Drehpunkts folgende Astigmatismus schiefer Büschel für die schwächsten Gläser verschwindet, bei den stärkeren aber nicht etwa dauernd wächst, sondern einen höchsten Wert erreicht, um schließlich wieder abzunehmen; bei mäßigen Brillenstärken haben die Fehler das entgegengesetzte Zeichen, wenn der Drehpunkt zu nahe als wenn er zu fern liegt, bei den stärksten ist das Vorzeichen dasselbe.

H. Boegehold (*4.*) hat ein Verfahren angegeben, mit Hilfe der Tscherningschen Kurve zu einer guten Übersicht über diese Verhältnisse zu kommen, und dieser Weg soll im folgenden eingeschlagen werden.

Die Tscherningsche Kurve gibt zusammen mit der Ordinatenachse die zusammengehörigen Werte ($D_{,}$, D') an, wofür der Koeffizient des astigmatischen Gliedes verschwindet, oder mit andern Worten der Astigmatismus schiefer Büschel in erster Annäherung gehoben ist. Hier in Abb. 55 seien zwei solcher Ellipsen gezeichnet, die eine, gestrichelt, für $\mathfrak{x}' = 20$ mm, die andere, ausgezogen, für $\mathfrak{x}' = 30$ mm. Alsdann kann man für jeden, nicht auf eine dieser Kurven fallenden Punkt das Vorzeichen der beiden Ausdrücke ermitteln und sie beide, gestrichelt und ausgezogen, auftragen, so daß man für die verschiedenen Gebiete, in die die Zeichenebene durch die Ordinatenachse und die beiden Tscherningschen Ellipsen zerlegt wird, die in Abb. 55 angedeuteten Vorzeichenpaare erhält.

Abb. 55.

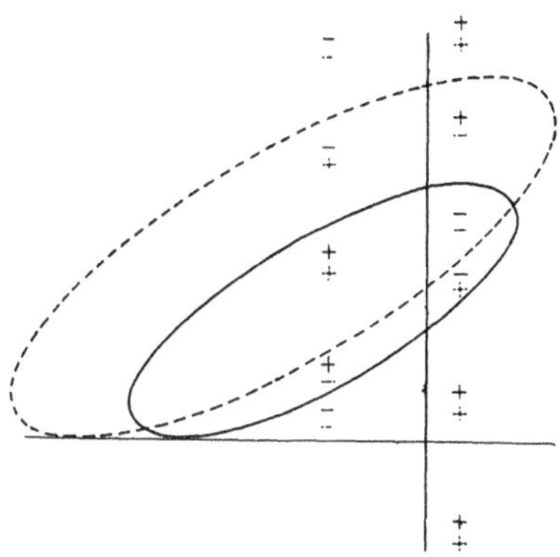

Tscherningsche Ellipsen für die Drehpunktsabstände $\mathfrak{x}' = 28$ mm (——) und 20 mm (- - - -).

Die mathematische Untersuchung des Koeffizienten für den Astigmatismus zeigt, daß die verschiedenen $\mathfrak{x}'$-Werten zugehörigen Ellipsen einander ähnlich sowie ähnlich gelagert bleiben und ein gemeinsames, vom Anfangspunkt ausgehendes Tangentenpaar besitzen. Wie aus Abb. 56 zu ersehen, ist die eine Tangente die Abszissenachse, die andere verläuft von 0 aus nach rechts oben.

Denkt man sich nun zwischen die beiden Ellipsen der Abb. 56 die für $\mathfrak{x}' = 25$ mm eingetragen, so wird deren Ostwaltscher Zug für mäßige Brillenstärken innerhalb der Kurve für 28 mm und außerhalb der für 20 mm liegen; mithin wird die Abweichung des mit einem größeren Drehpunktsabstande verwandten 25 mm-Glases das entgegengesetzte Zeichen haben als die Abweichung des mit einem zu kleinen Abstand benutzten. Für die stärksten Brillenwirkungen verläuft aber die 25 mm-Kurve in der Nähe der gemeinsamen Tangenten, also außerhalb beider Kurven, mithin muß nach Abb. 55 bei starken Sammelgläsern die Abweichung für beide unrichtigen

Drehpunktsabstände positiv, bei starken Zerstreuungsgläsern beidemal negativ sein, was auch die genaue trigonometrische Durchrechnung bestätigt.

Stellt man sich nach Abb. 56 einen Augenblick vor, die größere Ellipse sei die für 25 mm gezogene, so wird gegen die für 28 mm gehalten die Abweichung für sammelnde Gläser auf ihr zweimal verschwinden, nämlich zuerst für $D_{\prime} = 0$ und dann für den rechts oben gelegenen Schnitt beider Kurven — $D_{\prime} > 6$ dptr —, dagegen für die Zwischenstärken, wenn man sich zunächst auf den Ostwaltschen Zug beschränkt, irgendwo einen kleinsten Wert annehmen. Das entsprechende muß für zerstreuende Gläser gelten,

Abb. 56.

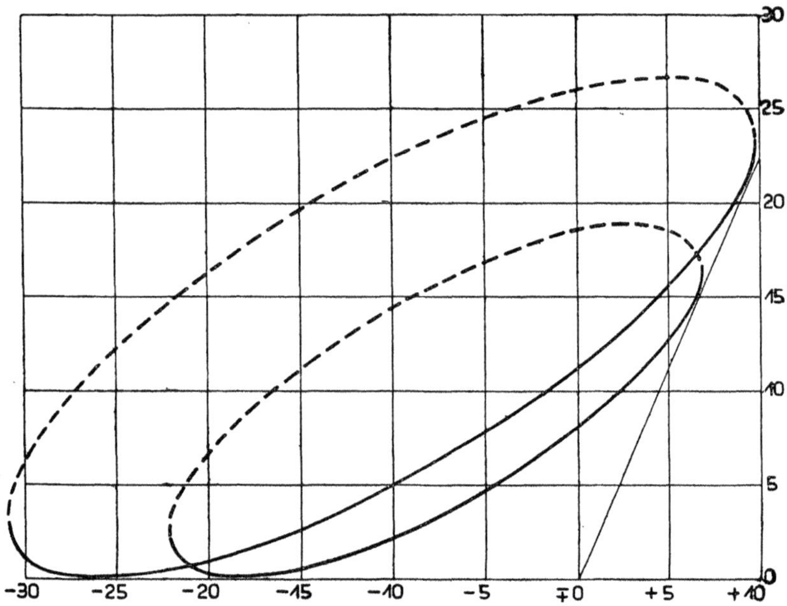

Tscherningsche Ellipsen mit den beiden Büscheltangenten für Drehpunktsabstände $x' = 28$ und 20 mm. Die Wollastonschen Züge sind gestrichelt, die Ostwaltschen ausgezogen.

bei denen der Nullwert einmal in gleicher Weise für $D_{\prime} = 0$ und ferner für den links unten gelegenen Schnitt beider Kurven — $D_{\prime} < -20$ dptr — erreicht wird, während bei der Verfolgung der Zwischenpunkte des Ostwaltschen Zuges irgendwo ein größter Abweichungswert erhalten werden muß. Es leuchtet ein, daß die Abweichungen größer ausfallen werden, wenn man sich auf dem Wollastonschen Zuge von dem einen Schnittpunkt der beiden Kurven zu dem höher gelegenen Schnittpunkt auf der Ordinatenachse bewegt, und daraus kann man, ein Ergebnis E. Weissens bestätigend, folgern, daß die Wollastonschen Formen gegen Abweichungen von dem berücksichtigten x'-Werte viel empfindlicher sind als die Ostwaltschen.

Hinsichtlich der Nahebrillen hat A. Sonnefeld (*1.*) gezeigt, daß es sich auch hier für verschiedene χ'-Werte wieder um ähnliche und ähnlich liegende Ellipsen handelt mit einem für den angenommenen Arbeitsabstand $1:s$, festen, allerdings nicht mehr in den Koordinatenanfangspunkt fallenden Ähnlichkeitszentrum.

§ 95. **Geschichtliche Bemerkungen dazu.** Was die geschichtliche Seite angeht, so ist dem Berichterstatter eine Behandlung dieser Frage zuerst 1914 (ZfoO *2.* 124) aufgefallen, wo sich A. Whitwell damit beschäftigt hat. Da es sich um eine Arbeit aus der Kriegszeit und aus feindlichem Gebiet handelt, so haben sich genauere Ortsangaben noch nicht beschaffen lassen. — Besonders sorgfältig hat sich E. Weiss (*7.*, s. a. ZfoO *7.* 117/8) mit diesem Gegenstand beschäftigt und dabei auch die größere Empfindlichkeit der Wollastonschen Gläser gegen Drehpunktsverschiebungen hervorgehoben. Er hat außerdem noch mittels trigonometrischer Rechnung die astigmatischen Fehler behandelt, die mit einer Neigung und einer Achsenversetzung bei punktuell abbildenden Gläsern verbunden sind. Die letzterwähnten Fehler verschwänden natürlich, wenn das betreffende Brillenglas nur um den bei der Rechnung vorausgesetzten Drehpunkt Z' geschwenkt werde. — Diese Äußerungen Weissens riefen die bereits angeführte Boegeholdsche Arbeit (*4.*) hervor, die mit Hilfe der Tscherningschen Ellipse die Weissischen Rechenergebnisse erklärte. H. Boegehold kam im Verlauf der Arbeit zu dem Schluß, daß bei den Weissischen Annahmen (s. S. 87) über den Drehpunktsort der durch die Verlagerung des Kreuzungspunkts der Hauptstrahlen eingeführte Astigmatismus schiefer Bündel längs einem Hauptstrahl von $w' = 30^\circ$ und bei einem Drehpunktsabstande von 25 mm für alle übersichtigen Augen weniger als 0,10 dptr betragen würde, desgleichen für alle kurzsichtigen Augen von weniger als etwa — 10 dptr und wieder für etwa — 20 dptr. Mit dieser Frage hat sich auch E. Weiss (*9.* 356, 35) auf Grund seiner analytischen Behandlung eingehend beschäftigt, worauf ausdrücklich hingedeutet sei. — Man kann hier wohl darauf hinweisen, daß die Sehschärfe hochgradig kurzsichtiger Augen, die Fernbrillen von höheren Stärken als 10 dptr bedürfen, in der Regel nicht mehr ausreicht, um derartige Fehler im Betrage von 0,1 oder auch 0,2 dptr zu bemerken. — Auf die verbesserten Stargläser wird weiter unten einzugehen sein. — Die oben angeführte Sonnefeldsche Arbeit wird in § 110 näher besprochen werden.

Bevor die Verzeichnung dieser Fernbrillengläser behandelt wird, soll aber ein Abschnitt eingeschaltet werden, der dem früheren entspricht, wo die Verbindung des ruhenden Auges mit der axial benutzten Brille behandelt worden war.

§ 96. **Auge und Fernbrille bei schiefer Blickrichtung.** Hier sei stets der Fall angenommen, daß der Astigmatismus der schiefen Bündel aus Punkten der unendlich fernen Ebene für ein bestimmtes χ' beseitigt sei, mithin auf jedem Hauptstrahl innerhalb eines gewissen Grenzwinkels beide Fokalpunkte in einen Brennpunkt zusammenfielen. Wenn damit auch für einen solchen Punkt die Forderung der punktuellen Abbildung erfüllt ist, so kann man doch nicht annehmen, daß sich ein solcher Brennpunkt

F'_w genau so verhalte wie der Hauptbrennpunkt F' auf der Achse. Es ist doch denkbar, daß den beiden Hauptschnitten trotz gleicher Schnittweite zwei verschiedene Brennweiten zukämen[1]), etwa $f_{,fw}$ und $f_{,tw}$, da nämlich die Hauptpunkte in den beiden Hauptschnitten nicht an denselben Ort fielen, eine Lageneigentümlichkeit, die für die Achse selbst ausgeschlossen ist. Hat man die astigmatische Rechnung mit den strengen in der technischen Optik üblichen Formeln ausgeführt, so bietet die Analysis die Mittel, die Länge der Brennweiten festzustellen, und es sei hier noch darauf hingewiesen, daß A. Gullstrand (*2.*, *9.* 236/7) auch die Dioptrienrechnung so

Abb. 57.

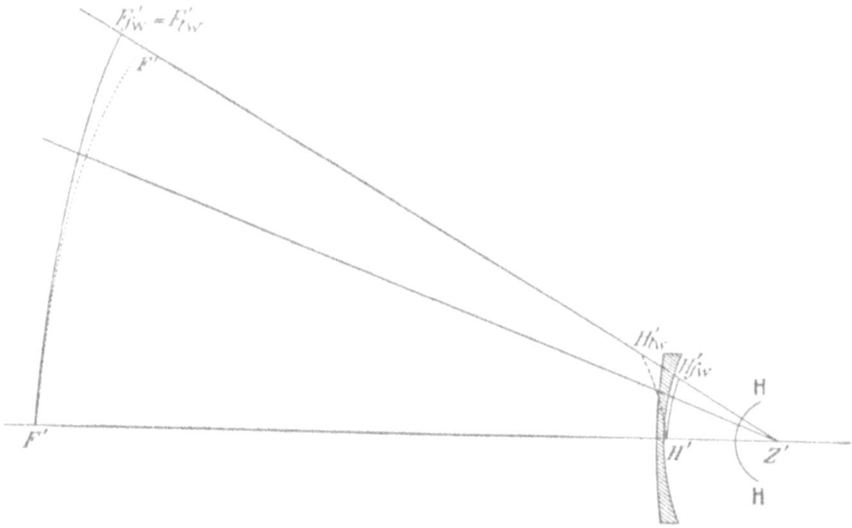

Die Lage der hinteren Hauptpunkte eines zentrisch benutzten, punktuell abbildenden Brillenglases von — 6 dptr für sagittale und tangentiale Bündel bei schiefer Blickrichtung.

$F' \ldots F'$ Fernpunktskugel des kurzsichtigen Auges.

$F' - F'_{fw} = F'_{tw}$ Bildfläche des Brillenglases.

weit ausgebaut hat, daß man diese Brennweiten in den beiden Hauptschnitten ermitteln kann, wenn man den betreffenden Hauptstrahl durch die Flächenfolge hindurch verfolgt hat. Keine dieser Formelreihen soll an dieser Stelle mitgeteilt werden; die hier benutzte ist von P. Culmann (*1.*

1) Eben diese Verschiedenheit von einem engen achsennahen Bündel läßt es angezeigt erscheinen, für die Strahlenvereinigung in solchen von Astigmatismus freien Brennpunkten auf Hauptstrahlen von endlicher Neigung einen besonderen Namen zu verwenden. A. Gullstrand (*1.*) schlug dafür 1891 den Ausdruck quasihomozentrisch vor, gab ihn aber später zugunsten der in der technischen Optik gebräuchlichen Bezeichnung anastigmatisch auf. Die zunächst unschön erscheinende Bildung mit doppeltem *α* privativum erweist sich doch als zweckmäßig, da durch anastigmatische Strahlenvereinigung die Eigenschaften des achsennahen Bündels in achsensymmetrischen Flächenfolgen nicht erworben werden.

174) angegeben worden. Hier sind für zwei Formen des OSTWALTschen Zuges

$$D_1 = -6 \text{ dptr}; \qquad D_1 = +4 \text{ dptr}; \qquad x' = 30 \text{ mm}$$

die Angaben ermittelt worden, um die nebenstehenden Zeichnungen 57 und 58 entwerfen zu können. Beachtet man, daß der vordere Augenhauptpunkt **H** bei allen möglichen Drehungen des Auges um den fest angenommenen Drehpunkt Z' eine Kugelkappe beschreibt, so wird klar, daß diese im Achsenschnitt durch einen Kreisbogen dargestellt wird, dessen Radius

$$(13 - 1,35) \text{ mm} = 11,65 \text{ mm}$$

Abb. 58.

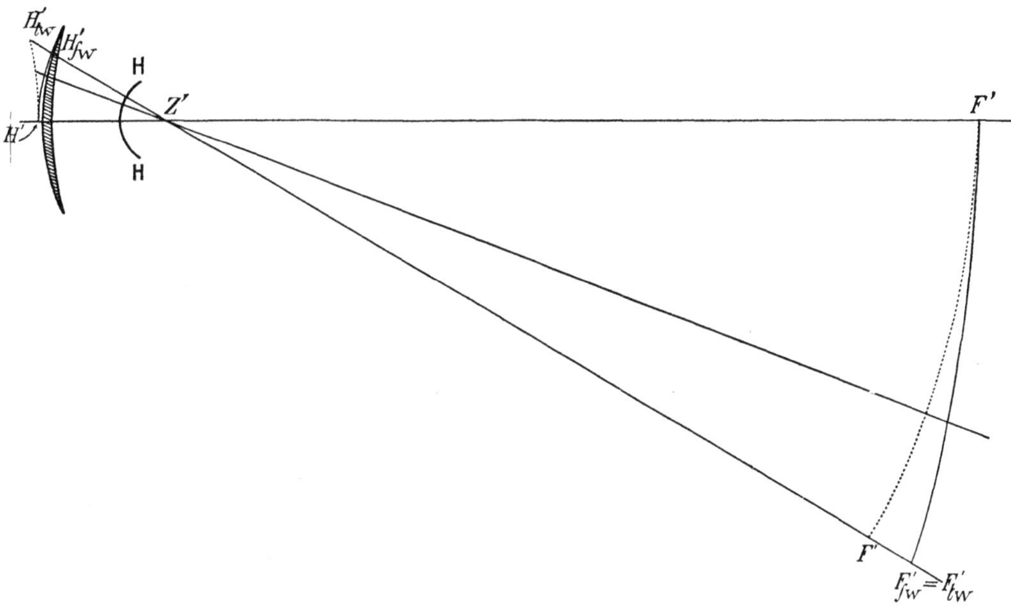

Die Lage der hinteren Hauptpunkte eines zentrisch benutzten punktuell abbildenden Brillenglases von + 4 dptr für sagittale und tangentiale Büschel bei schiefer Blickrichtung.

$F' \dots F'$ Fernpunktskugel des übersichtigen Auges.

$F' - F'_{fw} = F'_{tw}$ Bildfläche des Brillenglases.

beträgt. Für H'_{tw} und H'_{fw} erhält man in jedem der beiden Beispiele zwei Kurvenspuren, die beide zwar von H' ausgehen, aber für endliche Drehwinkel ganz verschiedene Krümmungen erkennen lassen. Während die Hauptpunkte H'_{fw} der sagittalen Büschel auf Kurven liegen, die je nur wenig von einem um Z' beschriebenen Kreise abweichen, läßt die Kurve der H'_{tw} eine Krümmung von entgegengesetztem Zeichen erkennen. Daraus ergeben sich selbstverständlich für δ in den schiefen Büscheln andere Werte als in dem achsennahen und in jeder sagittalen Ebene andere Werte als in dem zugehörigen tangentialen Büschel. Man ist nunmehr imstande, die

Formeln für die Zusammensetzung von Abbildungen auch für Dingpunkte von endlicher Entfernung nach S. 35 anzuwenden, doch wird es hier genügen, sich auf die Bestimmung der Brechkraft D_{12} zu beschränken. Man weiß ja bereits aus dem Vorhergehenden, daß die Bildpunkte F'_w der schiefen Büschel dem Auge in demselben Zustande, in dem es F' scharf sieht, nicht deutlich erscheinen können, und die Ermittlung des den hinteren Hauptpunkt H' bestimmenden Wertes $n\mathsf{H}''_{12}$ würde nur die Bedeutung haben, die Einstellverschiedenheit bei schiefer Blickrichtung festzustellen. Die Größe der Brechkraft D_{12} ist indessen von einer gewissen Bedeutung, da man damit die Bildgröße berechnen kann, mit der eine tangentiale Dingstrecke im tangentialen Hauptschnitt und eine sagittale im sagittalen wiedergegeben wird. Aus der soeben beschriebenen Sachlage ergibt sich, daß diese Größen voneinander verschieden sind. Ist der Gegenstand etwa ein kleiner zur Achsenrichtung senkrechter Kreis, der beispielsweise ziemlich hoch über dem beobachtenden Auge steht, also, wie es etwa Abb. 60 darstellt, mit schiefer Richtung von der Mitte nach oben durch ein zentrisch benutztes Brillenglas betrachtet wird, so erscheint er durch eine von sphärischen Flächen begrenzte punktuell abbildende Brille betrachtet immer elliptisch [1]), und zwar — auf die Mitte des Feldes bezogen — als eine gedrückte, breite Ellipse durch ein Zerstreuungsglas, als überhöhte schmale Ellipse durch ein Sammelglas. Man erkennt, daß es sich hier um eine Folge der Verzeichnung beim schiefen Durchblick handelt, doch soll darüber genauer im nächsten Abschnitt gesprochen werden.

§ 97. **Die Verzeichnung bei Fernbrillen.** Die oben auf S. 89—92 angegebene Darstellung der Verzeichnung läßt sich natürlich auch auf Fernbrillen anwenden. Dieser Fehler schiefer Bündel wird alsdann durch das Brillenglas allein bestimmt, ohne daß eine andere Rücksicht auf das Auge genommen würde, als daß der Kreuzungspunkt der Hauptstrahlen an einem dem Augendrehpunkte zugänglichen Achsenorte angenommen würde.

Berücksichtigt man, daß nunmehr der Gegenstand in großer Entfernung liegt, so tritt statt seiner Längenausdehnung OO_w seine scheinbare Größe $\operatorname{tg} w$ ein; ferner ist wegen der Abweichungsfreiheit von Z' ganz allgemein

$$O'O'_w = O'Z' \cdot \operatorname{tg} w',$$

also wird für alle Fernbrillen (45) zu

$$V_w = c \cdot \operatorname{tg} w' / \operatorname{tg} w \qquad (49)$$

und in diesem Falle ist die Freiheit von Verzeichnung erreicht, wenn das Tangentenverhältnis $\operatorname{tg} w' : \operatorname{tg} w$ innerhalb des Blickfeldes der Fernbrille einen festen Wert hat. Anschauliche Darstellungen dazu gab H. Erggelet (*2.*),

1) Dieser Ausdruck ist hier und im folgenden nur der Kürze wegen gewählt; es wird sich in Wirklichkeit um ein allgemeines Oval handeln.

und ihm sei die Abb. 59 entnommen, die den Verlauf dreier Hauptstrahlen durch eine Bikonvexlinse darstellt. Er zeigt, daß den Winkeln

$$w' = 19{,}34^\circ \qquad 27{,}92^\circ \qquad 35{,}00^\circ$$

die Tangentenverhältnisse entsprechen

$$\operatorname{tg} w' : \operatorname{tg} w = 1{,}647 \qquad 1{,}90 \qquad 2{,}335,$$

mithin in diesem Falle eine starke Verzeichnung zu erwarten ist. Daß die Größe $S_1 Z'$ des Drehpunktsabstandes von Einfluß auf die Verzeichnung ist, wird ohne weiteres verständlich sein.

Wertet man die oben angegebenen Formeln nach einer entsprechenden Abänderung aus, so ergibt sich, daß Zerstreuungslinsen eine nach dem Rande zunehmende tonnenförmige, Sammellinsen eine in gleicher Art wachsende kissenförmige Verzeichnung eines Quadrats (Abb. 47) zeigen.

Abb. 59.

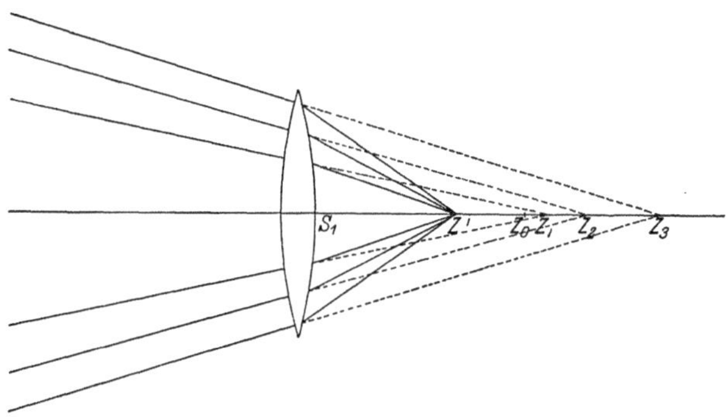

Der Verlauf dreier Hauptstrahlen von 19,34°, 27,92°, 35° augenseitiger Neigung durch eine gleichseitige Sammellinse von 13,0 dptr Scheitelbrechwert.

Die Formen des Wollastonschen und des Ostwaltschen Zuges unterscheiden sich dadurch voneinander, daß die ersterwähnten eine um so schwächere Verzeichnung haben als die letzten, je stärker sie im Verhältnis zu diesen durchgebogen sind. Daraus folgt schon, daß gegen die Grenzwerte der Glasbrechkräfte hin, wo sich die beiden Kurventeile mehr und mehr nähern, der Unterschied zwischen beiden Formen hinsichtlich der Verzeichnung nur gering ist. Ob der bei mittleren Brechkräften unbestreitbare Vorteil der Wollastonschen Formen groß genug ist, um eine Einführung zu erzwingen, läßt sich nicht voraussagen. Wahrscheinlich ist es nicht, denn als hindernd steht im Wege der durch die stärkeren Krümmungen verursachte höhere Preis, ferner auch wohl die auffälligere Form und schließlich die merklich größere Empfindlichkeit gegen Verschiebungen. Es sei darauf hingewiesen, daß bei der gebräuchlichen elliptischen Randform der Schnitt zwischen einer Kugeloberfläche und einem geraden elliptischen Zylinder, der immer eine Raumkurve sein muß, um so deutlicher von einer ebenen Kurve abweichen wird, je kürzer der Kugelradius ist. Da diese Form des Randes ungewohnt ist, so wird sie häufig als unschön angesehen.

Handelt es sich jetzt darum, die soeben an punktuell abbildenden Brillen beschriebene Erscheinungsform der Verzeichnung mit jener in Zusammenhang zu bringen, die bei der Verbindung des ruhenden Auges mit

Abb. 60.

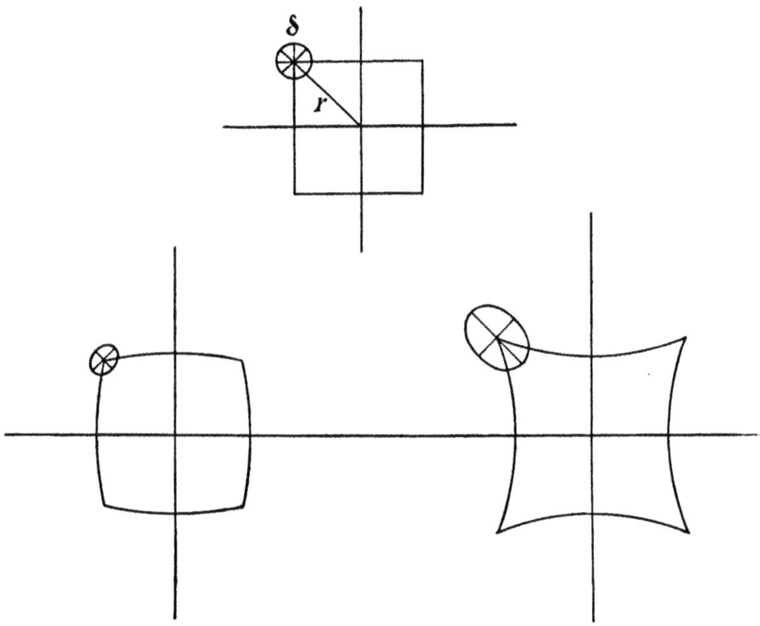

Übersichtsbild der Erscheinungsform eines exzentrisch angenommenen Kreises bei tonnenförmiger / kissenförmiger Verzeichnung zur Erklärung des Aussehens entsprechender kleiner Kreise in Seitenteilen des Blickfeldes bei ruhiger Augenhaltung.

dem im schiefen Durchblick benutzten Brillenglase besprochen worden war, so ist der Unterschied nur äußerlich. Bei der üblichen Behandlung der Verzeichnung werden endliche Objektstrecken auf den Größenmaßstab ihrer Wiedergabe untersucht, und die Fehlerbestimmung läßt die Krümmung aller Geraden angeben, die nicht durch die Mitte des Blickfeldes gehen. Es ist das auch genau die Erscheinungsform, die man für diesen Fehler feststellt, wenn man einer im seitlichen Teile des Blickfeldes liegenden Kante mit dem Blicke folgt. Beim Sehen mit ruhendem Auge dagegen wird nur ein kleiner exzentrischer Teil des Feldes deutlich wahrgenommen, und dafür ist die Erscheinungsform dieses Bildfehlers ganz verschieden.

Wird ein achsensenkrechtes Flächenstück, etwa ein kleiner Kreis, exzentrisch angenommen, so werden für die Abbildung durch schiefe Bündel die beiden Durchmesser in Betracht kommen, die in die tangentialen und sagittalen Hauptschnitte fallen. Sie seien in der Abb. 60 in der angegebenen Weise kenntlich gemacht. Was nun die Wiedergabe durch die Linse angeht, so ist die Vergrößerung des Durchmessers im sagittalen Hauptschnitt offenbar gegeben durch den Abstand r des Kreiszentrums von der Mitte des Blickfeldes, und es handelt sich da bei Zerstreuungslinsen um eine zu starke Verkleinerung, bei Sammellinsen um eine zu starke Vergrößerung. Bei der Wiedergabe des im tangentialen Hauptschnitte gelegenen Durchmessers liegt aber ein viel verwickelterer Vorgang vor. Für den Maßstab, in dem sich dieser Durchmesser 2δ im Bilde darstellt, ist offenbar die Vergrößerungsänderung maßgebend, die zwischen $r + \delta$ und $r - \delta$ vor sich geht. Eine Durchrechnung zeigt, daß diese Maßstabsänderung in dem vorliegenden Falle zwar das gleiche Zeichen aber einen höheren Betrag haben wird als die auf r wirkende, d. h. bei Zerstreuungslinsen wird der tangentiale Durchmesser eines exzentrischen Flächenelements wesentlich stärker verkleinert, bei Sammellinsen wesentlich stärker vergrößert als der sagittale. Es steht das vollständig in Übereinstimmung mit dem Ergebnis jener Rechnung, die auf S. 126 erwähnt worden war. Um Mißverständnissen vorzubeugen, sei ausdrücklich darauf hingewiesen, daß sich diese Darstellung der Verzeichnung exzentrisch liegender achsensenkrechter Figuren auf die achsensenkrechte Schirmebene bezieht. Aus ihr lassen sich leicht die Gesichtswinkel im Raum entnehmen, die für das Auge gelten, dessen Drehpunkt in dem (nicht gezeichneten) Achsenorte Z' liegt, und das in schiefer Richtung auf die kleine Ellipse blickt.

Über die Möglichkeit, sphärische Linsen allein auf Verzeichnung zu verbessern, soll hier nicht gehandelt werden. Obwohl man im Laufe der Zeit solche Vorschläge gemacht hat, erscheint es doch zweckmäßig, daran festzuhalten, daß man erst deutlich sehen muß, bevor man an die Hebung des Verzeichnungsfehlers gehen kann.

§ 98. **Geschichtliche Bemerkungen dazu.** Über den Ansatz der Verzeichnung hat sich in neuerer Zeit an Stelle des Ausdrucks für V_w, in den das Airysche Tangentenverhältnis eingeht, der Vorschlag gefunden, w'/w einzuführen. Nach den hier benutzten Schriften ist er zuerst von M. Tscherning (*4.* 20) vertreten worden, doch hat ihn auch E. Weiss für wichtig genug angesehen, sich (*9.* 324, 11) mit ihm zu beschäftigen und die ihm entsprechenden Formeln (325, 14) abzuleiten. — Ich vermag — s. auch ZfoO *9.* 32 — diesen Ansatz für die Verzeichnung nicht anzunehmen; er scheint mir bei der Anwendung auf eine ebene, aus verschiedenen Gesichtspunkten betrachtete Perspektive auf unmögliche Folgerungen zu führen, und ich begnüge mich mit diesem Hinweis. Dazu gehört auch die neueste Boegeholdsche Arbeit (*5.*), worin ein hier soeben erst bekannt gewordener Aufsatz A. Whitwells (*3.*) aus dem Jahre 1914 besprochen wird.

Soviel dem Berichterstatter bekannt, ist die Behandlung der Verzeichnung als einer reinen Projektionsaufgabe zuerst bei R. H. Bow (*1.*) 1861 zu finden. 1897, ganz im Anfang seiner optischen Tätigkeit, hat dann M. v. Rohr (*1.*) diesen Gegenstand weiter bearbeitet, aber ebenfalls nicht an die Bedeutung für Brillen gedacht, was wohl zuerst in seiner ersten Ausgabe dieser Schrift (*10.* 55/6) geschehen ist.

§ 99. **Besondere Formen der punktuell abbildenden Brillen.** Im Laufe der Zeit ist man zur Anfertigung weniger einfacher Formen von punktuell abbildenden Brillen gekommen, sei es, daß in bestimmten Fällen die Aufhebung des Astigmatismus schiefer Bündel allein die Aufwendung reicherer Mittel erforderte, sei es, daß man — beispielsweise bei den Fernrohrbrillen — die Anlage von vornherein verwickelter planen mußte. Im letzten Falle war man wohl bestrebt, die in der Anlage gegebenen Möglichkeiten zur gleichzeitigen Beseitigung mehrerer Fehler schiefer Bündel auszunutzen.

§ 100. **Punktuell abbildende Starbrillen mit sphärischen Grenzflächen.** Nach Seite 122 ist es klar, daß eine Herstellung einfacher sphärischer Brillengläser punktueller Abbildung für hohe positive Werte der Brechkraft nur möglich ist, wenn der Augendrehpunkt in einer für den regelmäßigen Gebrauch unzulässigen Weise dem Brillenglase genähert wird. Hierunter fallen alle Starbrillen, die nach der Linsenentfernung für Augen verordnet werden müssen, die vorher recht- oder gar übersichtig waren. Wenn es sich nun darum handelt, auch solchen Brillenträgern deutliche Bilder für ein endliches Blickfeld unter Beschränkung auf sphärische Grenzflächen zu ermöglichen, so ist dazu eine Steigerung der optischen Mittel unerläßlich.

Die nächste Möglichkeit bietet sich in der Erhöhung der Linsenzahl von einer auf zwei. Und in der Tat ist man mit diesem Mittel imstande, auch für Brechkräfte von

$$D, \leqq 12 \text{ dptr}; \qquad x' = 26 \text{ mm}$$

eine Hebung des Astigmatismus endlich geneigter Bündel zu erreichen, aber man hat dann keine Mittel, um ein solches Brillenglas auch von der Verzeichnung zu befreien. Die Verzeichnung ist bei solcher Anlage wohl etwas geringer, aber das bildet nicht ihren Hauptvorteil; der ist vielmehr eben in der durch dieses Mittel erreichten unvergleichlich besseren Abbildung bei schiefer Blickrichtung zu suchen. Die Zwischenfehler des Astigmatismus schiefer Bündel sind ebenso, wie bei den punktuell abbildenden Einzellinsen bemerkenswert gering, und die Abweichung von der Fernpunktsfläche des Auges hat ebenfalls die bereits auf S. 119 beschriebene Beschaffenheit. Bei Starbrillen noch höherer Brechkraft gelingt auch mit solchen sphärischen Doppellinsen die strenge Hebung des Astigmatismus schiefer Bündel nicht mehr, doch ist es möglich, die astigmatischen Fehlerreste auf einen so geringen Betrag herabzubringen, daß sie beim Gebrauch ohne besondere Bedeutung sein würden.

Als nachteilig kommt bei dieser Anlage die Gewichtserhöhung in Frage, da bei einer jeden der beiden Sammellinsen doch ein gewisser Randwert der Dicke zugelassen werden muß, um sie überhaupt anfertigen zu können. Die Einrichtung für eine elliptische Fassung ist ebenfalls nicht ohne Schwierigkeit, da die richtige Form des Metallrandes bei den beiden stark durchgebogenen Linsen nach dem Vorhergehenden die Bestimmung von vier Raumkurven erfordert. Schließlich muß die Behandlung bei der Benutzung und der Reinigung besonders sorgfältig sein.

§ 101. **Geschichtliche Bemerkungen zu den punktuell abbildenden Starbrillen.** Strenge Untersuchungen über die Möglichkeit punktuell abbildender Starbrillen mit sphärischen Grenzflächen wurden zuerst wohl in den beiden Vorträgen veröffentlicht, die M. v. Rohr (*5.*) und E. Hertel (*1.*) im August 1908 vor der 35. Versammlung der ophthalmologischen Gesellschaft zu Heidelberg hielten. Es handelte sich dabei um die Vorführung einiger Formen von Starbrillen, die unter Voraussetzung achsensymmetrischer Augen den Astigmatismus längs endlich geneigten Hauptstrahlen ganz oder annähernd hoben. Damals wurden die Doppelbrillen und die achromatische Starbrille (s. § 148) behandelt

Abb. 61.

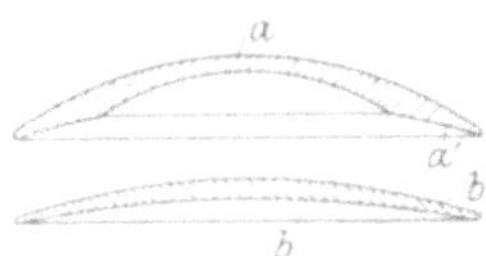

Abb. 62.

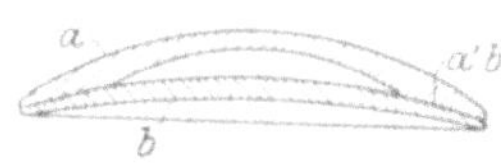

Einzelteile und ihre Verbindung
bei dem doppelten Brillenglas nach Nitsche & Günther.

und durch Vorstellung eines mit ihnen ausgerüsteten Patienten die Wirkung in einem Falle vorgeführt. Zweifellos kann diese Veröffentlichung, da es sich ja nur um verhältnismäßig seltene Ergebnisse bei der Linsenenfernung handelte, nur als die erste Umschau des in Betracht kommenden rechnenden Optikers auf einem ihm fremden Gebiete gelten, und es blieb besonderen Aufsätzen und Vorträgen vorbehalten, die Augenärzte mit der Steigerung der Mittel vertraut zu machen, die ihnen die neue Zeit zur Verbesserung der Sehleistung der Augenleidenden bereithalten konnte.

Die soeben erwähnten beiden Ausführungen wurden auf Grund der Patentanmeldungen des Hauses C. Zeiss (*1*, *2*, *3.*) ebenso geschützt wie die Herstellung von Gullstrandschen Starlinsen, bei denen durch die Anwendung einer einzigen asphärischen Fläche nicht nur der Astigmatismus schiefer Bündel beseitigt, sondern auch die Verzeichnung verringert worden war.

Daß H. Parent (*1.*) 1897 das Hilfsmittel der Doppellinsen für den gleichen Zweck im allgemeinen vorgeschlagen hatte, wurde gleich in jenem Vortrage mitgeteilt. Aus den oben angegebenen Gründen hat man in Jena von der Ausführung solcher doppelten Starlinsen abgesehen.

Im Jahre 1915 wurden von Nitsche & Günther (ZfoO *3.* 186) doppelte Brillengläser bekannt gemacht, deren allgemeine Anlage die obenstehenden Abbildungen 61 und 62 kennzeichnen werden. Genaueres über Zweck und Leistungen ist dem Berichterstatter nicht bekannt geworden.

§ 102. **Asphärisch-sphärische Starbrillen (Gullstrandsche Starbrillen).** Schon früher sind die deformierten oder asphärischen Flächen erwähnt worden, und es wird sich empfehlen, hier etwas näher auf ihre Natur einzugehen und ihre Wirkung kurz zu beschreiben.

Die Kugelfläche hat die Eigenschaft, daß ihre Flächenkrümmung an jedem Punkte denselben Wert hat, und daß die beiden Hauptkrümmungen in einem beliebigen Punkte einander gleich und gleich dem Kehrwert des Kugelradius sind:

$$1/r_t = 1/r = 1/r_s.$$

Setzt man nun einmal den Fall eines einfachen, sphärisch begrenzten Fernbrillenglases von der Brechkraft + 11 dptr, so ist nach dem Vorhergehenden auf S. 107 keine Möglichkeit vorhanden, auf Hauptstrahlen endlicher Neigung den Astigmatismus aufzuheben, wenn $\mathfrak{x}'$ eine genügende Größe behalten

Abb. 63.

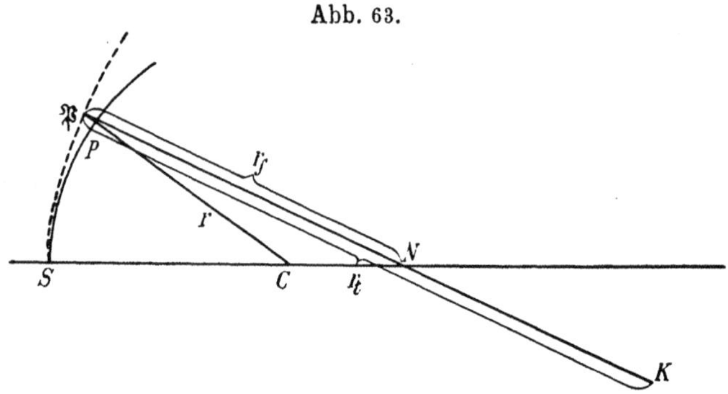

Übersichtsdarstellung einer asphärischen (durch Auftragung deformierten) Umdrehungsfläche.
$P\mathfrak{P} = \sigma$.
$\mathfrak{P}N$ die Normale der asphärischen Fläche.

soll, damit der Augendrehpunkt mit Z' zusammenfallen könne. Ist aber der Astigmatismus schiefer Bündel nicht gehoben, so gilt für die letzten Schnittweiten in den beiden Hauptschnitten

$$t' \gtreqless s'.$$

Könnte man nun an Stelle einer Kugelfläche eine ihr sehr nahe liegende Fläche bringen, bei der abweichend von der Kugelfläche wäre

$$1/r_t \lesseqgtr 1/r_s,$$

so wäre die Möglichkeit gegeben, den Astigmatismus schiefer Bündel auch bei Sammellinsen von hoher Brechkraft unter den oben festgesetzten Bedingungen zu heben.

Eine solche Fläche läßt sich, wie in Abb. 63, durch die Vorschrift bestimmen, die Kugelfläche, von der man ausgeht, solle durch eine regelmäßige Verlängerung oder Verkürzung des Kugelradius verändert werden, und zwar sei der Betrag σ der Auf- oder Abtragung für jeden Parallelkreis gegeben durch

$$\sigma = \varkappa l^4,$$

wo $\varkappa$ eine Konstante und l die vom Scheitel S gemessene Bogenlänge der Breite des Parallelkreises sei.

Man sieht aus der Zeichnung, die eine regelmäßige Auftragung voraussetzt, daß sich die neue Fläche zuerst langsam, dann schneller und immer schneller von der Ausgangskugel entfernt. In einem beliebigen Punkte $\mathfrak{P}$ ist aber natürlich die Richtung des Radius PC nicht mehr die Richtung der Normalen für die neue Fläche, sondern diese weicht in einer solchen Weise von PC ab, wie es das Vorhandensein einer geringeren Flächenkrümmung in $\mathfrak{P}$ vorschreibt. Die beiden Hauptkrümmungsradien sind dann voneinander verschieden, und zwar reicht r_f von $\mathfrak{P}$ bis zum Schnitt N der Normalenrichtung mit der Achse, während in dem vorliegenden Falle r_t einen längeren Wert erhält, so daß für die absoluten Längen die Ungleichung gilt

$$r_t > r_f > r.$$

Damit ist aber die oben gewünschte Verschiedenheit der Krümmungsradien in den Hauptschnitten erreicht, und zwar geschah das durch die Einführung einer neuen Veränderlichen, des Deformationskoeffizienten $\varkappa$.

Es läßt sich nicht leugnen, daß diese Einführung von $\varkappa$ auf eine etwas willkürliche Art zustande gekommen ist. A. Gullstrand (*4.* 961/2) kam entsprechend seiner ganz allgemein angelegten Theorie in anderer Weise zu einer Behandlung der Umdrehungsflächen. Er bestimmt die allgemeine Umdrehungsfläche in der nächsten Umgebung des Pols durch den Abflachungswert Φ. Bestimmt man nämlich den Meridianschnitt der Umdrehungsfläche zweiten Grades, die mit der vorliegenden Umdrehungsfläche im Scheitel eine Berührung vierter Ordnung eingeht, so läßt sich Φ aus den Achsen dieses Kegelschnittes berechnen.

Zwischen den beiden Bestimmungsstücken besteht der einfache Zusammenhang, wie A. Gullstrand ebendort gezeigt hat, daß

$$\Phi = -24\varkappa$$

gilt.

Ganz allgemein soll nach diesem Forscher, der (7.) zuerst zur Gewichtsverminderung von Starlinsen eine Hebung des Astigmatismus schiefer Büschel durch eine asphärische Fläche vorschlug, ein asphärisch-sphärisches Brillenglas als eine Gullstrandsche Linse bezeichnet werden.

Was die Form der Bildfläche angeht, so entspricht sie dem Coddington-Petzvalschen Gesetz; die Beträge der Abweichungen von der Schärfenkugel des linsenlosen Auges können nach O. Henker (*15.* 126) beurteilt werden.

Läßt man die Möglichkeit zu, daß eine der beiden achsensymmetrischen Grenzflächen eine asphärische sei, so hat man in der Abweichung von der

Kugelfläche und in der Durchbiegung[1]) der ganzen Linse zwei Veränderliche zur Verfügung. Diese reichen aus, um entweder bei vorgeschriebener Linsenform (geringer Durchbiegung) den Astigmatismus schiefer Bündel allein zu heben oder um sowohl den Astigmatismus schiefer Bündel als auch die Verzeichnung bei endlichen Hauptstrahlneigungen zum Verschwinden zu bringen, wobei allerdings dann die Durchbiegung einen ziemlich hohen Wert annehmen kann.

Von den auf S. 130 beschriebenen Doppelstargläsern hat eine solche Ausführung neben dem eigentlichen Vorzug der besseren Fehlerhebung noch den, eine einfache Linse zu sein. Sie ist infolgedessen leichter, läßt sich bequemer fassen und erfordert schließlich keine so vorsichtige Behandlung. Man ist ferner von der optischen Dichte des Werkstoffs ganz unabhängig und kann das gewöhnliche Spiegelglas wählen.

Man könnte natürlich auch Fernbrillengläser von beliebiger Brechkraft und beliebigem Vorzeichen als GULLSTRANDsche Linsen herstellen und sie mittels der asphärischen Fläche nicht nur auf Verzeichnung, sondern auch auf Astigmatismus im endlichen Blickfelde korrigieren. Es fragt sich indessen auch hier immer wieder, ob auf die Brillenträger der höhere Preis und die stärkere Durchbiegung nicht abschreckend wirken, so daß sie sich an der punktuellen Abbildung genügen lassen, die ihnen durch die gewöhnlichen sphärischen Fernbrillen, sei es WOLLASTONscher oder OSTWALTscher Form, gewährleistet wird.

§ 103. **Geschichtliche Bemerkungen zu den asphärisch-sphärischen Brillen.** Asphärische Umdrehungsflächen sind für Brillengläser schon früher vorgeschlagen worden. Die nur aus dem Titel der Patentschrift bekannten perisko-hyperbolischen Gläser von .. PLAGNIOL und .. MAIRE (*3.*) aus dem Jahre 1866 sind wohl über die Stufe des Versuchs nicht hinausgekommen, während den im Jahre 1879 veröffentlichten Gläsern E. RÄHLMANNS (*1.*) eine etwas längere Dauer beschieden war. Er hatte damals zur Verbesserung der Sehschärfe an Hornhautkegel leidender Augen durch den Straßburger Optiker .. MEYER (?) kegelförmige Zerstreuungsgläser schleifen lassen wollen, doch waren sie bei der Ausführung von selbst zu Formen mit einer hyperbolischen Grenzfläche geworden. Der Vortrag erregte damals ein ziemliches Aufsehen, und E. RÄHLMANN (*2.*) faßte einige Jahre danach die Ergebnisse derartiger Versuche zusammen. — A. ANGELUCCI (*1.*) hat 1884 tatsächlich solche konische Gläser mit abgerundeter Spitze angegeben. — Anscheinend aber bewährten sich die hyperbolischen, auch von anderen Optikern hergestellten Brillengläser nicht besonders, denn der 1897/8 zwischen TH. LOHNSTEIN (*2*, *3*, *4.*) und E. RÄHLMANN (*3*, *4.*) durchgekämpfte Streit läßt sie in keinem irgendwie günstigen Licht erscheinen. Man wird den durch gründliche mathematische Überlegungen gestützten Ausstellungen TH. LOHNSTEINS ein

1) Von einer Durchbiegung kann man auch hier noch sprechen, wo eine der Flächen asphärisch ist, weil die bei der Durchbiegung in Betracht kommende Brechkraftsumme nur Werte enthält, die längs der Achse gelten, und dafür hat man die Krümmung der asphärischen Fläche durch die Krümmung der Ausgangskugel zu ersetzen.

um so größeres Gewicht zuschreiben müssen, als er selbst in hohem Grade an Hornhautkegel litt und die Wirkung der verschiedenen Hilfsgläser am eigenen Auge (*6.*) ausproben konnte. Erwartungen wird man für diese Anlage nicht mehr hegen dürfen.

Spätere Versuche, Wahlstärkengläser mit asphärischen Umdrehungsflächen auszuführen, sind auf S. 83/4 mitgeteilt worden.

Kommt man nun auf die ZEISSischen asphärischen Flächen zurück, so geht aus der ganzen Anlage des GULLSTRANDschen Lehrgebäudes hervor, daß man theoretisch von ganz allgemeinen Flächen auszugehen habe, und S. CZAPSKI hat selber anerkannt, daß A. GULLSTRAND ihm schon vor 1903 briefliche Mitteilungen über optische Formeln[1]) gemacht hatte, die von ihm auch für allgemeine Umdrehungsflächen gültig angesetzt worden waren. Inzwischen war E. ABBE um 1899 ohne Beeinflussung durch GULLSTRANDsche Arbeiten auf die Forderung nicht-sphärischer Flächen gekommen. Dies bedeutete für ihn eine grundlegende Erweiterung seines ursprünglichen Arbeitsgebiets, was man auch schon aus der von ihm herrührenden Bezeichnungsweise »deformierte« oder »sphäroidische« Flächen abnehmen kann. Unter seiner Leitung wurden dann die ersten Schritte dazu getan, solche Flächen wirklich herzustellen, und der Ausfall berechtigte auch zu einiger Hoffnung. Für die Weiterführung der Versuche wurde die Berührung zwischen A. GULLSTRAND und M. v. ROHR ebenfalls von Wichtigkeit, doch muß darauf verzichtet werden, die einzelnen Staffeln dieser Arbeit zu schildern, die sich, im Spätherbst 1907 beginnend, über mehr als 2 Jahre erstreckte. Einzelheiten darüber sind nicht veröffentlicht worden. Indessen mag darauf hingewiesen werden, daß A. GULLSTRAND (*7.* 37) als erster 1908 den Gedanken aussprach, punktuell abbildende, aus einem Glasstücke bestehende Starbrillen mit Hilfe einer asphärischen Fläche herzustellen. M. v. ROHR war es bei derselben Gelegenheit möglich, von rechnerischen Vorarbeiten zu berichten, die günstige Ergebnisse versprächen. Diese Hoffnung konnte nach der Anstellung einer strengen photographischen Prüfung im Sommer 1909 als bestätigt gelten. Seit dieser Zeit sind in Jena achsensymmetrische GULLSTRANDsche Brillen als Katralgläser ausgeführt worden.

Zu schwächeren Fernbrillen mit der Hebung oder Herabsetzung zweier Fehler schiefer Bündel durch eine asphärische Fläche gibt die ZEISSische Patentschrift (*2.*) ein Beispiel auch für ein zerstreuendes Glas.

§ 104. Die Fernrohrbrillen für stark kurzsichtige Augen. Zu dem auf S. 74 erwähnten Vorteil dieser Anlage, wie er sich bei der Behandlung des Sehens in der Richtung der Achse herausstellte, kommt für das Sehen mit bewegtem Auge noch der weitere, daß sich hier für ein endliches Blickfeld sowohl Astigmatismus schiefer Bündel als Verzeichnung heben lassen. Der Grund dafür liegt darin, daß man in der Durchbiegung jeder der beiden

---

1) Die betreffenden Formeln für die Aberrationswerte finden sich 1900 bei A. GULLSTRAND in seiner Allgemeinen Theorie der monochromatischen Aberrationen. Der Brief an S. CZAPSKI handelte von den übrigen Formeln für den achsennahen Raum. Der wichtigste Unterschied von der ABBEschen Schule ist aber wohl zu erblicken in der Aufstellung von Formeln für allgemeine Flächen bei endlichen Strahlneigungen. Betreffs der Strahlenvereinigung kommt A. GULLSTRAND (*1.*), betreffs der übrigen Formeln (*5.*) in Betracht.

Linsen, in dem Abstand zwischen ihnen und in der Verteilung der Brechkraft unter sie Mittel genug hat, um diese beiden Fehler für ein ziemlich großes Blickfeld

$$2w \leqq 30^\circ$$

zu heben. Es wird zweckmäßig sein, die Brennweite f_{vh}' einer solchen Fernrohrbrille möglichst viel länger zu machen als ihre Schnittweite $s_,'$, weil man damit δ negativ macht (S. 75) und derart die Vergrößerung des Bildes auf der Netzhaut steigert. Wenn man an den nahen Zusammenhang denkt, der nach S. 125 zwischen der Verzeichnung und der Lage der Hauptpunkte (H_{tw}', H_{fw}') schiefer Bündel bestand, so wird man bei einer auf Verzeichnung korrigierten Fernrohrbrille erwarten dürfen, daß die Hauptpunkte der schiefen Bündel hier mit wachsender Hauptstrahlneigung nicht ständig auseinander rücken. In dieser Erwartung wird man auch nicht getäuscht, und es ist zu bedauern, daß sich diese Verhältnisse nicht für die Wiedergabe durch eine Zeichnung in natürlichem Maße eignen. Beschreibt man aber die Lage der Hauptpunkte schiefer Bündel, so liegen sie für die in der Abb. 33 dargestellte Fernrohrbrille fast innerhalb des ganzen Blickwinkels enge zusammen und trennen sich erst am äußersten Rande des Blickfeldes. Die Kurven für H_{tw}' und H_{fw}' haben aber eine andere Beschaffenheit als bei der einfachen Linse: sie durchschneiden sich nahe am Rande, weil hier Zwischenfehler der Verzeichnung auftreten, die sich der großen Brechkraft der Einzelbestandteile entsprechend fühlbar machen. Ganz allgemein hat über die Zwischenfehler der Verzeichnung bei Fernrohrbrillen M. v. Rohr (*8.* 577/8) gehandelt.

Der Vorteil, den eine derartige Fernrohrbrille ihrem Träger bringt vor dem ein holländisches Fernrohr entsprechender Vergrößerung benutzenden Myopen, liegt hauptsächlich in der Vereinfachung der Anlage, der dadurch bedingten Gewichtsersparnis sowie der Möglichkeit, die Fernrohrbrille dauernd vor dem Auge anzubringen, und ähnliches gilt im Vergleich mit der Stöpsellinse (dem Steinheilschen Konus). Ein weiterer Vorzug, daß nämlich die Vergrößerung des Netzhautbildchens ohne wesentliche Veränderung der Blickwinkel w erfolgen kann, liegt auf dem Gebiete der Raumerfüllung und kann erst in § 164 besprochen werden.

§ 105. **Geschichtliche Bemerkungen zur Fernrohrbrille.** In der bereits angeführten Arbeit hat M. v. Rohr (*8.*) von den verschiedenen Vergrößerungen gesprochen, die der Augenarzt von Fernrohrbrillen verlangt. Aus den Kurvendarstellungen, die sich an der angegebenen Stelle finden, läßt sich der Schluß ziehen, daß die Ausdehnung des Blickfeldes und die Freiheit von Zwischenfehlern, sei es der Verzeichnung, sei es des Astigmatismus schiefer Bündel, rasch zunimmt, wenn es sich um eine niedere Vergrößerung handelt. Es wird sich daher empfehlen, sobald eine angenähert normale Netzhautleistung vorliegt, mit der Vergrößerung des Netzhautbildes sparsam zu sein, wenn regelmäßig zu tragende Fernrohrbrillen in Frage kommen. E. Hertel (*3.*) hat dazu für stark kurzsichtige Augen mit nicht allzusehr herabgesetzter Sehschärfe $V = 1{,}3$ vorgeschlagen, und diese Vergrößerung wird in ähnlichen Fällen heute noch verwandt (Abb. 66 b). Es ergibt sich dabei das ziemlich große Blickfeld von $2w = 40^{\circ}$.

Abb. 64.

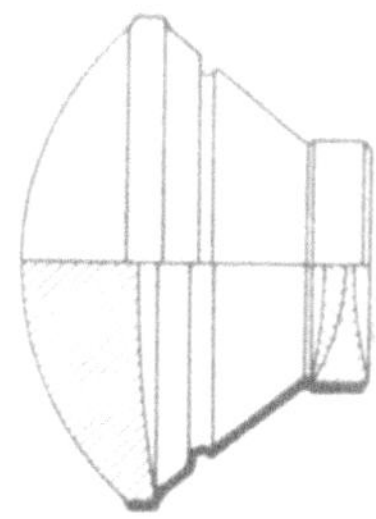

Fernrohrbrille für Augen von geringer Fehlsichtigkeit. In etwa natürlicher Größe.

Für Schwachsichtige (namentlich Kriegsverletzte) mit stark herabgesetzter Sehschärfe ist die erste Aufgabe, die Größe des Netzhautbildes zu steigern, und man geht dabei bis zu $V = 1{,}8$, muß sich allerdings dann mit einem kleineren Blickfelde $2w = 24^{\circ}$ abfinden. Diese Bedürfnisse Schwachsichtiger sind verständlicherweise nicht an eine besondere Kurzsichtigkeit gebunden, und so wurden 1911 der Zeissischen Werkstätte (ZfoO *1.* 21) Fernrohrbrillen für schwach kurzsichtige oder gar übersichtige Augen nach Abb. 64 geschützt, worüber M. v. Rohr (*11.*) berichtet hat. Eine Schwierigkeit lag dabei in der Vermeidung störender Farbenfehler, und man hat — im Hinblick auf möglichste Gewichtsersparnis — dazu die Zerstreuungslinse aus zwei Teilen zusammengekittet. — Wie W. Stock (*3.*) 1916 berichtet hat, verwendet man die Fernrohrbrillen selbst dann noch, wenn die Sehschärfe nur $1/7$ bis $1/10$ beträgt, und nach H. Erggelet (*4.*) geht man heute gelegentlich bis zu $1/20$ herab. Fernrohrbrillen zur Übung empfahl O. Henker (*5.*). — Für noch stärkere Herabsetzungen

Abb. 65.

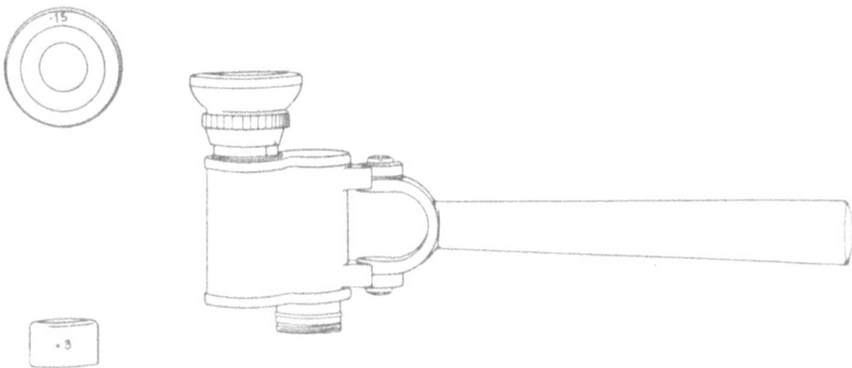

Fernrohrlupe mit Griff.
Links oben ein inneres Aufsteckglas $D_i = -15$ dptr, links unten ein äußeres Aufsteckglas $D_a = +3$ dptr, dieses zum Gebrauch für nahe Gegenstände bestimmt.

der Sehschärfe gibt man nach O. Henkers Vorgang, worüber 1911 A. Wagenmann (*1.*) berichtet hat, dem Schwachsichtigen nach Abb. 65 eine mit der Hand vorzuhaltende Fernrohrlupe. Eine solche besteht aus einem 6—8fachen Prismenfernrohr, das nach Bedarf mit äußeren und inneren Aufsteckgläsern versehen werden kann.

Ein Fernröhrchen, das zur Erhöhung der Vergrößerung im inneren Teil des Blickfeldes vor ein dünnes Fernbrillenglas gesetzt wurde, ließen sich 1914 nach ZfoO *3*. 54/5 Nitsche & Günther schützen.

Für die Naharbeit muß bei der geringen Akkommodationsbreite des mit der Fernrohrfernbrille bewaffneten Auges (s. S. 75) ein Vorhängeglas (S. 78) nach Abb. 66 a verwandt werden, und man wählt verständlicherweise seine Brechkraft um so größer, je stärker die Vergrößerung gesteigert werden soll. Eine solche Verbindung der Fernrohrfernbrille mit einem einfachen äußeren Aufsteckglas empfiehlt sich für den Träger in der Regel mehr als die Verwendung einer für einen festen vorgeschriebenen Arbeitsabstand besonders berechneten Fernrohrnahbrille.

Abb. 66.

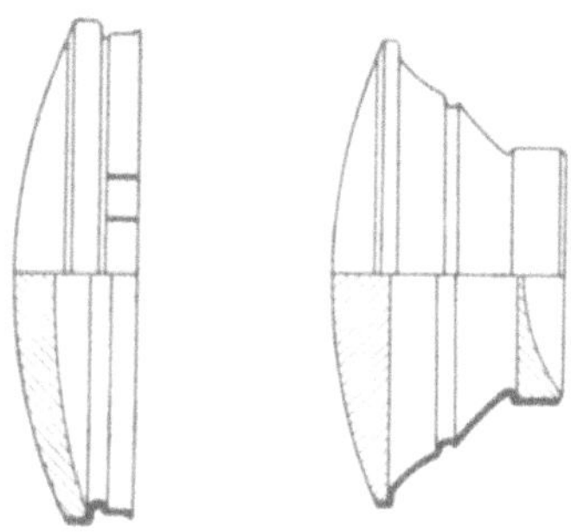

a b

Aufsteckglas a zur Fernrohrbrille b für stark kurzsichtige Augen. In etwa natürlicher Größe.

Abb. 67.

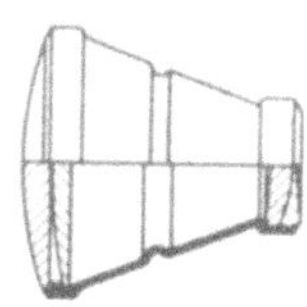

Eine Lupenbrille aus zwei Bestandteilen in größerem Abstande. In etwa natürlicher Größe.

§ 106. **Die Fernrohrbrille als Lupenbrille.** Auch für Lupenbrillen hat man in Jena die Grundanlage der Fernrohrbrille nach Abb. 67 seit 1912 verwendet und für Carl Zeiss (nach ZfoO *1*. 22) geschützt. Man hat den großen Arbeitsabstand dieser Verbindung dabei als besonders vorteilhaft erkannt; zur Herbeiführung punktueller Abbildung im Blickfelde war es nötig, eine doppelte Sammellinse und eine aus zwei Teilen zusammengekittete Zerstreuungslinse zu verwenden. Als Vergrößerung wurde eine zweifache gewählt, wenngleich eine dreifache auch möglich sein würde.

§ 107. **Geschichtliche Bemerkungen dazu.** Eine derartige Lupenanlage aus einem sammelnden und einem zerstreuenden Bestandteil wurde zuerst 1839 von dem französischen Optiker Ch. Chevalier beschrieben, doch wurde weder der Zustand der schiefen Bündel dabei behandelt, noch auch überhaupt an so schwache Kopflupen gedacht. Ein entsprechender Vorschlag wurde 1851 von dem Physiologen E. Brücke gemacht, und derartige Lupen sind daher in der technischen Optik als Chevalier-Brückesche Formen bekannt. — Die Leser dieser Schrift wird namentlich die beidäugige Benutzung solcher Lupenpaare fesseln, und dafür ist hier auf § 169 hinzuweisen, wo sich die Ortsangabe zu der Westien-v. Zehenderschen Kornealupe findet.

§ 108. **Umgekehrte Fernrohrbrillen für Lichtspielhäuser.** Zur Verkleinerung der Reihenbilder, um auch auf nahen Plätzen des Saals einen naturgetreuen Eindruck zu erhalten (s. auch S. 41), hat man mehrfach die Verwendung eines umgekehrten Fernrohrs vorgeschlagen, so daß also bei der holländischen Form umgekehrt wie bei der Fernrohrbrille die Sammellinsen dem Auge zugewandt werden.

Abb. 68.

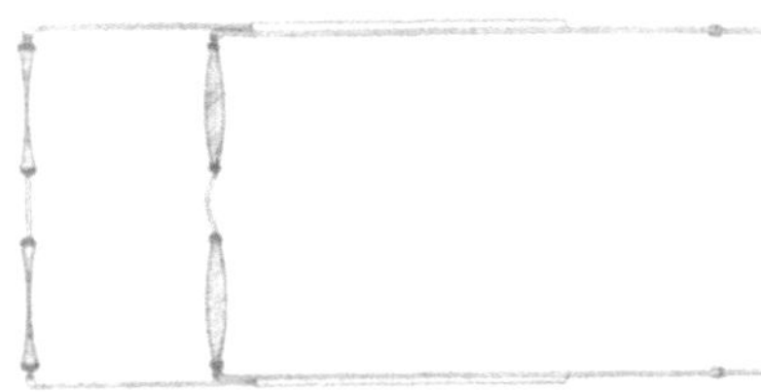

W. Goldschmidts umgekehrte Fernrohrbrille.

§ 109. **Geschichtliche Bemerkungen dazu.** Hierfür sei namentlich auf W. Goldschmidt (ZfoO *2*. 85/6; *3*. 53) hingewiesen, der sich um die Entwicklung dieser Formen nach Abb. 68 besonders große Mühe gegeben hat.

Eine andere Anlage dieser Art dient dem Sehen Ungleichsichtiger, besonders Einseitig-Linsenloser. Näheres dazu wird im § 176 zu finden sein.

Die Brillen mit mehreren Brennweiten.

§ 110. **Die Vorhänger (Vorbrillen).** Die Aufgabenstellung für diese ist leicht aus dem Früheren zu entnehmen. Man wird zuerst das stets zu tragende Brillenglas so durchbiegen, daß es anastigmatisch für schiefe Bündel wird. Danach ist der Vorhänger, dessen Brechkraft nach den Besonderheiten des Falles vom Augenarzt verordnet wird, ebenfalls so durchzubiegen, daß der Astigmatismus schiefer Bündel verschwindet. Dabei hat als Kreuzungspunkt der Hauptstrahlen der in der Regel mit Längsabweichung behaftete scheinbare Drehpunkt des mit der ständig zu tragenden Brille bewaffneten Auges zu dienen.

Die Erfüllung dieser Bedingungen für beide Teile macht keine Schwierigkeiten, vorausgesetzt, daß die beständig zu tragende Brille kein Sammelglas von besonders hoher Brechkraft ist, oder daß aus anderen Gründen der scheinbare Drehpunkt der ständig zu tragenden Brille nicht in eine allzu große Entfernung von ihrem vorderen Scheitel rückt.

Man kann aus dieser allgemeinen Behandlung aber nicht ersehen, daß die Lösung der Aufgabe in einer besonders einfachen Weise, nämlich durch die Verwendung schwach sammelnder, punktuell abbildender Ferngläser für $x' = 25$ mm möglich ist, wie sie in der Tat durch ein glückliches Zusammentreffen bei der Anpassung zuerst gefunden wurde. Den wahren Grund hat A. Sonnefeld (*1.*) 1920 aufgedeckt, und im folgenden wird seine Ableitung in ihren Hauptzügen wiedergegeben werden.

Versieht man nämlich ein für $x' = 25$ mm berechnetes Fernbrillenglas, das einen Vorhänger von $+3$ dptr braucht, einfach mit dem ebenfalls für $x' = 25$ mm berechneten Fernbrillenglas von $+3$ dptr, so zeigen die an der angegebenen Stelle angeführten Werte der trigonometrischen Durchrechnung ein für die in Betracht kommenden Hauptstrahlneigungen bemerkenswert günstiges Ergebnis. Zum Verständnis muß man darauf zurückgehen, daß auch bei den TSCHERNINGschen Ellipsen für Nahbrillen ein, allerdings nur noch in die Ordinatenachse, nicht mehr in den Anfangspunkt fallendes, Ähnlichkeitszentrum besteht, ganz wie es H. BOEGEHOLD (s. S. 121) für die Fernbrillen mit verschiedenen x'-Werten abgeleitet hatte. Zeichnet man im vorliegenden Falle der Abb. 69 die entsprechenden beiden Nahbrillenellipsen für die Grenzabstände des scheinbaren Drehpunkts bei Augen, die mit einfachen und möglichst dünnen Brillen punktueller Abbildung ausgerüstet sind, nämlich für $x' = 20$ und 45 mm, so stellt es sich heraus, daß sich für einen Dingabstand von $-33{,}3$ cm der OSTWALTsche Zug für $x' = 20$ mm und der WOLLASTONsche für $x' = 45$ mm in einem Punkte schneiden, der fast genau mit dem Schnittpunkte der Ordinate für $D_1 = +3$ dptr und dem OSTWALTschen Zuge der für $x' = 25$ mm berechneten Fernbrillenellipse übereinstimmt. Damit ist das günstige Ergebnis für die eben angeführten Enden der Reihe erklärt, und es wird nach A. SONNEFELD (*2.* 105) genügen, für die Mitte der Reihe, genauer die Fernbrillen zwischen -6 und $+3$ dptr, einen besonderen Vorhänger oder eine besondere Nahbrille auszuführen.

Abb. 69.

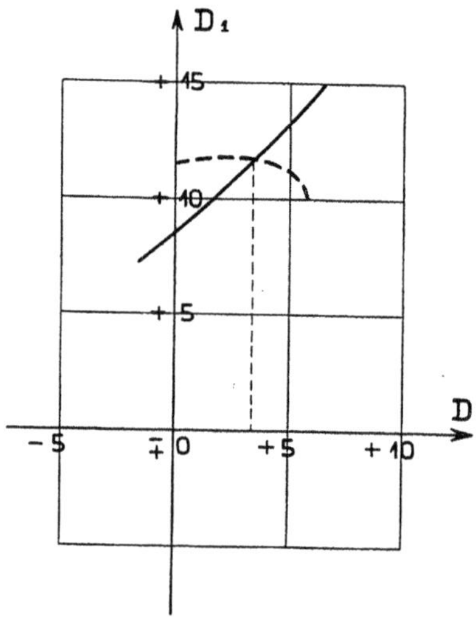

TSCHERNINGsche Ellipsenbogen für Dingabstand $= -33^1/_3$ cm. Ausgezogener OSTWALTscher Zug für $x' = 20$ mm, gestrichelter WOLLASTONscher Zug für $x' = 45$ mm. Hier ist die Brechkraft der Linse mit D, die der Vorderfläche mit D_1 bezeichnet.

§ 111. **Geschichtliche Bemerkungen dazu.** Die erste Erwähnung eines punktuell abbildenden Vorhängers geht auf E. HERTEL (*3.*) und das Jahr 1910 zurück, wo er über die bei C. ZEISS durchgearbeitete Fernrohrbrille handelte. — Danach scheint erst A. SONNEFELD (*1*, *2.*) wieder diese Aufgabe aufgenommen und ihre Lösung merklich gefördert zu haben.

§ 112. **Die Zweistärkengläser für das blickende Auge.** Handelt es sich um Zweistärkengläser für das blickende Auge, so würde an sich die alte Anlage, die beiden Fassungsteile durch die Fassung zusammenzuhalten, es wohl gestatten, den einen Linsenteil einem punktuell abbildenden Fern-, den anderen einem solchen Nahbrillenglase zu entnehmen; indessen ist ernsthaft an die Wiederaufnahme dieser unschönen und schlecht haltbaren Verbindung nicht zu denken. — Man wird sich daher bei den heute allein noch in Betracht kommenden, durch Anschliff oder Verschmelzung (Verkittung) entstandenen Zweistärkengläsern auf die Verbesserung der Leistung des Hauptteils — meist des Fernteils — beschränken müssen. Man sollte dafür heute die OSTWALTschen Formen oder zweckmäßig durchgebogene astigmatische Gläser wählen.

§ 113. **Geschichtliche Bemerkungen dazu.** In der Geschichte tritt die Berücksichtigung schiefer Bündel mindestens mittelbar 1849 bei TH. PR. MOUSSIER u. . . BOULLAND auf, die dafür die damals bevorzugten periskopischen Formen verwandten. Deutlich ausgesprochen hat diesen Gedanken wohl zuerst W. E. DEBENHAM (*1.*) im Jahre 1898. Er beanspruchte einen Schutz auf die Herstellung durchgebogener Gläser mit Verstärkung der Brechkraft des unteren Teiles sowohl durch Schleifen allein als auch durch die Verbindung eines Schmelz- und eines Schleifverfahrens. Die letztgenannte Herstellungsart sollte dann Anwendung finden, wenn die Sprungschicht zwischen den beiden Teilen zu vermeiden wäre. Einen Einfluß auf die Herstellung im Großen scheinen diese Gedanken nicht ausgeübt zu haben, wohl deswegen, weil W. E. DEBENHAM den Brillenbetrieben gar zu fern stand.

Ebenfalls die Güte der Abbildung haben zum Ziel zwei Schutzansprüche von E. BUSCH (*2.*) und (*3.*) Bei dem ersten wird der außen angebrachte Nahteil besser zu der Innenfläche des Meniskus zentriert, und bei dem zweiten Anspruch wird tatsächlich der Gedanke folgerichtig durchgeführt, die beiden Teile des Zweistärkenglases zentrierte Linsen bilden zu lassen.

Eingehende Angaben über die Anbringung der dritten Fläche gibt eine Patentschrift für C. ZEISS (*4.*) vom Jahre 1909. Hier wurde die OSTWALTsche Form des Fernbrillenglases zugrunde gelegt, und die Zusatzwirkung des Nahteils wurde an der stärker gekrümmten der beiden Außenflächen angebracht.

Aus der letzten Zeit gehören noch die Schutzschriften aus ZfoO *4.* 186/87; *6.* 96†; *7.* 136, 4† hierher, wo immer ein punktuell abbildendes Glas den Hauptteil abgibt, gelegentlich aber auch beide Teile als punktuell abbildend angenommen werden.

2. Nur zweifach symmetrische Gläser.

§ 114. **Ihre Anlage im allgemeinen.** Die homozentrische Abbildung, die von selbst für Achsenpunkte einer Folge zentrierter Umdrehungsflächen gilt, liefert aber nicht die einzige Möglichkeit für die Ausführung von Brillen, die zur Unterstützung achsensymmetrischer Augen bestimmt sind. Man kann für diesen Zweck auch Linsen wählen, die nur zweifach symmetrisch oder kurz gesagt symmetrisch sind, wenn nur die Radien der Zylinder- oder torischen Flächen (s. § 126) so bestimmt werden, daß sich für den Fernpunkt $F_r' = \mathsf{R}$ auf der Achse eine punktuelle Abbildung ergibt. Als Brillenachse gilt hier die Gerade, in der sich die beiden Symmetrieebenen der Brille durchdringen.

Solcher Formen scheinen für den Gebrauch nur Lesegläser bekannt zu sein, die zwei rechtwinklig gekreuzte Zylinderflächen aufweisen; sie sind gelegentlich auch als CHAMBLANTsche Gläser bezeichnet worden.

Als Vorteil wird solchen als Lesegläser verwandten Ausführungen — schon seit langer Zeit, zusammenfassend von E. H. OPPENHEIMER (*1.* 101) — ein geringerer Betrag der Verzeichnung nachgerühmt.

Kommt man mit einer solchen Aussage über die seitlichen Teile des Gesichtsfeldes schon auf das Gebiet der Verbindung symmetrischer Brillengläser mit dem bewegten Auge, so mögen an dieser Stelle nur die Forderungen aufgeführt werden, denen ein solches Brillenglas genügen müßte, wenn man es mit Vorteil zur Unterstützung des Sehens mit bewegtem Augen verwenden wollte. Ganz der Behandlung entsprechend, die die astigmatischen Brillen weiter unten erfahren werden, müßte man auch diese zweifach symmetrischen Systeme längs endlich geneigten Hauptstrahlen untersuchen, die in den beiden Symmetrieebenen verlaufen, und auch für diese Richtungen eine Aufhebung des Astigmatismus schiefer Bündel herbeiführen. Wäre das geschehen, so könnte man von solchen symmetrischen Linsen als von zweckmäßig durchgebogenen sprechen.

Die Untersuchungen H. BOEGEHOLDS, von denen noch in § 139 die Rede sein soll, sind bis jetzt wohl die einzigen auf diesem Gebiete geblieben.

§ 115. **Geschichtliche Bemerkungen dazu.** Zur Geschichte solcher gekreuzt zylindrischer Gläser haben sich einzelne, vorher ziemlich zerstreute Angaben sammeln lassen. So findet sich um die Mitte des Jahres 1813 ein P. GALLAND und M. N. J. CHAMBLANT (*1.*) erteiltes Patent, in dem Zylinderlinsen und auch eine Maschine zu ihrer Herstellung beschrieben wurden. Die beiden Erfinder werden der Reihe nach als Geometer und als Glasarbeiter (bombeur de verres) bezeichnet[1] und liefern so das Beispiel einer in der französischen Optik leider viel zu selten vorkommenden Verbindung zwischen einem Theoretiker und einem Praktiker. Der Patentschutz war auf Sonnenkraftmaschinen nachgesucht worden, und die Zylinderflächen erschienen in der Beschreibung als ein neues Mittel zur Hebung der sphärischen Abweichung. An dieser Stelle sei von einer aus dem Rahmen der vorliegenden Arbeit herausfallenden Ablehnung dieser Ansicht abgesehen, jedenfalls erscheint hier zuerst eine für den Ausgleich des Astigmatismus des Auges außerordentlich wichtige Linsenform mit einer guten Durcharbeitung ihrer Herstellungsweise. — Über die weitere Geschichte der CHAMBLANTschen Gläser hat M. v. ROHR (*18.* 412/3) namentlich aus älterer Zeit manches mitgeteilt, wonach diese Formen im ersten Drittel des vorigen Jahrhunderts großes Aufsehen erregten, allerdings auch manchen Widerspruch hervorriefen. Daß G. B. AIRY (*1.*) 1825 von einem ausländischen Optiker gehört hatte, der gekreuzte Zylindergläser herstellte, ist hier anzuführen, und man wird sich nicht irren, wenn man diese Bemerkung auf P. GALLAND und

1) Unter »bombeur de verres« verstand man nach einer liebenswürdigen Auskunft, die ich Herrn M. DUFOUR verdanke, zu jener Zeit Glasarbeiter, die größeren Glasscheiben durch Anwendung von Hitze eine bauchige Form gaben. Glassenker würde man heute etwa dafür sagen. In einer neueren Schrift wird M. CHAMBLANT als Uhrmacher bezeichnet. Die auch sonst verbreitete Annahme eines Streits zwischen den beiden Franzosen um die Erfindung der Zylindergläser wird nach den oben gemachten Angaben hinfällig.

M. CHAMBLANT bezieht. — Die Herstellung solcher gekreuzt zylindrischer Lesegläser hat sich nach der obigen Quellensammlung jedenfalls weiter gehalten, da sie sowohl von J. SICHEL 1845 als auch 1866 von F. C. DONDERS (3. 194) erwähnt wurden. D. E. SULZER (2.) war ihre regelmäßige Herstellung noch 1902 bekannt.

3. Einfach symmetrische Gläser (Schielbrillen).

a) Die gewöhnlichen Brillen (ohne punktuelle Abbildung).

§ 116. **Der Zusammenhang zwischen brechendem und Ablenkungswinkel; Centradian und Prismendioptrie.** In gewissen Fällen, wie beispielsweise bei Schielenden, kommt es vor, daß die Gesichtslinie um einen bestimmten Winkel von der normalen Stellung abweicht. Um die Vorstellung zu erleichtern, sei angenommen, daß die Ebene dieses Winkels wagerecht liege. Alsdann besteht die Aufgabe, dieser regelwidrigen augen-

Abb. 70.

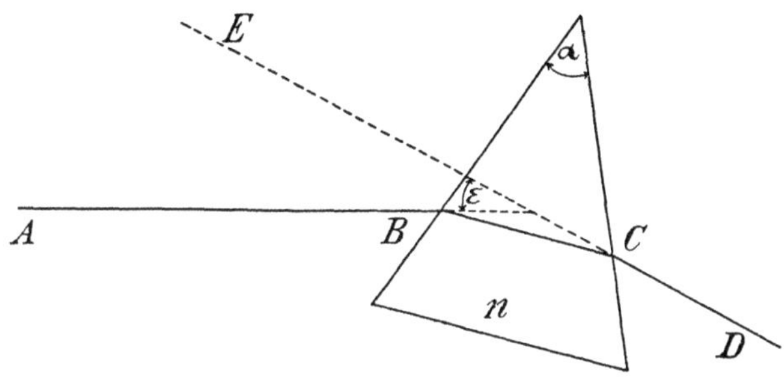

Übersichtsdarstellung der Brechung in der (wagerechten) Symmetrieebene eines Prismas von der Brechzahl n und vom brechenden Winkel α.
Der Hauptstrahl $ABCD$ durchsetzt das Prisma mit der Minimalablenkung ε. Der Richtung AB im Dingraume entspricht auf der Augenseite CD, die mit AB den Winkel ε einschließt.

seitigen Richtung eine regelrechte dingseitige zuzuordnen, und das geschieht, wenn es sich zunächst um ein rechtsichtiges Auge handelt, durch ein Prisma mit ebenen Grenzflächen. Man muß dabei diejenige Hauptebene des Prismas, die seine Symmetrieebene ist, mit der Horizontalebene zusammenfallen lassen, die ja nach der Voraussetzung durch die beiden Richtungen der Blicklinie, die regelrechte und die regelwidrige, bestimmt worden war.

Setzt man eine solche Lage des Prismas voraus, daß es für diese beiden einander zugeordneten Richtungen im Minimum der Ablenkung steht, und bezeichnet man, wie in Abb. 70, das Brechungsverhältnis mit n, den brechenden Winkel mit α und den Ablenkungswinkel mit ε, so wird in den Handbüchern der geometrischen Optik die Formel hergeleitet:

$$\sin(\varepsilon + \alpha)/2 = n \sin \alpha/2,$$

die eine Berechnung von ε aus n und α leicht gestattet. Handelt es sich hingegen darum, aus ε und n den Wert von α zu bestimmen, so muß die

Formel nach α aufgelöst werden, und es ergibt sich nach einfachen Umformungen:

$$\operatorname{tg} \alpha/2 = \sin \varepsilon/2 : (n - \cos \varepsilon/2).$$

Für die Bedürfnisse der Brillenverordnung ist nun die Bestimmung einer Maßeinheit notwendig, sei es, daß die Wirkung vorhandener Prismen bestimmt oder daß die Ergebnisse der Untersuchung so angegeben werden sollen, daß sich danach Prismen von gleicher Wirkung herstellen lassen.

Als erstes Verfahren ergab sich dabei die Angabe des brechenden Winkels α des Prismas mit dem Grad als Maßeinheit. Dieses Vorgehen ist schon darum nicht zu billigen, weil es nur dann zu den vorgeschriebenen Ablenkungswerten ε führt, wenn bei der Herstellung der Prismenbrille ein Mittel von demselben Brechungsverhältnis n verwendet wird, das für die Probierbrille in Betracht kam.

Abb. 71.

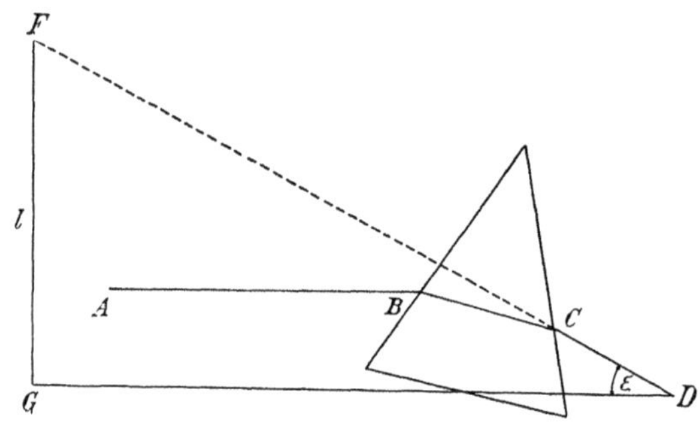

Übersichtsdarstellung des PRENTICEschen Meßverfahrens.
$DG \parallel BA$ ist die ursprüngliche, $DC = DF$ die durch das Prisma geänderte Richtung.
$GD = 1$ m; $GF = l$ cm.

Ein anderes Verfahren wurde 1890 vorgeschlagen, und zwar maß man richtiger die Ablenkung ε, die ein Prisma der ursprünglichen Richtung gegenüber herbeiführt. Es wurde nämlich, wie Abb. 71 zeigt, theoretisch die Verschiebung l auf einem Schirme festgestellt, der in 1 m Entfernung senkrecht zur ursprünglichen Richtung befindlich gedacht wurde. Bezeichnet man nun als Wirkung einer einzelnen Prismendioptrie — hier abgekürzt prdptr — die, wobei eine Verschiebung von 1 cm, und als Wirkung von $\varkappa$ Prismendioptrien, die, wobei eine Verschiebung von $\varkappa$ cm eintritt, so sieht man ein, daß es sich hier um eine Zählung nach dem hundertfachen Werte der trigonometrischen Tangente des Ablenkungswinkels handelt. Diese Zählung wird sich allerdings bei den kleinen Werten von

$$\varepsilon < 10^\circ,$$

die bei der Verordnung meistens nur in Betracht kommen, wenig von einer Zählung nach dem verhundertfachten Bogenmaß unterscheiden.

Eine solche Zählung im Winkelhundertfachen wurde schon früher, vor 1890, vorgeschlagen, und zwar ließ sich dafür nicht die große Einheit, der Radian, verwenden, der Winkel, der allgemein in der mathematischen Analysis die Einheit darstellt. Sein Bogen hat die Länge des Radius, und seine Größe ist im alten Gradmaß (bei einer Teilung des Quadranten in 90 Teile) durch 57,296° gegeben. Da diese Einheit für den Gebrauch des Arztes viel zu groß ist, und daher alle Angaben durch kleine Dezimalbrüche gemacht werden müßten, so schlug man den hundertsten Teil da-

Abb. 72.

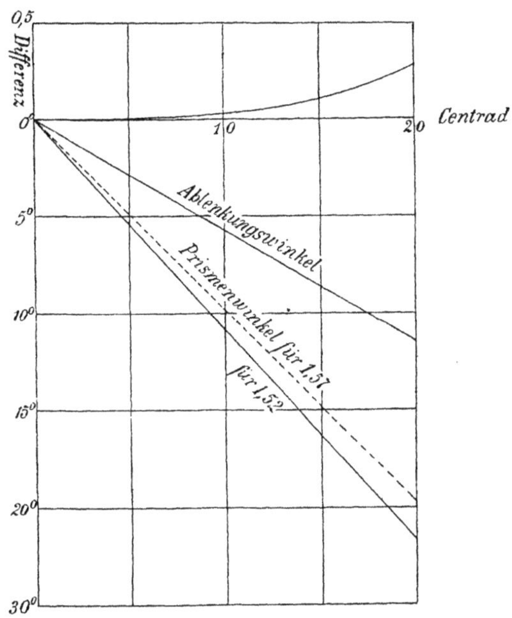

Darstellung der Prismenwinkel α, der Ablenkungswinkel ε in Graden, der Differenz (Maßzahl prdptr — Maßzahl ctrd) in Dezimalen für 0 bis 20 ctrd.

von als Centradian (abgekürzt Centrad) — hier ctrd — vor, dessen Wert sich also im alten Gradmaß zu 0,573° = 34,4′ ergibt.

Schon aus dem Vorhergegangenen wird klar geworden sein, daß sich die Werte in Centrad nur wenig von denen in Prismendioptrien unterscheiden werden. Aus der obenstehenden bildlichen Darstellung, Abb. 72, geht weiterhin auch hervor, daß der Unterschied zwischen beiden Angaben erst für einen Centrad-Wert von etwa 17 ctrd auf 1 % ansteigt. Man sieht außerdem noch, daß man für die Bedürfnisse des Augenarztes auch die Größe der Prismenwinkel α als proportional zum Ablenkungswinkel ε ansehen kann.

Oben war darauf hingewiesen worden, daß es sich um ein rechtsichtiges Auge handele, und daß das Prisma für die betrachteten beiden Richtungen im Minimum der Ablenkung stehend vorausgesetzt worden sei. Eine solche Annahme hat zur Folge, daß einem unendlich fernen Dingpunkt ein unendlich entfernter, punktuell abgebildeter Bildpunkt entspricht, soweit dünne Bündel in Betracht kommen, und, wie zunächst stets, von der Farbenzerstreuung abgesehen wird. Für Dingpunkte, die auf diesem Hauptstrahle in endlicher Entfernung liegen, ist die Brennstrecke zwischen den beiden Fokalpunkten von fester endlicher Länge, die einen Bruchteil der Prismendicke ausmacht. Dieser Betrag des Astigmatismus ist aber deshalb ohne Belang, weil in den Fällen, wo Prismen verschrieben werden, der Dingabstand nie so klein ist, daß dieser Astigmatismus auffiele. Näheres dazu ist aus der wichtigen Abhandlung von L. BURMESTER (*1.*) vom Jahre 1895 zu entnehmen. Auch darauf sei nur hingewiesen, daß mit dieser anastigmatischen Abbildung durch ein Prisma eine Drehung der Bildebene in der unmittelbaren Nachbarschaft des betrachteten Hauptstrahls verbunden ist; abgesehen von der Behandlung in dem allgemeinen GULLSTRANDschen Lehrgebäude ist darüber einiges gleichsam in Einzeldarstellung in den Arbeiten von R. STRAUBEL (*1.*) aus dem Jahre 1902 und von A. KÖNIG (*3.*) aus dem Jahre 1904 zu finden.

Neben den monochromatischen Abweichungen müssen bereits auf dieser Stufe auch chromatische Fehler berücksichtigt werden, und zwar sind einseitige Farbensäume bei der Anwendung von Prismenbrillen nicht zu vermeiden, da eine Farbenhebung bei prismatischen Gläsern wegen der dann notwendigen Gewichtszunahme in den meisten Fällen ausgeschlossen sein wird.

§ 117. **Geschichtliche Bemerkungen zu den prismatischen Brillen.** Die ersten prismatischen Brillen wurden von E. PERGENS (*3.*) dem schottischen Arzte W. CH. WELLS zugeschrieben, der 1792 eine wichtige Arbeit (*1.*) über das beidäugige Sehen verfaßt hatte. Es ist indessen nicht sicher, ob man so weit zurückgehen kann, da er anscheinend keine Überlegungen darüber angestellt hat, wie die entsprechende Schielstellung zu heben sei. Dagegen hat, wie E. PERGENS in derselben Arbeit hervorhob, CH. CHEVALIER 1844 einem Schielenden eine prismatische Brille angepaßt. F. C. DONDERS (*3.* 144) sah noch 1866 den holländischen Meteorologen W. KRECKE als den Erfinder dieses Hilfsmittels an. Ihm selber sei es 1847 bekannt geworden, und er habe es dann in seinem Berufe regelmäßig verwendet.

Eine Arbeit über ebene Prismen mit der Basis nach innen, wobei nicht der Ablenkungswinkel ε berechnet wurde, sondern der Durchstoßungspunkt für die augenseitige und die scheinbare Blickrichtung mit der Symmetrieebene des aufrecht gehaltenen Kopfes lieferte 1886 A. GROENOUW (*1.*).

Was die Einführung der Bezeichnung angeht, so ist vorläufig die Geschichte der Centrad-Benennung noch dunkel; ihr Urheber ist nach E. H. OPPENHEIMER (*1.* 179) .. DENNETT, und aus einer Anmerkung bei CH. F. PRENTICE (*3.* 101) geht hervor, daß diese Bezeichnung im Jahre 1890 bereits bestanden haben muß. — Wesentlich besser unterrichtet ist man gerade durch jene Arbeit von PRENTICE über die Einführung der Prismendioptrie. Danach hat er 1890 als Einheit der Brillenprismen ein solches Prisma eingeführt, das in 1 m Abstand eine Verschiebung von 1 cm herbeiführen würde, und hat als Abkürzung dafür △ vorgeschlagen, ein Zeichen, das hier (ganz wie D zur Kennzeichnung der Brechkraft) zur mathematischen Bezeichnung der Prismenwirkung benutzt werden soll, was übrigens bereits A. Imbert (*1.*) getan hatte. Das Prenticesche Verfahren wurde 1891 von der *American Medical Association* und 1894/5 von den leitenden amerikanischen Brillenbetrieben angenommen.

§ 118. **Die Dezentrierung achsensymmetrischer Linsen.** Läßt man nun auch die Annahme fallen, daß man es mit rechtsichtigen Augen zu tun habe, so wird sich die für fehlsichtige Augen mit regelwidriger Richtung der Gesichtslinie notwendige Wirkung aus einer Linsen- und einer prismatischen Wirkung zusammensetzen müssen.

Ein einfaches Mittel, zu einem solchen Ergebnis zu kommen, bietet sich in der Dezentrierung eines achsensymmetrischen Brillenglases dar. Man sieht ohne Schwierigkeit ein, daß unter Vernachlässigung der sphä-

Abb. 73.

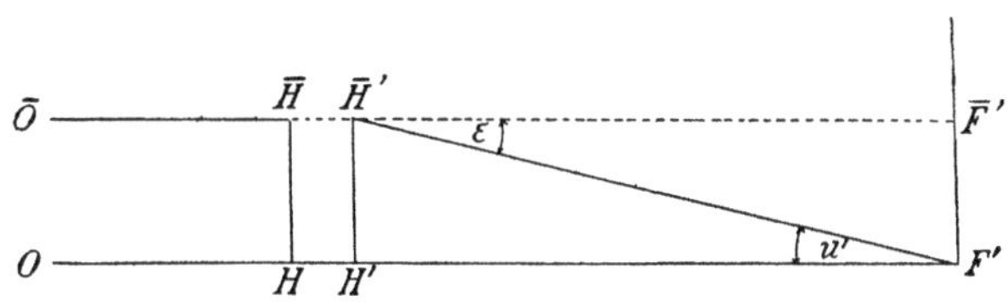

Zur Beziehung zwischen Brechkraft und prismatischer Ablenkung einer dezentrierten Linse.

rischen Abweichung die prismatische Ablenkung in eine Beziehung zur Brechkraft der dezentrierten Linse gesetzt werden kann. Wird in Abb. 73 bei einem zunächst achsenparallel einfallenden Strahl $\overline{O}\overline{H}$ die Einfallshöhe

$$h = H\overline{H}$$

in der vorderen Hauptebene in Zentimetern gemessen, so ergibt sich nach der Brechung in der Linse seine Neigung u' gegen die Achse durch

$$\operatorname{tg} u' = 100\, h/f_{,}'.$$

Schreibt man nun die Richtung $\overline{H}'\overline{F}'$ als normale vor, so ist alsdann der Ablenkungswinkel $F'\overline{H}'\overline{F}' = \varepsilon$ gegeben, für den natürlich gilt

$$\varepsilon = u',$$

so daß sich ergibt

$$\operatorname{tg} \varepsilon = 100\, h D_{,}.$$

Nun ist aber $\operatorname{tg} \varepsilon$ eben der Ausdruck für die Anzahl der Prismendioptrien, oder (mit dem oben hervorgehobenen praktisch belanglosen Vorbehalt) für die gleichfalls verhundertfachte (Centrad-)Zahl △, und es folgt die Beziehung

$$\triangle = h D_{,}.$$

Daraus ergibt sich für

$$h = 1 \text{ cm}$$

sehr einfach

$$\triangle_{1\,\mathrm{cm}} = D_{\prime\prime}$$

d. h. die nach C. Hess (*1.* 159; *2.* 176) angeführte Angabe, oder das Prenticesche Gesetz, »daß jede konvexe oder konkave Linse in einem Ab»stande von 1 cm von der Achse eine prismatische Kraft von so vielen »Prismendioptrien hat, wie sie selbst Linsendioptrien besitzt«.

Es läßt sich leicht zeigen, daß die prismatische Ablenkung eines durch $\bar{H}$ bestimmten Linsenorts, wie sie hier für eine abweichungsfrei angenommene Linse abgeleitet wurde, unabhängig ist von der Richtung, unter der der Strahl im Dingraume verlief, solange es sich nur um verhältnismäßig kleine Winkel handelt.

Abb. 74.

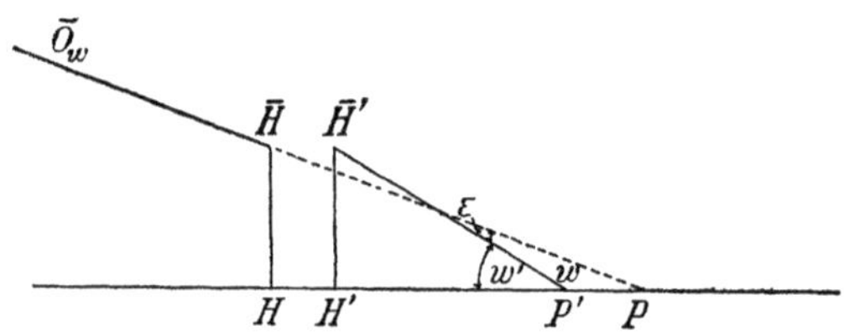

Zur Unabhängigkeit des Betrages ε der prismatischen Ablenkung von der dingseitigen Achsenneigung w des Hauptstrahls.

Nimmt man dieselben Werte für die Kennzeichnung der Linse an wie vorher, läßt aber in Abb. 74 den Strahl $\bar{O}_w\bar{H}$ vor der Brechung den Winkel

$$\bar{H}PH = w$$

mit der Achse bilden, so kann man $HP = x$ setzen und erhält $H'P' = x'$ auf Grund der bekannten Beziehung

$$1/x' = 1/x + 1/f_{\prime}' . \tag{50}$$

Beachtet man, daß die Gleichungen

$$h/x = \operatorname{tg} w; \qquad h/x' = \operatorname{tg} w'$$

bestehen, so ergibt sich nach Multiplikation von (50) mit h

$$\operatorname{tg} w' - \operatorname{tg} w = w' - w = \triangle = hD_{\prime}$$

ganz wie oben.

Mit dieser Betrachtung ist aber gleichzeitig der Fall der prismatischen Ablenkung erledigt, der eintritt, wenn eine beliebige Linse von dem in Frage kommenden Hauptstrahl schief durchsetzt wird. Man braucht dann eben nur die Höhe h zu bestimmen, in der die Hauptebenen von dem Hauptstrahl durchstoßen werden, um unter Vernachlässigung der sphärischen Abweichung des Hauptstrahls durch Multiplikation mit der Brechkraft $D_{\prime}$ der Linse die prismatische Wirkung der geneigten Linse in Centrad zu erhalten.

Ebenso wie bei dem ebenen Prisma für das rechtsichtige Auge muß auch hier bei dem Linsenprisma für das fehlsichtige Auge eine Untersuchung darüber angestellt werden, ob die Ausführung überhaupt als ein anastigmatisches Brillenglas zu gelten hat. Man wird im einzelnen untersuchen müssen, ob sich das Glas um eine zur Symmetrieebene senkrechte Achse, die durch den Punkt $\bar{H}$ der vorderen Hauptebene geht, so drehen läßt, daß eine anastigmatische Abbildung längs des hier betrachteten, immer nach $\bar{H}$ zielenden Hauptstrahls zustande kommt. Ist das der Fall, so tritt natürlich auch hier eine Drehung der punktuellen Bildfläche in der Nachbarschaft des ausgewählten Hauptstrahls ein.

Bei der Brillenverordnung muß man bei prismatischen Brillengläsern natürlich mit der Gewichtsvermehrung und den einseitigen Farbensäumen rechnen. Man wird daher über eine gewisse Ablenkung nicht hinausgehen können. Als Grenzwert kann ungefähr ein Betrag von 6 ctrd angesetzt werden.

§ 119. **Geschichtliche Bemerkungen zur Dezentrierung.** Im Jahre 1888 machte A. Imbert (*1.*) darauf aufmerksam, daß bereits E. Javal 1865 im Besitze der Kenntnis gewesen sei, die Ablenkung eines sphärischen Glases entspreche einmal dem Kehrwert seiner Brennweite und zum andern Male dem Betrage seiner Verschiebung. Eine strenge Formel sei dafür indessen nicht angegeben worden. Mit einer sehr gewandten Ableitung erhielt er die Beziehung

$$\triangle = 0{,}06^{\circ} \cdot l \cdot F$$

oder in der hier gebräuchlichen Schreibweise

$$\triangle = l_{\mathrm{cm}} \cdot D, \text{ ctrd.}$$

Es scheint aber nicht, als sei diese Arbeit damals recht beachtet worden, vielmehr sieht es nach der hier vorhandenen (auf diesem Gebiete ziemlich lückenhaften) Kenntnis so aus, als habe erst Ch. F. Prentice 1890 die allgemeine Aufmerksamkeit auf diese Beziehungen gelenkt. Er (*3.* 117) veröffentlichte das oben angegebene Gesetz, wonach eine sphärische Linse von e dptr, um d cm dezentriert, eine prismatische Wirkung von ed prdptr hervorbringt. Beachtet man, daß für das dem Augenarzt wichtige Bereich das Centrad der Prismendioptrie gleichzusetzen ist, so kam er damit auf die Imbertsche Beziehung.

b) Die Berücksichtigung der Augendrehung.

§ 120. **Die punktuell abbildenden prismatischen Brillen.** Nimmt man nun den Fall an, der für die Brille allein Bedeutung hat, daß nämlich das mit der prismatischen Linse versehene Auge sich für ein endlich ausgedehntes Blickfeld um seinen Drehpunkt bewegt, so ergeben sich für die Strahlenvereinigung der prismatischen Brille gewisse Forderungen.

Vollkommen würde eine für die Betrachtung ferner Gegenstände bestimmte prismatische Brille in dem Sonderfalle sein, wenn die unendlich ferne Ebene punktuell und ohne Verzeichnung auf einer Kugelfläche um den Drehpunkt Z' abgebildet würde. Dieser Zustand läßt sich allerdings zunächst nicht erreichen, doch kann man aus dem Vorhergegangenen wohl entnehmen, daß das Hauptgewicht darauf zu legen ist, die punktuelle Abbildung herbeizuführen. Das wird wenigstens gelten, solange die Verzeichnung innerhalb erträglicher Grenzen bleibt, und die der Bildkrümmung bei photographischen Linsen entsprechenden Abweichungen von der wünschenswerten Kugelfläche durch das Akkommodationsvermögen selbst bejahrter Brillenträger ausgeglichen werden können.

Entsprechend der Form der prismatischen Brille, die nur eine einzige — hier wagerecht angenommene — Symmetrieebene zeigt, ist auch von vornherein für die Bildfläche eines solchen punktuell abbildenden prismatischen Glases nur eine einfache Symmetrie zu erwarten. Die Bildfläche schneidet die Symmetrieebene zwar unter einem rechten Winkel, aber sie bildet nicht mehr mit dem in der Symmetrieebene liegenden bevorzugten Hauptstrahl, der für den Brillenträger die Rolle der Achse spielt, einen Rechten, vielmehr liegt sie schief zu jenem bevorzugten Hauptstrahl. Was die Verzeichnung angeht, so ist sie nur nach oben und nach unten von der Symmetrieebene aus für entsprechend gelegene Gegenstandspunkte von gleichem Betrage. Für die Richtungen rechts und links von dem bevorzugten Hauptstrahl läßt sich über die Verzeichnung von vornherein gar keine Aussage machen, und man wird sich vorzustellen haben, daß die Verkleinerung der dingseitigen Blickwinkel bei zerstreuenden und ihre Vergrößerung bei Sammelgläsern, wenn sie überhaupt auf beiden Seiten auftreten, doch auf der rechten Seite des Blickfeldes andere Werte aufweisen werden als auf der linken.

Für die Ermittlung der Zahlenwerte muß man von den Rechenregeln Gebrauch machen, die für einfach symmetrische Systeme Geltung haben; bei solchen muß man sich im allgemeinen für die außerhalb der Symmetrieebene verlaufenden Hauptstrahlrichtungen im Raume zurechtfinden, während für die Hauptstrahlen, die in der Symmetrieebene verlaufen, nur eine Ortsbestimmung in der Ebene erforderlich ist.

Es soll hier eine Form der für das direkte Sehen bestimmten prismatischen Brillen mit punktueller Abbildung vorgeführt werden, bei der durch einen Kunstgriff die Bestimmung der übrigbleibenden Fehler außerordentlich erleichtert wird. Es sei hinzugefügt, daß sich eine punktuelle Abbildung von nahezu vollständiger Zonenfreiheit erreichen ließ (s. S. 107). Die Beschreibung soll hier an der Hand eines Beispiels erfolgen, doch wird kein Zweifel darüber bestehen bleiben, in welcher Art man verfahren muß, wenn man Fälle zu behandeln hat, bei denen andere Anfangswerte (Brechkraft und prismatische Ablenkung der verordneten Brille) vorgeschrieben worden sind.

Im Vorhergehenden war darauf hingewiesen worden, daß die Wollastonsche Form der Fernbrillen zwar den Nachteil einer sehr starken Durchbiegung hatte, daß sie sich aber des Vorteils erfreute, eine punktuelle Abbildung mit bemerkenswerter Geringfügigkeit der Zwischenfehler zu gestatten. In der Tat geht diese Eigenschaft sehr weit, wie man aus der Tatsache entnehmen kann, daß man durch zweckmäßige Durchbiegung einer Zerstreuungslinse von — 3 dptr Brechkraft die zu der unendlich entfernten Dingebene gehörigen beiden Schalen der Brennfläche einander so nähern kann, daß sie an keiner Stelle um mehr als wenige Zehntel Millimeter voneinander entfernt sind, selbst dann, wenn es sich um den gewaltigen Neigungswinkel von

$$w' = 90^\circ$$

handelt.

Dieser unerwartet günstige Zustand der Strahlenvereinigung ließ den Gedanken entstehen, aus diesem übermäßig großen Gesichtsfelde der achsen-

Abb. 75.

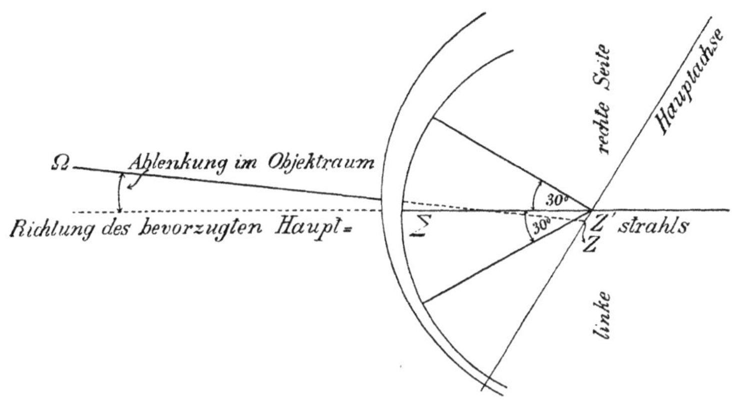

Die Spuren der Grenzflächen einer punktuell abbildenden prismatischen Brille in der Symmetrieebene. $D_{,} = -2{,}6$ dptr; $\triangle_{,} = 5{,}5$ ctrd.

symmetrischen Brille für die prismatische nur einen verhältnismäßig kleinen, unsymmetrisch gelegenen Teil zu verwenden. Man denke sich den Strahl von 60° augenseitiger Neigung gezogen, der unter einem dingseitigen Neigungswinkel von 63,14° wieder austritt, so hat dieser als bevorzugter Hauptstrahl eine Ablenkung von 3,14°, und die prismatische Wirkung einer solchen Brille beträgt 5,5 ctrd. Läßt man nun vom Augendrehpunkt einen Strahlenkegel ausgehen, der zu diesem Hauptstrahl symmetrisch liegt und eine Gesamtöffnung von 60° hat, so schneidet er aus dem symmetrischen, halbkugelig gewölbten Brillenglase ein stark durchgebogenes, prismatisches Stück heraus, dessen Symmetrieebene die den ausgewählten Hauptstrahl enthaltende Achsenebene der achsensymmetrischen Linse ist. Die Spuren der beiden Begrenzungsflächen auf dieser Symmetrieebene zeigen den Verlauf, der in der obenstehenden Abb. 75 dargestellt ist. Dieses Brillenglas hat den großen Vorteil, daß für eine beliebige Blickrichtung eine punktuelle Abbildung besteht, wenn man die ganz und gar geringfügigen Zwischenfehler unbeachtet läßt, deren oben Erwähnung getan wurde. Daß die Bildfläche auch hier nicht senkrecht auf dem ausgewählten Hauptstrahl steht, ist richtig, doch liegt, wie sich aus der untenstehenden Zeichnung 76 entnehmen läßt, selbst für die äußersten Werte des augenseitigen Gesichtsfeldes, nämlich für

$$w' = 30^\circ \quad \text{und} \quad w' = 90^\circ$$

die Fläche so, daß ihnen die Kehrwerte der Schnittweiten von

$$-2{,}9 \text{ dptr} \qquad -2{,}3 \text{ dptr}.$$

entsprechen. Der Unterschied von 0,6 dptr liegt selbst für bejahrte Brillenträger innerhalb der Akkommodationsbreite. Daß er überhaupt auftritt, liegt an dem Umstande, daß das Bildfeld der als Ausgangsform dienenden achsensymmetrischen Brille keine Kugel um den Augendrehpunkt ist.

Abb. 76.

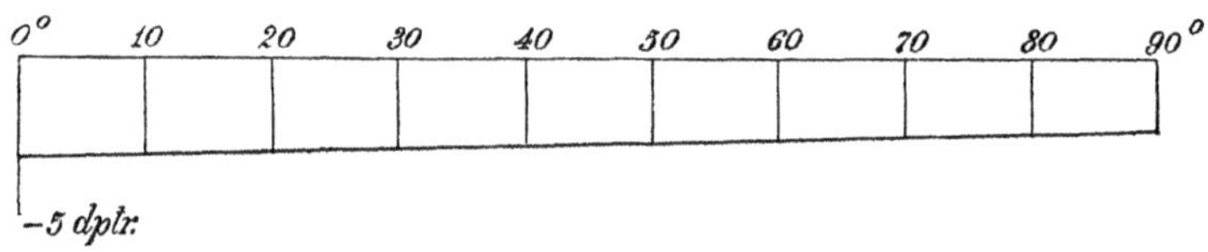

Darstellung der Kehrwerte der Schnittweiten einer Negativlinse ($D_r = -3$ dptr) WOLLASTONscher Form für $0 \leqq w' \leqq 90°$.
Die Schnittweiten sind auf die Scheitelkugel (s. S. 94/5) bezogen.

Was die Verzeichnung angeht, so würde sie sich hier für das ganze Bildfeld ohne besondere Schwierigkeiten ermitteln lassen, doch wurde davon abgesehen. Indessen sei doch wenigstens für die Symmetrieebene die Art und Weise kurz angegeben, wie man die Verzeichnung ermitteln kann.

Das Brillenglas verändere den Gang der Hauptstrahlen in der wagerechten Symmetrieebene so, daß die in der Abb. 75 angegebenen Beziehungen gelten. Dann werden sich die dingseitigen Richtungen der Hauptstrahlen rückwärts verlängert nicht in einem Punkte schneiden, da die in der Symmetrieebene verlaufenden Hauptstrahlen (die Strahlenfläche) auf der Dingseite im allgemeinen mit sphärischer Abweichung behaftet sein werden. Handelt es sich aber, wie hier angenommen, um einen entfernten Gegenstand, so spielen diese endlichen Abweichungen für die Verzeichnung keine Rolle, und man erhält, wenn man alle Winkel ω, ω' auf den mittleren Strahl $Z\Omega$, $Z'\Sigma$ bezieht, durch die Quotienten $\operatorname{tg} \omega' / \operatorname{tg} \omega$ das Verhältnis der scheinbaren Größen, unter denen entfernte Gegenstände dem Brillenträger erscheinen, zu den scheinbaren Größen derselben fernen Gegenstände für einen nach der Richtung $Z\Omega$ gewandten Emmetropen am gleichen Ort.

Ein Urteil über die Verzeichnung erhält man dadurch, daß man den Gang dieses Quotienten für endliche ω, ω' verfolgt. Geschieht das in dem vorliegenden Falle, so gilt zwar rechts und links von der ausgewählten Richtung $Z\Omega$, $Z'\Sigma$ die Ungleichung

$$\operatorname{tg}\omega'/\operatorname{tg}\omega < 1,$$

aber diese Werte sind für die äußere, rechte Seite größer, für die innere, linke Seite kleiner als der Wert des Bruches für verschwindende ω, ω', und die Abweichungen von den dingseitigen Winkeln sind stets kleiner als jene, die sich zeigen, wenn man die achsensymmetrische Linse für das gleichgroße Blickfeld von

$$2w' = 60^\circ$$

benutzt.

Abb. 77.

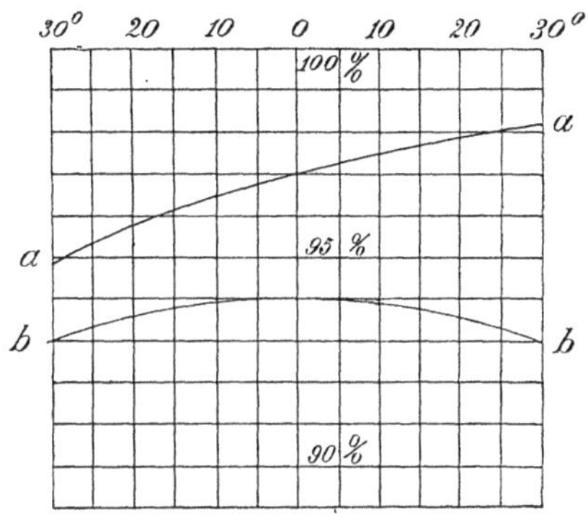

Darstellung der Verzeichnung
aa in der Symmetrieebene der prismatischen punktuell abbildenden Brille
$D_{,} = -2{,}6$ dptr; $\triangle_{,} = 5{,}5$ ctrd für
$-30^\circ \leqq \omega' \leqq +30^\circ$;
bb bei der achsensymmetrischen Brille von gleichen Grenzflächen
$D_{,} = -3$ dptr für
$-30^\circ \leqq w' \leqq +30^\circ$.

Die nebenstehende Zeichnung 77 zeigt den Gang des Quotienten $\operatorname{tg}\omega'/\operatorname{tg}\omega$ für $-30^\circ \leqq \omega' \leqq +30^\circ$ in der oberen, und $\operatorname{tg}w'/\operatorname{tg}w$ für $0^\circ \leqq w' \leqq 30^\circ$ in der unteren Kurve.

Stellt man sich etwa vor, daß der Träger dieser prismatischen Brille bei Dunkelheit aus einem Fenster im ersten Stock über einen breiten Platz hinweg eine geradlinige Reihe hoher Laternen so weit betrachtet, wie sie sich ihm unter $2 \times 30^\circ$ darbietet, so wird ihm die linke Hälfte der Reihe ebenso wie die rechte unter einem kleineren Winkel erscheinen, als einem an demselben Fenster stehenden Emmetropen. Indessen werden sich die Flammen auf der linken Seite — namentlich gegen den Rand hin — einander merklich stärker nähern als auf der rechten; doch werden die Gegenstände des Blickfeldes für ihn noch unter größeren Winkeln erscheinen, als für den Träger einer achsensymmetrischen Brille mit den gleichen Begrenzungsflächen.

Dieser Erörterung muß die Bemerkung hinzugefügt werden, daß eine Ablenkung von 5,5 ctrd, wie hier betrachtet, etwa den Höchstwert darstellt, den man für ein Brillenglas dieser Brechkraft erreichen kann, wenn es aus einem großen achsensymmetrischen Glase durch Dezentrierung so erhalten werden soll, daß überall eine punktuelle Abbildung gewährleistet ist. Diese Zahl stimmt übrigens befriedigend mit der äußersten Grenze überein, die auf Seite 149 angegeben wurde.

Was nun die äußere Form angeht, so ist der Längenunterschied der Glaswege von der geforderten prismatischen Ablenkung abhängig. Es wird also nicht gelingen, eine prismatisch wirkende Glasbrille ohne einen solchen Dickenunterschied in der Symmetrieebene herzustellen. In dem vorliegenden Falle ist eine mittlere Schicht des Brillenglases eine Kugelfläche um den Augendrehpunkt; es scheint, daß damit die prismatische Form möglichst wenig auffällig angebracht worden ist.

§ 121. **Geschichtliche Bemerkungen dazu.** Die Herstellung punktuell abbildender prismatischer Brillen scheint vor den Bestrebungen des Verfassers nicht in Angriff genommen worden zu sein. Näheres über diese Formen mag man aus dem Zeissischen Patent (ZfoO *1.* 26, 2†) vom Jahre 1911 entnehmen. Ein anderes Beispiel mit $D_{,} = -6$ dptr; $\triangle_{,} = 5{,}5$ ctrd findet sich bei M. v. Rohr (*39.* 82); an derselben Stelle kann man Aufnahmen betrachten, die schief durch eine solche Brille hindurch (s. S. 108) aufgenommen wurden. — Einige Jahre

Abb. 78.

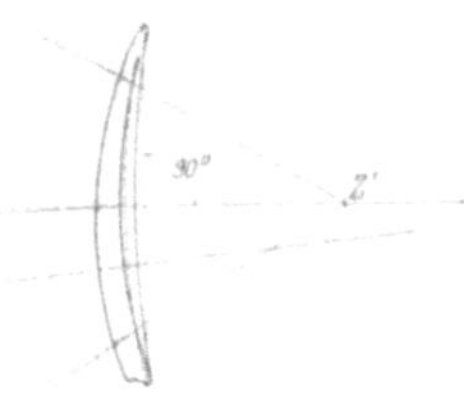

Abb. 79.

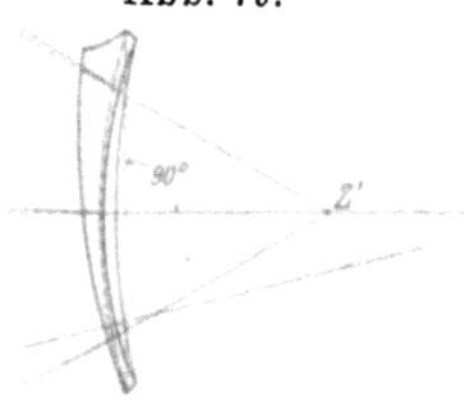

sammelndes Zeissisches zerstreuendes
prismatisches Brillenglas mit Angabe des Drehpunkts Z'.

später, 1914, hat A. Sonnefeld weniger stark durchgebogene, vom Ostwaltschen Zuge ausgehende prismatische Brillen nach Abb. 78 und 79 in ZfoO *2.* 188 beschrieben, bei denen die Korrektion für Z' in der Ebene der Ablenkung festgestellt ist. An jener Stelle findet sich auch ein Hinweis auf eine Bemerkung E. Weissens zu prismatischen Brillen.

II. Astigmatische Linsen.

§ 122. **Der Augenastigmatismus.** Unter einem astigmatischen Auge schlechthin versteht man ein Auge, das längs der Achse astigmatisch ist. Ein solcher Zustand ist die Folge davon, daß die Flächenfolge des Auges nicht achsensymmetrisch gebaut ist, sondern mindestens eine Fläche enthält, die keine Umdrehungsfläche ist. In der Regel ist bei astigmatischen Augen die Hornhaut derart beschaffen, und man nennt einen solchen Astigmatismus Hornhautastigmatismus. Indessen beteiligt sich in der Regel auch die Beschaffenheit der Kristallinse an dem Totalastigmatismus des Auges. Eine besondere Stellung nehmen auch hier wieder die linsenlosen Augen ein, indem nicht selten nach der bei dem Eingriff durchgeführten Durchschneidung der Hornhaut auch bei früher angenähert achsensymmetrischen Augen eine Formstörung zurückbleibt, ein Zustand, der Narbenastigmatimus oder postoperativer Astigmatismus aphakischer Augen genannt wird.

§ 123. **Geschichtliche Bemerkungen dazu.** Die erste Veröffentlichung des Augenastigmatismus findet sich 1801 bei TH. YOUNG (*1.*) in einem im November des Vorjahrs gehaltenen Vortrage. Nach seinen Angaben (39/40) handelte es sich bei ihm um einen Astigmatismus von etwa $1\,^2/_3$ dptr, er schrieb ihn einer Schiefstellung seiner Kristallinse zu, da der Mangel einer punktuellen Abbildung bestehen blieb, wenn er durch Eintauchen seines Auges in Wasser die Hornhautvorderfläche fast unwirksam machte. — Schon 9 Jahre danach hat G. H. GERSON (*1.*) in seiner Doktorarbeit einen Brief seines Berliner Mathematiklehrers E. G. FISCHER vom Anfang des Jahres 1810 mitgeteilt, worin nicht nur der Astigmatismus seiner Augen festgestellt, sondern bereits ein an verschiedenen Beobachtern erprobtes Prüfverfahren auf Astigmatismus beschrieben wurde. FISCHER erklärte die Erscheinung als Folge einer Krümmungsverschiedenheit seiner Hornhaut im senkrechten und im wagerechten Meridianschnitt. Genauer wurde das von E. G. FISCHER (*1.*) 1818 auseinandergesetzt, aber keine Beispiele beigebracht. — Später wurde der Astigmatismus vielfach im Zusammenhang mit den ihn ausgleichenden zweifach symmetrischen Brillengläsern behandelt, worauf in § 126 einzugehen sein wird. — Eine eingehende, namentlich für den Augenarzt bestimmte Behandlung des Astigmatismus und seiner Folgen für die Abbildung im Auge kann bei A. GULLSTRAND (*3.*) nachgelesen werden.

1. Zweifach symmetrische Gläser.

a) Die gewöhnlichen astigmatischen Brillen (für ruhende Augen).

§ 124. **Die Zylindergläser.** Das hauptsächlichste Mittel, den Augenastigmatismus auszugleichen, besteht darin, daß man astigmatische Brillengläser anwendet. Das sind zweifach symmetrische Linsen, deren Symmetrieebenen so gelagert sind, wie beim ruhenden Auge, und durch die das astigmatische ruhende Auge mit den Brechungsfehlern M und A in beiden Hauptschnitten auf dieselbe Dingweite s eingestellt wird. Diesem s-Werte entsprechen dann im Augenraum zwei Scheitelbrechwerte M_s und A_s. Man sieht ein, daß zu ausreichender Bestimmung einer solchen Linse nicht nur die beiden Scheitelbrechwerte, sondern auch die Lage eines der beiden Hauptschnitte im Raume angegeben werden muß.

Man erkennt leicht durch Anwendung der Formel (2) von S. 30, daß

$$M_s = M/(1 + \delta M)\,; \qquad A_s = A/(1 + \delta A)$$

gelten[1]) muß, wo δ der Abstand zwischen dem Orte des dünnen Brillen-

1) Die Bezeichnungen M (eridional) und A (equatorial) bedürfen einer Rechtfertigung, solange es sich um das Auge handelt, wo die beiden astigmatischen Hauptschnitte ganz gleichberechtigt sind; hier käme es nur darauf an, sie irgendwie auseinanderzuhalten. Die obigen besonderen Abkürzungen sind mit Rücksicht auf die in dieser Darstellung besonders wichtige Ausgleichung astigmatischer, beim Blicken bewegter Augen durch je ein fest am Kopf angebrachtes Brillenglas gewählt worden.

glases und dem vorderen Augenhauptpunkte **H** ist. Da der Astigmatismus des Auges klein ist im Vergleich zu der Brechkraft seiner Flächenfolge, so kann man annehmen, daß der Augenhauptpunkt **H** im allgemeinen nur mit einem verschwindenden Astigmatismus behaftet sein wird, der für diese Genauigkeit vernachlässigt werden kann. Bei beliebiger Wahl von δ wird nach dem Ausgleich des Astigmatismus auf der Netzhaut zwar ein deutliches Bild entstehen, doch sind die Vergrößerungen in beiden Hauptschnitten etwas verschieden. Darauf soll jetzt aber nicht näher eingegangen werden. Es wird hier der Hinweis genügen, daß man mit Hilfe der Henkerschen Tafel auf S. 32/3 die Umrechnung der Brechungsfehler in die Scheitelbrechwerte leicht in einem vorliegenden Falle für jeden Hauptschnitt einzeln vornehmen kann.

Da man sich bei der theoretischen Behandlung dieser Fragen daran gewöhnt hat, die Scheitelbrechwerte selbst mit A und M zu bezeichnen, so mag es hier bei den obigen Hinweisen bleiben, und es sollen im folgenden ebenfalls diese Bezeichnungen angewandt werden.

Das einfachste Mittel, einen Augenastigmatismus von beliebiger Größe und Richtung auszugleichen, bietet eine Zylinderlinse dar, d. h. eine Linse, die auf der einen Seite von einer Plan-, auf der anderen von einer Zylinderfläche begrenzt wird. Zeichen und Größe des Astigmatismus bestimmen zusammen mit dem Abstande vom Auge ihre Brechkraft, und die Richtung eines Hauptschnitts schreibt die Lage der Zylinderachse vor, denn es ist klar, daß die Richtung des einen Hauptschnitts einer Zylinderfläche gegeben ist durch die Richtung ihrer erzeugenden Graden, die der Zylinderachse parallel ist. Hiernach ist es ersichtlich, daß man auf den Brillenverordnungen für astigmatische Augen die Angabe über die Lage der Zylinderachse für jedes Auge finden muß.

Ist das astigmatische Auge in einem Hauptschnitt rechtsichtig, so läßt sich durch eine solche Plan-Zylinderlinse ein vollständiger Ausgleich in der Umgebung der Achse erreichen. Ist es aber in beiden Hauptschnitten fehlsichtig, so werden Linsen angewendet, die auf der einen Seite sphärisch, auf der andern zylindrisch geschliffen sind.

Zur Berechnung der Wirkung von Zylinderlinsen braucht nur auf S. 62 verwiesen zu werden, wo auseinandergesetzt wurde, wie man die Wirkung einer einzelnen sphärischen Linse verschwindender Dicke bestimmt. Die Anlage der Rechnung ist hier völlig die gleiche, nur gilt das Ergebnis allein für den Hauptschnitt, für den die Zylinderfläche wirksam ist.

Je nachdem man eine positive oder eine negative Zylinderwirkung wählt, muß man den Zylinder in dem einen oder dem andern Hauptschnitt wirken lassen. Wenn man nämlich durch die sphärische Fläche den Brechungsfehler M ausgleicht, so muß die zylindrische Fläche senkrecht zu dem m-Hauptschnitte ihre Wirkung ausüben — ihre Achse also in dem

m-Hauptschnitt selbst liegen — und zusammen mit der sphärischen den Brechungsfehler A ausgleichen. Ihre Brechkraft muß demnach das Vorzeichen $A - M$ haben. Auf dieselbe Weise muß, wenn der Brechungsfehler A durch die sphärische Fläche ausgeglichen wird, die Brechkraft der zylindrischen Fläche das Vorzeichen der Differenz $M - A$ haben und die Zylinderachse im a-Hauptschnitt liegen. Irgendein Vorzug für die eine oder die andere Ausführungsform ist auf dieser Stufe der Behandlung, wo allein das ruhende und in der Richtung der Hauptachse der Brille blickende Auge berücksichtigt wird, nicht zu ermitteln. Wenn in den Fachschriften ziemlich häufig eine Anordnung — in neuerer Zeit als periskopischer Zylinder — empfohlen wird, bei der Zylinder- und Kugelfläche dem Auge ihre hohle Seite zukehren, so versucht man damit auf das Sehen mit bewegtem Auge Rücksicht zu nehmen, ein Gebiet, das in dieser Darstellung einen besonderen Abschnitt einnehmen soll.

§ 125. **Geschichtliche Bemerkungen zu den Zylindergläsern.** Die Brechkraft der Zylinderfläche ist lange Zeit mit den Zollzahlen des Schleifradius gekennzeichnet und erst allmählich (s. S. 65) mit der Gewöhnung an die Dioptrie durch diese ersetzt worden. — Die Angabe der Achsenlage ist auf den europäischen Festlande zunächst ganz regellos gewesen. Im Nordamerika hat, wie H. Knapp berichtete, H. D. Noyes um 1874 eine nach der Helmholtzischen Gradzählung angelegte, für jedes Einzelauge gültige Vorschrift angegeben, die sich dort auch allgemein eingeführt hat. Sie wurde nach dem Berichte W. Salts 1904 von den englischen Brillenoptikern angenommen. Auf dem 11. internationalen Ophthalmologenkongreß 1909 wurde — wohl unter H. Knapps überwiegendem Einfluß — eine Bezeichnung durchgesetzt, aus der die symmetrische oder unsymmetrische Lage der beiden Hauptmeridiane sofort ersichtlich wird; die Abb. 80 zeigt diese für das Augenpaar angelegte Teilung. Sie hat sich im Auslande anscheinend nicht einführen können, da sie bei der Ausführung von Brillenverordnungen zu vielen Irrtümern Anlaß gab. Aus diesem Grunde wurde sie auch in Deutschland von dem Technischen Ausschuß für Brillenoptik (Tabo) durch eine mit der amerikanisch-englischen Zählung übereinstimmende Vorschrift ersetzt (s. a. ZfoO 7. 18/19). Nach diesem Tabo-Schema wird der rechtsäugige Teil des internationalen Schemas für jedes der beiden Augen verwandt. Zu der Geschichte der Einheitlichkeitsbestrebungen ist auf O. Henker (*11.*) zu verweisen.

Abb. 80.

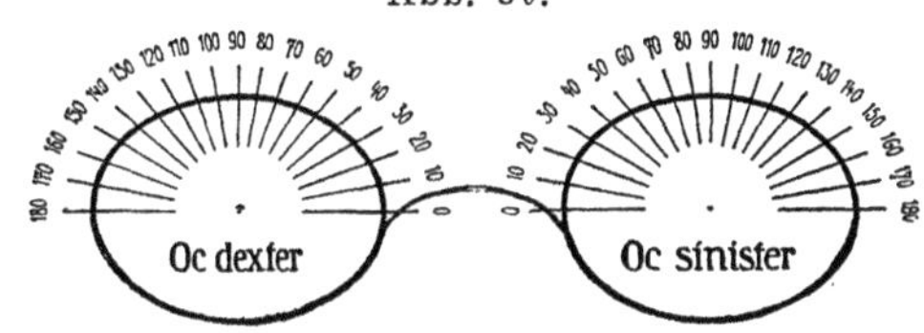

Das alte internationale Schema für die Achsenangabe astigmatischer Gläser.

Daß die Folgen des Astigmatismus schon im 18. Jahrhundert bekannt waren, und kurzsichtige Brillenträger sie durch Neigen ihres Glases — also mittels des Astigmatismus schiefer Bündel — zu heben gesucht hatten, hörte Th. Young (*1.*) von seinem Optiker W. Cary. — Bald nachdem die Aufmerksamkeit der Augenärzte auf den Augenastigmatismus und seine Ausgleichung gelenkt worden war, ließ, 1864, C. Kugel (*1.*) eine sorgfältige mathematische Behandlung erscheinen, die für eine schiefgestellte dünne Linse gültig ist, bei der sich die Hauptstrahlen in dem Linsenscheitel kreuzen. Doch scheint damals dieser Darstellung keine besondere Aufmerksamkeit geschenkt worden zu sein. — Dagegen sieht es so aus, als sei die entsprechende Aufgabe später namentlich in Amerika aufgenommen worden, so 1875 von G. Hay (*1.*), wo eine dünne Zylinderlinse um die durch ihren Scheitel gezogene Erzeugende als Achse gedreht wird. — Auf dem Wege des Versuchs hat sich mit den Folgen dieser Schiefstellung W. v. Zehender (*3*, *4*, *5.*) in den 80er Jahren beschäftigt. Namentlich in der mittleren Mitteilung hat er mit Hilfe photographischer Aufnahmen (*4.* Taf. I) die als Komafehler bezeichnete Abweichung dargestellt, daneben auch (*4.* Taf. II) den durch die Schiefstellung entstehenden Astigmatismus mit einer Zylinderlinse ausgeglichen und seine Ergebnisse einem Kreise von Zuschauern vorgeführt.

Näheres über das Auftreten von Zylinderlinsen in älterer Zeit ist zuerst von F. C. Donders (*3.* 453/57) bekannt gegeben worden. In neuer Zeit hat M. v. Rohr (*31.*) einiges darüber vom Standpunkt des Herstellers aus veröffentlicht. Nach diesen beiden hauptsächlichsten Nachweisen soll dieser Gegenstand jetzt kurz behandelt werden. Als erste Hersteller von Zylinderlinsen überhaupt kommen P. Galland und M. Chamblant in Betracht, deren bis auf 1813 zurückgehende Bestrebungen schon auf S. 142 berührt worden sind. Ihre Neuerung erregte in so früher Zeit ein sehr großes Aufsehen, aber wohl mehr wegen der Eigenartigkeit der Anlage, als weil man den Augenastigmatismus damit hätte heben wollen. Aus dem Bericht . . Goodes vom Jahre 1848, der sowohl von F. C. Donders (*3.* 454) als auch von D. E. Sulzer (*2.* 594) angeführt wird, weiß man, daß M. Chamblant ihm zur Hebung seines Astigmatismus ein Zylinderglas von 9″ ∾ 2,15 dptr geschliffen und auch andere, Goode bekannte Astigmatiker mit einfachen und gekreuzten Zylindern zu diesem Zwecke ausgerüstet hat. Vielleicht kann man auch einen Einfluß auf I. Schnaitmann (*1.*) annehmen, der schon 1836 von zylindrischen Flächen an Brillengläsern gesprochen hat. Möglicherweise ist aber diese zweckmäßige Verwendungsart M. Chamblant erst etwas später bekannt geworden, und damit könnte man vielleicht die von E. Javal (*1.*) bestimmt berichtete Abweisung eines Astigmatikers um 1829 sowie den Umstand erklären, daß G. B. Airy (*1.*) 1825 gar nicht daran dachte, ein Glas für seinen Augenastigmatismus von jenem französischen Hause zu beziehen, obwohl er doch von dessen Erzeugnissen gehört hatte. — Airys eigene Arbeit war eingehender als alles, was in dieser Hinsicht bis dahin veröffentlicht worden war. Er bedurfte zum Ausgleich seines Brechungsfehlers einer Linsenwirkung von —6,6 dptr und einer zylindrischen von —4,7 dptr. Sein erster Gedanke war gewesen, zwei gekreuzte Zylinderlinsen zu verwenden, doch ging er wegen der Schwierigkeit der Ausführung zu einer sphäro-zylindrischen Linse über, die ihm von dem Optiker . . Fuller zu Ipswich geliefert wurde. Mag auch die erste Bestimmung nicht ganz fehlerlos gewesen sein — s. F. C. Donders (*3.* 453) —, so bleibt doch sein Verdienst als hervorragender Theoretiker davon unberührt. — Die regelmäßige Verordnung astigmatischer Brillen durch den französischen Ingenieuroffizier C. M. Goulier (*1.*) vor dem Juli 1852, worauf E. Javal (*1.*) 1866 hinwies, ist ungemein verdienstlich, aber sie konnte für die allgemeine Kenntnis und Anwendung verständlicherweise nicht den Erfolg haben, der ihr gewinkt hätte, wenn der Neuerer ein Facharzt gewesen wäre. — Daß in noch früherer Zeit auch andere Optiker Zylinderflächen schleifen konnten, geht aus der Javalschen Äußerung hervor, wonach jedenfalls N. Soleil dazu imstande war. Auch in Nordamerika hat der Optiker Mc Allister vor 1854 gelegentlich Astigmatikern

Zylinderlinsen angefertigt, und von dem englischen Optiker A. Ross um 1851 wird (*The Opt.* 1903. *25.* 418) eine Veröffentlichung angeführt, wonach er sphärozylindrische Brillengläser für »Zylinderaugen« verwendet habe.

Das war ungefähr der Stand der Technik, als die ophthalmologische Wissenschaft gegen das Ende der 50er Jahre diesen Gegenstand aufnahm. Es waren zuerst F. C. Donders (*1.*) und J. H. Knapp (*1.*), die bei ihren Brillenbestimmungen darauf regelmäßig achteten, und dieses Beispiel fand bald lebhafte Nachfolge, in Frankreich wohl besonders von F. Giraud-Teulon und E. Javal. Daß die französischen Optiker die Anforderungen der Augenärzte, die sich damals auf den achsennahen Raum beschränkten, befriedigen konnten, wurde schon erwähnt. In Deutschland wird das große Schwierigkeiten gemacht haben, und als ersten Hersteller von Zylinderlinsen nannte C. Schweigger um 1862 den Berliner Betrieb von Paetz & Flohr. Immerhin konnten noch 1869 französische Zylinderlinsen auf der Heidelberger Tagung als besonders preiswert angeboten werden. Die von namhaften Ophthalmologen vorgeschriebenen Bedingungen — man sehe beispielsweise bei F. C. Donders (*3.* 424/32) — waren insofern für den Hersteller besonders störend, als für gemischten Astigmatismus ausdrücklich rechtwinklig gekreuzte Zylinder verlangt wurden.

Man kann es verstehen, daß sich hiergegen ein Widerspruch der Optiker erhob, als sich diese ernsthaft mit der Herstellung von Zylindergläsern zu beschäftigen anfingen. Für Deutschland geschah das verhältnismäßig spät; so ist es wohl sicher, daß das gut bekannte Brillenwerk von E. Busch in Rathenow erst 1870 von der schon früher geübten Einzelanfertigung zu der regelmäßigen Herstellung von Zylindergläsern in größerem Maßstabe überging. Sein wissenschaftlicher Berater war der damals wohlbekannte Königsberger Augenarzt K. A. Burow, und er erklärte sich in der unzweideutigsten Weise gegen die Notwendigkeit der gekreuzten Zylinder. Wenn er sich weiter bemühte, die Brillenoptiker über das Wesen des Astigmatismus und die Mittel zu seiner Hebung aufzuklären, so war das sehr dankenswert, und die weiteren Erläuterungen, die E. Busch 1878, mehrere Jahre nach K. A. Burows Tode, folgen ließ, setzen diese Belehrungen erfolgreich fort. Weitere Mitteilungen über frühe Schriften zur Belehrung der Brillenhändler auf diesem Gebiete, sei es in Deutschland, sei es im Auslande, würden sehr dankenswert sein.

Abb. 81.

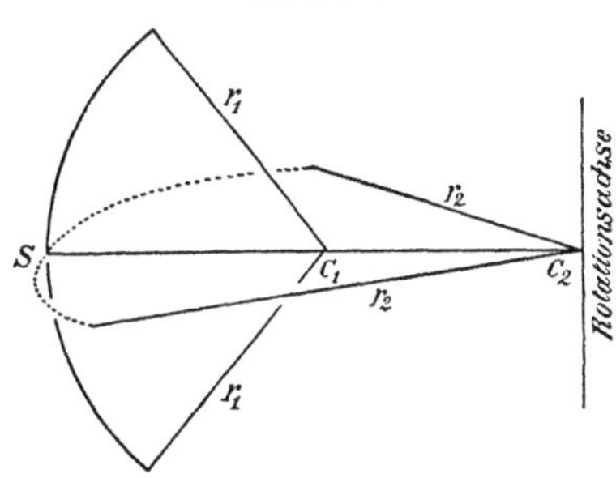

Die Entstehung einer torischen oder Wulstfläche. Der zu dem Radius r_2 gehörige Umlaufsbogen ist zum Unterschied von der Meridiankurve punktiert ...... worden.

§ 126. Torische Gläser; das Transponieren; die gekreuzten Zylinder. In einem besonderen Abschnitt sind die Brillenformen zu behandeln, die zum Ausgleich des Astigmatismus dienen, und die man kurz als torische Linsen bezeichnet, während man sie strenger Linsen mit einer torischen Fläche nennen sollte. Will man mit einer und derselben Fläche ebensowohl eine sphärische wie eine astigmatische Wirkung erzielen, so muß man sie so herstellen, daß sie in zwei aufeinander senkrechten Richtungen zwei verschiedene Brechkräfte, also auch zwei verschiedene Krümmungsradien hat. Solche Flächen erhält man, wenn man, wie in Abb. 81, einen Meridiankreis um eine in seiner Ebene liegende, aber nicht durch seinen Krümmungsmittelpunkt gehende Achse umlaufen läßt. Eine so entstandene Fläche nennt man eine Wulst- oder eine torische Fläche. Es

Abb. 82.

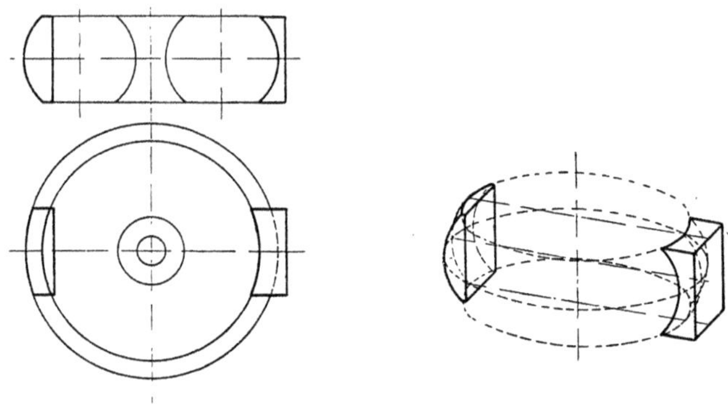

Eine wurstförmige torische Fläche.
Oben: Ein Schnitt durch die Drehachse.
Unten: Ein Schnitt senkrecht zur Drehachse.
Eine perspektivische Darstellung planotorischer Linsen von sammelnder und zerstreuender Wirkung.

Abb. 83.

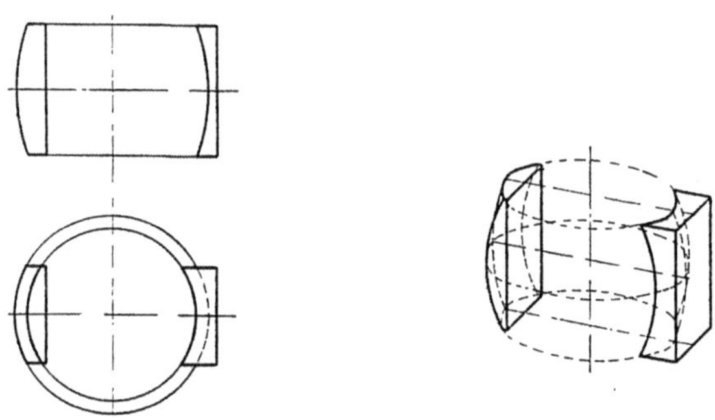

Eine tonnenförmige torische Fläche.
Oben: Ein Schnitt durch die Drehachse.
Unten: Ein Schnitt senkrecht zur Drehachse.
Eine perspektivische Darstellung planotorischer Linsen von sammelnder und zerstreuender Wirkung.

sei gleich hier bemerkt, daß dabei zwei Formen möglich sind, die wurstförmige torische Fläche $SC_2 > SC_1$, die meistens dargestellt wird, und die tonnenförmige torische Fläche $SC_2 < SC_1$. Übersichtszeichnungen sind in Abb. 82 und 83 beigegeben worden. Die beiden Krümmungen einer solchen Fläche unterscheidet man als Meridian- und als Äquatorial- oder Rotationskrümmung.

Bei diesen Überlegungen war stets an der stillschweigenden Voraussetzung festgehalten worden, daß die astigmatische Entstellung des die Brille verlassenden Bündels nur an einer Fläche herbeigeführt würde, sei sie nun eine zylindrische oder eine torische. Läßt man es aber zu, daß beide Grenzflächen des Brillenglases astigmatisch seien, so ergibt sich als einfachste Lösungsmöglichkeit die der gekreuzten Zylinderflächen, wobei jede der beiden Flächen den Brechungsfehler in dem auf ihrer Achse senkrecht stehenden Hauptschnitt ausgleichen muß. Verständlicherweise kann man auch hier noch unter Voraussetzung dünner Linsen eine beliebige sphärische Wirkung additiv an der einen und subtraktiv an der andern Fläche anbringen und erhält dann eine toro-torische Linse von einer solchen Beschaffenheit, daß ihre Wirkung in der Richtung der Hauptachse wiederum die anfangs vorgeschriebene ist.

Es sei hier im Vorbeigehen bemerkt, daß man aus dieser allgemeinen Form der Linsen mit vorgeschriebenem Achsenastigmatismus die einfacheren, nämlich die sphäro-torischen und die sphäro-zylindrischen, ableiten könnte, wenn man die Willkürlichkeit der Verteilung der Zylinderwirkung auf die beiden Grenzflächen aufheben würde. Man nennt die Herleitung einer solchen Form wohl auch das Transponieren von Zylindern. Eine Entscheidung über den Gebrauchswert dieser verschiedenen Formen kann aber ganz ebenso wie in dem viel einfacheren Falle der Brillen für achsensymmetrische Augen erst dann gegeben werden, wenn man das Sehen mit bewegtem Auge der Betrachtung zugrunde legt.

Eine weitere Möglichkeit ist die, daß man die beiden Achsen einen Winkel γ miteinander bilden läßt. Um diesen Fall zu behandeln, soll hier etwas weiter ausgeholt werden.

Beschränkt man sich auf den achsennahen Raum, so kann man die Frage stellen, ob man die Abbildung mittels zwei dünner, benachbarter, zweiseitig symmetrischer Linsen, deren Symmetrieebenen nicht zusammenfallen, durch eine einzige ersetzen kann. Diese Frage ist allgemein zu bejahen, es sind dann die Brechkräfte und die Lage der Hauptschnitte bei der einfachen astigmatischen Linse aus den ursprünglichen Angaben abzuleiten. Die Herleitung der Ergebnisse findet sich eingehend bei P. Culmann (*1.* 189/94), und für den Beweis soll darauf verwiesen werden, hier seien nur die Ergebnisse mitgeteilt.

Die erste Linse habe die beiden Brechkräfte φ_1 und ψ_1, und ihre φ_1-Symmetrieebene schließe mit der Y-Achse eines Grundkoordinatensystems den Winkel α_1 ein; für die zweite dünne, mit der ersten an denselben Achsenort fallende Linse gelten die entsprechenden Größen φ_2, ψ_2 und α_2. Sind die Größen für die endgültige Linse durch φ, ψ und α bezeichnet, so wird an jener Stelle gezeigt, daß die folgenden Gleichungen bestehen:

$$\left.\begin{aligned}
R^2 &= (\varphi_1-\psi_1)^2+(\varphi_2-\psi_2)^2+2\,(\varphi_1-\psi_1)(\varphi_2-\psi_2)\cos 2\,(\alpha_1-\alpha_2)\\
\varphi &= (\varphi_1+\psi_1+\varphi_2+\psi_2+R):2\\
\psi &= (\varphi_1+\psi_1+\varphi_2+\psi_2-R):2\\
\sin 2\,\alpha &= [(\varphi_1-\psi_1)\sin 2\,\alpha_1+(\varphi_2-\psi_2)\sin 2\,\alpha_2]:R\\
\cos 2\,\alpha &= [(\varphi_1-\psi_1)\cos 2\,\alpha_1+(\varphi_2-\psi_2)\cos 2\,\alpha_2]:R.
\end{aligned}\right\}\quad (51)$$

Bei der Brillenverordnung kommen nun von solchen dünnen, fast zusammenfallenden und gegeneinander drehbaren Linsen nur zylindrische vor. Für sie gilt also $\psi_1=\psi_2=0$, und ihre Achsenrichtungen mögen, wie oben bemerkt, miteinander den Winkel γ einschließen. Läßt man nun die φ_1-Symmetrieebene mit der Y-Achse den Winkel γ einschließen, so fällt diese Achse in die φ_2-Symmetrieebene und es gilt zunächst

$$\alpha_1=\gamma;\quad \alpha_2=0.$$

Jene Gleichungen aber nehmen die Form an

$$\left.\begin{aligned}
R^2 &= \varphi_1^{\,2}+\varphi_2^{\,2}+2\,\varphi_1\varphi_2\cos 2\,\gamma\\
\varphi &= (\varphi_1+\varphi_2+R):2\\
\psi &= (\varphi_1+\varphi_2-R):2\\
\sin 2\,\alpha &= \varphi_1\sin 2\,\gamma:R\\
\cos 2\,\alpha &= (\varphi_1\cos 2\,\gamma+\varphi_2):R.
\end{aligned}\right\}\quad (52)$$

Bei der Stokesischen Linse, wo $\varphi_2=-\varphi_1$ gilt, tut man besser, den Winkel γ durch die Richtung der Y-Achse halbieren zu lassen, also zu setzen

$$\alpha_1=\gamma/2;\quad \alpha_2=-\gamma/2.$$

Dann wird in (52) zunächst

$$R^2=2\,\varphi_1^{\,2}\,(1-\cos 2\,\gamma)=4\,\varphi_1^{\,2}\sin^2\gamma;\quad R=\pm 2\,\varphi_1\sin\gamma$$

und ferner

$$\begin{aligned}
\varphi &= \pm\varphi_1\sin\gamma\\
\psi &= \mp\varphi_1\sin\gamma\\
\left.\begin{aligned}\sin 2\,\alpha &= \pm 1\\ \cos 2\,\alpha &= 0\end{aligned}\right\}&\ \alpha=\pm 45^{\circ}.
\end{aligned}$$

Man erkennt also, wie sich die beiden endgültigen Brechkräfte φ und ψ bei einer Drehung der beiden Zylinderlinsen gegeneinander ändern. Dagegen bleibt die Lage der beiden Hauptschnitte im Raum ungeändert, wenn die Halbierungslinie von γ fest bleibt, d. h. wenn die beiden Zylinderlinsen mit gleicher Geschwindigkeit gegeneinander gedreht werden.

§ 127. **Geschichtliche Bemerkungen zu dem vorhergehenden Abschnitt.** Ganz wie in § 66 bei den durchgebogenen sphärischen Gläsern Verbesserungsbestrebungen vielfach ohne Begründung auf den Augendrehpunkt auftraten, kann man entsprechend gerichtete Bemühungen auch auf dem Gebiete der astigmatischen Linsen zu recht früher Zeit feststellen. Im Nachstehenden sei ein Überblick über die hauptsächlichsten Vorkommnisse mitgeteilt, soweit sie der Verfasser aus den ihm zugänglichen Zeitschriften hat ermitteln können.

Zu den oben erwähnten periskopischen Zylindern hat sich in neuerer Zeit E. Weiss (*2.*) geäußert.

Die torischen Linsen gehen nach Javal (*1.* 107/8, s. a. ZfoO *2.* 54) auf die Jahre 1840—44 und den sonst unbekannten römischen Optiker Suscipi zurück, standen aber nach seinen Äußerungen vom Jahre 1866 in dem einzigen Falle, von dem eine Überlieferung erhalten blieb, hinter den gekreuzten Zylindern Soleils zurück. Über die spätere mögliche Urteilsänderung Javals sehe man M. v. Rohr (*31.* 537); augenblicklich ist darüber keine Entscheidung zu fällen. — Aufgenommen wurde die Herstellung torischer Flächen nach M. v. Rohr (*31.* 535) von dem Pariser Optiker G. Poullain im Februar 1877, der mit seinen Versuchen ein nicht unbeträchtliches Aufsehen gemacht und dafür auch bare Unterstützungen empfangen zu haben scheint; doch wurde seine Arbeit nicht so rasch gefördert — er hatte sie 1888 noch nicht abgeschlossen —, daß ihm nicht die allmählich immer mehr erstarkende amerikanische Fabrikation zuvorgekommen wäre: J. L. Borsch in Philadelphia ließ 1885 von dem Arzt G. C. Harlan der Amerikanischen Ophthalmologischen Gesellschaft eine Reihe torischer Linsen vorlegen. Welchen Wert man in diesem Betriebe der Neuerung beilegte, kann man aus dem von J. L. Borsch 1885 erworbenen Patent A. Wagners (*1.*) ersehen, das sich auf torische Flächen bezog. Sowohl Innen- wie Außentori waren vorgesehen. — Einen ganz ähnlichen Gegenstand enthält das englische Patent G. Prescotts (*1.*) vom Jahre 1890; es ist wohl durch die amerikanischen Bestrebungen hervorgerufen worden. — Eine Aufnahme der Herstellung torischer Gläser im deutschen Sprachgebiet erfolgte später, nämlich um 1892, wo E. Pflüger im Spätsommer der Heidelberger Versammlung einige bei H. Strüein in Basel geschliffene torische Linsen starker Durchbiegung vorlegen konnte. Zur Begründung ihrer besseren Leistung gab Pflüger eine Theorie, die mit der Wollastons für seine periskopischen Brillengläser eine große Verwandtschaft hat. Es scheint aber nicht, daß es damals zu einer weiten Verbreitung dieses Gläserform kam. Daß Nitsche & Günther in einem am Schluß wiedergegebenen Nachtrag zu ihrem im Januar 1893 erschienenen Preisbuch torische Gläser als etwas ganz Neues anzeigten, sei wenigstens erwähnt. — Die auf S. 115 geschilderten Bestrebungen A. S. Percivals vom Jahre 1903 seien dem Leser hier in das Gedächtnis zurückgerufen, da dieser Gelehrte zwar keine neue Berechnung zweifach symmetrischer Linsen unternahm, aber ihre Leistungen mit Hilfe von torischen Außenflächen steigern wollte.

Verfolgt man die Aufsätze und Anfragen der CZfOuM als des ältesten Optikerblattes im deutschen Sprachgebiet etwas genauer, so hat sich um jene Zeit der Anteil der deutschen Brillenoptiker an den torischen Gläsern noch nicht zu erkennen gegeben. Die erste Anfrage danach fand der Berichterstatter in jener Zeitschrift im Jahre 1904, wonach der Anstoß dazu aus der Schweiz gekommen ist. E. H. Oppenheimer (*2.*) hat dann 1905 einen längeren Aufsatz über torische Gläser erscheinen lassen, wonach damals die Haupteinwirkung aus Nordamerika kam; geschichtliche Bemerkungen über die Poullainschen Versuche gab er ebenfalls. — Von jener Zeit ab gibt es eine größere Anzahl solcher Abhandlungen, und die amerikanischen Grundwirkungen von 6 und 9 dptr, zuerst als Innen-, dann als Außentori, werden empfohlen. Eine Berücksichtigung des Augendrehpunktes ließ sich aber vor dem August 1908, dem ersten öffentlichen Auftreten der Zeissischen Bestrebungen, in der CZfOuM nicht nachweisen.

Wer zuerst das Transponieren lehrte, ist dem Berichterstatter unbekannt; es wurde wohl dadurch notwendig, daß nach M. v. ROHR (*34.* 200) u. K. STEGMANN die Brillenoptiker in alter Zeit vielfach astigmatische Linsen durch Anschleifen einer sphärischen Fläche an ein halbfertiges Werkstück ihres Lagers — es wurde als rohes Zylinderglas bezeichnet — herstellten, das bereits eine zweifach symmetrische Fläche von vorgeschriebener Stärke trug.

Zu den gekreuzten Zylindern, deren Achsenrichtungen keinen rechten Winkel einschließen, wurde zuerst 1849 durch G. G. STOKES (*1.*) ein wichtiger Beitrag geliefert, als er sein aus zwei gegeneinander drehbaren Zylinderlinsen von gleicher Stärke aber verschiedenem Zeichen bestehendes Gerät veröffentlichte. Später ist diese STOKESische Linse auch für Prüfungen auf Astigmatismus verwandt worden (z. B. bei F. C. DONDERS [*3.* 409—11]). Ihre Theorie im Anschluß an eine sehr gefällige geometrische Behandlung der Zylinderlinsen gab 1873 J. L. HOORWEG (*1.*). — Die Folgen einer Drehung zweier beliebiger, eng aneinander befindlicher Zylinderlinsen setzte CH. F. PRENTICE (*3.* 53—84) 1888 mit sehr eingehenden Zeichnungen auseinander.

Was astigmatische Brillengläser aus gekreuzten Zylindern (s. S. 161) angeht, so ist D. E. SULZER (*2.*) der Meinung, daß CHAMBLANT ihnen nach 1820 darum eine achteckige Begrenzung gegeben habe, um den von den beiden Zylinderachsen eingeschlossenen Winkel in gewissen Stufen abändern zu können. Daß er in der Tat häufiger gekreuzte Zylinder geliefert habe, versichert GOODE nach D. E. SULZER (*2.* 402), und in einem Fall soll bei einem so gestalteten Glase ein hohler Zylinder von $7^1/_2''$ $\left[\frac{520}{7{,}5 \times 27{,}07\ \mathrm{mm}} = 2{,}6\ \mathrm{dptr}\right]$ und ein erhabener von $4^1/_2''$ [4,3 dptr] verwandt worden sein. Solche astigmatische Gläser mit gekreuzten Zylindern seien später ganz allgemein von Pariser Optikern hergestellt worden, und in der Tat ist die Anfertigung einer derartigen Linse durch SOLEIL für den Maler CASSAS durch JAVAL (*1.*) belegt worden.

b) Die Brille in Verbindung mit dem astigmatischen bewegten Auge.

§ 128. Das Blicken durch eine astigmatische Brillenlinse. Für jenen einfacheren Fall, wo Auge und Brille Umdrehungsfolgen waren, genügte es vollständig, über die beim Blicken erfolgende Augenbewegung durch die Angabe unterrichtet zu sein, daß sich das Auge in seiner Höhle wie in einem Kugelgelenk, d. h. um sein Drehzentrum, bewege. War dann längs einem diesen Ort auf der Augenseite durchsetzenden Hauptstrahl der Astigmatismus für das Brillenglas aufgehoben, so wurde er durch die Flächenfolge des Auges nicht eingeführt, da diese stets in der Richtung ihrer Achse von dem Hauptstrahl durchsetzt wurde. Gab es aber für irgend einen Hauptstrahl eine astigmatische Entstellung des hindurchtretenden engen Bündels, so konnte dies zwar dem Auge auffallen, aber die Lagerung der Hauptschnitte im Raume und die Größe des Fehlers wurden in dem Brillenglase selbst bestimmt.

Bei einem astigmatischen Auge kann man von vornherein über die Beeinflussung des von dem Brillenglase eingeführten Astigmatismus bei schiefem Durchblick keine Aussage machen, ehe nicht die Bewegung des

Auges um seinen Drehpunkt genauer, d. h. in bezug auf die Lagerung seiner beiden Hauptschnitte im Raume, festgelegt ist. Wenn man auch weiß, daß sich das Auge um seinen Drehpunkt dreht, so ist doch eine gleichzeitig auftretende Rollung, d. h. eine Drehung des Augapfels um seine Gesichtslinie, von vornherein nicht ausgeschlossen. Es handelt sich hier um zwei verschiedene Gesetze, die darüber Auskunft geben; das erste, nach Donders benannte, sagt in der von H. Helmholtz (*1.* 462) gewählten Form aus, »daß, wenn die Lage der Blicklinie in Beziehung zum Kopfe »gegeben ist, dazu auch ein bestimmter und unveränderlicher Wert der »Raddrehung [Rollung] gehört, welcher unabhängig von der Willkühr des »Beobachters und unabhängig von dem Wege ist, auf welchem die Blick»linie in die betreffende Stellung gebracht ist«. Das zweite Gesetz, das diese Bewegungen in der Augenhöhle in der gewünschten Genauigkeit anzugeben gestattet, ist unter dem Namen des Listingschen bekannt. Es besagt, daß es eine in der Augenhöhle fixe Blickrichtung, die Primärstellung des Auges, gibt, von wo aus die Blicklinie nach einer beliebigen andern Richtung, einer Sekundärstellung des Auges, ohne Rollung des Auges gedreht werden kann, oder, was damit gleichbedeutend ist, daß die Ebene, die die Achse des in beliebiger Stellung befindlichen Auges und die Primärstellung der Augenachse enthält, einen beiden Blickrichtungen gemeinsamen Achsenschnitt des Auges darstellt.

Zu der Verlagerung der Hauptschnitte des Auges bei der Augendrehung nach dem Listingschen Gesetze findet man in letzter Zeit neue Aufschlüsse bei L. Burmester (*2.*); s. a. ZfoO *6.* 140/41.

Läßt man nun die (hier stets als zusammenfallend mit der Augenachse angesehene) Blicklinie in der Primärstellung in der Hauptachse der Linse liegen, so ist nach dem Listingschen Gesetze klar, daß keinerlei Rollungen des Auges eintreten, wohin man auch das Auge von der Primärstellung aus wenden möge, sobald sich nur die Blicklinie in einer Ebene bewegt. Betrachtet man aber das Hauptstrahlenbündel und verfolgt seine Vertreter von der Augenseite durch das astigmatische Brillenglas, so folgt aus den Formeln für den Astigmatismus schiefer Bündel in astigmatischen Linsen, daß sich im allgemeinen für jeden nicht in einer Symmetrieebene der Linse liegenden Hauptstrahl eine von den Ausgangswerten verschiedene Lagerung der Hauptschnitte im Raume ergibt. Man könnte sich auch so ausdrücken, daß im allgemeinen mit der Änderung der Richtung eine Drehung der beiden Hauptschnitte um den Hauptstrahl als Achse erfolgt. Man sieht leicht ein, daß die Lagerungswerte im Blickfelde der hier betrachteten Linsen zwar zweifach symmetrisch, aber bei sonst verschiedenen astigmatischen Linsen verschieden angeordnet sein werden. Jedenfalls aber hängt die Lagerung der augenseitigen Hauptschnitte für einen (durch einen bestimmten augenseitigen Erhebungs- und Seitenwendungswinkel gegebenen)

Hauptstrahl allein ab von mathematischen Gesetzen, in die die Krümmungsradien der sphärischen und der torischen Fläche, die Brechzahl n des Glases sowie die Bestimmungsstücke der Hauptstrahlenrichtungen eingehen, und es ist nicht anzunehmen, daß sie mit der Lagerung der Augenhauptschnitte nach dem LISTINGschen Gesetz für das nach derselben Richtung blickende Auge übereinstimmen wird. Im allgemeinen werden also längs demselben Hauptstrahle die Hauptschnitte des Brillenglases mit denen eines nach dem LISTINGschen Gesetze bewegten Auges nicht zusammenfallen, und es wird dementsprechend in aller Strenge auch keine Aufhebung des Augenastigmatismus durch das Brillenglas längs einem Hauptstrahle von beliebiger Schiefe erfolgen.

Indessen läßt sich für gewisse Hauptstrahlneigungen eine befriedigendere Aussage machen. Erweitert man bei den vorher besprochenen Linsenformen — mit einer Umdrehungs- und einer torischen Fläche — die für den Linsenscheitel (die Nachbarschaft der Hauptachse) gültigen Hauptschnitte, so erhält man in dem Bündel der Hauptstrahlen zwei einander senkrecht schneidende Ebenen, die Symmetrieebenen der Linse, die beide für alle in ihnen liegenden Hauptstrahlen die Tangentialebenen sind. Man sieht ein, daß im allgemeinen nur auf Richtungen in diesen Symmetrieebenen keine Drehung der Hauptschnitte um den Hauptstrahl erfolgen wird. Da nun jene Ebenen gleichgerichtet sind mit den Hauptschnitten des Auges in seiner Primärstellung, so folgt aus dem LISTINGschen Gesetz, daß für eine beliebige Bewegung der Blicklinie in den beiden Symmetrieebenen die Hauptschnitte des Brillenglases und des Auges gleichgerichtet sind, und daß daher unter dieser Voraussetzung eine Zusammensetzung der Abbildungen und damit eine Aufhebung des Astigmatismus des Auges möglich ist. Alle andern Richtungen der Blicklinie können aber nicht mehr allgemein, sondern nur im Anschluß an die Durchrechnung einer gegebenen astigmatischen Linse oder Linsenfolge in aller Strenge behandelt werden. Das wird aber im folgenden nicht geschehen, sondern die Theorie der astigmatischen Brillengläser wird im wesentlichen bei der Besprechung der Verhältnisse in den beiden soeben hervorgehobenen Symmetrieebenen haltmachen.

§ 129. **Die Beschränkung der Behandlung auf die beiden Symmetrieebenen.** Beschränkt man sich also ausdrücklich auf die Behandlung astigmatischer Linsen in den beiden Symmetrieebenen, so lassen sich die Forderungen für ihre Verbesserung unter Berücksichtigung der an achsensymmetrischen Linsen gewonnenen Erfahrungen in der folgenden Weise entwickeln.

Stellt man sich das astigmatische Auge in einer solchen Bewegung vor, wie sie durch das LISTINGsche Gesetz bestimmt ist, so sieht man ein, daß mit den auf der Hauptachse für die beiden Hauptschnitte geltenden Dingweiten um den Augendrehpunkt als Zentrum Kugeln beschrieben werden. Diese Kugelflächen werden von den beiden Symmetrieebenen in je zwei konzentrischen Kreisen geschnitten, und zwar sind, wie bereits bemerkt wurde, diese Symmetrieebenen zu gleicher Zeit die Meridianebenen für jeden in ihnen liegenden Hauptstrahl. Man wird also für eine vollkommene Abbildung längs schiefen, in den Symmetrieebenen verbleibenden Hauptstrahlen fordern müssen, daß die beiden Paare von Schnittkurven, die durch die Symmetrieebenen aus den Bildflächen des astigmatischen Brillenglases ausgeschnitten werden, konzentrische Kreise sind, die ihren Mittelpunkt im Drehpunkt des Auges haben, und deren Radien durch die am astigmatischen Auge bestimmten Dingweiten bestimmt sind. Es muß

Abb. 84.

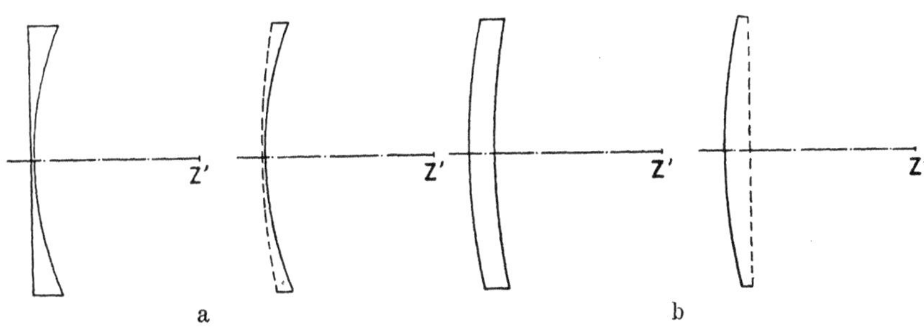

Die Symmetrieebenen je eines sphäro-zylindrischen Glases.

− 10 dptr — − 6 dptr — + 2 dptr — + 6 dptr.

Die Umdrehungsbogen sind punktiert.

ferner der m-Kreis der einen Symmetrieebene kongruent sein dem a-Kreise der andern. Denn wenn sich die Blicklinie nur in den beiden Symmetrieebenen bewegt, so fällt der m-Hauptschnitt des Auges zwar mit der einen Symmetrieebene stets zusammen, steht aber auf der andern immer senkrecht, und Entsprechendes gilt für den a-Hauptschnitt des Auges. Sind aber die Schnittkurven von dieser Form, so sind die Bedingungen dafür erfüllt, daß das ruhende astigmatische Brillenglas den Astigmatismus des bewegten Auges vollständig aufhebt, auch wenn die Blicklinie in der einen oder andern Symmetrieebene die stärksten Bewegungen macht. Man kann natürlich auch sagen, daß dann durch die aus ruhendem astigmatischem Brillenglas und bewegtem Auge bestehende Folge eine punktuelle Abbildung der Dingfläche auf der Netzhaut des bewegten Auges erzielt werde, und in dieser Weise wird der innere Zusammenhang astigmatischer, diesen Forderungen entsprechender Brillengläser mit den punktuell abbildenden (s. oben § 88) besser ersichtlich.

Nach den Erfahrungen, die an dem einfacheren Fall der achsensymmetrischen Gläser gesammelt wurden, wird man nun nicht an eine vollständige Erfüllung dieser Bedingungen bei Brillengläsern mit einer astigmatischen Fläche zu denken wagen. Es wird sich vielmehr herausstellen, daß man mit den Mitteln der sphäro-torischen Gläser nur einem Teile dieser Forderungen nachkommen kann. Aus diesem Grunde wird man davon absehen, von astigmatischen Brillengläsern mit punktueller Abbildung zu sprechen, und es wird später ein anderer Ausdruck dafür vorgeschlagen werden.

Abb. 84 mag ein zerstreuendes (a) und ein sammelndes (b) sphärozylindrisches Glas in beiden Symmetrieebenen darstellen; der Astigmatismus beträgt in beiden Fällen 4 dptr.

Es seien also durch die Untersuchung des Auges die beiden Scheitelbrechwerte M und A der astigmatischen Fernbrille bestimmt, und zwar mögen dafür der größeren Anschaulichkeit wegen im folgenden die beiden, Dioptrien bedeutenden, Ziffernwerte $+4$ und $+8$ angegeben sein. Der Astigmatismus beträgt alsdann 4 dptr.

Man hat nun verschiedene Möglichkeiten, die Rechnung anzusetzen, wenn man zunächst annimmt, eine der beiden Grenzflächen sei eine Kugel-, die andere eine Wulstfläche mit Einschluß der Zylinderflächen. Die Behandlung eines solchen Falles soll hier nach der Darstellung H. Boegeholds (*1.*) gegeben werden.

Es befinde sich die Kugelfläche vorn, also liege ein Innentorus vor

$$1.\ M = +4;\quad A = +8$$

oder

$$2.\ M = +8;\quad A = +4.$$

Es befinde sich die Kugelfläche hinten, also liege ein Außentorus vor.

$$3.\ M = +4;\quad A = +8$$

oder

$$4.\ M = +8;\quad A = +4.$$

Hat man eine dieser Möglichkeiten ausgewählt, so bleibt noch die Durchbiegung, also etwa die Kugelkrümmung $\varrho = 1/r$, zu wählen frei; es handelt sich mithin um eine einzige Veränderliche, denn die Mitteldicke d wird bei Zerstreuungslinsen stets sehr gering und bei Sammellinsen meistens nur so groß gewählt werden, daß sich eine bei dem vorgeschriebenen Blickfelde gerade genügende Randdicke ergibt, und die Brechzahl n des Glases wird man in der Regel nicht sehr abweichend von dem üblichen Werte $n = 1{,}528$ (S. 63) wählen.

Hier liegt also zum ersten Male eine zweifach symmetrische Linse vor, und in dieser Hinsicht liefert also die astigmatische Brille eine der rechnenden Optik bisher neue Aufgabe. Daß man sich bei der trigonometrischen Durchrechnung auf Hauptstrahlenbüschel in beiden Symmetrieebenen beschränken wird, war schon auf S. 166 hervorgehoben worden.

Setzt man einen großen Winkel w' voraus — bei Zerstreuungslinsen wird in den Zeissischen Rechenstuben dieser Wert auch bei astigmatischen Formen mit 30°, bei Sammellinsen mit 35° angenommen —, so hat man nach Abb. 85 in dem entsprechenden Randpunkt der Meridianebene die beiden Werte M^m und A^m, und ähnlich in dem Randpunkt der Äquatorialebene die Werte A^a und M^a.

Das Wünschenswerte wäre

$$M^m = M^a = M$$
$$A^m = A^a = A\,,$$

doch ist im allgemeinen die Erfüllung von vier Gleichungen mit nur einer Veränderlichen nicht zu leisten.

Abb. 85.

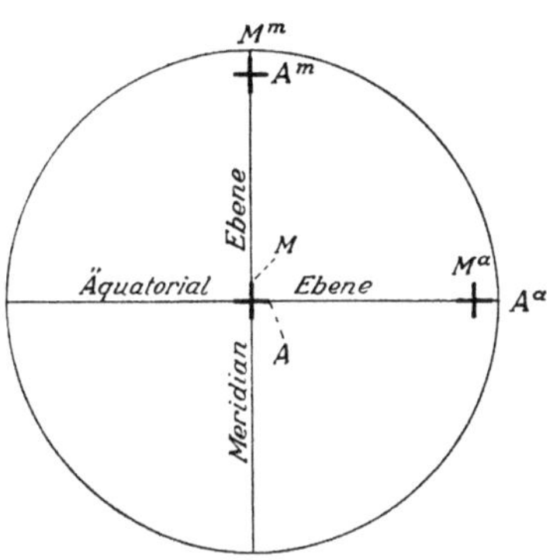

Die Spuren von rechnerisch verfolgten Büscheln in einer zur Brillenglasachse senkrechten Ebene.

Abb. 86.

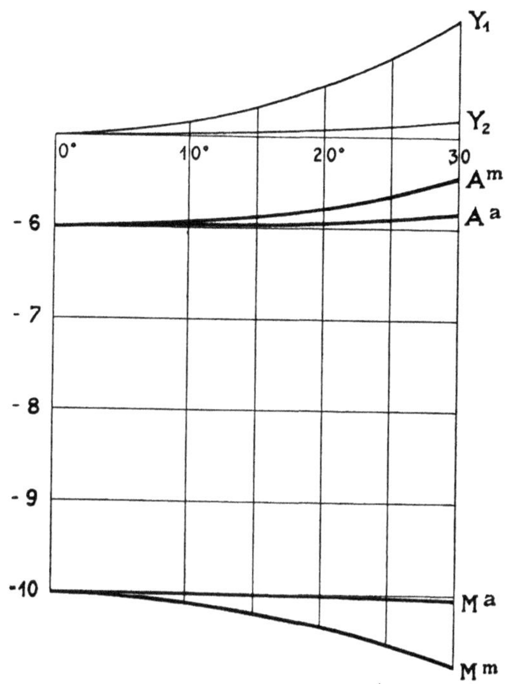

Darstellung der vier auf die Scheitelkugel (S. 94/5) bezogenen Kehrwerte M^m, M^a, A^m, A^a, sowie der astigmatischen Fehler Y_1 und Y_2 in ihrer Abhängigkeit vom Blickwinkel $w' \leqq 30°$ für das sphäro-zylindrische Brillenglas -6, -10 dptr.

Der Astigmatismus der Randstrahlen ist also

$$M^m - A^m; \quad M^a - A^a,$$

während für die Achse galt $M - A$. Bezeichnet man nun mit E. Weiss (3.) als astigmatische Fehler die Ausdrücke

$$Y_1 = (M^m - A^m) - (M - A)$$
$$Y_2 = (M^a - A^a) - (M - A)\,,$$

so wird es von Nutzen sein, zunächst an jenen sphäro-zylindrischen Gläsern von verschiedenem Zeichen (Abb. 84) festzustellen, wie sie auf ein beim Blick längs der Achse gerade ausgeglichenes Auge wirken, wenn sie unter größerer Schiefe benutzt werden.

Für jede durch 5 teilbare Gradzahl von 10° ab bis zu dem Grenzwinkel von 30 oder 35° wurden bei jenen sphäro-zylindrischen Gläsern mit den Scheitelbrechwerten von — 6 und — 10, von + 2 und + 6 dptr die

Abb. 87.

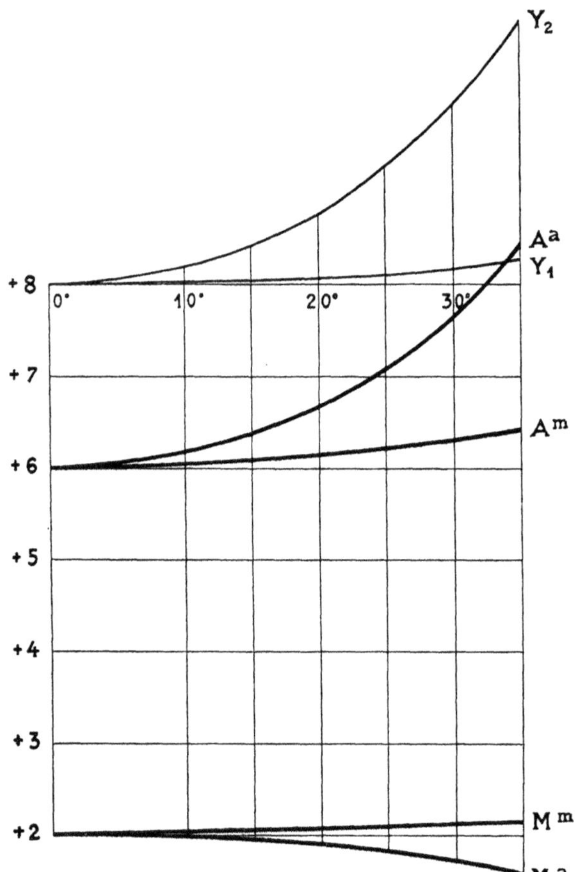

Darstellung der vier auf die Scheitelkugel (S. 94/5) bezogenen Kehrwerte M^m, M^a, A^m, A^a, sowie der astigmatischen Fehler Y_1 und Y_2 in ihrer Abhängigkeit vom Blickwinkel $w' \leqq 35°$ für das sphäro-zylindrische Brillenglas + 6, + 2 dptr.

vier Werte M^m, M^a, A^m, A^a bestimmt, als Punkte aufgetragen und in Abb. 86 und 87 durch stetige Kurvenzüge verbunden. Entsprechend wurde im oberen Teile der Zeichnungen auch noch jeder der beiden astigmatischen Fehler durch einen Kurvenzug dargestellt. Man erkennt auf diese Weise leicht, daß für einen Ausgangsastigmatismus von 4 dptr bei der zerstreuenden Linse für

$w' = 30^\circ$ $Y_1 = 1{,}30$ dptr oder 32,5%; $Y_2 = 0{,}19$ dptr oder 4,75%,

bei der sammelnden Linse für

$w' = 35^\circ$ $Y_1 = 0{,}27$ dptr oder 6,7%; $Y_2 = 2{,}85$ dptr oder 71,25%

beträgt.

Man wird nicht sagen können, daß am Rande auftretende astigmatische Fehler, die etwa bis zu 1/3 oder 3/4 des auszugleichenden Betrages ansteigen, als erträglich angesehen werden können; namentlich wenn man beachtet, daß man den Augenastigmatismus mindestens in seinen geringeren Beträgen bis auf 1/4 dptr auszugleichen pflegt, wogegen hier Abweichungen von 1,3 und 2,8 dptr bestehen bleiben. Vielmehr wird man derartige Randabweichungen als verhängnisvoll für die Dienste ansehen müssen, die das blickende Auge von einem solchen Glase erhält, das für die Mitte des Feldes durchaus befriedigte.

Spricht man nun die verständliche Forderung aus, die astigmatischen Fehler seien zu heben, so führt das wegen

$$Y_1 = Y_2 = 0$$

auf die Gleichungen

$$M^m - M = A^m - A$$
$$M^a - M = A^a - A.$$

Können diese Beträge durch die Akkommodationsbreite des Brillenträgers ausgeglichen werden, so werden sie nicht besonders schaden, und ihm wird eine solche Brille auch am Rande des Blickfeldes ein deutliches Bild vermitteln.

Indessen ist auch die Erfüllung von zwei Gleichungen durch eine einzige Veränderliche im allgemeinen nicht zu leisten, und daher beschränkt man sich wenigstens bei der Zeissischen Behandlung dieser Aufgabe auf die Erfüllung der Gleichung

$$Y_1 = Y_2.$$

H. Boegehold (*1.*) hat darauf hingewiesen, daß es sich in diesem Falle häufig um eine besonders günstige Durchbiegung, ein absolutes Optimum, handele. Der Weg, auf dem er zu diesem Ausspruche gelangt ist, soll hier wenigstens angedeutet werden. Er machte nämlich darauf aufmerksam, daß auf Grund nicht näher mitgeteilter Ableitungen[1]) jeder der beiden astigmatischen Fehler von der unabhängigen Veränderlichen ϱ in der folgenden Weise abhängt:

$$\begin{aligned} Y_1 &= A_1\varrho^2 + B_1\varrho + C_1 \\ Y_2 &= A_2\varrho^2 + B_2\varrho + C_2. \end{aligned} \tag{53}$$

1) Es würde sich dabei um Beziehungen handeln, die bei achsensymmetrischen Linsen dem Ausdrucke M. Tschernings auf S. 98, 105 entsprechen würden.

Trägt man in der gewohnten Weise den dadurch bestimmten Verlauf in ein Kreuz rechtwinkliger Koordinaten ein, so erhält man zwei Parabeln, für deren Schnittpunkte die Gleichung $Y_1 = Y_2$ erfüllt ist.

Bezeichnete er nun im allgemeinen als relatives Optimum einen derartigen Wert von ϱ, daß sowohl bei etwas größeren als bei etwas kleineren ϱ-Werten (also bei geringen Durchbiegungen des Brillenglases) der absolut größere der beiden Werte von Y_1 und Y_2 absolut größer wurde, so konnte er sich durch eine große Zahl solcher Berechnungen davon überzeugen, daß ein Schnittpunkt dieser Parabeln (oder gar beide) auf ein solches relatives Optimum fiel (Abb. 88). Als notwendige und hinreichende Bedingung kann man nach seiner Bestimmung die folgende Angabe hinstellen. Zieht man in einem solchen Schnittpunkt die beiden Parabeltangenten, so handelt es sich dann um ein relatives Optimum, wenn die durch

Abb. 88.

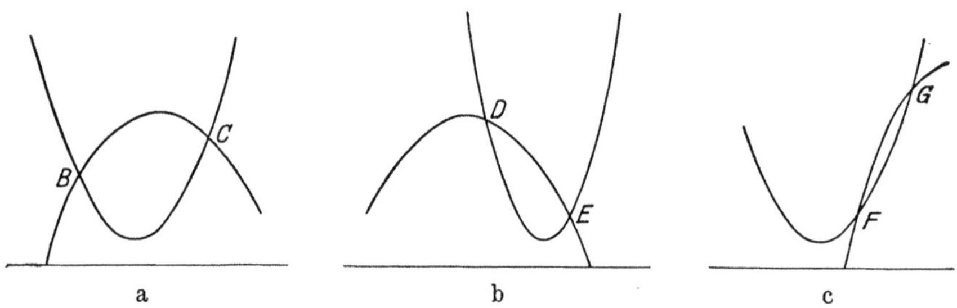

Entgegengesetzt gerichtete Parabeln mit zwei Schnittpunkten.
Die Schnittpunkte liefern in a zwei Optima, in b eines (E), in c keines der hier besprochenen Art. Die Schnittpunkte einer Parabel mit der Abszissenachse geben die Punkte, in denen ein astigmatischer Fehler den Wert Null hat.

den Anfangspunkt gezogenen Parallelen dieser Tangenten in allen vier Quadranten und nicht etwa nur in zweien enthalten sind. In der vorliegenden kurzen Darstellung soll an dem Optimum dieser Art als an dem wichtigsten festgehalten werden, obwohl ein Einblick in die Boegeholdsche Arbeit erkennen läßt, daß auch noch andere, nicht aus $Y_1 = Y_2$ abgeleitete relative Optima vorkommen können; indessen sind sie von einer merklich geringeren Bedeutung.

Sucht man nun das Optimum oder die Optima für eine jede der vier oben angeführten Möglichkeiten auf, so erhält man durch den Vergleich aller miteinander das absolute Optimum, wofür die Beträge der beiden Seiten der Gleichung $Y_1 = Y_2$ möglichst klein sind, mit andern Worten sich also dem erwünschten Werte $Y_1 = Y_2 = 0$ möglichst nähern.

Für die Ausführung des Brillenglases wird man diesen günstigsten Wert von ϱ wählen, vorausgesetzt, daß der zugehörige r-Wert nicht gar zu klein ausfällt. Man muß eben daran denken, daß man bei der gewohnten ovalen Brillenfassung nicht gern unter einen Breitendurchmesser von 36,5 mm heruntergeht, meistens aber nahezu 40 mm einhält.

Wie noch später erwähnt werden wird, besteht unter den verschiedenen Brillenfachleuten darüber Einigkeit, daß das absolute Optimum bei dem Ansatz $Y_1 = Y_2$ auf befriedigende Ergebnisse führt. — Dieses Optimum läßt sich, wie H. Boegehold (*1.* 168/69) eingehender ausgeführt hat, fast in allen Fällen der Brillenforderungen erreichen, namentlich wenn man die Y-Werte nicht mit den Annäherungsformeln (53), sondern mit Hilfe strenger trigonometrischer Rechnung ermittelt.

Eine Übersicht über die Werte des absoluten Optimums auch in schwierigeren Fällen gibt die hier abgedruckte Zusammenstellung H. Boegeholds (*1.* 170) für $M - A = 4$ und $= 6$ dptr; dabei wurde dem Optimum ein positives Zeichen gegeben, wenn sein Vorzeichen mit dem von $M - A$ übereinstimmte. Die Werte selbst sind in aller Strenge nach trigonometrischer Durchrechnung, also nicht mit den Annäherungsformeln (53), bestimmt worden.

Astigmatismus

von 4 dptr			von 6 dptr		
für 30°			für 30°		
— 20,	— 16	+ 0,06 dptr	— 20,	— 14	+ 0,01 dptr
— 18,	— 14	— 0,01 »	— 18,	— 12	— 0,06 »
— 16,	— 12	— 0,09 »	— 16,	— 10	— 0,16 »
— 14,	— 10	— 0,14 »	— 14,	— 8	— 0,19 »
— 12,	— 8	— 0,14 »	— 12,	— 6	— 0,18 »
— 10,	— 6	— 0,11 »	— 10,	— 4	— 0,10 »
— 8,	— 4	— 0,06 »	— 8,	— 2	— 0,04 »
— 6,	— 2	0,00 »	— 6,	0	+ 0,02 »
— 4,	0	+ 0,02 »	— 4,	+ 2	+ 0,11 »
— 2,	+ 2	+ 0,07 »			
für 35°			für 35°		
— 2,	+ 2	+ 0,10 dptr	— 2,	+ 4	+ 0,22 dptr
0,	+ 4	+ 0,17 »	0,	+ 6	+ 0,32 »
+ 2,	+ 6	+ 0,25 »	+ 2,	+ 8	+ 0,60 »
+ 4,	+ 8	+ 0,40 »	+ 4,	+ 10	+ 0,77 »
+ 6,	+ 10	+ 0,58 »	+ 6,	+ 12	+ 1,22 »

Während also bei zerstreuenden und schwach sammelnden Gläsern die Berücksichtigung ziemlich großer Blickschiefen zu befriedigenden Ergebnissen führt, zeig die kleine Tafel, daß die Y-Werte des absoluten Optimums für Wirkungen über etwa $+ 5$ dptr schon beträchtlichere Werte annehmen.

Es liegt hier eben ein ähnliches Verhalten vor wie bei den achsensymmetrischen Gläsern auf S. 107, wo ja auch der Herbeiführung punktueller Abbildung mit kugeligen Grenzflächen nach der Seite der sammelnden Gläser eher ein Ziel gesetzt war.

Abb. 89.

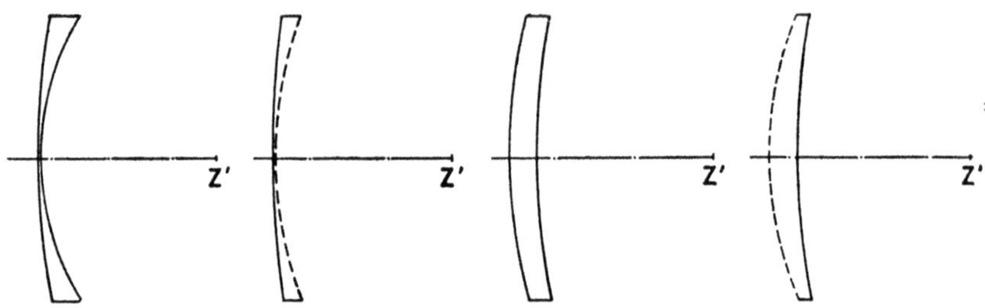

a b

Die Symmetrieebenen je eines zweckmäßig durchgebogenen sphäro-torischen Glases.
— 10 dptr — 6 dptr + 2 dptr. + 6 dptr.
Die Umdrehungsbogen sind punktiert.

Abb. 90.

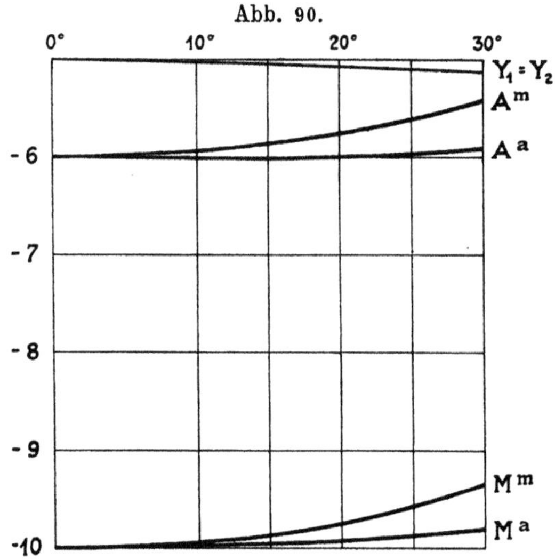

Darstellung der vier auf die Scheitelkugel (S. 94/5) bezogenen Kehrwerte M^m, M^a, A^m, A^a, sowie der astigmatischen Fehler $Y_1 = Y_2$ in ihrer Abhängigkeit vom Blickwinkel $w' \leqq 30°$ für das zweckmäßig durchgebogene sphäro-torische Brillenglas — 6, — 10 dptr.

Da man nun im allgemeinen bei sphäro-torischen Gläsern die Beziehung $Y_1 = Y_2 = 0$ nicht erreichen kann, so soll bei dieser Linsengruppe, wie schon erwähnt, von der Anwendung des Ausdrucks punktuell abbildende Gläser ganz abgesehen werden, und es seien die Formen des absoluten Optimums als Gläser zweckmäßiger Durchbiegung bezeichnet.

Die Krümmungsradien für die hier mitgeteilten Beispiele sind nach Abrundung auf Zehntelmillimeter

	in der ersten	in der zweiten
	Symmetrieebene	
für a	$r_1 = 144{,}8$	$r_1 = 144{,}8$
	$r_2 = 38{,}4$ (mer.)	$r_2 = 54{,}3$ (rot.)
für b	$r_1 = 72{,}2$ (mer.)	$r_1 = 47{,}3$ (rot.)
	$r_2 = 97{,}3$	$r_2 = 97{,}3$.

Abb. 91.

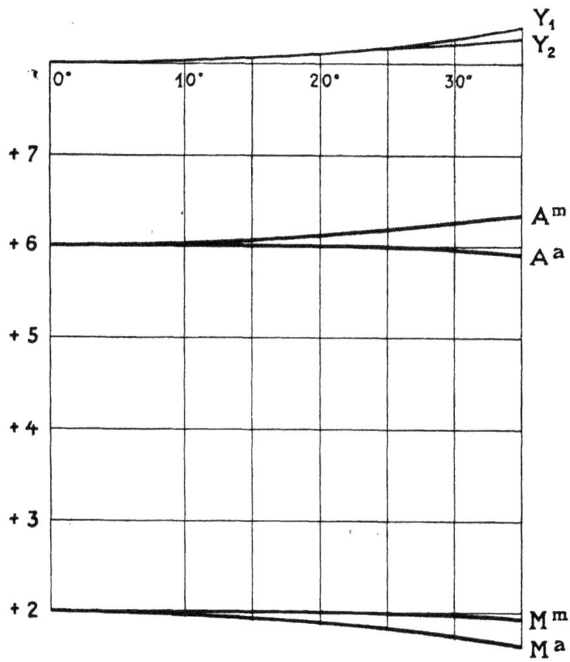

Darstellung der vier auf die Scheitelkugel (S. 94/5) bezogenen Kehrwerte M^m, M^a, A^m, A^a, sowie der astigmatischen Fehler Y_1 und Y_2 in ihrer Abhängigkeit vom Blickwinkel $w' \leqq 35°$ für das zweckmäßig durchgebogene sphäro-torische Brillenglas $+6$, $+2$ dptr.

Die Bedeutung des auf diese Weise erreichten wird sich aus den Ergebnissen der trigonometrischen Durchrechnung anschaulich belegen lassen. Wählt man, um einen Vergleich mit den sphäro-zylindrischen Linsen zu erleichtern, die gleichen Scheitelbrechwerte -6 und -10, $+2$ und $+6$ dptr wie oben, so kann man für diese Wirkungen Gläser zweckmäßiger Durchbiegung (Abb. 89) erhalten, nach dem gleichen Verfahren wie oben durchrechnen und die Ergebnisse in derselben Weise in Abb. 90 und 91 darstellen. Man findet dann an der

zerstreuenden Linse für $w' = 30^\circ$ $Y_1 = Y_2 = -0{,}11$ dptr oder 2,75%,
sammelnden » » $w' = 35^\circ$ $Y_1 = 0{,}4$ dptr oder 10%,
$Y_2 = 0{,}28$ dptr oder 7%,

was, gegen die Ergebnisse von S. 169/71 gehalten, eine ganz wesentliche Verbesserung bedeutet.

§ 130. **Geschichtliche Bemerkungen zu den Gläsern zweckmäßiger Durchbiegung.** Über die ersten Versuche mit astigmatischen Brillengläsern zweckmäßiger Durchbiegung zur Unterstützung des blickenden Auges und auf Grund trigonometrischer Durchrechnung schiefer Büschel berichtete M. v. Rohr (*9.*) 1910. Da es sich dabei um eine asphäro-torische Linse handelte, so muß die Besprechung dieses Vortrages noch ausgesetzt werden. — Dagegen lagen damals schon umfangreiche Rechenergebnisse an einfacher gebauten torischen Brillengläsern, seien es sphäro-torische, seien es doppelt-torische Formen, in Jena vor und wurden für die im Herbst 1909 eingereichte Zeissische (*9.*) Patentanmeldung verwandt. Da diese Schutzschrift die ersten Zahlenangaben über derartige zweiseitig symmetrische Linsen im schiefen Strahlengange lieferte, so wird es richtig sein, hier etwas näher auf sie einzugehen. Es wurde die astigmatische Wirkung von -8 und -4 dptr in dem einen und von $+1$ und $+4$ dptr in dem andern Falle durch sechs Linsenformen so erreicht, daß — bis auf wenige Einheiten der letzten Stelle — immer $Y_1 = Y_2$ galt, und eben diese Bedingung war der Inhalt des zweiten Anspruchs. Von den Beispielen bezogen sich immer zwei auf einen Außen-, zwei auf einen Innentorus und zwei auf Gläser mit zwei torischen Flächen. Die Ergebnisse seien für den Grenzwinkel mitgeteilt, und ferner ist der Einfachheit wegen bei den geringen Abweichungen der beiden Y-Werte voneinander $^1/_2\,(Y_1 + Y_2)$ gebildet worden; außerdem wurde jedesmal die Ordnungszahl des Beispiels beigeschrieben.

Zerstreuende Linsen $w' = 30^\circ$

Außentorus	Innentorus	Doppeltorus
1. 0,31 dptr	3. — 0,05 dptr	5. 0,19 dptr
2. 0,32 »	4. — 0,08 »	6. 0,04 »

Sammelnde Linsen $w' = 35^\circ$

Außentorus	Innentorus	Doppeltorus
9. 0,27 dptr	7. 0,22 dptr	11. 0,11 dptr
10. 0,17 »	8. 0,35 »	12. 0,04 »

Man erkennt, daß — die doppelt-torischen Formen als von minderer Bedeutung außer Betracht gelassen — der Außentorus bei Sammel- und der Innentorus bei Zerstreuungslinsen in den behandelten Beispielen den Vorzug verdiente, und ähnliche Fälle lagen in den damaligen Rechnungen in Menge vor. Man schätzte indessen die Schwierigkeit der Herstellung torischer Hohlflächen in Jena damals zu hoch ein und entschied sich, diesen Ergebnissen zum Trotz, dafür, die torische Wirkung allein an der Außenfläche anzubringen.

Zunächst blieb die Jenaer Werkstätte mit ihrer rechnenden Bearbeitung der astigmatischen Brillengläser ohne Wettbewerb, und es scheint erst 1913/14 der englische Theoretiker A. Whitwell (*1.*) in einer Reihe von Abhandlungen die Grundlagen für solche Rechnungen im englischen Sprachgebiet fertiggestellt zu haben. Umfassende zahlenmäßige Ergebnisse für die Brillenhersteller hat er damals nicht kundgegeben. — Während sich von den bedeutenden deutschen Brillenwerken der Buschische Betrieb wegen der Ausführung der astigmatischen Punktalgläser mit C. Zeiss ins Einvernehmen setzte, hatte das Rathenower Brillenwerk von Nitsche & Günther schon 1914 den Prager Privatdozenten der Physik E. Weiss an sich gezogen, und dieser (*3.*) hat bald jene Abweichung von der Herbeiführung des absoluten Optimums gerügt, die man sich in Jena erlaubt hatte. Verständlicherweise griff man auch das Zeissische (*9.*) Patent an, und dessen erster Anspruch wurde in der Tat (s. ZfoO *5.* 112) am 4. Mai 1915 aufgehoben. Über den zweiten Anspruch, dessen Inhalt ja durch $Y_1 = Y_2$ gekennzeichnet ist, kamen beide Parteien im August 1916 zu einer Einigung, und er besteht weiterhin zu Recht. — Auch der Rechenfachmann des Buschischen Betriebes, J. Spanuth (*1.*), hob 1916 hervor, daß für astigmatische Gläser zerstreuender Wirkung Formen mit Innentorus weitaus vorzuziehen seien, ebenso daß man mit doppelt-torischen Brillen nicht wesentlich weiter komme, als mit sphäro-torischen. Das ist offenbar deshalb so, weil bei größeren Werten des Brechungsfehlers keine Form der ganzen Mannigfaltigkeit Radien hat, die sämtlich länger sind als etwa 23 mm. — 1917 hat J. Spanuth (*2.*) dann auf die Eigentümlichkeit hingewiesen, daß ganz hohe astigmatische Zerstreuungsgläser nicht mehr als Menisken erscheinen, sondern auf beiden Seiten hohl sein müssen, wenn man das absolute Optimum erreichen will. Er hebt ferner die Nützlichkeit einer Darstellung hervor, die der Tscherningschen Ellipse (S. 105) für astigmatische Brillengläser entspräche. — In der allerneuesten Zeit hat H. Boegehold (*4.*) darauf hingewiesen, man könne seinen Nachweis, daß die Tscherningschen Ellipsen für verschiedene Blendenabstände ein Büschel bildeten, mit zwei vom Nullpunkt ausgehenden gemeinsamen Tangenten, auch für die entsprechenden [Spanuthschen] Kurven durchführen; nur falle jetzt keine Tangente mehr mit der Abszissenachse zusammen. Bei seiner Zusammenstellung der aus der Vorrechnung folgenden Y-Werte sieht man sehr schön, wie sich der Übergang vom tonnenförmigen Innentorus zum wurstförmigen und vom wurstförmigen Außentorus zum tonnenförmigen vollzieht.

§ 131. **Die Form der Bildflächen bei astigmatischen Gläsern.** Über die Bildkrümmung ist bei astigmatischen Linsen nicht viel bekannt geworden, sie könnte rechnerisch vorläufig auch nur für die Spuren der beiden Symmetrieebenen untersucht werden. Man weiß nur soviel, daß sich die erwünschte Krümmung nicht gleichzeitig mit der befriedigendsten Erfüllung von $Y_1 = Y_2$ im absoluten Optimum herbeiführen läßt.

§ 132. **Geschichtliche Bemerkungen dazu.** Diese Fragen sind namentlich in einem Streit zwischen H. Boegehold (*2.* 20/21) und E. Weiss (*6.* 161) zur Sprache gekommen. Boegehold gab bei dieser Gelegenheit mindestens für ein astigmatisches Brillenglas (— 4, — 8 dptr) eine Zusammenstellung, woraus wenigstens ein ungefähres Bild von der Änderung der Bildfeldfehler mit der Durchbiegung erhalten werden kann. Wie man aus den Überlegungen auf S. 171 (Hervorhebung der verschiedenen, mit einer einzigen Veränderlichen nicht gleichzeitig zu erfüllenden Bedingungen) schließen kann, fallen die vorteilhaftesten Formen für Bildfeld- und astigmatische Fehler eben nicht zusammen. Unter Umständen kann aber der Übergang vom wurst- zum tonnenförmigen Torus mit einem gewissen Vorteil verbunden sein.

§ 133. **Die Verzerrung bei astigmatischen Brillengläsern.** Es scheint vorteilhaft, einen neuen Ausdruck für diesen Fehler einzuführen, weil er sich in einer abweichenden Form äußert, indem zur Achse ausgerichtete Kreise des Dingraums im Bildraum ellipsenartig verzerrt wiedergegeben werden. In einem jeden Hauptschnitt wird eine achsensenkrechte Dinggerade in bestimmter Weise verzeichnet, und so kommt es, daß beim Blick auf ein gleicharmiges Bildkreuz, dessen Teile in den beiden Symmetrieebenen liegen, das astigmatische Auge hinter seiner Brille ein Bildkreuz erblickt, in dem der Stamm eine andere Länge hat als der Balken. Denkt man sich auf der Dingseite das Quadrat gezeichnet, dessen Mittellinien eben das Dingkreuz abgeben, so kommt bei der Wiedergabe des Quadrats noch eine ziemlich verwickelte tonnen- oder kissenförmige Verzeichnung hinzu,

Abb. 92.

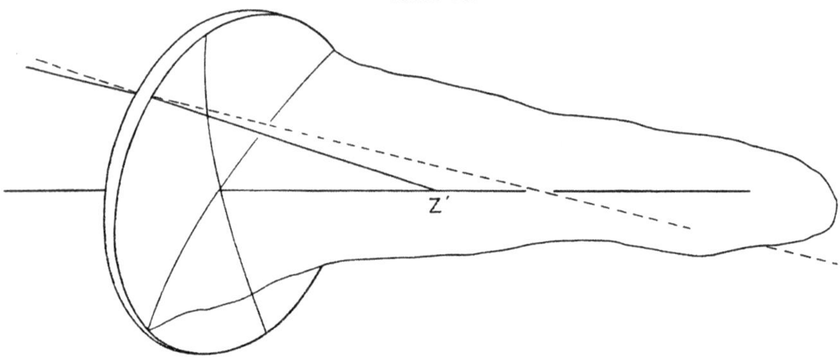

Die einer beliebigen Blickrichtung entsprechende dingseitige Richtung ist windschief zur Achse des Brillenglases.

und es entspricht jenem Quadrat auf der Bildseite ein zweiseitig symmetrisches, krummliniges Gebilde, dem das oben beschriebene verzerrte Bildkreuz als die Verbindung beider Mittellinien dient. — Geht man aus den beiden Symmetrieebenen heraus, so muß man beachten, daß dann nach Abb. 92 die Richtungen im Dingraum zu denen im Augenraum und zur Achse windschief sind, wodurch sich theoretisch neue Schwierigkeiten für die Herstellung astigmatischer Brillengläser mit Prismenwirkung ergeben. — Um eine gewisse Vorstellung von diesen nicht einfachen Beziehungen zu vermitteln, sei der Fall angenommen, daß ein Astigmatiker sein Fernbrillenglas von + 5, + 8 dptr mit der Achse auf den Polarstern richte und die umgebenden Sterne betrachte. Die Richtungen seiner Blicklinie mögen innerhalb eines Kegels von 35° halbem Öffnungswinkel liegen und hier in der Abb. 88 durch den äußersten und einen inneren Kreis kenntlich gemacht sein. Auf welche Sterne führen dann die dingseitigen Richtungen? Es ist klar, daß es für die Richtungen auf die unendlich weit entfernten Fixsterne gleichgültig ist, ob die Tatsache des zur Achse windschiefen Verlaufs berücksichtigt wird oder nicht, und daß man die durch das Brillenglas hervorgerufenen Änderungen in der Poldistanz und in der Rektaszension in aller Strenge auftragen kann, was in Abb. 93 geschehen ist. Man erkennt, daß die dingseitige Richtung des Hauptstrahls aus der augenseitigen Strahl-Achsenebene heraustritt — die Spitze des dingseitigen Strahlenkegels ist ja astigmatisch entstellt —, und daß man von einer prismatischen Ablenkung nur sprechen kann, wenn man eine gewisse, aus jener Ebene herausfallende

Abb. 93.

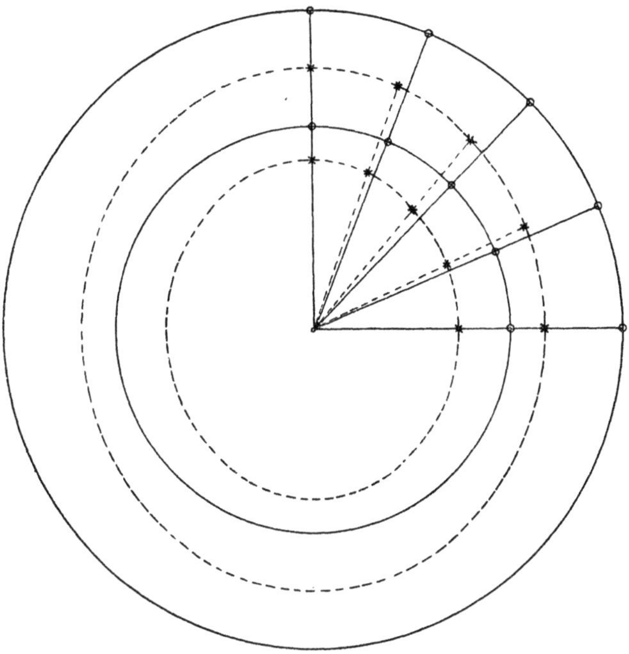

Einander zugeordnete dingseitige * und augenseitige ○ Richtungen bei einem astigmatischen Brillenglase +5, +8 dptr.

Schiefe unbeachtet läßt. — Den Parallelkreisen, die von der Blicklinie des Auges beschrieben werden, entsprechen dingseitige Ellipsen, deren große Achsen in die Richtung des Hauptschnittes mit der geringeren Brechkraft fallen. Ein jeder schiefe Hauptstrahl zeigt eine Ablenkung auf diese Ebene hin, die für mittlere Schiefen am stärksten ist und für größere und kleinere ziemlich symmetrisch geringere Beträge annimmt.

§ 134. **Geschichtliche Bemerkungen dazu.** Angaben zur Verzeichnung astigmatischer Brillengläser und ihrer Abhängigkeit von der Durchbiegung finden sich gelegentlich bei E. Weiss und namentlich bei H. Boegehold (2. 20/21), während Überlegungen zum Verlauf windschiefer Hauptstrahlen 1912 von M. v. ROHR (*13.*) mitgeteilt wurden. In der obigen Behandlung wurde von dieser Darstellung Gebrauch gemacht.

§ 135. **Asphäro-torische Starlinsen.** Da nach den Erfahrungen mit asphäro-torischen Brillen die Erfüllung der Bedingung $Y_1 = Y_2$ bei höheren sammelnden Brechkräften auf wenig befriedigende Leistungen führt, so erhält man mit asphärischen Flächen die Verfügung über eine neue Veränderliche und damit neue Möglichkeiten. Dabei kann man ganz in der auf S. 132 geschilderten Art die Umdrehungsfläche asphärisch machen, oder man könnte an der torischen Fläche gesetzmäßige Abweichungen von der gewöhnlichen Wulstfläche (s. S. 159) vorsehen. Zu der ersten Möglichkeit liegen Veröffentlichungen vor, und es ist mit ihr gelungen, die vorher den astigmatischen Linsen zweckmäßiger Durchbiegung gesteckten Grenzen zu erweitern.

§ 136. **Geschichtliche Bemerkungen zu den asphäro-torischen Starlinsen.** Ganz ähnlich wie in § 103 auf S. 134 müssen zunächst auch hier bei den astigmatischen Linsen frühere Versuche mit anderen als Kugelflächen erwähnt werden. Dahin gehören die anscheinend nur an wenigen Stücken verwirklichten Bemühungen J. STILLINGS (*1.*) mit dem Straßburger Optiker MAYER (?)[1]), die um 1880 Brillengläser auszuführen versuchten, deren eine Fläche durch ein Umdrehungsellipsoid gebildet wurde. Sie sollen hier nicht nur wegen ihrer Bedeutung, sondern auch wegen der die Augendrehung unberücksichtigt lassenden Begründung ihrer Anlage erwähnt werden: »Die Form der Cornea astigmatischer »Augen ist bekanntlich nahezu die eines dreiachsigen Ellipsoides, und es folgt »daraus, daß behufs einer idealen Correction die entsprechenden Gläser Ab»schnitte dieses Körpers darstellen müssen«. Es erweckt den Anschein, als ob sich einige Brillenanstalten in der Folgezeit diesen, heute wohl nicht mehr vertretenen Standpunkt zu eigen gemacht hätten. — Der österreichische Augenarzt O. PURTSCHER (*1.*) schlug wenige Jahre danach, 1885, vor, ein sammelndes Zylinderglas mit einem Kegelschnitt als Meridiankurve zu schleifen, wobei dessen besondere Natur, ob Ellipse, Parabel oder Hyperbel, noch festzustellen wäre; jedenfalls sollte der untere Teil eine flachere, der obere eine tiefere Krümmung haben. Daß er auf diese Weise nur das ruhende Auge berücksichtigte, war ihm bewußt. Die Ausführung seines Gedankens, um die er sich an das Wiener Haus K. FRITSCH (vorm. PROKESCH) gewandt hatte, unterblieb wegen der voraussichtlichen Kostspieligkeit. — Die asphärischen Flächen E. ABBES wurden nach M. v. ROHR (*9.*), wie bereits auf S. 176 bemerkt, schon 1910 bei C. ZEISS in Jena auf solche GULLSTRANDschen astigmatischen Starlinsen angewandt und rechtzeitig der ausführenden Werkstätte (*2.*) geschützt. Bei der ersten Vorführung bot sich Gelegenheit, sowohl diese asphärischen Flächen als auch ihre Wirkung an einem vorliegenden astigmatischen Starglase zu beschreiben. Es handelte sich um ein Starglas für die Ferne mit $M = 13{,}2$; $A = 7{,}1$ dptr für $\mathfrak{x}' = 27$ mm. Die Erfüllung der Bedingung $Y_1 = Y_2$ war hier recht befriedigend, obwohl das Glas schon ziemlich weit im Gebiete der Sammellinsen lag und einen recht

---

1) Der Name dieses schon auf S. 134 erwähnten Fachmannes ist ganz unsicher; etwas später, 1890, nennt L. LAQUEUR dieselbe Persönlichkeit F. MAJER

merklichen Astigmatismus zeigte. Da die Leistung den Brillenträger in hohem Maße befriedigte, so wurde die regelmäßige Herstellung in der Jenaer Werkstätte aufgenommen. Linsen dieser Art werden dort als Katralgläser geführt. — Ganz besondere Flächenformen ließen sich NITSCHE & GÜNTHER (ZfoO *2*. 184/85) 1914 schützen, indem sie die torische Fläche so zu gestalten vorschlugen, daß die Krümmung der Spur der deformierten Fläche in jeder Symmetrieebene nach dem Rande zu schwächer werde, als sie in der Mitte sei. Von der Leistung solcher, wirklich ausgeführter Linsen ist bisher nichts bekannt geworden, so daß hier darüber nicht berichtet werden kann.

§ 137. **Zur Strahlenvereinigung außerhalb der Symmetrieebenen.** Die Berechnung des übrigbleibenden Astigmatismus, wenn ein astigmatisches Auge beliebig schief durch sein Brillenglas zweckmäßiger Durchbiegung schaut, läßt sich zwar theoretisch leisten, doch ist die erforderliche Rechenarbeit zu groß, als daß man sie regelmäßig vornehmen könnte. Annahmen, die eine angenäherte Berechnung der astigmatischen Fehler für Hauptstrahlrichtungen außerhalb der Symmetrieebenen ermöglichen, lassen sich vorläufig nicht genügend sicher begründen, denn man weiß eben über die Strahlenvereinigung unter diesen Umständen nichts Genaues.

Das heute noch am meisten angewandte und für viele Zwecke ausreichende Mittel bietet die Photographie dar. Dabei bringt man eine kleine Kammer mit einer in bestimmtem Maße astigmatischen Aufnahmelinse hinter dem zu prüfenden Brillenglase so an, daß sie sich um einen 25 mm hinter dem inneren Brillenscheitel liegenden Punkt schwenken läßt. Wenn man nun die astigmatische Aufnahmelinse unter Beobachtung des LISTINGschen Gesetzes um diesen Punkt schwenkt und jeweils Aufnahmen von geringem Bildwinkel mit dem Licht der grünen Quecksilberlinie durch das zu prüfende Brillenglas macht, so ist es ebenso leicht, die Bildgüte längs Hauptstrahlen beliebiger Schiefe zu untersuchen wie längs solchen, die in den Symmetrieebenen verlaufen. — Auch die vorher auf S. 109 für achsensymmetrische Brillen beschriebenen Vorführungsgeräte sind astigmatischen Brillengläsern angepaßt worden; natürlich muß dann das hinter das Brillenglas geschaltete eigentliche Betrachtungsrohr entsprechend astigmatisch gemacht werden.

Zu gleichem Zweck kann man auch den Punktuellitätsprüfer O. HENKERS (*7*., 180—2) verwenden.

Und schließlich wäre es noch möglich, den Beobachter durch ein FICKsches Haftglas astigmatisch zu machen und das diesen Fehler ausgleichende Brillenglas zweckmäßiger Durchbiegung an einem Prüfgerät, wie auf S. 108 beschrieben, zu untersuchen.

§ 138. **Geschichtliche Bemerkungen dazu.** Über die angenäherte Berechnung der astigmatischen Fehler längs Hauptstrahlenrichtungen beliebiger Schiefe hat sich ein Streit zwischen E. WEISS (*5*, *6*. 156/58) und H. BOEGEHOLD (*2*. 132/33, 15) erhoben. Die dabei geförderten Ergebnisse (z. B. der Übergang der astigmatischen Fehler der Folge Brillenglas + Auge ineinander, wenn die

Blicklinie den vierten Teil eines vollständigen Kegelmantels zwischen den beiden Symmetrieebenen beschreibt) sind recht fesselnd; sie sollen indessen hier nicht wiedergegeben werden, denn die streitenden Parteien sind darin einer Meinung, daß die zweckmäßigste Durchbiegung vorliege, wenn das absolute Optimum H. BOEGEHOLDS erreicht ist. — Die photographischen Aufnahmen liefern bis jetzt das beste Mittel, um zu einem Urteil über die Güte der Strahlenvereinigung in beliebiger Richtung zu kommen. Sie finden sich in verschiedenen Arbeiten M. v. ROHRS (*9*, *13*, *39*.), immer unter Aufsicht O. HENKERS angefertigt. Dabei wurde neben den beiden Symmetrieebenen auch noch eine solche berücksichtigt, die im Augenraum mit jenen einen Winkel von 45° einschließt. — Bei dem zusammenfassenden Berichte O. HENKERS (*13*. 114—7) ist auf die Vorführung astigmatischer Brillengläser besonderes Gewicht gelegt worden. — In der Arbeit von M. v. ROHR (*14*.) u. W. STOCK ist in einigen Fällen die letztgenannte Prüfungsmöglichkeit durchgeführt worden. Daß die Ergebnisse noch nicht sehr befriedigen, liegt an der Unzuverlässigkeit des damaligen Haftglases; heute würde sich besseres leisten lassen.

§ 139. **Ein Nachtrag zu den zweifach symmetrischen anastigmatischen Linsen.** Sind auf diese Weise dem Leser die Darstellungsverfahren geläufig geworden, mit denen hier die Form des Brillenglases und der Gang der auf die Scheitelkugel bezogenen Brechwerte für jeden der beiden Hauptschnitte eines astigmatischen Brillenglases dargestellt werden, so läßt sich jetzt eine Lücke ausfüllen, die im vorhergehenden hatte offen bleiben müssen. Es war nämlich bei den für achsensymmetrische Augen bestimmten Brillen (s. S. 142), soweit sie zu den zweifach symmetrischen Gläsern gehören, ausdrücklich auf diese Stelle hingewiesen worden.

Abb. 94.

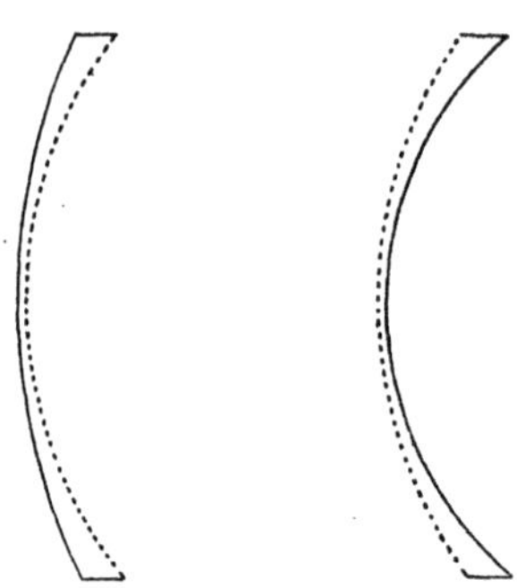

Die Symmetrieebenen eines zweifach symmetrischen, punktuell abbildenden Glases $D_r = -5$ dptr mit gekreuzten Rotationsebenen.

Die Rotationsbogen sind punktiert.

Stellt man sich die Aufgabe, ein nur zweifach symmetrisches, punktuell abbildendes Brillenglas so zu berechnen, daß die beiden Umlaufsebenen aufeinander senkrecht stehen, so kommt man für

$$M = A = -5 \text{ dptr}$$

auf eine toro-torische Linse von der Form, wie sie die vorstehende Abb. 94 darstellt. Die umfangreichen Rechnungen dazu sind von H. BOEGEHOLD im Jahre 1910 ausgeführt worden. Es ergeben sich als Radien in der

ersten Symmetrieebene	zweiten Symmetrieebene
$r_1 = 44{,}2$ (mer.)	$r_1 = 34{,}2$ (rot.)
$r_2 = 31{,}0$ (rot.)	$r_2 = 25{,}6$ (mer.),

wenn als Brechungsverhältnis $n = 1{,}52$ angenommen wird.

Was nun den Zustand der schiefen Bündel angeht, so erhält man in der Tat bei dieser Linse eine wirkliche punktuelle Abbildung innerhalb eines großen Bildwinkels, aber es ergibt sich gar kein Vorteil vor einem achsensymmetrischen Glase der gleichen Brechkraft. Im Gegenteil hat die Verzeichnung in den beiden Symmetrieebenen durchaus nicht den gleichen Betrag, und das kommt darauf hinaus, daß ein achsensenkrechtes Quadrat nicht als ein krummliniges Quadrat (s. etwa Abb. 47 auf S. 91), sondern sogar als ein Rechteck mit krummen Seiten abgebildet wird. Es hat nicht den Anschein, als ob für punktuell abbildende Gläser, zum Ausgleich achsensymmetrischer Augen solche toro-torischen Linsen in weiterem Maße Verwendung finden würden.

§ 140. **Astigmatische Nah- und Lupenbrillen.** Hatte es sich bisher um Fernbrillen für astigmatische Augen gehandelt, so sieht man ohne weiteres ein, daß es sich auch bei astigmatischen Gläsern um Nah- und um Lupenbrillen handeln kann.

Die Dingweiten $a_{\prime}$ sind ungeändert die gleichen wie vorher auf S. 58, und es gilt

$$0{,}2 \text{ m} \leqq -a_{\prime} \leqq 0{,}75 \text{ m}.$$

Die Bildflächen der sphäro-torischen Linse sollen in die Nähe der Nahepunktskugeln des astigmatischen Auges fallen. Im einzelnen Falle müssen von dem verordnenden Arzte die Werte für $a_{\prime}$ und $b_{\prime}$ angegeben werden, alsdann ist die Aufgabe bestimmt, und die Rechnung kann in einer vollständig entsprechenden Weise angesetzt werden wie in dem Falle der Fernbrillen.

2. Einfach symmetrische Gläser.

§ 141. **Zur Dezentrierung zweifach symmetrischer Linsen im achsennahen Raum.** Auch bei den astigmatischen Brillen kann aus demselben Grunde wie für achsensymmetrische Augen die Anbringung einer Prismenwirkung erwünscht sein. Dabei ist im allgemeinen kein Zusammenhang vorhanden zwischen der Symmetrieebene des Prismas und der Lage der beiden Hauptschnitte des Auges; vielmehr kann grundsätzlich bei einer bestimmten Lage der Hauptschnitte in verschiedenen Augen eine prismatische Ablenkung in verschiedener Richtung erwünscht sein. Das hat aber zur Folge, daß im allgemeinen der objektseitige Teil des Hauptstrahls windschief ist zu dem bildseitigen, und daß es mithin nicht angeht, eine Ebene der prismatischen Ablenkung zu finden, die diese beiden Teile enthielte.

Beschränkt man sich zunächst auf die Nachbarschaft der Achse, also auf kleine Verschiebungen, so kann man, wie folgt, vorgehen. Eine dünne zweifach symmetrische Linse sei in Abb. 95 durch ihre beiden, nicht gerade senkrecht und wagerecht liegenden Symmetrieebenen $H_{am}H_aF_a'$ und

$H_m H_{am} F'_m$ gekennzeichnet, die sich rechtwinklig längs der Linsenachse $H_{am} F'_a F'_m$ durchdringen. Ihre Brechkräfte seien $M = 1/H_{am}F'_m = 1/m$ und $A = 1/H_{am}F'_a = 1/a$, und ferner sei $q = F'_a F'_m = F'_a H_{am} + H_{am} F'_m = m - a$. Nimmt man nun weiter an, es sei durch die Linsenachse unter dem Winkel α eine wagerechte Ebene $BH_{am}F'_m$ und auch eine senkrechte Ebene $YH_{am}F'_m$ gelegt, und die drei Richtungen $H_{am}Y$, $H_{am}B$ und $H_{am}F'_m$ als die in positivem Sinne durchlaufenen Achsenrichtungen des räumlichen Koordinatensystems bestimmt, so sind die Voraussetzungen festgelegt.

In dem Punkte B der wagerechten Ebene falle ein achsenparalleler Strahl in einem in Bruchteilen eines Meters gemessenen Abstande $l = H_{am}B$ auf, in welcher Richtung BB_m läuft er nach der Brechung durch die astig-

Abb. 95.

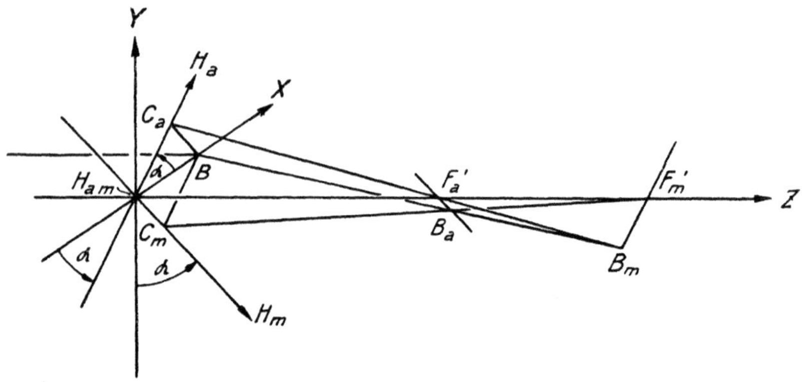

Darstellung des windschiefen Verlaufs eines in B achsenparallel auf eine zweifach symmetrische Linse fallenden Strahls.

matische Linse weiter? Projiziert man B auf die beiden Symmetrieebenen der astigmatischen Linse nach C_a und C_m

$$H_{am} C_a = l \cos\alpha\,; \qquad H_{am} C_m = l \sin\alpha\,,$$

so werden im achsennahen Raum die Projektionen der gesuchten Richtung je durch F'_a und F'_m gehen und auf den ungleichnamigen Brennlinien die Punkte B_m und B_a ausschneiden, die ihrerseits die gesuchte Richtung BB_aB_m im Raume bestimmen. Die absoluten Längen $|x|$ und $|y|$ dieser Stücke ermitteln sich nach dem folgenden sehr leicht:

$$\begin{aligned}
&H_{am} C_a : F'_m B_m = H_{am} F'_a : F'_a F'_m \\
&l\cos\alpha : \ |x| \ = \ a \ : \ q \ ; \ |x| = (m-a)\, l\cos\alpha\, A \\
&H_{am} C_m : F'_a B_a = H_{am} F'_m : F'_a F'_m \\
&l\sin\alpha : \ |y| \ = \ m \ : \ q \quad |y| = (m-a)\, l \sin\alpha\, M.
\end{aligned}$$

Die Richtung des wenig geneigten Strahls durch B soll nun durch seinen Erhebungswinkel v und durch seinen Seitenwendungswinkel w bestimmt werden, was mit Hilfe des Strahlengebildes $F_a' B_a B_m F_m'$ leicht ausgeführt werden kann, denn F_a' und F_m' liegen bereits in der Z-Achse, und die Projektionen von B_a und B_m auf die X- und die Y-Achse lassen sich leicht ermitteln, wenn man die Winkel zwischen den positiven Richtungen der X- und der Y-Achse und den zu x und zu y parallelen Richtungen der Symmetrieebenen bestimmt.

Zuerst werden B_m und B_a auf die Y-Achse projiziert (Abb. 95)

$$\begin{array}{lll} |x| \cos(R+\alpha) = & -|x| \sin\alpha = & -(m-a) A l \sin\alpha\cos\alpha \\ |y| \cos(2R+\alpha) & -|y| \cos\alpha = & -(m-a) M l \sin\alpha\cos\alpha \\ \hline -|x|\sin\alpha + |y|\cos\alpha & & = (m-a) l \sin\alpha\cos\alpha\,(M-A). \end{array}$$

Um die Tangente von v — oder bei den kleinen Winkeln v selber — mit dem in dieser ganzen Darstellung verwendeten Zeichen zu finden, hat man nach Abb. 96 die negativ ausfallende Differenz durch $F_m' F_a' = -q = -(m-a)$ zu dividieren:

$$v = (A - M) l \sin\alpha\cos\alpha$$

Abb. 96.

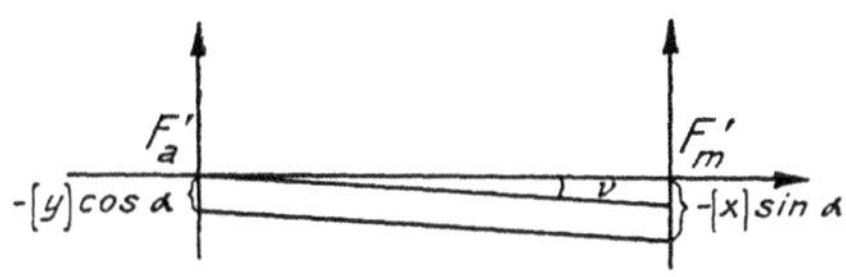

Die Ableitung des Erhebungswinkels v.

Abb. 97.

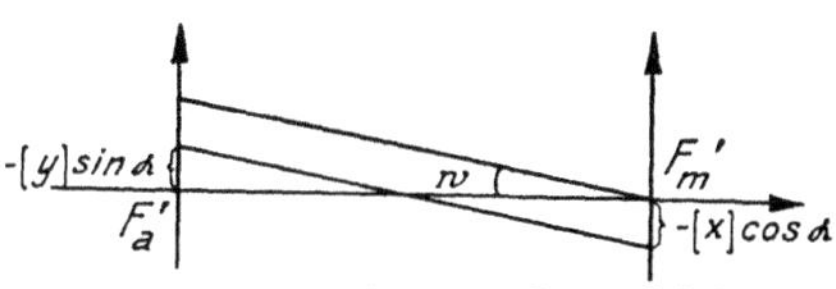

Die Ableitung des Seitenwendungswinkels w.

und, wenn man das Gradmaß $\triangle_v$ für v einführen will, wegen

$$\triangle_v : v = 180^\circ : \pi; \quad \triangle_v = v \cdot 57{,}3^\circ,$$

also (s. S. 149)

$$\triangle_v = (A - M)\, 0{,}573^\circ\, l_{cm} \sin\alpha\cos\alpha = (A - M)\, l_{cm} \sin\alpha\cos\alpha \text{ ctrd.} \quad (54)$$

Ganz entsprechend ergibt die Projektion auf die X-Achse in Abb. 95

$$\begin{array}{lll} |x| \cos(2R+\alpha) = & -|x| \cos\alpha = & -(m-a) A l \cos^2\alpha \\ |y| \cos(3R+\alpha) = & |y| \sin\alpha = & (m-a) M l \sin^2\alpha \\ \hline |x|\cos\alpha + |y|\sin\alpha & & = (m-a) l \{A\cos^2\alpha + M\sin^2\alpha\} \end{array}$$

Um die Tangente von w oder w selber mit dem richtigen Zeichen zu finden, muß nach der Abb. 97 die Differenz durch $q = m - a$ dividiert werden

$$w = l\{A\cos^2\alpha + M\sin^2\alpha\},$$

und man erhält nach dem Übergang zum Gradmaß:

$$\triangle_w = l_{cm}\{A\cos^2\alpha + M\sin^2\alpha\} \text{ ctrd.} \quad (55)$$

§ 142. **Geschichtliche Bemerkungen dazu.** Die Ableitung dieser Größen findet sich in der bereits angeführten Imbertschen Arbeit (*1.*) auf einem andern Wege und mit einer andern Bezeichnung. Um sie in die hier gebrauchte überzuführen, ist in (55) zu setzen

$$\sin^2 \alpha = 1 - \cos^2 \alpha,$$

mithin

$$\triangle_w = l_{cm}\{M + (A - M)\cos^2 \alpha\} \text{ ctrd};$$

denn A. Imbert schrieb die Brechkräfte einer astigmatischen Linse in der älteren Art, nämlich als Verbindung einer sphärischen Wirkung M mit einer zylindrischen $(A - M)$.

§ 143. **Zur Dezentrierung für endliche Achsenabstände.** In dieser Allgemeinheit kann die Aufgabe hier nicht behandelt werden, da ja die Behandlung der astigmatischen Brillen auf die Symmetrieebenen des Brillenglases beschränkt blieb. Es sei daher auch hier nur der Fall ins Auge gefaßt, wo die Symmetrieebene des Prismas mit einem der Hauptschnitte des Auges zusammenfällt.

Ist das der Fall, so macht die Planung einer prismatischen astigmatischen Brille für ein ruhendes Auge keine Schwierigkeit. Es ist nur die astigmatische Fläche so zu wählen, daß der vorgeschriebene Astigmatismus $A - M$ längs einem Hauptstrahle vorhanden ist, dessen Ablenkung sich durch die von dem verordnenden Arzte vorgeschriebene Centradzahl $\triangle$ bestimmt.

Alsdann ist allerdings noch nicht eine endliche Ausdehnung der punktuellen Abbildung gegeben, die durch die aus Brille und bewegtem Auge gebildete Folge in der Achsenrichtung vermittelt wird. Es läßt sich das vorläufig nur durch einen ähnlichen Kunstgriff ermöglichen, wie er bei den prismatischen anastigmatischen Brillen zum Ziele führte. Liegt der Fall vor, daß eine zweifach symmetrische astigmatische Brille von vorgeschriebenem Astigmatismus stark durchgebogen ist und ein besonders großes brauchbares Blickfeld zeigt, so kann man wiederum ein symmetrisch zur bevorzugten Richtung, aber exzentrisch zur Hauptachse liegendes Stück herausschneiden. Man hat es so vor das Auge zu bringen, daß die Blicklinie in der Ruhestellung des Auges mit dem augenseitigen Teil des bevorzugten Hauptstrahls zusammenfällt. Daß der Astigmatismus bei Augendrehungen nach dem Listingschen Gesetz — wenn als Primärstellung die Richtung der ursprünglichen Brillenachse gilt — für ein endlich ausgedehntes Feld in der Symmetrieebene ausreichend korrigiert ist, folgt aus der Voraussetzung über das Blickfeld der zweifach symmetrischen Brille, und die starke Durchbiegung hat zur Folge, daß das Brillenglas nicht auffällig schräg gegen die Horizontale gestellt zu werden braucht, damit die Voraussetzungen der Rechnung erfüllt werden.

Auf die aus dem windschiefen Verlauf der allgemeinen Hauptstrahlen folgenden Schwierigkeiten wurde 1912 von M. v. Rohr (*13.*) hingewiesen.

III. Die Farbenfehler der Brillen.

§ 144. **Die Farbenfehler einer Einzellinse im achsennahen Raum.** Macht man sich jetzt von der bisher festgehaltenen Voraussetzung einfarbigen Lichts frei, so sind die Abweichungen zu untersuchen, die sich aus der Zerlegung des Lichts durch eine dünne Einzellinse ergeben. Man betrachtet zu diesem Zwecke zwei ausgewählte Farben, etwa rot und blau, wie sie etwa durch die Fraunhoferschen Linien C und F bestimmt werden mögen[1]). Ihre beiden Brechzahlen sollen den Unterschied

$$\varDelta n = n_F - n_C$$

haben. Alsdann ergibt sich die Brechkraft der Brille in den beiden Farben zu

$$D_{,F} = (n_F - 1)k_, ; \qquad D_{,C} = (n_C - 1)k_, ,$$

wo zur Abkürzung gesetzt wurde

$$k_, = 1/r_1 - 1/r_2 .$$

Es folgt also für die Brechzahl n_D bei Natriumlicht und die Brechkraft für dieses Licht

$$D_{,D} = (n_D - 1)k_,$$

ohne weiteres

$$D_{,F} - D_{,C} = \varDelta D_, = \varDelta n k_, = \varDelta n D_{,D}/(n_D - 1)$$
$$= D_{,D}/\nu ,$$

wenn man nach E. Abbe die Bezeichnung

$$\nu = (n_D - 1)/\varDelta n$$

einführt.

Man kann also sagen, die Brechkraftsänderung $\varDelta D_,$ einer einfachen Linse der mittleren (auf die D-Linie bezogenen) Brechkraft $D_,$ mit der Wellenlänge des Lichts ist für das Bereich zwischen C und F gegeben durch das Produkt aus dem Zerstreuungsvermögen $1/\nu$ und dem Mittelwert der Brechkraft. Die Brechkraftsverschiedenheit hat also dasselbe Vorzeichen wie die Brechkraft selbst, d. h. für blaues Licht ist die Zerstreuungswirkung einfacher Zerstreuungs- und die Sammelwirkung einfacher Sammellinsen größer als für rotes.

---

1) Man mißt die Wellenlängen nach Millionteln von Millimetern und bezeichnet diese Größe mit

$$\mu\mu = 0{,}000001 \text{ mm}.$$

Man folgt dabei einem Vorgange von J. B. Listing (*1.*), der das Tausendstel eines Millimeters als Mikron einführte und mit

$$\mu = 0{,}001 \text{ mm}$$

bezeichnete. Das rote Licht der Fraunhoferschen Linie C hat eine Wellenlänge $\lambda = 656\ \mu\mu$, das der gelben D-Linie $\lambda = 589\ \mu\mu$, das der blauen F-Linie $\lambda = 486\ \mu\mu$, und das der violetten G'-Linie $\lambda = 434\ \mu\mu$.

Hinsichtlich des Einflusses der Glaswahl gilt die Regel: je kleiner das Zerstreuungsvermögen, d. h. je größer der ν-Wert der Glasart ist, desto geringer sind die farbigen Abweichungen.

Bei der hohen Wichtigkeit dieser Größe für die Untersuchung der Farbenabweichungen hat man nach dem Vorgange von E. Abbe und O. Schott in den Glasverzeichnissen die Glasarten nach abnehmenden ν-Werten geordnet, so daß das leichteste Kron mit seinem großen ν-Wert an erster Stelle steht, und daß sich die Reihe allmählich bis zu dem schwersten Flintglas fortsetzt. Der größte ν-Wert unter den regelmäßig für Brillen verwendeten Werkstoffen findet sich bei Quarz mit $\nu = 70$. Das haupt-

Abb. 98.

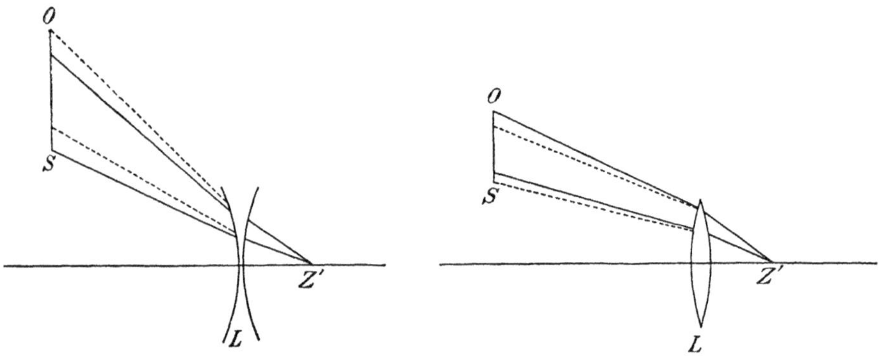

a b

Übersichtsbild der Farbensäume eines seitlich gelegenen schwarzen Gegenstandes SO auf weißem Grunde für eine Zerstreuungslinse und Sammellinse

(——) rote, (······) blaue Strahlen auf der Dingseite.

Die achsennahen Säume sind rot und blau und die achsenfernen sind blau und rot.

sächlich verwandte harte Tafelglas hat $\nu = 60$ bis zu $\nu = 57$, während die Flintarten, die bei der Herstellung von Doppelstärkengläsern verwendet werden, wesentlich kleinere Zahlen, etwa $\nu = 36$, zeigen.

Nach diesen theoretischen Überlegungen wird es zweckmäßig sein, der Erscheinungsform des Farbenfehlers bei der einfachen Brille einige Aufmerksamkeit zu schenken.

Achtet man darauf, daß in jedem Falle der Ziffernwert von $D_{\prime C}$ geringer ist als der von $D_{\prime F}$, so wird man erwarten können, daß auch für die endlichen Winkel am Augendrehpunkt die Verkleinerung der dingseitigen Blickfeldwinkel w bei einer zerstreuenden, ihre Vergrößerung bei einer sammelnden Linse für blau stärker ist als für rot.

Liegt also der für die Farbenwahrnehmung besonders günstige Fall eines schwarzen Gegenstandes auf weißem Grunde vor, so folgt aus den beiden Darstellungen 98a und b unmittelbar, daß ein seitlicher schwarzer Gegenstand bei Benutzung eines Zerstreuungs-(Sammel-)Glases auf der der Achse zugewandten Seite mit einem roten (blauen), auf der der Achse abgekehrten Seite mit einem blauen (roten) Rande umgeben gesehen wird.

Diese Farben nennt man primäre, und zwar aus einem Grunde, der an sich bei der Brillenkunde nicht erörtert zu werden brauchte. Bei den optischen Instrumenten von verwickelterem Bau, wie dem Fernrohr und dem Mikroskop, machen sich nämlich trotz dieser Farbenhebung gewisse Farbenreste bemerkbar, die man als sekundäre oder gar tertiäre Farben bezeichnet hat. Im Gegensatz dazu stehen die primären Farben bei chromatisch nicht verbesserten Folgen.

Die primären Farben lassen sich bei jedem gewöhnlichen Brillenglase wahrnehmen, wenn man in seitlicher Richtung aufmerksam die Ränder dunkler Gegenstände betrachtet, die sich von einem hellen Grunde abheben. Die Größe der notwendigen Schiefe hängt von der Brechkraft des Brillenglases und von dem Beobachtungsvermögen des Brillenträgers ab.

Schon 1917 hatte H. Boegehold (ZfoO *5*. 28) ein Rechenbeispiel mitgeteilt, wo der Farbenfehler der Hauptstrahlneigung bei $w' = 28^\circ$ an einer einfachen dicken Brille von der Durchbiegung nahezu unabhängig war. — Einen Beweis für die Unempfindlichkeit dieses Fehlers gegen die Durchbiegung lieferte für kleine Hauptstrahlneigungen E. Weiss (*9*. 357, 39) im Jahre 1920 und gab ein anschauliches Verfahren an, die Breite des Farbensaums in Teilen des Monddurchmessers zu versinnlichen.

§ 145. **Die Achromasie der Brechkraft.** Es läßt sich denken, daß Versuche angestellt worden sind, die Farbenfehler des Brillenglases zu heben. Man ging dabei nach dem Muster der altbekannten Instrumente zur Unterstützung des Sehens vor und bestimmte zwei dünne einander benachbarte Linsen so, daß die Brechkraft der Verbindung bei dem Übergange von C zu F keine Änderung zeigte

$$D_{,C} = D_{,F}.$$

Bestimmt man die Brechung der beiden Glasarten durch die Angaben

$$n' = n'_D; \quad \Delta n' = n'_F - n'_C; \quad n'' = n''_D; \quad \Delta n'' = n''_F - n''_C,$$

und sei auch ihr Zerstreuungsvermögen entsprechend durch

$$\nu' = (n' - 1)/\Delta n'; \quad \nu'' = (n'' - 1)\Delta n''$$

gekennzeichnet, so ergeben sich nach dem Vorhergegangenen leicht für die dünnen Teillinsen, deren Brechkräfte sein mögen

$$D' = (n' - 1)\,(1/r_1 - 1/r_2); \quad D'' = (n'' - 1)\,(1/r_3 - 1/r_4),$$

die Beziehungen

$$\Delta D' = \Delta n' (1/r_1 - 1/r_2); \qquad \Delta D'' = \Delta n'' (1/r_3 - 1/r_4)$$
$$= D'/\nu' \qquad\qquad = D''/\nu''.$$

Für die farbenfreie Folge erhält man die Gleichungen

$$D_, = D' + D''$$
$$\Delta D_, = \Delta D' + \Delta D'' = D'/\nu' + D''/\nu'' = 0,$$

und daraus ergibt sich ohne weiteres

$$D' = \frac{\nu'}{\nu' - \nu''} D_,; \quad D'' = \frac{\nu''}{\nu'' - \nu'} D_,.$$

Die Aufgabe, eine dünne abstandslose Folge von zwei Bestandteilen zu achromatisieren, läßt sich also nur dann lösen, wenn zwei Mittel mit verschiedenem ν-Wert zur Verfügung stehen. Das ist nach den oben angeführten Daten der Fall. Bei einem solchen Linsenpaar nennt man das Glas mit dem höheren ν-Wert das Kron- und das mit dem niedrigeren ν-Wert das Flintglas des Paars. Aus den soeben für die Brechkräfte der Teillinsen abgeleiteten Beziehungen folgt dann ohne weiteres, daß der Bestandteil mit dem höheren ν-Wert, die Kronlinse, das Zeichen der Gesamtwirkung erhalten muß. Hiernach führt also die Verwendung von verkitteten Sammelgläsern, wo die sammelnde Linse aus Flintglas gebildet ist, auf eine Verbindung, die in chromatischer Hinsicht nicht nur nicht verbessert, sondern sogar verschlechtert ist. Solche Zusammenstellungen finden sich bei einzelnen Doppelstärkengläsern, wo sie offenbar deshalb angewandt werden, weil der in den Kronarten zur Verfügung stehende Unterschied der Brechzahlen nur verhältnismäßig gering ist. Daß die Wirkung einer solchen unrichtig zusammengesetzten Verbindung nicht noch schlechter ist, das liegt wohl hauptsächlich an der geringen Ausdehnung, die das Blickfeld des Zusatzglases in Doppelstärkengläsern hat.

Achromatische Brillengläser überhaupt werden schon ziemlich lange hergestellt, und man hat sich bei ihrer Einführung wohl auf die großen Vorteile berufen, die die alten optischen Instrumente, das Fernrohr und das Mikroskop, aus der Durchführung der Farbenhebung gezogen haben.

Indessen ist dieser Schluß nicht ohne weiteres zulässig, da es sich bei Brillengläsern immer nur um dünne Bündel handelt. Da nun das Auge selbst mit Farbenfehlern behaftet ist, so ist es gegen die stets verhältnismäßig geringen farbigen Längsabweichungen eines Brillenglases sehr unempfindlich. Das erkennt man auch daraus, daß man beim Blick längs der Achse an einem einfachen Brillenglase keine Farbenerscheinungen bemerkt.

§ 146. **Geschichtliche Bemerkungen zur Achromasie der Brechkraft.** Der Wunsch, farbenfreie Brillen anzubieten, ist, wie gesagt, wohl alt, und es scheint nach den Angaben Ch. Chevaliers (*1.* 80), daß man in England schon auf Grund des SMITHischen Patents Linsenpaare aus einem sammelnden und einem zerstreuenden Gliede, allerdings mit mangelhafter Farbenhebung hergestellt habe. Es ist ferner wahrscheinlich (s. ZfoO *4.* 95/96), daß die französischen Fabrikanten TH. PR. MOUSSIER & . . BOULLAND in den 50er Jahren bei Doppelstärkengläsern Rücksicht auf die Farbenfehler nahmen. — Ernsthafter wurden diese Fragen 1869 von E. FL. COURVOISIER (*1.*) behandelt. Nähere Angaben über das Äußere dieser Brillen finden sich auf S. 23 bei der Geschichte der Randbegrenzung. Der Gedanke der achromatischen Brillengläser wurde von seinem Landsmann, dem auch sonst wohlbekannten Pariser Optiker E. DEROGY (*1. 2. 3.*), in mehreren Patenten um 1870, 71, 77 aufgenommen und weiter gebildet, doch ist es nicht bekannt geworden, daß er einen größeren Erfolg gehabt habe als E. COURVOISIER. Die veröffentlichten Patente beziehen sich nur auf Fassungsverfahren für seine achromatischen Gläser. — N. LAZARUS (*1.*) erhielt 1881 ein englisches Patent auf achromatische Brillen, wobei die beiden, an einer Planfläche zusammenstoßenden Glasarten durch Erhitzung in eine feste Verbindung miteinander gebracht worden waren. Wie man sieht, handelt es sich hier um die Anwendung jenes als eigentlich amerikanisch bezeichneten Mittels zur Herstellung der sonst als bekannt anzusehenden achromatischen Brillengläser. Es läßt sich nicht mehr entscheiden, warum sich diese doch recht wichtige Neuerung nicht einführte; man kann nur sagen, sie scheint nach den allerdings sehr lückenhaften und nur gelegentlichen Berichten, wie sie leider im Brillenwesen üblich sind, keinen Anklang gefunden zu haben. — An dieser Stelle ist auch des farbenfreien Brillenglases von K. FRITSCH (vorm. PROKESCH) (*1*, *2.*) in Wien vom Jahre 1886 zu gedenken, der ein sammelndes Fernbrillenglas von etwa $5^1/_2$ dptr mitteilte, dessen Nullstrahlen für *C* und *F* die gleiche Schnittweite zeigten. Er kam (*3.*) 1894 noch einmal auf diese Angelegenheit zurück, ohne indessen viel Neues zu bringen. — Auch hierher gehört der etwas später, 1889, gemachte Vorschlag A. MÜLLERS (*1.*), die farbige Längsabweichung zu heben. Die farbenfreien Brillen . . [DOYNE]s (*1.*) aus dem Jahre 1908 sind an der hier vorliegenden Stelle so undeutlich beschrieben, daß es fast bei einer bloßen Erwähnung bleiben muß: sie sollten das Netzhautbild vergrößern.

§ 147. **Die Achromasie der Hauptstrahlneigung.** Ganz so, wie bei den monochromatischen Abweichungen eine eingehende Fassung der Korrektionsbedingungen erst möglich war, als die Augendrehung berücksichtigt wurde, verhält es sich auch mit den Bedingungen für die Wegschaffung der störenden Farbenerscheinungen.

Auch hier geht die Aufstellung der Korrektionsbedingung auf A. GULLSTRAND (*6.* 41.) zurück, und zwar ist die Forderung auszusprechen, daß für endliche Neigungswinkel das Auge keine Farbenverschiedenheit der Vergrößerung empfinde, während eine farbige Längsabweichung auf dem Hauptstrahle endlicher Neigung wohl zulässig ist. Diese Vorschrift steht in vollkommener Übereinstimmung mit dem Gebrauch des Auges beim Blicken. Durch die Drehung des ganzen Auges werden Farbenfehler in der Hauptstrahlneigung vollständig vermieden, während natürlich der durch den Bau des Auges bedingte Betrag farbiger Längsabweichung bei jeder nur möglichen Blickrichtung wirksam ist.

Farbenfrei wirkende Linsenfolgen, die als Brillen benutzt werden sollen, müssen also für die beiden Hauptgrenzfarben die gleichen Neigungswinkel im Augendrehpunkt zeigen

$$w'_C = w'_F .$$

Für die Berechnung ist es bequemer, den Strahlengang umzukehren. Denkt man sich einen Hauptstrahl endlicher Neigung von der Augenseite her in die Folge einfallen, so ist zu verlangen, daß seine beiden farbigen Teilstrahlen, die nach der Brechung an der ersten Fläche bereits auftreten, die Dingebene an derselben Stelle durchstoßen. Ist der Gegenstand unendlich weit entfernt, so müssen sie einander parallel austreten. Unter diesen Bedingungen wird nämlich bei der im Gebrauch vorliegenden Umkehrung des Strahlenganges von einem allseitig strahlenden Punkte der Dingebene ein roter und ein blauer Teilstrahl ausgehen, die beide nach dem Durchtritt durch die Folge den Augendrehpunkt Z' unter derselben Neigung gegen die Achse

$$w'_C = w'_F$$

durchsetzen.

Ist aber einmal ein solcher Zustand für einen endlichen Drehwinkel erreicht, so gilt das gleiche auch für alle kleineren Drehwinkel innerhalb der Genauigkeitsgrenzen, die unter diesen Umständen in Betracht kommen. Die Farbenempfindlichkeit des Auges ist in dem Falle der Brille, wo es sich nie um eine stärkere Winkelvergrößerung handelt, nicht sehr groß, und wenn nach der Bemerkung auf S. 189 die sekundären Farbenabweichungen unbesprochen bleiben können, so gilt das gleiche hier, wo es sich um die farbigen Zwischenfehler bei endlicher Neigung handelt.

Achromatische Linsenfolgen mit gleichzeitiger Hebung des Astigmatismus schiefer Bündel.

Die Verbindung der Farbenfreiheit mit punktueller Abbildung läßt sich in einigen Fällen erreichen, über die im folgenden kurz gehandelt werden soll.

§ 148. **Die achromatischen punktuell abbildenden Starbrillen.** Aus dem vorhergehenden wird es klar geworden sein, daß eine Berechtigung der Forderung, die Farbenerscheinungen für endliche Hauptstrahlneigungen zu heben, erst bei starken Linsenwirkungen zuzugeben sein wird. Dabei fallen verhältnismäßig dünne Zerstreuungslinsen aus dem Grunde fort, weil bei den meisten hochgradig kurzsichtigen Augen die Sehfähigkeit zu sehr herabgesetzt ist, als daß sie unter diesen Umständen von der Hebung der Farbenfehler einen merklichen Vorteil verspüren könnten. Wesentlich anders liegen die Verhältnisse für Sammellinsen hoher Brechkraft, die für Staroperierte in Betracht kommen. Schon oben, auf S. 45, war darauf hingewiesen worden, daß diese Augen infolge des großen Wertes von $D_{\prime\prime}/D_{12}$

ein gesteigertes Sehvermögen erhalten. Hier hat also die Farbenhebung einen Zweck, allerdings im wahren Sinne auch dann erst, wenn sie mit einer Beseitigung des Astigmatismus schiefer Bündel verbunden ist. Denn das wird man ganz allgemein behaupten können, daß die Beseitigung eines Fehlers schiefer Bündel allein nur eine unvollkommene Lösung der Aufgabe darbietet, dem fehlsichtigen Auge eine deutliche Wahrnehmung zu ermöglichen. Man wird außerdem die Forderung aufstellen, daß die beiden dünnen Linsen einer achromatischen Verbindung miteinander verkittet werden, und zwar wird man zweckmäßig die Flintlinse mit einer Trägerschicht versehen, um am Gewicht möglichst zu sparen. Dadurch, daß die Verkittung vorgeschrieben ist, bleibt nur ein Radius — die Durchbiegung der ganzen Verbindung — verfügbar, denn durch die Herbeiführung der Achromasie und die Einhaltung einer bestimmten Brennweite f_i' ist die Brechkraft für jede Einzellinse (s. S. 190) bestimmt worden. Diese Durchbiegung genügt aber auch zur Herbeiführung anastigmatischer Abbildung für schiefe Bündel längs Hauptstrahlen von endlicher Neigung. Allerdings ist zu dieser Überlegung zu bemerken, daß bei der vorliegenden Aufgabe der Achromatisierung einer Starlinse die Farbenfreiheit längs der Achse ziemlich belanglos ist, und also die angeführten Formeln nur zur Vorrechnung dienen können. Das Wesentliche ist eben nach dem Vorhergegangenen die Aufhebung der farbigen Neigungsverschiedenheit für Hauptstrahlen endlicher Neigung und des Astigmatismus längs ihnen.

Abb. 99.

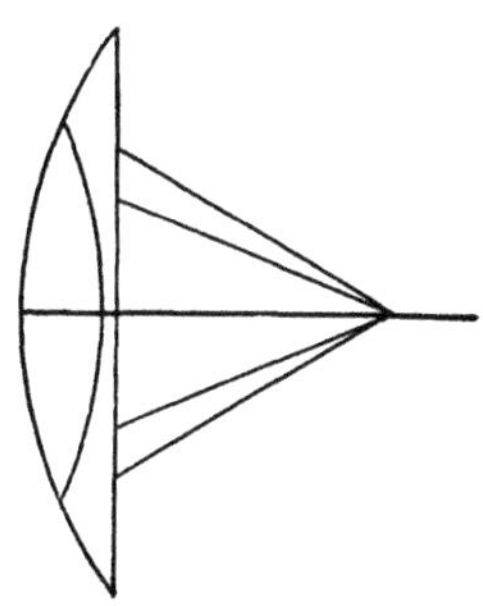

Achromatische Starlinse mit planer Hinterfläche und Trägerschicht am Flintbestandteil.

Aus der nebenstehenden Abbildung 99 wird das Äußere einer solchen achromatischen Starlinse deutlich werden. Es bietet nämlich keine Schwierigkeit, durch geeignete Auswahl der Glasarten den Astigmatismus unter den außerdem vorgeschriebenen Bedingungen sogar mit einer planen Endfläche zu heben und so eine Form zu erhalten, die für die Herstellung in größeren Mengen gewisse Bequemlichkeiten bietet.

Schon im vorletzten Absatz war von der Notwendigkeit gesprochen worden, das Gewicht der für schiefe Bündel anastigmatischen Stargläser möglichst zu beschränken. Tatsächlich liegt dafür auch alle Veranlassung vor, denn infolge der Achromasiebedingung ergibt sich für farbenfreie Doppellinsen mit endlichen Dicken die endgültige Brechkraft angenähert als der Unterschied zwischen den Brechkräften der Kron- und der Flintlinse. Wenn man nun weiß, daß die Sammelwirkung einer Folge für ein endliches Blickfeld einen bestimmten, von der Brechkraft abhängigen Mindestwert der Mitteldicke erfordert, so sieht man ein, daß sich diese Dicke hier nach der Kronlinse bestimmt, der die wesentlich höhere Brechkraft eigen ist.

Als eine nicht zu übersehende Abfolge ergibt sich mithin für achromatische Stargläser die folgende Vorschrift. Um ein sehr beträchtliches Gewicht zu vermeiden, beschränke man sich möglichst in der Größe des Blickfeldes, die man fordert, und schreibe für das Glas eine tunlichst geringe Entfernung vom Hornhautscheitel vor. Erscheint aber doch das Gewicht zu groß, so verzichte man lieber auf die Achromasie und wähle eine GULLSTRANDsche Starbrille. Überhaupt aber wird der Vorteil der Achromasie nur in ganz besonderen Fällen so weit gewürdigt werden, daß die damit verbundene Gewichtserhöhung gerechtfertigt erscheint.

§ 149. Geschichtliche Bemerkungen zu achromatischen Starbrillen. Aus früherer Zeit liegen kaum so genaue Angaben zu den Bestimmungsstücken vor, daß man die Fehler berechnen könnte. Eine Ausnahme macht das auf K. FRITSCH und das Jahr 1886 zurückzuführende Glas, von dem schon auf S. 191 die Rede war. Obwohl bei seiner Anlage eine Hebung der sphärischen und chromatischen Abweichungen im hintern Brennpunkte erstrebt worden war, so sind doch — es handelt sich bei dem Beispiel nur um eine ziemlich dünne Linse von etwa $5^1/_2$ dptr Brechkraft — die Farbenfehler der Hauptstrahlenneigung nicht groß. Der Astigmatismus schiefer Bündel ist zwar für einen Drehwinkel von 25° nicht gehoben, zeigt aber auch keinen besonders hohen Betrag. Zu den dickeren Starlinsen, von denen in jenem Flugblatt auch die Rede ist, sind Zahlenangaben nicht bekannt. — Daß A. GULLSTRAND (*6.* 41) bereits 1907 die Aufhebung der Farbenverschiedenheit der Hauptstrahlneigung ausgesprochen hatte, wurde schon erwähnt, und 1908 wurde von M. v. ROHR (*5.*) eine C. ZEISS (*3.* s. auch ZfoO *5.* 29) geschützte punktuell abbildende Starlinse veröffentlicht, die aus einer Kron- und einer Flintlinse zusammengekittet war und keine Verschiedenheit der Hauptstrahlneigung für rotes und blaues Licht zeigte. — Im Jahre 1915 nahm A. KLUGHARDT (*1.* s. auch ZfoO *7.* 137), damals im Dienste des RODENSTOCKschen Hauses, diese Aufgabe auf, und man ist, da sich auch H. BOEGEHOLD (ZfoO *5.* 26—32) eingehend dazu äußerte, besonders gut über die hier vorliegenden Möglichkeiten unterrichtet. Bei einem gegebenen Glaspaare sind theoretisch vier Formen möglich, je nachdem die Kronlinse außen oder innen angenommen wird, wobei sich jedesmal zwei Durchbiegungen, eine schwächere und eine stärkere, ergeben. An jener Stelle ist die Anlage mit Kron voraus näher untersucht worden, und dabei zeigte die stärkere Durchbiegung einen Vorteil namentlich hinsichtlich der Verzeichnung. Freilich wird bei gleicher Mitteldicke der Winkel w' der überhaupt durchgelassenen Hauptstrahlen kleiner als bei der Form schwächerer Durchbiegung. Die Anlage mit Flint voraus ist an jener Stelle nicht näher behandelt worden; die beiden Achsenschnitte aus ZfoO 7. 137 (in Abb. 100 u. 101) werden ein Urteil über die Durchbiegungen ermöglichen.

Abb. 100.

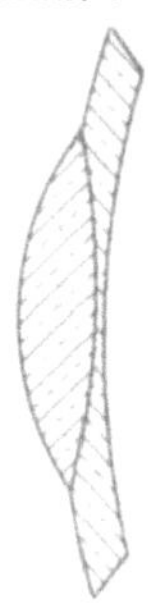

Abb. 101.

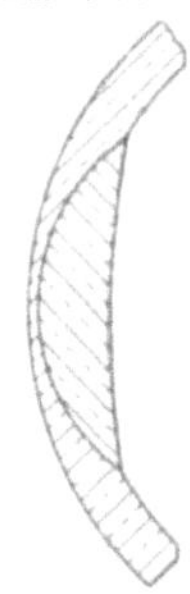

RODENSTOCKsche achromatische Brillengläser mit Kron / Flint voraus.

§ 150. **Die achromatischen Fernrohrbrillen.** Es sei schließlich noch darauf hingewiesen, daß sich auch die für hochgradig kurzsichtige Augen bestimmten Fernrohrbrillen ohne besondere Schwierigkeiten durch zweckmäßige Glaswahl auf Farbenfreiheit korrigieren lassen, ohne daß ihre sonstigen guten Eigenschaften eine Beeinträchtigung erfahren. Ist eine solche Anlage durchgeführt, so liegt hier der Fall vor, daß sowohl die Farbenfehler schiefer Bündel als auch der Astigmatismus und die Verzeichnung längs Hauptstrahlen endlicher Schiefe gehoben sind. Beachtet man noch die Einfachheit der Linsenfolge, so ist man zu der Aussage berechtigt, daß bei der Fernrohrbrille eine sehr weitgehende Ausnützung der verfügbaren Mittel erreicht worden ist.

Bei den später entwickelten Formen der Fernrohrbrille, sei es, daß es sich um Fernbrillen für Fehlsichtige geringeren Grades in Abb. 64 auf S. 137 oder um Lupenbrillen in Abb. 67 handelte, machte die Hebung der störenden Farbenfehler (s. S. 191) mehr Mühe, doch ließ sich das Ziel durch eine Zusammensetzung des zerstreuenden Bestandteils aus einer Kron- und einer Flintlinse in befriedigender Weise erreichen. Auch bei der umgekehrten Fernrohrbrille für Ungleichsichtige (§ 176) wurde die Farbenverschiedenheit der Hauptstrahlneigung bei der Berechnung im Auge behalten.

Einer besondern geschichtlichen Bemerkung bedarf es hier nicht.

An dieses Gebiet anzuschließen sind

§ 151. **Die Hilfsgläser für Farbenblinde.** Es handelt sich dabei um den Gedanken, die sonst leicht zu verwechselnden Farben nacheinander durch solche Gläser betrachten zu lassen, daß sie in verschieden veränderter Helligkeit erscheinen und so einen Schluß auf die Farbe gestatten. In neuerer Zeit hat man dafür Glasarten gewählt, die in der Nähe der neutralen Stellen des Farbenuntüchtigen ziemlich breite Spektralbezirke durchlassen; also für Rotgrün-Blinde etwa Purpur und Grün. Man läßt dann nacheinander durch die beiden Gläser beobachten und auf die Helligkeitsminderung achten.

§ 152. **Geschichtliche Bemerkungen dazu.** Der Gedanke ist zweifellos von merklichem Alter, und der Verfasser hat zunächst auf Th. u. J. M. Gray (*1.*) vom Jahre 1877 hinzuweisen sowie auf die zweckmäßige Form bei F. v. Kamptz (*1.*) um 1891. Aus den augenärztlichen Zeitschriften fand ich . . Fraenkel (*1.*) um 1889 zu erwähnen, sowie in neuerer Zeit A. Kirschmann (*1.*).

IV. Die Änderungen der Raumerfüllung durch die Brille.

§ 153. **Die Folgen der Bewaffnung eines Einzelauges mit einem vollkommenen Brillenglase.** Wenn im vorhergehenden die verschiedenen Abweichungen und Korrektionsmöglichkeiten des Brillenglases erörtert wurden, so wurde stets an der Voraussetzung festgehalten, daß es sich um ein

Einzelauge handele. Auch in diesem Abschnitt soll davon zunächst noch nicht abgesehen werden, aber es mögen für die ersten Überlegungen die verschiedenen Fehler zurücktreten; im Gegenteil, es sei zunächst einmal ein vollkommenes, d. h. punktuell und verzeichnungsfrei abbildendes Brillenglas für ein achsensymmetrisches Auge angenommen.

1. Die Änderung der Perspektive durch die Brille.

§ 154. **Die Änderung des Verlaufs der Hauptstrahlen.** Die jetzt zu behandelnden Eigenschaften der Brille lassen sich aus dem gemeinsamen Gesichtspunkt ins Auge fassen, daß die Brille die Betrachtung räumlich ausgedehnter Gebilde zu unterstützen hat. Handelte es sich nämlich wirklich stets wie bei Lupenbrillen um die deutliche Wahrnehmung von Gegenständen auf einer ebenen Druck- oder Schreibfläche, so wäre angenähert der Stoff mit dem Vorhergehenden erschöpft, wenn man sich nicht mit der für die übliche Größe des Blickfeldes minder wichtigen Lichtverteilung beschäftigen wollte. Das ist aber nicht der Fall, sondern es liegen in der Regel Gegenstände vor, die nach allen drei Richtungen, also auch in der Richtung der Lichtbewegung selbst, ausgedehnt, also Raumdinge sind.

Wie die Gesichtswahrnehmung beim einäugigen Betrachten von Raumdingen beschaffen ist, damit hat man sich seit Jahrhunderten beschäftigt, und die allmählich entwickelte Lehre von der Perspektive faßt die Gesetze zusammen, nach denen eine Darstellung eines körperlichen Gebildes auf einer Fläche, in der Regel einer Ebene, möglich ist. Daß eine solche perspektivische Darstellung auch dem ungelehrten Beschauer ohne weiteres verständlich ist, das hat seinen Grund darin, daß die Annahme eines Projektionszentrums auch bei dem Sehvorgange verwirklicht ist, indem eben beim Blicken der Augendrehpunkt als dieses Projektionszentrum dient. Aus der Grundannahme für perspektivische Darstellungen ergibt sich sofort, daß sie nur dann naturgetreu wirken, d. h. dem Einzelauge die gleichen Blickwinkel vermitteln können wie die Betrachtung der dargestellten Raumdinge selber, wenn sie von dem zutreffenden perspektivischen Zentrum aus betrachtet werden.

Alles dies gilt zunächst von greifbaren Perspektiven, Zeichnungen oder Gemälden, bei deren Anfertigung der ausführende Künstler die Gesetze der Perspektive beobachtet hatte. Es gilt aber auch von den Bildern, die ein optisches Instrument entwirft; denn auch da handelt es sich, wie zuerst in klarer Erkenntnis A. GULLSTRAND (*6.*) betont hat, nur um einen Projektionsvorgang, genauer gesprochen, um die Darstellung, die die bildseitigen Hauptstrahlen auf der bildseitigen Schirmfläche ausstoßen. A. GULLSTRAND (*8.*) hat, wie auch schon in dieser Darstellung hervorgehoben wurde, den Zusammenhang zwischen der zweifachen Mannigfaltigkeit der auf eine eng abgeblendete

Folge wirkenden Dingpunkte und ihrer Darstellung auf der bildseitigen Schirmfläche als punktuelle Korrespondenz bezeichnet, und hat damit den hier wichtigen Zusammenhang zwischen Ding- und Bildraum möglichst allgemein hervorgehoben. Es ist nicht zu bezweifeln, daß sich auch die Abbesche Schule allmählich mehr und mehr mit dem Projektionsvorgange beschäftigt hat, aber diese Vorstellungen waren ihr stets enger oder loser verquickt mit der Voraussetzung einer gewissen Abbildungsfähigkeit der optischen Folge. Als nun durch die Gullstrandschen Schriften unwiderleglich der Nachweis geführt worden war, daß eine solche ausdrücklich oder stillschweigend vorausgesetzte Abbildung nicht vorhanden sei, da schien für den Schüler E. Abbes zunächst auch die Vorstellung von dem Projektionsvorgange ihre Gültigkeit zu verlieren. Das ist nun tatsächlich nicht der Fall, weil eben dieser Projektionsvorgang von dem der Abbildung vollständig getrennt zu halten und der perspektivische Zusammenhang zwischen Ding- und Bildraum auf die Lehre von der optischen Projektion aufzubauen ist.

Solcher Projektionen liefern die optischen Instrumente mannigfache Arten: weit bekannt und viel benutzt, wenngleich selten vollständig verstanden, sind die von photographischen Linsen gelieferten Perspektiven, während für die zur Augenhilfe dienenden Vorrichtungen mindestens bei rechtsichtigen Augen als Schirmfläche die unendlich ferne Ebene des Bildraumes in Betracht kommen sollte.

Hält man an der eingangs gemachten Voraussetzung nicht verzeichnender Instrumente fest, so stehen die durch die photographischen Linsen erzeugten ebenen Perspektiven auf derselben Stufe wie die von Künstlerhand hergestellten perspektivischen Darstellungen auf ebenen Schirmflächen: sie vermitteln dem an das zutreffende perspektivische Zentrum gebrachten und ausreichend akkommodationsfähig vorausgesetzten Auge die gleichen Blickwinkel wie die Mannigfaltigkeit der Dingpunkte in der Wirklichkeit.

§ 155. **Geschichtliche Bemerkungen dazu.** Einen Vorschlag zur Untersuchung des Ganges der Hauptstrahlen bei einem vorliegenden (in dem besonderen Falle noch dezentrierten) Brillenglase machte 1911 C. A. Hegner (*1.*), indem er die punktuelle Korrespondenz in der Brennebene des Glases photographierte. Das geschah bei positiven Brechkräften durch das Brillenglas selbst, bei negativen aber mußte eine verzeichnungsfreie Hilfslinse mit ebenem Blickfelde eingeschaltet werden. Durch starke Abblendung versuchte er den Astigmatismus schiefer Bündel möglichst unschädlich zu machen. — Weitere Anwendungen dieses Verfahrens scheinen in der nächsten Zeit ausgeblieben zu sein.

§ 156. **Die Tiefenänderung durch die Brille.** Für die zur Augenhilfe dienenden Vorrichtungen sei hier in Abb. 102a und b die Beschränkung auf die Fernbrillengläser festgehalten, auf die es in dieser Schrift besonders ankommt. Denkt man sich an den Achsenort von Z' die Mitte einer engen

Blende gebracht, so entspricht ihr auf der Dingseite der scheinbare Augendrehpunkt Z, und zwar sei hier zunächst von seiner sphärischen Abweichung abgesehen, da sie in bezug auf die Dingweite doch nur klein ist. Alsdann bestimmt die Projektion aller von Z aus sichtbaren Dingpunkte auf die unendlich ferne Schirmebene des Dingraums dort eine Darstellung, das dingseitige Abbild oder kurz das Abbild, dessen einzelne Punkte von dem scheinbaren Augendrehpunkt Z aus unter dem scheinbaren oder dingseitigen Blickwinkel w erscheinen.

Das nicht verzeichnende Brillenglas ordnet nun dem dingseitigen Hauptstrahlenbündel in Z das bildseitige in Z' zu und dem dingseitigen Abbild das nach Voraussetzung ihm ähnliche bildseitige Abbild, kurz das Abbildsbild, dessen einzelne Punkte in Z' unter den Winkeln w' erscheinen.

Abb. 102.

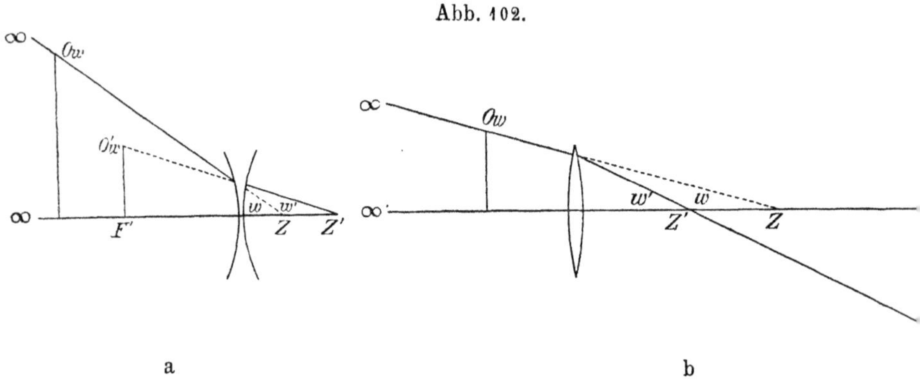

Die Projektion der Dingpunkte O_w auf die ferne Einstellebene mittels der Hauptstrahlen von der Neigung w und die Verfolgung der bildseitigen Hauptstrahlen mit der Neigung w' bis zur Brennebene für ein zerstreuendes / sammelndes Fernbrillenglas.

Dabei ist nach S. 90 die Vergrößerung V_w nur durch die Durchstoßungspunkte der ding- und der bildseitigen Hauptstrahlenbündel mit ihren zugehörigen Schirmebenen bestimmt.

Die beiden möglichen Fälle einer Zerstreuungs- und einer Sammellinse bieten voneinander einen Unterschied, der dem sehr ähnlich ist, demzufolge die Erhöhung der relativen Sehschärfe durch Sammel-, ihre Verminderung durch Zerstreuungsgläser abgeleitet wurde. Da die ding- und die augenseitigen Blickwinkel zu vergleichen sind, so wird es eben auch hier auf die Veränderung der Winkel ankommen, nur daß hier nicht wie auf S. 53 der vordere Augenhauptpunkt **H**, sondern der Augendrehpunkt Z' durch das Brillenglas in den Dingraum abgebildet wird. Bezeichnet also

$$V(\mathsf{x}, 'D_{\prime})$$

die Winkelvergrößerung im achsennahen Gebiet in ihrer Abhängigkeit von

χ' und $D_{,}$, so ist damit für verzeichnungsfreie Linsen die Vergrößerung über das ganze Blickfeld gegeben, und man erhält das Ergebnis, daß verzeichnungsfreie Zerstreuungslinsen die dingseitige Perspektive dem Auge unter kleineren, verzeichnungsfreie Sammellinsen sie ihm unter größeren Blickwinkeln vorführen.

Wie man sieht, ist diese Winkeländerung mit der Brechkraft des Brillenglases eng verbunden, und man kann sich die eine ohne die andere nicht denken, solange es sich um feststehende Brillengläser nach Art der einfachen, verhältnismäßig dünnen Linse handelt. Für diese gilt also die Aussage, daß nach Maßgabe ihrer Brechungsfehler Kurzsichtige die Dinge unter zu kleinen, Übersichtige sie unter zu großen Blickwinkeln sehen.

Im umgekehrten Verhältnis dazu steht die Ausdehnung des Blickfeldes oder die notwendige Größe der Brillengläser. Da der dingseitige Blickwinkel w eben von dem augenseitigen w' verschieden ist, so würde, wenn ein Blickfeld fester Ausdehnung $2\,w$ gefordert würde, der Kurzsichtige mit einem wesentlich kleineren Durchmesser des Brillenglases auskommen, als der Übersichtige, oder aber bei gleichem Glasdurchmesser hat der Kurzsichtige ein wesentlich größeres Gesichtsfeld als der Übersichtige. Auf der einen Seite ist das das Entgelt, das bei Zerstreuungslinsen für die Winkelverkleinerung gewährt wird, und auf der anderen der Preis, der bei Sammelgläsern für die Winkelvergrößerung zu zahlen ist.

Für die Auffassung und Deutung der Perspektive ist es nun selbstverständlich nicht gleichgültig, unter welchen Winkeln sie dem Auge dargeboten wird. Das folgt schon aus der Bemerkung, daß eine perspektivische Darstellung nur dann den richtigen Eindruck des dargestellten Gebildes zu vermitteln vermag, wenn die auf der Dingseite geltenden Projektionswinkel wieder hergestellt werden. Ist das nicht der Fall, so führt eine Deutung der zwar verzeichnungsfreien, aber aus unrichtigem Abstande betrachteten Perspektive auf ein von dem Raumding abweichendes Raumgebilde, mit anderen Worten, es stellt sich eine Änderung der Raumerfüllung ein. Es empfiehlt sich, an den beiden Fällen der Zerstreuungs- und der Sammellinse die Möglichkeiten näher zu betrachten, die hier verwirklicht werden können.

In den umstehenden Darstellungen, den Abb. 103a und b, die sich auf einen Achsenschnitt beschränken, sei als Raumding ein Quadrat $SERT$ gewählt, und es liege Z, der scheinbare Augendrehpunkt, in der Verlängerung der unteren Seite SE. Ferner sei vorausgesetzt, daß der Abstand EZ groß genug sei, um das Auge nicht zum Akkommodieren auf verschiedene Teile des Raumdinges zu veranlassen; diese Annahme ist berechtigt, weil infolge des geringen Pupillendurchmessers die Abbildungstiefe des Auges für einigermaßen entfernte Gegenstände tatsächlich sehr beträchtlich ist. In der Wirklichkeit könnte $SERT$ etwa einen Längsschnitt durch ein Gebäude oder eine Mauer darstellen.

Die Projektion der verschiedenen Dingpunkte auf die unendlich entfernte Schirmfläche bestimmt auf dieser eine ET_1R ähnliche, ebene Darstellung, die von Z aus unter den Winkeln w erscheint. Nach dem auf S. 90 gegebenen Lehrbegriff einer verzeichnungsfreien Linse und nach der hier notwendigen Umkehrung des Strahlenganges gilt zunächst für die in F' errichtete Bildebene, dann aber auch für jede ihr parallele, in dem beliebigen Achsenpunkte e errichtete Ebene

$$\operatorname{tg} w'/er = \text{Const.},$$

wobei in Z' die Hauptstrahlneigungen w' auftreten.

Abb. 103 a.

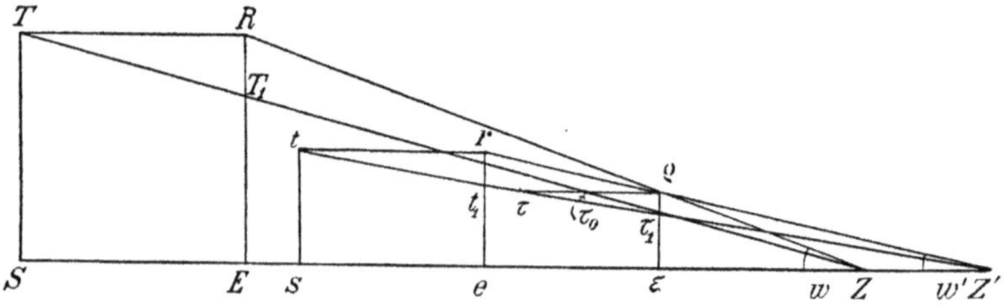

Eine bloße Übersichtsdarstellung für die Tiefenänderungen bei einem zerstreuenden Brillenglase.

Abb. 103 b.

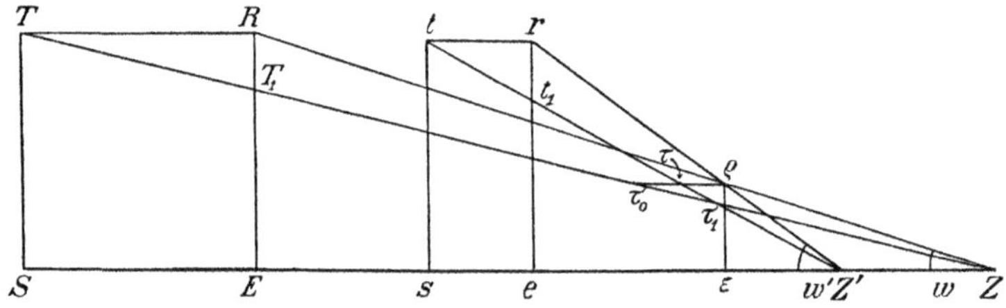

Eine bloße Übersichtsdarstellung für die Tiefenänderungen bei einem sammelnden Brillenglase.

Man betrachtet also die Darstellung et_1r, die dem dingseitigen, in unendlicher Entfernung entworfenen Abbilde ähnlich ist, unter Winkeln w', die von denen w verschieden sind, unter denen jenes im Dingraume entworfen wurde. Zwei ähnliche ebene Figuren ET_1R und et_1r, deren eine unter den Winkeln w, deren andere unter den Winkeln w' erscheint, müssen aber zu einer einzigen ebenen Darstellung (in der Zeichnung $\varepsilon\tau_1\varrho$) in bezug auf Z und Z' perspektivisch liegen, so daß gelten muß

$$\operatorname{tg} w/\operatorname{tg} w' = \varepsilon Z'/\varepsilon Z.$$

Offenbar wird durch die Lagenänderung des Projektionszentrums zunächst nur die Größe der Augendrehwinkel betroffen, und es bleibt auch bei dieser Änderung, wenn es sich um unbekannte Raumdinge handelt. Liegen aber bekannte Gegenstände vor, so kommt die Erfahrung ins Spiel, und es entspricht einer Änderung der Blickwinkel eine Änderung der Raumdeutung, deren wichtigster Fall hier behandelt werden soll.

Wird, wie oben angenommen, eine Mauer betrachtet, so lehrt die Erfahrung von den Größenverhältnissen, daß der Höhenunterschied der unteren von der oberen Kante für die ganze Mauer fest ist, oder daß die obere Kante der unteren parallel läuft. Der Brillenträger wird also geneigt sein, durch r eine Parallele rt zu se zu ziehen und ihren Schnittpunkt t mit der Richtung $Z't_1$ als das Ende der Mauer aufzufassen. Diese als porrhallaktisch[1]) oder tiefenändernd bezeichnete Umdeutung der Tiefe sei durch die Größen

$$TR/RE; \quad tr/re$$

gemessen. Zieht man noch durch ϱ die Parallele $\varrho\tau_0$ zur Achse, so ergibt sich leicht

$$\frac{TR}{RE} = \frac{\tau_0\varrho}{\varrho\varepsilon}; \quad \frac{tr}{re} = \frac{\tau\varrho}{\varrho\varepsilon}$$

$$\frac{TR}{RE} : \frac{tr}{re} = \tau_0\varrho : \tau\varrho = \varepsilon Z : \varepsilon Z' = \frac{\varepsilon Z}{\varrho\varepsilon} : \frac{\varepsilon Z'}{\varrho\varepsilon}$$
$$= \operatorname{ctg} w : \operatorname{ctg} w'.$$

In Worten heißt das, ein verzeichnungsfreies Brillenglas vermag nach Maßgabe der Änderung der Blickwinkel eine Tiefenänderung des Raumbildes zu verursachen, und zwar entspricht einem zerstreuenden Glase eine Vertiefung, einem sammelnden eine Abflachung des ursprünglichen Tiefenwertes. Der Grund für diese Erscheinung liegt darin, daß die vergrößernde oder verkleinernde Wirkung der Brillengläser nicht die Tiefe, sondern nur Breite und Höhe (die beiden Querdimensionen) betrifft.

§ 157. **Geschichtliche Bemerkungen zu der Tiefenänderung durch die Brille.** Die hier beschriebenen Tiefenänderungen fielen verständlicherweise bei der Brille F. C. Donders (*3.* 130—36) auf, und er hat sie eingehend beschrieben, ohne aber ihre Theorie genauer zu behandeln. H. Helmholtz (*1.* 673) hat dessen Untersuchungen an der Brille wohl allgemein erwähnt, aber für einäugige Instrumente nicht weiter entwickelt. — Diese Überlegungen wurden im Zusammenhang mit den Fragen der beidäugigen Tiefenwahrnehmung 1904 von M. v. Rohr (*4.*) bei der Behandlung der photographischen Linse aufgenommen. Es handelte sich dabei um eine in der photographischen Optik häufig gestellte Aufgabe, wie ein von einer verzeichnungsfreien Linse geliefertes Abbildsbild einäugig zu betrachten sei, um den richtigen Eindruck zu erhalten. Er gab die Antwort mit Hilfe seiner bereits 1897 eingeführten Darstellung auf der Einstellebene. Am bequemsten zusammengestellt finden sich diese Überlegungen bei M. v. Rohr (*39.* 23—30).

§ 158. **Die Vorführung der Tiefenänderung durch die Brille.** Es war ausdrücklich der Ausdruck »vermag zu verursachen« gewählt worden,

1) Von πόῤῥω fern und ἀλλάττω ändere, nach M. v. Rohr (*4.* 289).

denn es liegt bei einäugiger Betrachtung kein Zwang vor, gerade diese Deutung anzunehmen. Es ist auch möglich, daß die Erinnerung mehr an der Tiefenerstreckung haftet als an dem Größenverhältnis der Seitenausdehnung. In einem solchen Falle würde man also bei dem Aufbau des Raumbildes von der Erfahrungstatsache Gebrauch machen, daß die Tiefe SE gleich ist der Höhe RE. Geschieht das, so hört das Raumbild auf, ein Parallelogramm zu sein, und es ergibt sich dann im Falle der Zerstreuungslinse eine Verkleinerung der Höhe des Hintergrundes, bei Sammellinsen aber eine Vergrößerung. Indessen sind das Wirkungen, die man seltener bei Brillen, öfter aber bei der Betrachtung von Lichtbildern bemerkt, die in unrichtiger Entfernung aufgestellt worden sind. Werden Aufnahmen mit Linsen kurzer Brennweite der Akkommodationsschwierigkeiten wegen aus einem zu großen Abstande (d. i. unter zu kleinen Blickwinkeln) betrachtet, so ergibt sich bei bekannten Raumdingen der Vordergrund häufig zu hoch, der Hintergrund zu niedrig. Diese Erscheinung wird manchmal als »Weitwinkelperspektive« eingeführt. Ist, was seltener vorkommt, der Betrachtungsabstand zu klein, so kann sich der umgekehrt veränderte Eindruck ergeben, und man hat dem photographischen Teleobjektiv diese perspektivische Untugend nachgesagt. Bedient man sich also dieser, bei der Verbreitung der Photographie vielen bekannt klingenden Ausdrucksweise, so kann man sagen, daß unter Umständen Zerstreuungsgläser einen Eindruck von der Außenwelt vermitteln können, der der Perspektive eines Weitwinkels, Sammellinsen einen solchen, der der Perspektive eines Teleobjektivs verwandt ist.

Bei einäugiger Betrachtung wird meistens wohl die Deutung des Raumbildes zwischen den beiden Grenzen liegen, deren eine durch eine reine Tiefenänderung, deren andere durch eine allein die Höhen betreffende perspektivische Umgestaltung angegeben wird.

Wünscht man sich eine Vorstellung von der Wirkung eines solchen vollkommenen Brillenglases zu verschaffen, so geschieht das am besten mit Hilfe verzeichnungsfreier Lichtbilder. Sind nämlich für den Blendenabstand von 30 mm und die Brechkräfte der dünnen Brillengläser

$$D_{,} = -6 \text{ dptr}; \quad \operatorname{tg} w / \operatorname{tg} w' = 1{,}18$$

und für

$$D_{,} = +4 \text{ dptr}; \quad \operatorname{tg} w / \operatorname{tg} w' = 0{,}88,$$

so muß eine Landschaftsaufnahme, die mit einer Linse von 25 cm Brennweite hergestellt worden ist, von einem Rechtsichtigen einäugig aus der Entfernung von

29,5 cm   25,0 cm   22,0 cm

betrachtet werden, wenn derselbe Eindruck vermittelt werden soll, den ein mit

— 6 dptr   ± 0 dptr   + 4 dptr

bewaffnetes Auge von der Landschaft erhält. Da eine Akkommodation auf 22,0 cm nicht jedem Auge möglich ist, und da auch die Vergleichung durch Abstandsverminderung nicht sehr bequem ist, so kann man lieber an dem Betrachtungsabstand von 25 cm (oder einer anderen Entfernung) festhalten und die Aufnahmen entsprechend verkleinern (vergrößern), die die Wirkung von Zerstreuungs-(Sammel-)linsen verdeutlichen sollen. Es ergibt sich dann für die zugrunde gelegte Aufnahme, wenn die Wirkung einer Bewaffnung mit

— 6 dptr   ± 0 dptr   + 4 dptr

einem Rechtsichtigen ohne Abstandsänderung vorgeführt werden soll, eine Wiedergabe im

0,85   1   1,14

-fachen Maßstabe.

Ein noch lehrreicherer stetiger Übergang würde sich mit einem besonderen Bildwerfer herstellen lassen, wie er früher für »Phantasmagorien« gebaut wurde.

Da diese Überlegungen für Rechtsichtige angestellt wurden, so müßte man, um Brillenträgern den entsprechenden Eindruck zu vermitteln, andere Betrachtungsabstände wählen, und zwar nach Maßgabe des Brechungsfehlers für Kurzsichtige kürzere, für Übersichtige längere.

Diese Überlegungen gelten für verzeichnungsfreie Brillen, die sich, wie auf S. 103 bemerkt worden war, mit Hilfe einer asphärischen Fläche auch als punktuell abbildende herstellen lassen.

Geht man schließlich noch auf die Verhältnisse von verzeichnenden Brillen ein, so weicht das Raumbild dann insofern von dem vorher beschriebenen ab, als der Maßstab der Wiedergabe nicht über das ganze Blickfeld fest bleibt. Gerade Linien des Dingraums, die nicht die Achse schneiden, erscheinen also in der früher (S. 91) beschriebenen Weise gekrümmt. Eine derartige Änderung tritt, wie gleichfalls schon bemerkt wurde, bei den gewöhnlichen punktuell abbildenden Brillengläsern auf. Der Brillenträger gewöhnt sich zwar schnell an diesen Fehler, doch wird er leicht bemerkt, sobald man die Aufmerksamkeit darauf richtet. Ein besonderer Nachteil aber wird für das einäugige Sehen dadurch nicht verursacht.

§ 159. **Geschichtliche Bemerkungen dazu.** Darstellungen zur Fälschung der Raumerfüllung auch durch verzeichnungsfreie Brillengläser wurden zuerst 1911 und 12 in den wenigen Vorlesungen zur Brillenkunde vorgeführt, die mir meine Gesundheit noch zu halten gestattete. Dafür wurde ein Bildwerfer von O. Henker geplant und gebaut, der mittels zwangläufiger Verschiebung des Glasbildes ermöglichte, auf einem festen durchscheinenden Schirme ein Bild zu entwerfen, dessen Größe zwischen zwei merklich verschiedenen Grenzen nach Belieben gewählt werden konnte. Eine kurze Beschreibung dieser Erfindung findet sich bei H. Erggelet (*3*. 358—60).

2. Die Brille als Sehhilfe für beide Augen.

§ 160. **Das Vorkommen der beidäugigen Brille.** In der überwiegenden Mehrzahl der Fälle wird nun nicht ein einzelnes Brillenglas benutzt, sondern der Brillenträger bewaffnet ein jedes seiner beiden Augen.

§ 161. **Geschichtliche Bemerkungen dazu.** Einen unbezweifelbaren Beleg für das Bestehen der beidäugigen Brille gibt ein 1352 gemaltes Wandbild zu Treviso, worüber bei O. Hallauer (*2.*) nähere Nachrichten zu finden sind. Auch daraus, daß die Bezeichnung der Brille in den verschiedenen Sprachen durch ein Wort in der Mehrzahl gebildet ist — unser Ausdruck die Brille ist ebenfalls (S. 10) aus einer solchen Form, die Brillen, entstanden, das ist die Mehrzahl des Fachausdrucks für die einäugige Sehhilfe der Brill —, kann man schließen, daß zu der Zeit, wo die Augengläser in größerer Zahl auftraten, die einäugige Form von der beidäugigen zurückgedrängt wurde. — Zunächst handelte es sich wohl meist um eine zum Vorhalten bestimmte, gelenkte Verbindung zweier gestielter Eingläser, die Nietbrille, dann stellte sich die zum Aufklemmen auf die Nase bestimmte Lederbrille und — jedenfalls schon im 15. Jahrhundert — die vielfach hörnerne Bügelbrille ein, die allmählich eine bessere Federung erhielt und — vielleicht nach niederländischem Vorbild — auch in Metall als Klemmbrille ausgeführt wurde. — Solche wenig sorgfältig hergestellten Stücke wurden namentlich in Venedig und den oberdeutschen Reichsstädten Nürnberg und Fürth, Augsburg, Regensburg in ungeheuren Mengen und zu äußerst geringen Preisen — von 6 Pf. ab im Großhandel — auf den Markt geworfen. — Die heute verbreitete Ohrenbrille wurde wahrscheinlich zuerst vor 1623 in Spanien entwickelt, verbreitete sich aber erst etwa 100 Jahre später von England aus nach Frankreich und Deutschland und fand hier seit den letzten Jahrzehnten des 18. Jahrhunderts eine weite, von den gesellschaftlich maßgebenden Kreisen zunächst getadelte Verbreitung. — Der heutige Klemmer stammt wahrscheinlich aus den 40er Jahren des vorigen Jahrhunderts, und er ward namentlich im Hinblick auf die Verwendung astigmatischer Gläser ständig derart entwickelt, daß die Lage der Gläser von dem Sitz des Gestells möglichst unabhängig wurde. Als Schlußstein kann man den Cottetschen (*1.*) Fingerklemmer bezeichnen. — Eingehendere Darstellungen zur Brillengeschichte finden sich in großer Zahl; von zusammenfassenden seien hier die von Greeff (*2.*) und M. v. Rohr (*45.*) angeführt.

§ 162. **Eine Aufgabe bei der Anpassung einer beidäugigen Brille.** Hierbei mag man annehmen, daß die beiden Augendrehpunkte auf einer Wagerechten angeordnet seien; die noch wenig untersuchten Höhenabweichungen mögen vorderhand unbeachtet bleiben. Jener wagerechte Abstand mag als der Augenabstand **I** bezeichnet werden, und zwar gilt für ihn die Ungleichung

$$50 \text{ mm} \leqq \mathbf{I} \leqq 74 \text{ mm},$$

da Werte über diese Grenzen hinaus so selten vorkommen, daß sie vorläufig unbeachtet bleiben können.

Die Augendrehpunkte scheinen bei den europäischen Völkern recht häufig nicht symmetrisch zur Mitte des Nasenrückens zu liegen, und die Kenntnis dieses Umstandes ist für die richtige Anpassung punktuell abbildender Brillengläser von einer großen Wichtigkeit. Seine Verdeckung spielt bei der Brillenanpassung eine gewisse Rolle. — Aus den später anzuführenden KOEGELschen Zahlengruppen (*1.* 68, 141) seien hier zwei besonders gegensätzliche Fälle mitgeteilt. Dabei sollen der Einfachheit wegen nur die großen, über 1 mm betragenden Asymmetrien angegeben werden, und zwar bedeutet das Zeichen — eine Verschiebung der Mitte des Nasenrückens nach rechts, das Zeichen + eine solche nach links.

Die Asymmetrie des Nasenrückens ihrer Häufigkeit nach.

	Die Zahlen selbst			nach Hundertteilen		
	über —1 mm	zwischen —1 und +1 mm	über +1 mm	über —1 mm	zwischen —1 und +1 mm	über +1 mm
bei 300 Engländern	26	219	55	8,7	73,0	18,3
bei 150 Gurkhas	3	147	0	2,0	98,0	0,0

Näheres möge man an den angegebenen Stellen nachlesen.

§ 163. **Geschichtliche Bemerkungen dazu.** Ins einzelne gehende Untersuchungen über den Augenabstand sind aus früherer Zeit nicht bekannt geworden, obwohl man sie sicherlich angestellt hat, namentlich im Hinblick auf den schon früh vermuteten Zusammenhang einer besonderen Größe des Augenabstandes mit der Kurzsichtigkeit (ZfoO *3.* 135, 138/9). So hat H. KOEGEL (*2.*) 1919 auf eine derartige Arbeit F. HOLMGRENS aus dem Jahre 1879 hingewiesen und ihre Zahlenangaben in der später üblichen Weise verwertet. — Ältere Abstandsmessungen von größerer Genauigkeit finden sich beispielsweise 1873 bei P. SCHRÖTER (*1.*) auf Grund der Beobachtung des Pupillenbildes im ebenen Spiegel (auch F. HOLMGREN war so vorgegangen) und 1877 bei W. v. ZEHENDER (*2.*) unter Benutzung der MEYERschen Tapetenbilder. — Die ersten eingehender bearbeiteten Messungen der Augenabstände (für Dänen beider Geschlechter) scheint E. HERTZSPRUNG (*1.*) 1904 veröffentlicht haben. Eine sorgfältige Arbeit mit den Häufigkeitswerten geht in neuerer Zeit auf R. HELMBOLD (*1.* I) zurück, der 300 Deutsche und 225 Slawen (möglichst Rechtsichtige beider Geschlechter) auf den Augenabstand und seine Symmetrie zur Mitte der Nasenwurzel hin gemessen und (*1.* II) diese Zahlen bearbeitet hat. Ihm folgte schließlich H. KOEGEL (*1.*), der Messungen in Kriegsgefangenenlagern ausführen konnte und eine Zahlensammlung von bemerkenswertem Umfang zusammenbrachte.

Bei der Brillenanpassung wurde der Augenabstand schon früh berücksichtigt; so nahm 1821 J. G. A. CHEVALLIER (*1.*) auf ein zweckmäßig angelegtes Brillengestell ein Patent. — J. T. HUDSON (*1.*) legte bei der Anpassung Wert darauf, den Glasmitten einen Abstand zu geben, der mit dem der Pupillenmitten übereinstimmte. Der sogar für England geringe Wert von 57 mm, den er dafür angab, läßt die Annahme glaubhaft erscheinen, daß er gelegentlich den Pupillenabstand bei der Betrachtung naher Gegenstände angenommen habe. — Auch A. CHEVALIER (*1.*) hat großen Wert auf diese Verhältnisse gelegt: er bediente sich bereits verschiedener Hilfsvorrichtungen, um sei es den Pupillenabstand oder die Höhenlage der Augenachsen oder die Kopfdicke in der Schläfengegend zu bestimmen. — Daß Brillenfabriken darauf Rücksicht nahmen, läßt sich in Deutschland für das Jahr 1868/69 nachweisen, wo E. BUSCH in Rathenow für den

Zwischenraum von 52 bis 71 mm 8 Abstufungen in den Gestellen vorsah. — Zu der Verdeckung von merklichen Asymmetrien sei auf G. Kloth (*1.*) und O. Henker (*4.*) hingewiesen; genau kann auf diesen Gegenstand hier nicht eingegangen werden, da er eigentlich bei der Brillenfassung zu behandeln wäre.

§ 164. **Die Tiefenfälschung (Porrhallaxie) der vollkommenen Brille.** Nimmt man einen Beobachter an, dessen beide Augen den gleichen Brechungsfehler haben (der Fall der Gleichsichtigkeit oder Isometropie), so wird man, wenn es sich um einen hinreichend entfernten Gegenstand handelt, die Fernbrillengläser offenbar so miteinander verbinden, daß ihre Achsen einander parallel laufen und gerade aus nach vorn gerichtet sind. Nach den auf S. 198 vorausgeschickten Überlegungen entstehen dann auf den Bildflächen der beiden Brillengläser zwei Abbildsbilder, deren jedes von dem zugehörigen fehlsichtigen Auge betrachtet wird. Sobald Gegenstände in endlicher Entfernung vorliegen, ist die Perspektive dieser beiden Abbilder nicht identisch, da ja die beiden Projektionszentren verschiedene Stellen im Raume einnehmen, genauer gesagt, um den Augenabstand voneinander entfernt sind.

Ein jeder Punkt eines solchen Abbildsbildes bestimmt nun mit dem zugehörigen Drehpunkt eine Richtung, und diese Richtungen beider Augen schneiden sich im Raume in einem bestimmten Punkte, der zu dem beidäugig wahrgenommenen Raumbilde gehört. Obwohl also jedes einzelne Abbildsbild in endlicher Entfernung vom Augendrehpunkt zustande kommt, weisen die Punkte des beidäugig gesehenen Raumbildes ganz verschiedene Abstände von den Augendrehpunkten auf. Es tritt also bereits bei der Doppelbrille eine Trennung zwischen Konvergenz und Akkommodationszustand auf, und das ist ein Kennzeichen dafür, daß ein stereoskopisches Instrument mit flächenhaften Halbbildern vorliegt. Aus der allgemeinen Behandlung dieser Einrichtungen wird man die Folgen für die Vereinigung zweier Einzelbilder entnehmen können, die unter andern Blickwinkeln w' betrachtet werden, als für die Aufnahmen w in Betracht kamen. Genaueres findet sich bei M. v. Rohr (*4.* 289/91); hier sei nur das Ergebnis mitgeteilt, daß das unter diesen Umständen zustandekommende Raumbild tiefenunrichtig (porrhallaktisch) ist. Wenn man berücksichtigt, daß Doppelbrillen viel verbreiteter sind als Einzelgläser, so wird man verstehen, warum oben bei der Behandlung dieser Einzelgläser dem tiefenunrichtigen Eindruck, den sie vermitteln können, eine weit größere Bedeutung beigelegt worden war, als der dort auch möglichen perspektivischen Veränderung der Höhen im Vorder- oder im Hintergrunde.

Von den vorhandenen Brillenformen sind nach dem Vorhergegangenen nur zu nennen die Gullstrandschen Gläser und die Fernrohrbrillen. Für die erstgenannte Anlage gilt das oben gesagte dann in vollem Umfange, sobald man bei den höheren Brechkräften vor einer entschiedenen Durchbiegung nicht zurückschreckt. Für die an letzter Stelle genannten stellt es sich heraus, daß hier eine tiefenändernde Wirkung für die blickenden Augen nicht auftritt, wenn die Blickwinkel w und w' auf der Ding- und auf der Augenseite einander gleich sind. Eine solche Fernrohrbrille hat also für das damit bewaffnete blickende Auge den Vorteil, daß sie nur seine Sehschärfe steigert, aber die Perspektive unverändert läßt, unter der es die Außenwelt wahrnimmt. Die Perspektive des Blickens für ein jedes der beiden Augen ist von der eines am gleichen Orte befindlichen rechtsichtigen Auges überhaupt nicht verschieden, und deswegen stimmt auch sein beidäugig erblicktes Raumbild mit der beidäugigen Wahrnehmung eines Rechtsichtigen genau überein. Für verzeichnungsfreie Fernrohrbrillen aber, bei denen der hintere Hauptpunkt nicht mit dem Augendrehpunkt zusammenfällt — und das wird die Regel sein — treten auch wieder Tiefenänderungen auf.

§ 165. **Geschichtliche Bemerkungen dazu.** Auf die Bedingungen beim beidäugigen Sehen durch eine Brille ohne Berücksichtigung der Verzeichnung ging F. C. Donders (*3*. 136—43) ein und ermittelte durch eine sehr überschlägliche Betrachtung, daß sammelnde Gläser auf eine Abflachung, zerstreuende auf eine Vertiefung ziemlich entfernter Raumdinge führten. Seine Bemerkung (141) zu der geringen Genauigkeit der derzeitigen Brillenanpassung läßt erkennen, daß man damals zur Aufstellung einer auch nur auf dieser Stufe strengen Brillenlehre für das blickende Einzelauge noch nicht gelangt war, geschweige denn zu einer solchen Behandlung der beidäugigen, das Blicken unterstützenden Brille. — Zu demselben Schluß kann man auch auf Grund der Behandlung kommen, die ein so guter Kopf wie R. H. Bow (*3*. 261) der Brille als einem binokularen Instrument ungefähr zu gleicher Zeit zuteil werden ließ. — Auf die allgemeine Ableitung der Tiefenänderung verzeichnungsfreier Linsenfolgen mit parallelen Achsen im Jahre 1904 ist schon auf S. 201 hingewiesen worden.

§ 166. **Das beidäugige Sehen durch die gewöhnliche Fernbrille.** Alle vorher nicht genannten Brillen weichen aber insofern von dem vollkommenen Falle ab, als sie verzeichnen. Das hat zur Folge, daß im allgemeinen die beiden von einem beliebigen Dingpunkt ausgehenden Hauptstrahlen im Augenraum Richtungen erhalten, die sich, rückwärts verlängert, nicht schneiden, sondern zueinander windschief verlaufen. Ein einfacher Beweis für diese Behauptung läßt sich auf folgende Weise führen. Außerhalb der Symmetrieebene des Beschauers und außerhalb der wagerechten Ebene durch seine beiden Drehpunkte sei in endlichem Abstande ein Dingpunkt O_w gegeben. Man ziehe durch O_w eine Parallele zur Verbindungslinie der beiden Augendrehpunkte, dann hat ein jeder Ort auf dieser Geraden für jedes der beiden Augen denselben Hub- oder Senkwinkel wie O_w selber, wenn der Beobachter mit senkrecht gehaltenem Kopf vorausgesetzt wird. Nimmt man nun ohne Änderung der Kopfhaltung den Beobachter als fehlsichtig und mit den beiden achsensymmetrischen und richtig angepaßten Fernbrillengläsern bewaffnet an, so wird jedes einzelne Brillenglas jene Gerade als eine nach beiden Seiten symmetrische Kurve abbilden, die je nach dem Vorzeichen der Brechkraft ihre hohle Seite nach oben oder nach unten kehrt. Mit andern Worten wird dem O_w für jedes Auge ein besonderer Bildpunkt O'_{wl} O'_{wr} mit einem verschiedenen Hub- oder Senkwinkel w'_l oder w'_r entsprechen; es wird also im allgemeinen ein Höhenfehler $w'_l - w'_r$ vorhanden sein, so daß die beiden O_w entsprechenden augenseitigen Blickrichtungen zueinander windschief sein werden. Infolge dieses Umstandes ist es nicht mehr möglich, eine einfache Beziehung zwischen Raumding und Raumbild abzuleiten, da es streng genommen ein Raumbild nicht mehr gibt. Ein einheitlicher Eindruck kann aber dennoch zustande kommen, weil der Träger einer solchen Brille leicht lernt, seine Augenmuskeln so spielen zu lassen, daß auch im allgemeinen Falle beim Blicken die Augenachsen mit den augenseitigen Hauptstrahlrichtungen zusammenfallen, so daß der Dingpunkt O_w auf entsprechenden Netzhautstellen abgebildet wird. Es ist aber offenbar die nähere Untersuchung der auf diese Weise zustandekommenden Raumempfindung nicht mehr eine Aufgabe der Optik, sondern eine solche der Physiologie oder Psychologie, da ein mathematisch faßbares Raumbild O'_w für beide Augen überhaupt nicht vorliegt.

§ 167. **Geschichtliche Bemerkungen dazu.** Deutlich unterschieden zwischen streng geometrisch-physikalisch behandelbaren beidäugigen Vorrichtungen und solchen, die sich nur einer physiologisch-psychologischen Untersuchung darbieten, hat zuerst wohl M. v. Rohr (*6.*) 1909 in einer gemeinsam mit O. Henker veröffentlichten Arbeit; er hat 1917 (*35.*) diesen Gedanken noch einmal wiederholt und dabei daran erinnert, daß C. Th. Tourtual 1842 in einer das Stereoskop behandelnden Arbeit auf die Möglichkeit solchen windschiefen Verlaufs hingewiesen habe.

§ 168. **Das beidäugige Sehen durch eine Nahbrille.** Nimmt man an, daß bei einer Nahbrille beispielsweise nach der Vorschrift E. H. Oppenheimers (*1.* 139 δ) die Hauptebenen der beiden Einzellinsen miteinander einen nach außen gekehrten Winkel von etwa 170° einschließen, so läßt sich eine Erklärung dieser Vorschrift durch einen Hinweis auf die deutliche Abbildung geben. Man war eben bei den alten nicht punktuell abbildenden Gläsern abgeneigt, für das beidäugige Sehen auf den besten Teil des Blickfeldes jeden Brillenglases zu verzichten. Hinzu kam, daß infolge der physiologischen Verbindung zwischen Akkommodation und Konvergenzinnervation, auf die hier nicht näher eingegangen werden kann, bei sammelnden Altersbrillen in manchen Fällen eine gewisse Konvergenz der allenfalls durch die beiden Augendrehpunkte gehenden optischen Achsen der Brillen vorhanden sein sollte. Es ist verständlich, daß durch diese Neigung der Brillenachsen gegeneinander der windschiefe Verlauf der augenseitigen Blicklinien in den

Seitenteilen des beidäugigen Blickfeldes nicht bekämpft wurde, und man ist bei punktuell abbildenden dünnen Nahbrillen auch nicht von der Vorschrift abgegangen, die Achsen der beiden Einzelgläser durch die Augendrehpunkte gehen und auf ihrer Verbindungslinie senkrecht stehen zu lassen. Eine derartige Einrichtung hat den Vorteil, daß Ebenen, die zur Richtung der beiden Achsen senkrecht stehen, Ebenen bleiben, wenn sich freilich auch ihr Abstand voneinander infolge der Tiefenumdeutung ändert, deren Einfluß man bei den hier vorausgesetzten dünnen Linsen doch nicht entgehen kann. Daß aber die beiden Linsenachsen die Einstellebene nicht in demselben Punkte durchstoßen, ist ganz nebensächlich, wie ja auch diese Bemerkung von den Achsen der beiden Hälften eines gewöhnlichen Theaterglases gilt, mit dem man etwa ein Gemälde betrachtet, oder von den beiden Achsen der Fernbrille eines akkommodationsfähigen Brillenträgers, sobald er damit liest: hinsichtlich der Perspektive wird bei verzeichnungsfreien Instrumenten zur Unterstützung des freien unbehinderten Sehens nur verlangt, daß der Augendrehpunkt den vorgeschriebenen Achsenort einnehme. Daß aber unter allen Umständen in den Seitenteilen einer so angepaßten Nahbrille Abweichungen von den Verhältnissen beim natürlichen Sehen mit unbewaffneten Augen einträten, scheint schon ziemlich früh bemerkt worden zu sein und zu verschiedenen Abänderungsvorschlägen geführt zu haben.

§ 169. **Geschichtliche Bemerkungen zur Behandlung der Nahbrille.** Zuerst trat auf diesem Felde wohl B. Martin (*1.*) 1756 auf. Für das Gestell seiner Nahbrille mit breiten Hornrändern (s. S. 5/6) war eine derartige Form gewählt worden, daß sich die Achsen der beiden Gläser im Arbeitsabstande an einem Punkte der Symmetrieebene schnitten. Es waren also die Glasmitten in einen entsprechend kleineren Abstand voneinander zu bringen, als wenn die Parallelstellung der Augenachsen berücksichtigt worden wäre, und ferner mußten die Ebenen der Glasränder gegeneinander geneigt werden. — Dieser Gedanke wurde 1826 von J. I. Hawkins (*1.*) bei der Vorschrift für seine Dreistärkenbrillen wieder aufgenommen. Die Hauptblicklinie soll die Mitte eines jeden Einzelteils senkrecht durchsetzen, und darum müssen die Scheitel der Nahteile entsprechend genähert werden, und die Teile selbst sind gegeneinander um so mehr zu neigen, je nähere Gegenstände in Frage kommen. Die drei Abb. 104—106 zeigen deutlich, wie er in seinem eigenen Falle verfahren war, wo die Teile der Reihe nach die Brechkräfte 1,4; 3,3 und 5,6 dptr hatten. — Notwendig ist eine solche Ausrichtung der beiden Achsen auf den Hauptkonvergenzpunkt bei der Zeissischen Brillenlupe, die aus zwei einzelnen Lupenbrillen (s. S. 138) zusammengesetzt ist. Da solche Vorkehrungen den Westienschen, von W. v. Zehender empfohlenen binokularen Hornhautlupen nahestehen, so sei auf ihre Geschichte bei M. v. Rohr (*15.* 206/7) u. W. Stock hingewiesen. O. Henker (*3.*) hat 1915 das Gestell der Brillenlupe mit einem Kreisbogen um den Hauptkonvergenzpunkt als Zentrum versehen, so daß die vorher nicht ganz einfache Anpassung der Brillenlupe wesentlich erleichtert worden ist. — Inzwischen war 1792 die erste große Veröffentlichung des schottischen Arztes W. Ch. Wells (*1.*) über das beidäugige Sehen erschienen. Er machte in dieser Schrift auf eine Änderung aufmerksam, unter der beim Brillenträger das beidäugige Sehen dem Rechtsichtigen gegenüber vor sich geht. Wenn er nämlich nahe Gegenstände durch seine Brille betrachtete, wobei die Strahlen durch die inneren Hälften beider Gläser traten, so mußten sich infolge der Prismenwirkung der schief benutzten sammelnden Brillengläser die Pupillen mehr nähern als beim freien unbehinderten Sehen, und damit war ihm ein Anlaß zur Änderung der Akkommodation gegeben. — Auf die einigermaßen entsprechende Behandlung der zerstreuenden Brille durch G. U. A. Vieth (*1.*) um 1818 sei ebenfalls hingewiesen; ihm kam

Abb. 104.

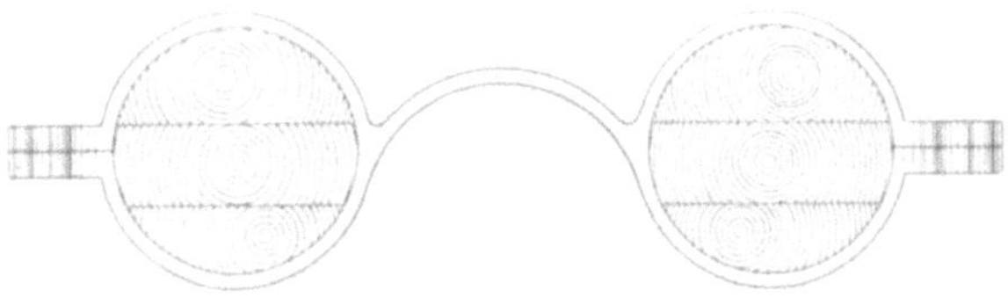

Vorderansicht der Dreistärkenbrille nach Hawkins. Die Scheitel der Linsenstücke sind durch kleine Kreise hervorgehoben. Man beachte die geringen Linsendurchmesser.

Abb. 105.

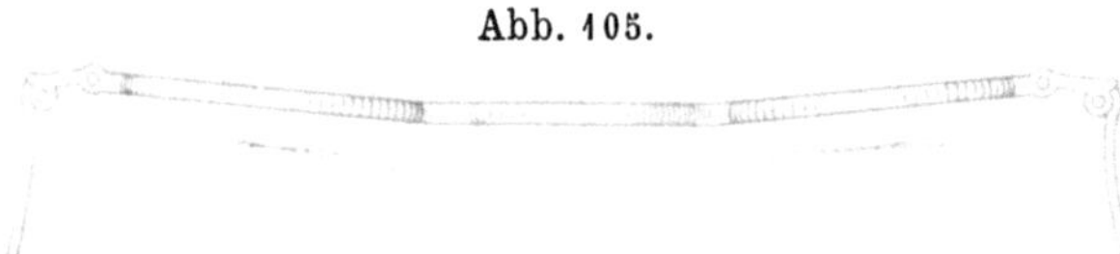

Blick von oben auf die Dreistärkenbrille nach Hawkins. Die drei Paare gestrichelter Linien zeigen die Neigung der mittleren Linsenebenen gegeneinander.

Abb. 106.

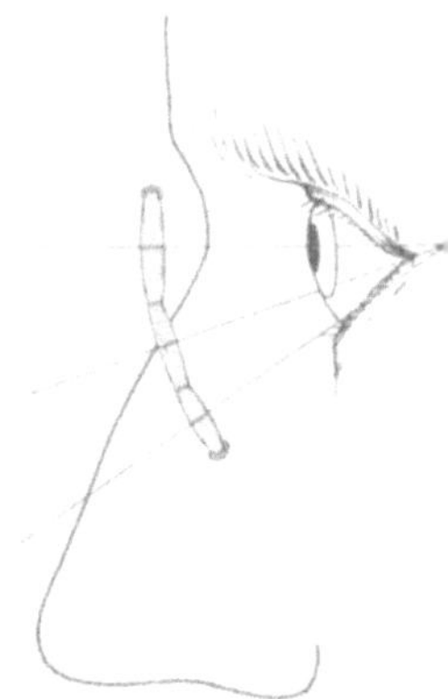

Seitenansicht des Brillenträgers; Brillenglas in dem senkrechten Achsenschnitt durch das oberste Linsenstück. Die neu gezeichneten punktierten Verlängerungen der Blickrichtungen führen auf den Augendrehpunkt.

Abb. 107.

Englische starre Nahbrille vom Jahre 1851.

es besonders darauf an, starke Konvergenzen der Augenachsen Kurzsichtiger zu vermeiden. — Der Gedanke, eine Nahbrille für beide Augen aus einem genügend breiten Querstreifen einer großen Sammellinse herzustellen, scheint zuerst 1851 in der englischen Glasbrille von sammelndem Zeichen nach Abb. 107 verwirklicht worden zu sein. Bei beidäugigem Gebrauch eines solchen Glases stehen, wenn man die Längsabweichung der großen Linse vernachlässigt, von selbst die Akkommodation auf das nicht auffangbare Bild und die Konvergenz in dem Zusammenhange, den sie bei der Betrachtung eines greifbaren Gegenstandes gleicher Lage haben würden. — Hier sind die auf 1859 fallenden Bestrebungen E. Brückes (*1.*) in betreff der Dissektionsbrille, den Akkommodationszustand beim Brillenträger der Arbeitsentfernung besser anzupassen, und die ähnlichen F. Giraud-Teulons (*1.*) anzuschließen, der sich im Jahre darauf mit einer solchen Aufgabe für Sammel- und für Zertreuungsgläser abgab. — Wohl im Zusammenhang damit nahm 1862 .. Duvaldestin (*1.*) ein unveröffentlicht gebliebenes Patent auf eine besonders für das beidäugige Sehen bestimmte Brille. Er ging dabei ebenfalls auf die Verhältnisse ein, wie sie bei beidäugiger Betrachtung naher Gegenstände durch eine große plankonvexe Linse auftreten. Die bei einem solchen Strahlengang benutzten Teile verwandte er, herausgeschnitten und durch nachträgliche Bearbeitung der ursprünglichen Planfläche den gerade vorliegenden Brechungsverhältnissen der Augen angepaßt, als Brillengläser. Es ist nicht anzunehmen, daß diese Arbeit ein besonderes Aufsehen erregt habe, wie ja auch die Vorschriften im einzelnen nicht einwandfrei sind, aber sie zeigt deutlich, daß man auch in den Kreisen der Optiker die Wichtigkeit dieser Aufgabe erkannt hatte und sich um eine Lösung bemühte. — Wiederum auf die Grundanlage der englischen Glasbrille gewissermaßen zurück griff der Ingenieur[1]) H. SCHEFFLER (*1*, *2*, *3*.): in den Jahren zwischen 1865 und 68 empfahl er als orthoskopische Brille zwei besondere Gläser mit Prismenwirkung zu verwenden; sie seien so aus den gegenüberliegenden Teilen einer großen Einzellinse zu schneiden, daß von dem oben angeführten gläsernen Querstreifen nur die Enden verwandt würden. Seine Absicht hat er damals wohl nicht durchführen können, doch wird sie, wie sich sogleich zeigen wird, noch später auftreten. — Ebenfalls aus einem solchen Gedankengange heraus suchte der Australier P. J. EDMUNDS (*1*.) 1889 einen Schutz nach auf eine prismatische Brille, die er so zu berechnen wünschte, daß sie nahe Gegenstände mit beiden Augen ordnungsmäßig zu betrachten gestatte. Da er aber die dafür nötige Prismenwirkung nur mit Hilfe von Annäherungsformeln berechnete, so wird sein Ergebnis voraussichtlich nicht sehr vollkommen gewesen sein. — Umfangreichere Überlegungen spielen 1898 nach Abb. 108 bei der mit geneigten Gläsern versehenen Doppellupe E. BERGERS (*1*, *2*.) eine Rolle. — In neuester Zeit hat das Rathenower Brillenwerk von NITSCHE & GÜNTHER solche Formen von mäßiger Vergrößerung auf Grund der Verfolgung schiefer Bündel in zweckmäßiger Durchbiegung als Rektavist-Lupenbrille herausgebracht.

Abb. 108.

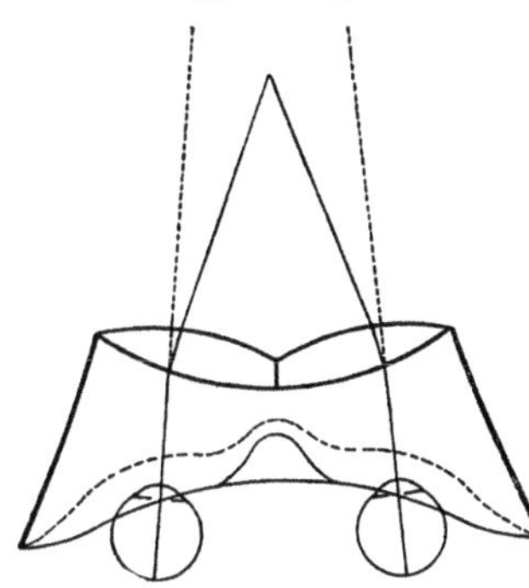

Die BERGERsche Doppellupe mit gegeneinander geneigten Gläsern.

§ 170. Das beidäugige Sehen durch eine Zweistärkenbrille. Die oben (S. 210) erwähnte Verbindung zwischen Akkommodation und Konvergenzinnervation bietet namentlich bei der Anpassung von Vorhängern und von Zweistärkengläsern gewisse Schwierigkeiten dar. Bei Vorhängern wird man entsprechend den neuzeitigen Ansichten über punktuell abbildende Nahbrillen die Achsen der beiden Vorhängerteile mit den Achsen der beiden Fernbrillengläser zusammenfallen lassen. Bei den Zweistärkengläsern hat

1) Es war ein braunschweigischer Baurat, der sich einige Zeit hindurch — nach (*1*, Bd. 2, 96) seit 1863 — mit großem, durch keine augenärztlichen Kenntnisse gebändigtem Feuer, aber ohne erkennbaren Erfolg mit einer Brillenaufgabe beschäftigt hat; er wollte durch seinen Vorschlag eine bessere Übereinstimmung von Konvergenz und Akkommodation erreichen.

man sich früher so zu helfen gesucht, daß man den Begriff des optischen Mittelpunkts benutzte und sich gegenwärtig hielt, daß alle diesen Punkt durchsetzenden Strahlen im Ding- und im Bildraum die gleiche Richtung innehalten. Bei einem Zweistärkenglase gibt es je einen solchen optischen Mittelpunkt für den Nahe- und für den Fernteil. Gröbere Abweichungen von der punktuellen Abbildung längs den Hauptstrahlen, die den optischen Mittelpunkt selbst oder seine Nachbarschaft durchsetzen, suchte man durch eine der verschiedenen Formen zu vermeiden, die im vorhergehenden (S. 141) geschildert worden sind.

§ 171. **Geschichtliche Bemerkungen dazu.** Die S. 209 angeführte schöne Hawkinsische Lösung kann man hier im allgemeinen nicht verwerten, weil in der heutigen Zeit die durch die Fassung zusammengehaltenen Formen der Mehrstärkenlinsen keinen Markt mehr finden und darum nicht mehr hergestellt werden. Bei den späteren, weniger auffälligen Formen, mögen sie nun wie zuerst durch Kittung oder wie später durch Anschliff oder Verschmelzung hergestellt worden sein, hat man sich hinsichtlich des beidäugigen Sehens vielfach darauf beschränkt, die optischen Mittelpunkte der Nahteile einander mehr zu nähern als die der Fernteile. — Hier sind z. B. Th. Pr. Moussier (*3.*) & . . Boulland vom Jahre 1855 zu nennen, wo sie auf eine Änderung an ihren Zweistärkengläsern hinwiesen; sie näherten nämlich die Zentren ihrer angekitteten Nahteile offenbar zu dem Zwecke, die Formänderung der Raumbilder zu vermindern, die eine Folge der bei schiefer Benutzung eintretenden Verzeichnung ist; eine solche tritt bei der Betrachtung näherer Gegenstände ein, wenn die Entfernung der Brillenscheitel mit dem Abstande der Augendrehpunkte übereinstimmt. Wie man sieht, kamen sie für ihre Hilfslinsen etwa zu einer Anpassung, wie sie J. T. Hudson (s. S. 205) im allgemeinen Falle bereits empfohlen hatte. — Von neuem wies 1906 S. Slagle (*1.*) darauf hin, daß die Zentren der Nahteile eine geringere Entfernung haben müßten, als die der Fernteile. Er erwähnte auch die Möglichkeit, den Nahteilen keine höhere Brechkraft zu geben, sondern für akkommodationsfähige Brillenträger nur ihre Zentren mehr aneinander zu rücken. — In Übereinstimmung damit lieferte M. Bentzon (*1.*) seit 1908 die nach seinem Patent hergestellten Gläser als Doppelzentrikgläser auch so ausgeführt, daß die optischen Mittelpunkte der Nahteile einander ein wenig mehr genähert sind als die der Fernteile. — Indessen sind in neuerer Zeit auch Stimmen laut geworden wie die von E. Weiss (*7.* 237), wonach der Nahteil überhaupt nicht zu dezentrieren sei; damit kommt man auf die S. 209 hinsichtlich der punktuell abbildenden Nahbrillen wiedergegebenen Anschauungen zurück. — Eine besondere Art von Zweistärkenbrillen mit Ausrichtung beider Teile zu derselben Achse stellt

Abb. 109.

Zeissische Brillenlupe für Fehlsichtige. Das in zweifacher Vergrößerung wiedergegebene Nahgebiet wird von dem nicht vergrößerten Ferngebiet ringartig umfaßt.

nach Abb. 109 die ZEISSische Brillenlupe für Fehlsichtige dar. Dort liefert der Nahteil eine zweifache Vergrößerung und wird von dem Fernteil allseitig umschlossen.

§ 172. **Die beidäugigen Brillen für Schielende.** Hier sind die bloßen Lochbrillen eines ungemein hohen Alters von den prismatischen Brillen zu unterscheiden, die etwa seit der Mitte des vorigen Jahrhunderts (S. 146) verwendet werden. Bei ihnen tritt nicht nur eine Änderung der Augendrehwinkel gegenüber den scheinbaren Blickrichtungen ein, sondern es ändert sich auch die Konvergenz. Dies kann dazu führen, daß nahe Gegenstände von dem Brillenträger in eine ganz andere Entfernung verlegt und dann zu klein oder zu groß empfunden werden.

§ 173. **Geschichtliche Bemerkungen dazu.** Schon in der Zeit des oströmischen Reichs (im 6. nachchristlichen Jahrhundert) hat nach den Mitteilungen P. PANSIERS (*1.* 51) der Arzt PAULUS von Ägina Schielenden Lochbrillen in der Form von Halbmasken verordnet. — Das entsprechende Mittel hat 1583 BARTISCH von Königsbrück in einem recht frühen Abschnitte der Brillenzeit verwandt. — Ein englischer Optiker D. ADAMS (*1.*) ließ sich 1797 eine Art Schielbrille schützen. Es handelte sich um ein ziemlich eng durchlochtes Blech auf einem Brillengestell, das durch eine Art Kreuztischverschiebung innerhalb des Randes nach Belieben verschoben werden konnte. Diese Einrichtung sollte schwache Muskeln allmählich stärken, indem das durchlochte Blech mit der Zeit immer mehr von der fehlerhaften (Schiel-) Stellung entfernt, und das Auge so nach und nach an die Lage gewöhnt wurde, die für das beidäugige Sehen erforderlich sei. Ähnliche Vorschläge sind auch später noch gemacht worden, doch scheinen sie im großem und ganzen den Mißerfolg des ADAMSischen Patents geteilt zu haben. — Derselbe Gedanke findet sich, ein wenig verändert, in zwei etwas undeutlichen Patenten von A. A. PLAGNIOL (*1. 2.*), die zwar zu verschiedenen Zeiten, 1845 und 1855, genommen worden sind, aber ohne Zwang zusammen besprochen werden können. Er versah die kleinen kreisrunden Lochbleche mit Linsen für Kurz- oder Weitsichtige, ließ aber die — durch andere äußere Mittel ermöglichte — Verschiebung bestehen. — Schließlich wird 1863 eine Lochbrille für Schielende von A. CHEVALIER erwähnt, und ferner sei auf ZfoO *2.* 187/8 hingewiesen. — Schielbrillen alter Art mit mehr oder minder, aber nicht gerade bis auf Löcher verdeckten Gläsern sind schon 1829 von . . ROSSI empfohlen worden, was man aus einer Darstellung FL. CUNIERS (*1.*) ersehen kann; er selbst empfahl auch derartige Brillen mit gewölbten, das Auge ganz umschließenden Schalen, die an geeigneten Stellen dem Licht geöffnet werden konnten. Es ist sehr wahrscheinlich, daß man auf diesem Gebiete später weiter gearbeitet hat, und es sei wenigstens eine spätere, aber doch nicht ganz neue Anlage nach F. NENGELKEN (*1.*) angeführt.

Schilderungen von der Änderung der Raumerfüllung durch Prismenbrillen sind dem Berichterstatter nicht bekannt geworden, dagegen kann hier auf den ersten Vorschlag hingewiesen werden, das BREWSTERsche Stereoskop zur Übung von Schielenden im beidäugigen Sehen zu verwenden. Er geht auf E. DU BOIS-REYMOND (*1.*) und das Jahr 1852 zurück, folgte also der allgemeinen Einführung dieses Geräts schon im nächsten Jahre.

Zur Untersuchung von Gleichgewichtsstörungen wird von A. Bielschowsky (*1*, *2*.) vielfach das Herschelsche Doppelprisma verwandt, das für den Handel anscheinend zuerst, etwa wie Abb. 110, von A. Crétès (*1*.) 1872 gebaut und später auf E. Landolts Vorschlag mit einer Teilung nach Meterwinkeln für zwei merklich verschiedene Augenabstände versehen worden war. Eine neuere Form dieses Geräts nach C. Zeiss vom Jahre 1912 findet sich in Abb. 111 an denselben beiden Orten.

Abb. 110.

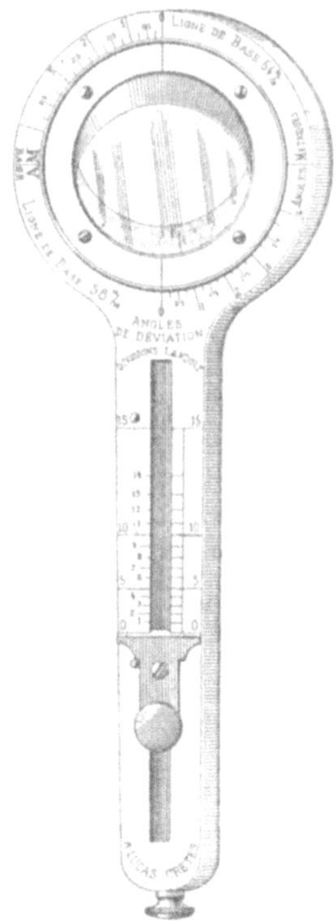

Herschelsches Doppelprisma mit Landoltscher Teilung nach A. Crétès.

Abb. 111.

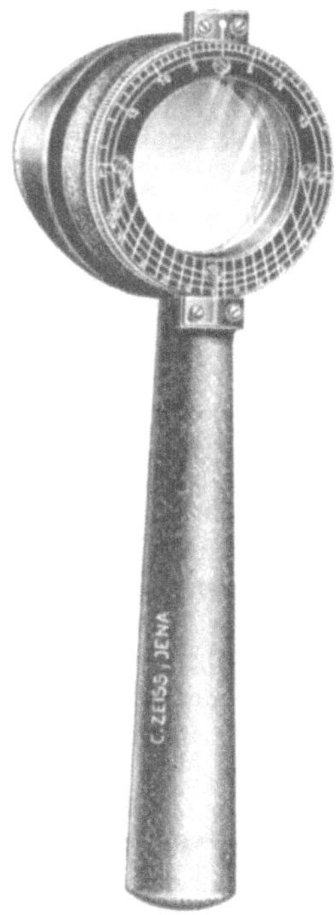

Herschelsches Doppelprisma mit Landoltscher Teilung nach C. Zeiss.

§ 174. **Die beidäugigen Brillen für astigmatische Augen.** Was die astigmatischen Brillen angeht, so ändert die astigmatische Wirkung, die zur Herbeiführung punktueller Abbildung auf der Netzhaut notwendig war, natürlich auch die dingseitigen Blickwinkel w, und zwar in jeder der beiden Symmetrieebenen in verschiedener Weise. Für Hauptstrahlen, die außerhalb dieser Ebenen verlaufen, ist der Zusammenhang darum noch schwieriger zu übersehen, weil die Richtungen vor und nach der Brechung dann zueinander windschief (s. S. 178) sind. Hier wird es besonders darauf ankommen, daß der Träger einer solchen Brille lernt, seine Augenmuskeln nach einem Gesetze zu bewegen, das ihm durch die Beschaffenheit seiner

Brille auferlegt ist. Ganz verständlich ist es, daß im allgemeinen die beiden Seitenwendungswinkel ebensowohl wie die beiden Erhebungswinkel des zu einem gegebenen Gegenstandspunkte gehörigen Hauptstrahlenpaares durch die Wirkung der Brillengläser in einem verschiedenen Betrage für beide Augen verändert werden. Hinsichtlich der Erhebungswinkel wird dann ein Höhenfehler eingeführt, der sehr wohl dessen gewöhnlich als überwindbar angesehenen Betrag von $2 \times 3^1/_2{}^\circ$ übersteigen kann. Hinsichtlich der Seitenwendungswinkel wird sich diese Wirkung als eine Tiefenänderung kenntlich machen können, die wohl bei weniger empfindlichen Beobachtern ausbleiben, von besser geschulten aber deutlich wahrgenommen werden wird. Wirklich bekämpfen könnte man diese unerwünschten Wirkungen — und zwar ohne Rücksicht auf den Betrag des Augenastigmatismus — nur, wenn es gelänge, die von dem Augapfel mitbewegten Haftgläser (s. S. 14/5) zur regelmäßigen Verwendung brauchbar zu machen.

§ 175. **Geschichtliche Bemerkungen dazu.** Wendet man sich nun zur Geschichte dieser Erscheinungen, so muß darauf hingewiesen werden, daß man von einem regelmäßigen Ausgleich des Augenastigmatismus erst seit den 60er Jahren des vorigen Jahrhunderts sprechen kann. Damals und noch lange Zeit danach handelte es sich jedoch noch nicht um zweckmäßig durchgebogene Gläser, und so ist wohl die Feststellung des Höhenfehlers öfter durch die zu geringe Größe des Blickfeldes verhindert worden. Auch war die Größe des innerhalb eines Blickfeldes endlicher Ausdehnung überwindbaren Höhenfehlers vor 1912 unbekannt, wo C. A. Hegner (*3.*) Untersuchungen in dieser Richtung vornahm. Planmäßige Versuche, diesem Höhenfehler bei astigmatischen Brillen mit Gläsern zweckmäßiger Durchbiegung nachzugehen, wurden 1913 von M. v. Rohr (*14.*) u. W. Stock veröffentlicht. Dabei waren die sachverständigen Beobachter durch Haftgläser zeitweilig zu Astigmatikern gemacht worden, und es stand ihnen ein Prüfgerät (s. S. 108) zur Verfügung, das die zu einer solchen Untersuchung notwendige Genauigkeit zu erreichen erlaubte. Derartige Arbeiten, deren damals beabsichtigte Weiterführung der Krieg verhindert hat, sollten wieder aufgenommen werden. Immerhin geben auch diese wenigen Fälle schon einen Hinweis, daß es gelegentlich die unverschmelzbaren Doppelbilder sind, die einen Astigmatiker verhindern, aus der richtig angepaßten Brille mit Gläsern zweckmäßiger Durchbiegung den gewünschten Vorteil zu ziehen.

Wirft man nun einige Blicke auf die durch astigmatische Gläser eingeführten Tiefenänderungen, so treten vereinzelte Fälle davon schon überraschend früh auf. Zunächst ist hier auf den Moserschen Vorschlag vom Jahre 1844 zu verweisen, wo nach M. v. Rohr (*44.* 55) zylindrische Betrachtungslinsen gefordert werden. — Eine gewisse Ähnlichkeit damit zeigte 1859 ein auf Th. Wharton Jones (*1.*) zurückgehendes Gerät, worin beiden Augen zerstreuende Zylinderlinsen vorgeschaltet wurden, um eine Einzelaufnahme räumlich zu erblicken. — Die ungewollte Tiefenfälschung[1]) durch astigmatische Brillen wurde zuerst wohl 1876 von dem amerikanischen Augenarzt . . Wadsworth (*1.*) beschrieben. Nach dem kurzen Bericht zweiter Hand, der hierfür nur eingesehen

---

1) Die nächsten drei Fälle sind im engsten Anschlusse an M. v. Rohr (*44.* 162, 191/92, 222) mitgeteilt worden.

werden konnte, handelte es sich um ein astigmatisches Auge, das früher am beidäugigen Sehen kaum teilnahm. Die Anwendung eines Zylinderglases mit senkrechter Achse stellte eine ausreichende Sehschärfe her und mit ihr ein beidäugiges Sehen. Da aber die Blickwinkel für das bewaffnete Auge geändert wurden, so zeigte das Sammelbild Tiefen, die von den wirklichen merklich und zunächst in störender Weise abwichen. — Sodann wies 1893 H. Friedenwald (*1.*) darauf hin, daß sich bei zylindrischen Gläsern mit geneigten Achsen die augenseitigen, entsprechend veränderten Einzelperspektiven zu einem Sammelbild vereinigen könnten, das von dem betrachteten Raumding recht abweiche. In dem von ihm an einer Brillenträgerin beobachteten Fall handelte es sich um die sehr geringe Zylinderwirkung von $1\,{}^1/_4$ dptr, und zwar waren die Achsenrichtungen der Zylinder symmetrisch angeordnet. Die Tiefenfälschung verschwand nach einigen Tagen dauernden Tragens, und es stellte sich nach zwei Wochen beim Sehen mit unbewaffneten Augen verständlicherweise die entgegengesetzte Täuschung ein. — Unter den Aufsätzen über die stereoskopische Tiefenfälschung durch Zylinderlinsen ist auch der von H. Feilchenfeld (*1.*) aus dem Jahre 1905 insofern anzuführen, als er dort nicht nur, von R. Straubel unterstützt, eine physikalische Erklärung der Erscheinung vorträgt, sondern auch auf die älteren amerikanischen Arbeiten an diesem Gegenstande hinweist. Leider waren die ältesten Schriften dieses Forscherkreises ihm auch damals nicht zugänglich, und es muß unter den heutigen Umständen erst recht bei diesem unerwünscht unvollständigen Hinweise sein Bewenden haben. — Neuere Beobachtungen derselben Erscheinung möge man in ZfoO *2.* 127/28; *5.* 114/5 nachlesen.

§ 176. **Die Brillen für Ungleichsichtige (Anisometropen).** Handelt es sich um Brillenträger, deren beide Augen nicht den gleichen Brechungsfehler haben und also Fernbrillengläser verschiedener Brechkraft bedürfen, ein Zustand, den man als Ungleichsichtigkeit oder nach H. Kaiser (*1.*) als Anisometropie bezeichnet, so werden geringere Unterschiede in der Brechkraft der beiden Brillengläser in einer ähnlichen Weise ausgeglichen. Obgleich unter diesen Bedingungen die den beiden dingseitigen Hauptstrahlen entsprechenden Blickrichtungen einander auch in unendlicher Entfernung nicht schneiden, so lernt der Brillenträger bei geringerer Ungleichsichtigkeit doch bald, seine Augenmuskeln so spielen zu lassen, daß die Gesichtslinien jeweils mit den augenseitigen Richtungen der beiden Hauptstrahlen zusammenfallen. Bei stärkeren Brechungsunterschieden wird die Verschmelzung wesentlich erschwert, namentlich wenn sich die Raumdinge nicht in unmittelbarer Nähe der Achse des die Ungleichsichtigkeit ausgleichenden Brillenglases befinden.

Man erkennt ja leicht, daß auch beim freien Sehen beiden rechtsichtigen Augen nur solche Gegenstände gleich groß erscheinen können, die sich in der senkrecht auf der Mitte des Augenabstandes errichteten Symmetrieebene befinden. Nach rechts oder links verschobene Gegenstände endlicher Entfernung müssen dem rechten oder linken Auge um so größer erscheinen, je geringer ihr Abstand von dem Beobachter ist. Daraus schon geht hervor, daß die verschiedene Größe der Netzhautbilder allein das

Ausbleiben einer Verschmelzung nicht erklären kann. — Beachtet man aber, daß durch die gewöhnlichen dünnen Fernbrillengläser auch das Bündel der Hauptstrahlen beim direkten Sehen für das rechte Auge des Ungleichsichtigen andere Neigungen erhält als für das linke, so erkennt man sofort, daß sich im allgemeinen Höhenfehler einstellen werden, die sehr wohl über die bereits auf S. 215 angeführte zulässige Grenze von $2 \times 3^1/_2{}^0$ hinausgehen können. Man wird also berechtigt sein, den Hauptgrund für die Doppelbilder der mit ihren gewöhnlichen Fernbrillengläsern ausgerüsteten Ungleichsichtigen in dieser Verschiedenheit der zusammengehörigen Blickrichtungen zu suchen. Bei dieser Auffassung wird man die Aufgabe stellen können, einen gegebenen Ungleichsichtigen mit einem solchen Gläserpaare zu versehen, daß zusammengehörige Blickrichtungen seitlicher ferner Dingpunkte möglichst gleich ausfallen, während sich die beiden Netzhautbildgrößen nicht besonders verschieden ergeben. Die Verwendung von Linsenfolgen mit endlichen Abständen, namentlich die Anlage nach Art einer Fernrohrbrille, unter Umständen einer umgekehrten, liefert die Mittel dazu. Man kann wohl darauf hinweisen, daß die neuesten Wolffschen Erfahrungen an der ungewöhnlich großen Ungleichsichtigkeit von 20 dptr die Richtigkeit dieser Überlegungen dargetan haben.

§ 177. **Geschichtliche Bemerkungen dazu.** Das gelegentliche Vorkommen der Ungleichsichtigkeit ist sehr früh beobachtet worden, so erwähnt es nach A. v. Pflugk u. M. v. Rohr (*38.* 61) bereits Daza de Valdes 1623, und J. Zahn kennt 1686 das gleiche nach derselben Arbeit (69/70). Für M. Thomin und das Jahr 1746 gibt einen solchen Hinweis ZfoO *1.* 92. Jedenfalls ist also diese Regelwidrigkeit früh bekannt gewesen, und in den aufgeführten Fällen hat man jedem Auge das zugehörige Fernglas gegeben. Verzichtet man auf punktuelle Abbildung, so kann man, wie E. Weiss (*9.* 324, 11) gezeigt hat, innerhalb gewisser Grenzen zwei Linsen verschiedener Stärke doch die gleichen augenseitigen Hauptstrahlneigungen zuordnen.

J. T. Desaguliers (*1.*) veröffentlichte 1717 die ersten Überlegungen zur Größenverschiedenheit der Netzhautbilder an einem Augenpaare, das sich auf einen seitlich liegenden Dingpunkt richtet, und Ch. Wheatstone (*1.* Abb. 24) wiederholte das 1838, offenbar ohne von diesem Vorgänger etwas zu wissen. — Eine Möglichkeit, für einen mittleren Teil des Blickfeldes durch Verwendung dezentrierter, also prismatisch wirkender, gewöhnlicher Brillengläser die Verschmelzung herbeizuführen, hat J. H. Landwehr (ZfoO *7.* 69—72 u. *1.*) vertreten. Die überschießenden Brillenteile, bei denen die Höhenfehler die oben angeführte Grenze überschritten, wurden nach seinem Vorschlage entfernt oder undurchlässig gemacht.

Die oben erwähnten Versuche mit den nach Art einer Fernrohrbrille gebauten Linsenfolgen wurden zuerst 1911 durch einen Schielenden mit einer Ungleichsichtigkeit von $6^1/_2$ dptr angeregt, doch fehlte es dem Betroffenen an Ausdauer für die Durchführung der notwendigen Übungen. Bei der Anlage der von M. v. Rohr (*14.* 201) u. W. Stock abgebildeten und beschriebenen Linsenfolge wurde besonderes Gewicht auf die Gleichheit der Netzhautbilder gelegt, während zusammengehörige Blickwinkel nach dem Rande hin noch Unterschiede von 1,7° erkennen ließen. Immerhin ermutigte die von dem Berechner selbst im Versuchsraum angestellte Probe — durch ein Fickſches Haftglas hatte er sich zeitweilig zu einem Ungleichsichtigen gemacht — zur Weiterführung dieser Bestrebungen. Die daraufhin geplante erste Anisometropiebrille für Einseitig-Linsenlose (mit 13 dptr Verschiedenheit) nach Abb. 112 wurde nicht allein von H. Erggelet (*2.*) im Versuchsraume mit entschiedenem Erfolge erprobt, sondern es liegen bereits mehrere Berichte über die guten Dienste vor, die Vorrichtungen dieser Art Einseitig-Linsenlosen beim dauernden Tragen geleistet haben. Sie stammen der Reihe nach von C. A. Hegner (*2.*), H. Wolff (*1.*) — hier mit starker Schielstellung — und A. Löwenstein (*1.*); aus neuerer Zeit ist noch der Bericht von R. G. Rijkens (*1.*) anzuschließen. Dieser ist um so wertvoller, als ein sachverständiger Fachmann seine starke Ungleichsichtigkeit mit recht befriedigendem Erfolge hat ausgleichen können: ihm konnte eine bemerkenswert hohe Feinheit der Tiefenwahrnehmung ermöglicht werden. — Es ist verständlich, daß man in Jena diesen Aufgaben näher nachging. So wurde nicht nur ein Versuch gemacht, die Verteilung der überwindbaren Höhenfehler über ein Blickfeld endlicher Größe zu ermitteln, wozu C. A. Hegner (*3.*) seine Beobachtungen und ihre Bearbeitung veröffentlicht hat, sondern H. Erggelet (*3.*) bemühte sich auch, den Sehvorgang zu verwirklichen, wie er sich bei einem Übersichtigen abspielen würde, der mit gewöhnlichen dünnen, aber verzeichnungsfreien Fernbrillengläsern bewaffnet wäre. — Leider hat der Krieg die Weiterführung der Versuche gestört, und augenblicklich ist ihre Wiederaufnahme nicht möglich. Einen zusammenfassenden Bericht über einige in Jena vorgenommene Arbeiten dieser Art hat M. v. Rohr (*35.*) 1917 abgestattet. — Entsprechend den inzwischen abgeänderten Grundanschauungen — die Gleichheit der Blickwinkel an den auf ein fernes Ziel blickenden Augen wurde höher bewertet als die der Bildgröße auf beiden Netzhäuten — berechnete H. Boegehold 1917 für einen Brillenbedürftigen in H. Wolffs (*2.* u. *3.* 13) Behandlung die oben erwähnte Fernrohrbrille, die eine Ungleichsichtigkeit von 20 dptr recht befriedigend ausglich.

Abb. 112.

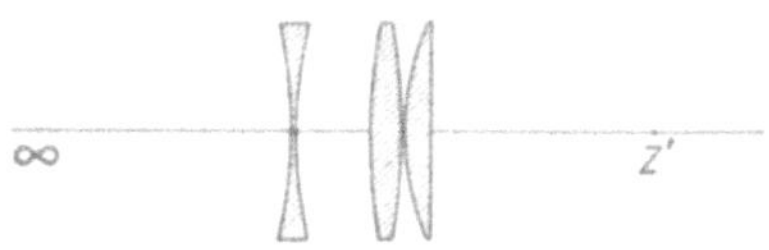

Eine Anisometropiebrille für Einseitig-Linsenlose.

Die Entwicklung der Lehre von der Brille.

§ 178. **Allgemeines zu dieser Aufgabe.** Man kann bei der Behandlung dieses Gegenstandes drei verschiedene Stufen unterscheiden; am ältesten sind wohl die Darstellungen, die technische Einzelheiten oder die Geschichte der Brille schildern, sodann kommt es zu Schriften (meistens ziemlich oberflächlicher Natur), um die Brillenbedürftigen über die Vorteile guter und die Nachteile schlechter Augengläser zu belehren, und erst ziemlich spät erscheinen eingehendere Zusammenfassungen für die Fachleute der Brillenverordnung und -anpassung. Es ist klar, daß für den vorliegenden Abschnitt auf den allgemein zusammenfassenden Inhalt Gewicht zu legen ist, denn Einzelschriften zur Brille sind auf den vorhergehenden Seiten genügend aufgeführt worden. — Zweifellos bedarf dieser Versuch einer solchen Darstellung noch mancher Erweiterung, doch muß er trotz seiner Unvollständigkeit gewagt werden, da man nur auf diese Weise die Aufmerksamkeit weiterer Kreise auf diesen Gegenstand lenken kann.

§ 179. **Die Entstehung einer Brillenkunde um den Ausgang des 16. Jahrhunderts.** Die ersten Brillenschriften wurden durch den allgemeinen Anteil an Handwerk und Gewerbe veranlaßt; man findet schon 1585 bei TH. GARZONI, 1589 bei J. B. PORTA, um 1600 in der Regensburger Brillenmacherordnung und 1618 bei H. SIRTURUS technische Angaben, die uns heute die Bildung eines Urteils über die damalige Brillenherstellung gestatten. — Mit dem in einer Landessprache, der spanischen, verfaßten Brillenbuch des Geistlichen B. DAZA DE VALDES um 1623 ersteigt die Kenntnis von der Brille die zweite Stufe, denn diese Schrift nimmt besonders auf den Träger Rücksicht und versucht, ihm auf bequeme Weise nützliche Kenntnisse beizubringen. Obwohl man in Paris die Bedeutung dieses Versuchs wohl einsah und eine sorgfältige Übersetzung davon abfaßte, kam es dort damals zu keiner Veröffentlichung, anscheinend darum, weil die in Spanien allgemeine Wertschätzung der Brille in andern Ländern ihresgleichen nicht hatte. Dagegen wurden die Augengläser von den Ordensgeistlichen, deren Anteil an der ausübenden Optik damals wohl auf seiner Höhe war, sehr gewürdigt, und das führte zu recht brauchbaren Bearbeitungen in der Gelehrtensprache, dem Latein. Dafür liefert die des Prämonstratensers J. ZAHN um 1686 ein gutes Beispiel, dessen Brillenabschnitt dem heutigen Leser durch A. v. PFLUGK u. M. v. ROHR (*38.*) zugänglich gemacht worden ist. Ungefähr zu gleicher Zeit begannen gelehrte Altertumsfreunde in Italien — leider ohne tiefere Kenntnis des Gegenstandes — ihre Forscherarbeit, nämlich C. DATI und FR. REDI im 17., D. M. MANNI im 18. Jahrhundert, die in neuerer Zeit G. ALBERTOTTI (*1.*) zum Gegenstande einer lehrreichen Untersuchung gemacht hat.

§ 180. **Das Aufkommen des Optikerhandwerks und seine Schriften zur Belehrung der Käufer.** Eine neue Zeit kann man auf diesem Gebiete damit kennzeichnen, daß sich im Westen und in der Mitte Europas ein Stand der Optiker herausbildet, der die ausübenden Mönche mehr und mehr ablöst und in der Landessprache kleine, ziemlich oberflächliche Lehrbücher veröffentlicht, die künftige Käufer als Leser voraussetzen. Hier ist auf CHR. G. HERTEL (*1.*) 1716, J. FR. MEY (*1.*) 1746, J. BISCHOFF 1786 in Deutschland, M. THOMIN 1746, 49 in Frankreich, J. AYSCOUGH (*1, 2.*) 1750, 52, B. MARTIN 1754, die beiden ADAMS (*1.*) 1789 in England hinzuweisen. Indessen fehlte auch den Männern der Wissenschaft der Anteil an der Brille nicht ganz, und man mag dafür z. B. auf J. R. LEUTMANN 1728 in Deutschland und R. SMITH 1738 in England deuten, denen die medizinischen Schriftsteller anzureihen sind, von denen etwa FR. BOISSIER DE SAUVAGES 1768 angeführt sein mag. Immerhin ist unsere Kenntnis von Einzelheiten aus jener Zeit betrübend gering, da gerade die Fragen nach der Herstellung der Brillengläser, der Form und Anlage der Fassungen u. a. diese Schriftsteller so gut wie gar nicht gefesselt haben.

Besser ward es damit, als der gewerbliche Schutz etwas häufiger nachgesucht wurde, und als England für längere Zeit die Führung im Brillenwesen übernahm. Es ist durch hervorragende Köpfe wie etwa W. H. WOLLASTON 1804, 13, G. B. AIRY (*1.*) 1825 und J. I. HAWKINS (*1.*) 1826 glänzend vertreten, doch auch in Frankreich sind die Arbeiten von P. GALLAND (*1.*) und M. N. J. CHAMBLANT seit 1813 offenbar von einer größeren Bedeutung gewesen, als man heute im einzelnen belegen kann; auch die Tüchtigkeit von werktätigen Optikern wie J. G. A. CHEVALLIER und CH. CHEVALIER hat eine beträchtliche Rolle gespielt. Die Zusammendrängung von Angebot und Nachfrage in den großen Hauptstädten dieser Länder förderte in hohem Maße das Verständnis für die Brille bei Brillenträgern, Optikern und Ärzten, und es gehört nicht zu den geringsten Hindernissen dieser Fortschritte im deutschen Sprachgebiet, daß hier eine ganz anders gerichtete politische Entwicklung der Bildung einer großen Hauptstadt entgegenwirkte. — In den ersten Jahrzehnten des 19. Jahrhunderts liefern die Schriften des Wiener Augenarztes J. BEER (*1. 2.*) manchen Einblick in den Stand des damaligen Brillenwesens; anderen deutschen Brillenschriften auch der damaligen Zeit nachzugehen hat M. v. ROHR (*30.*) sich bemüht: man wird dort manche, sonst schwer zugängliche Einzelheiten finden. — Jedenfalls mußte sich in dem deutschen Sprachgebiete die Brillenkenntnis erst sehr allmählich auf einen höheren Stand hinaufarbeiten: hinsichtlich der Technik taten A. und E. DUNCKER in Rathenow das ihrige, wozu die tüchtige Arbeit durch das Land verstreuter, handwerksmäßig arbeitender Optiker ebenfalls ihren Beitrag lieferte. Die Wissenschaft wird hauptsächlich durch gewerbliche Techniker wie .. DU BOIS (*1.*) 1826 und besonders S. STAMPFER (*1.*) 1831, gelegentlich auch durch Liebhaber, wie etwa den Geistlichen A. A. MÄRTENS, recht ansehnlich vertreten. — Immerhin scheint, da sich die Augenärzte in diesem Abschnitt wohl überall ziemlich abseits hielten, bis in die 50er Jahre hinein die Kenntnis von der Brille im wesentlichen durch die Handwerksmeister in den Hauptstädten gepflegt worden zu sein.

§ 181. **F. C. Donders und die Schulung der Augenärzte in der Brillenbestimmung.** Der neue Abschnitt, der sich um diese Zeit herausbildete, schob im Gegensatz dazu den Augenarzt und seine Tätigkeit bei der Brillenverordnung in den Vordergrund, und die Anbahnung dieser folgenschweren Änderung ist in überwiegendem Maße F. C. DONDERS und seinen Lehren zuzuschreiben, die 1864 und 66 in dem Handbuch über die Anomalien der Refraktion und der Akkommodation zusammengefaßt wurden. Wenn nun auch sicher nicht alles darin als neu hingestellte völlig neu war, so wurde es doch erst jetzt der allgemeinen Kenntnis zugänglich, und darum ist diese Schrift für die Brillenentwicklung von einer ganz ungemeinen Bedeutung. Wer seine Ausbildung auf diesem Gebiet in wesentlich späterer Zeit erhalten hat, kann sich schwerlich einen richtigen Begriff von der Umwälzung machen, die damals in der Brillenlehre hervorgebracht wurde. Als kennzeichnend sei erwähnt, daß W. v. ZEHENDER (*1.*) 1866 über die gleichen Gegenstände, wie sie in dem DONDERSischen Handbuche desselben Jahres enthalten waren, eine Darstellung schrieb, die von den 462 Seiten des laufenden Jahrganges seiner Zeitschrift nicht weniger als 185 oder $^2/_5$ in Anspruch nahm. — Da allgemein die Berücksichtigung der Akkommodation ebenso wie der Ausgleich des Augenastigmatismus als große und schwierige Neuerungen angesehen wurden, so gab auch der weitherzigste Fürsprech der Brillenoptiker in damaliger Zeit, der Königsberger Augenarzt K. A. BUROW, jeden Gedanken daran auf, diesen Fachleuten ein wirkliches Verständnis der schwierigeren Brillen zu vermitteln. Man sollte sich dabei übrigens auch daran erinnern, daß der Stand der Brillenoptiker um diese Zeit eine Übergangsstufe überwinden mußte: zu einem immer beträchtlicheren Teile bezog er seine Gläser und Gestelle von den großen Fabriken und hatte so die aus der Einzelarbeit folgende Findigkeit der älteren Meister verloren, ohne doch auf die Einzelanpassung bezogener Teile besonders geschult zu sein. — Auch die Brillenoptiker in andern Ländern Europas legten, so weit man heute bei so beschränkter Kenntnis darüber eine Aussage wagen kann, die Waffen nieder und erkannten die Überlegenheit der Augenärzte an. Es scheint indessen, als habe die Freude an dem mathematisch-physikalischen Rüstzeug ihres Faches etwa seit den 80er Jahren bei den Augenärzten nachgelassen, und so war — nach den Brillenschriften zu schließen — der Stand der Brillenkenntnis um den Ausgang des 19. Jahrhunderts mindestens in Europa recht niedrig.

§ 182. **Die Entstehung der großen amerikanischen Brillenwerke und die Bildungsbestrebungen der Ladenoptiker in Amerika und England.** Der Anstoß zu einer Änderung sollte von Nordamerika ausgehen. Hier hatten sich allmählich — der genaue Zeitpunkt ist dem Berichterstatter unbekannt; er mag nach . . Schönemann (*1.*) auf das Ende der 70er Jahre fallen — ganz große Brillenbetriebe entwickelt, die, mit gut durchgearbeiteten Verfahren der Massenherstellung ausgerüstet, sowohl Brillengläser wie -gestelle in guter Ausführung auf den Markt brachten. Bei dem hohen Preise der Arbeit in jenem Wirtschaftsgebiete schliff der werktätige Optiker nur noch in einem immer mehr verschwindenden Maße die Gläser seiner Kunden selbst, vielmehr ging er allmählich dazu über, die Erzeugnisse der Glas- und Gestellwerke seinen Kunden sachverständig anzumessen. Es war mithin ein starker Anreiz vorhanden, die Brillenverordnung und -anpassung zum Hauptziel des Brillenoptikers zu machen, auf die Brillenherstellung in der alten Art aber ganz zu verzichten. Diese Arbeitsteilung, bei der die großen Brillenwerke die Anfertigung der Gläser und Fassungsteile, die Optiker Anpassung und Beratung sowie den Verkauf der fertigen Brillen und Klemmer für den einzelnen Kunden übernahmen, bildet den Hauptgrund für die in neuerer Zeit überall bemerkbare Spannung zwischen Augenarzt und Ladenoptiker. Im einzelnen werden sich die verschiedenen Stufen nicht mehr ermitteln lassen, daß aber solche Bestrebungen um das Ende des 19. Jahrhunderts dort weit verbreitet gewesen sein müssen, das kann man durch eine hierfür recht wichtige Schrift belegen. Ende Februar 1896 trat der Brillenfachmann Ch. F. Prentice (*2.*) vor dem gesetzgebenden Körper des Staates New York einem Versuch entgegen, den die dortigen Augenärzte gemacht hatten, die übliche Brillenverordnung durch Optiker überhaupt zu untersagen. Er stützte sich dabei auf die Tatsache, daß der überwiegende Teil der Käufer die Kosten der Brillenverordnung durch einen Augenarzt scheue und daher die Beratung durch den Brillenoptiker erwarte, wie das tatsächlich durch Jahrhunderte die Übung gewesen sei. Zum Vorteil dieser so zahlreichen Brillenträger sei eine Schulung in der Verordnung mit wissenschaftlichen Hilfsmitteln und in der Gestellanpassung sehr zu empfehlen. Mit dieser Vertretung der Auffassung seiner Standesgenossen hatte Prentice Erfolg, und die Optiker erreichten dort — und später in fast allen nordamerikanischen Staaten (gegenwärtig in 39 von 49) — ihr Ziel, nach Ablegung einer Prüfung vor einem staatlich eingesetzten Ausschuß gesetzlich als Brillenbestimmer anerkannt zu werden. Schon für diese letzte Darstellung kann auf M. v. Rohr (*37.*) verwiesen werden, und das gilt ebenfalls für die folgende Schilderung der Verhältnisse in England, die für Europa natürlich von größerer Bedeutung sind als die amerikanischen. — In England setzten die erfolgreicheren Bestrebungen, den Stand der Brillenoptiker zu heben, 1891 ein mit der Begründung des wichtigen Fachblatts *The Optician* *and Photographic Trade Review* (in neuester Zeit geändert in *The Optician and Scientific Instrument Maker*). Dieses Blatt stellte sich gleich von vornherein in den Dienst der Brillenoptiker und wurde sehr zielbewußt geleitet. Das Ziel ist die Erreichung der gesetzlichen Anerkennung als Brillenbestimmer, und zu diesem Zwecke sei eine bessere Ausbildung des Nachwuchses zu erstreben. Die letzte Angelegenheit wurde um 1897/98 ihrer Lösung durch die Aufstellung von Prüfungsvorschriften zugeführt, die von zwei verschiedenen Stellen erlassen wurden. Die eine davon war die alte, seit 1624 bestehende Gilde der Brillenmacher, deren Anforderungen an die Prüflinge von dem Londoner Augenarzt C. Lindsay Johnson aufgestellt worden waren, die andere ein neu gegründeter Fachverein, der eine einfachere Vorschrift erließ. Fernerhin gelang die Gründung einer Fachschule, *Northampton Institute*, und man vermochte auf diese Weise die Ausbildung des Londoner Brillenoptikers auf eine beachtenswerte Höhe zu bringen. — Es ist verständlich, daß sich die englischen Augenärzte zu einem Teile nicht mit diesen Vorgängen einverstanden erklärten, und aus dem angeführten Aufsatze läßt es sich entnehmen, daß namentlich im Anfang ein ziemlich heftiger Kampf geführt wurde. Später haben sich beide Teile mehr aneinander gewöhnt, und es kann wohl als ein Zeichen dafür angesehen werden, daß in der Kriegszeit ein anderer, berufstätiger Augenarzt Londons, W. Ettles, den Vorsitz der einen großen Optikergesellschaft geführt hat. — In neuester Zeit ist ein sehr eingehender Aufsatz über die Einwirkung der amerikanischen Brillengesetzgebung auf die amerikanischen Fachkreise von dem Augenarzt F. R. Allport (*1.*) veröffentlicht worden.

§ 183. **Die Entwicklung einer streng begründeten Lehre von der Brille und die Belehrungsmöglichkeiten für Augenärzte und Ladenoptiker.** Um den Ausgang des 19. Jahrhunderts war durch die Arbeiten Fr. Ostwalts und M. Tscherrings die Bedeutung des Augendrehpunkts für die Anlage der Brille hervorgehoben worden, doch scheint es nicht, als hätten die Brillenwerke jener Zeit diese Anregung in irgend nennenswertem Maße aufgenommen; wo man auf eine Einwirkung dieser frühen Arbeiten stößt, sind es Ärzte, die sie empfunden haben. Die Bedeutung des Augendrehpunkts für die Unterstützung des blickenden Auges war der Jenaer Werkstätte durch A. Gullstrand 1902 vermittelt worden; sie hatte im nächsten Jahre zur Berechnung und Herstellung einer schwachen Lupe geführt, die aber auch ihrerseits sich gegen den Widerstand der stumpfen Welt nicht durchsetzen konnte. Immerhin hatte man in Jena so doch wenigstens das Handwerkszeug gerichtet, und als dann im Januar 1908 die Aufgabe der Brillenverbesserung im Ernst gestellt wurde, konnte man ohne weiteres ans Werk gehen. — Es ist ganz verständlich, daß man in den optischen Betrieben, die ihre Brillen durch eigene Rechenfachleute planen und mit größerer als der sonst üblichen Sorgfalt ausführen ließen, den Wunsch hegte, die Fachleute über die Leistungen der neuen Formen aufzuklären. Besondere Hand- und Lehrbücher wurden von verschiedenen Seiten (auch im Hinblick auf den zu erweiternden Unterricht) geschrieben, und daneben wandte man sich zunächst an die Augenärzte, denen man durch kurze Lehrgänge die erweiterten Möglichkeiten näherzubringen suchte. Man sah aber bald ein, daß sich ohne eingehenden Unterricht der brillenverkaufenden Optiker keine planvolle und sinngemäße Verwertung der neuen kostspieligen Augenhilfen erreichen lassen werde. Diese Kreise standen eben mit dem Eigenbenutzer in engster Fühlung und mußten, da sie auch die Anpassung besorgten, selbstverständlich um alle Einzelheiten der Anlage Bescheid wissen. Es bestand daher bei den fortgeschrittenen Brillenwerken eine starke Neigung, die Bildungsbestrebungen der Optiker zu unterstützen und ihnen einen tieferen Einblick in die Unterlagen zu gewähren, auf denen sich die Berechnung der Brille aufbaut. Wendet man sich nach dieser Vorbemerkung wieder den Fachvereinen und diesmal denen der heimischen Optiker zu, so wurde ein wirksamer Zusammenschluß der Brillenoptiker später erreicht als in England und gleicherweise auch eine ernsthafte Behandlung der Schulfrage. Da es hier auf diesen Punkt besonders ankommt, so werden die folgenden Bemerkungen am Platze sein. Im Spätherbst 1908 wurde in dem deutschen Fachverein mit Beratungen über eine Optikerschule begonnen, und sie wurde 1909 als »Fachschule für Optiker in Mainz des Deutschen Optiker-Verbandes« (CZfOuM *30.* 173/4, 177/79) eröffnet. Als Lehrer waren ein Augenarzt, ein Physiklehrer und ein Optiker vorgesehen, zu denen später noch ein Schleifmeister kam. Im Jahre 1911 wurde von der Carl Zeiss-Stiftung das Anerbieten gemacht, in Jena die Schule des Deutschen Optiker-Verbandes zu errichten (s. dazu die Andeutung in CZfOuM *32.* 244); indessen fand dieser Vorschlag keine Annahme, sondern 1912 wurde die Anstalt (CZfOuM *33.* 298, 422) als »Deutsche Optiker-Schule, Technikum des Deutschen Optiker-Verbandes« nach Berlin verlegt und im Vergleich mit dem Mainzer Zustand eine viel reichlichere Besetzung der Lehrerstellen vorgenommen. In Übereinstimmung mit der oben geschilderten Stimmung in den Brillenbetrieben wurde sie 1913 (CZfOuM *34.* 236/7) durch die größeren optischen Werkstätten Deutschlands unterstützt, litt aber unter dem Kriege sehr. — Inzwischen hatte man in Jena die Notwendigkeit einer besseren Ausbildung der Brillenoptiker besonders dringend empfunden und hatte für die Meister Lehrgänge von kürzerer Dauer eingerichtet, deren erster im Oktober 1913 (CZfOuM *34.* 342/3) abgehalten wurde. Im Laufe der Zeit stellte sich die Notwendigkeit einer besonderen Anstalt heraus, die der Weimarische Staat übernahm und 1918 als Optikerschule eröffnete; in ihrem Vorsitz waren sowohl Augenärzte als Brillenoptiker zu finden. Über die Entwicklung dieser und anderer Anstalten kann man Einzelheiten in ZfoO *7.* 96, *8.* 60/1 finden.

§ 184. **Neuere Bestrebungen zur Brillengeschichte.** — In dem gegenwärtigen Jahrhundert hat sich die lebhaftere Anteilnahme an der Brille auch durch umfangreichere Arbeiten zur Brillengeschichte zu erkennen gegeben. Abgesehen von den älteren zusammenfassenden Werken von P. Pansier (*1.*), J. Rouyer (*1.*) 1901, E. Bock (*1.*) 1903, A. Heymann (*1.*) 1911 sind zahlreiche Einzelarbeiten auf diesem Gebiet von G. Albertotti, R. Greeff, O. Hallauer, Ed. Pergens, A. v. Pflugk, M. v. Rohr herausgebracht worden. Es steht zu hoffen, daß man allmählich einiges Licht auf manche noch dunkle Stellen der Brillengeschichte wird fallen lassen und so die Lässigkeit früherer Zeiten zu einem Teile gut machen können.

Quellen- und Namenverzeichnis.

Die Titel wurden unter möglichster Bewahrung der Schreibart der Verfasser übernommen: fremdländische aber ohne Großschreibung der Hauptwörter. Sie sind gesperrt gedruckt, wenn sie nicht an der ursprünglichen Stelle gebildet worden waren.

Die schräge eingeklammerte Ordnungszahl dient als Hinweis bei den Anführungen. Am Schlusse jedes Titels stehen in [ ] die Seitenzahlen, wo die betreffende Arbeit vorkommt.

Einige Titel, namentlich zu den Zweistärkengläsern, sind der Vollständigkeit halber aus dem alten Verzeichnis übernommen worden, obwohl sie in dieser Auflage nicht vorkommen.

Die Quellen sind so genau angegeben, wie es sich in Jena ermöglichen ließ, wo dem Verfasser keine große Bibliothek zur Verfügung stand.

Abbe, E. (*1.*), Note on the proper definition of the amplifying power of a lens or a lens-system. [60]. (Read 12. III. 84.) Journ. Roy. Micr. Soc. 1884. (2) *4.* 348—51, +. — S. auch die Übersetzung: Bemerkungen über die richtige Definition der Vergrößerung einer Linse oder eines Linsensystems. Ges. Abh. v. Ernst Abbe. *1.* 445—9 +.

Abbe, E., Wiederaufstellung der Coddingtonschen Formeln [96], Ausführung nicht-sphärischer Flächen [135. 180], Aufführung der Glasarten nach dem ν-Wert [188].

Abbesche Schule, ihr Studium des Projektionsvorganges [197], Beziehungen zu A. Gullstrand bei ihrer Behandlung der Brille [116. 222].

Adams, D. (*1.*), Certain spectacles upon an entire new principle. [22. 213] E. P. 2155 vom 23. I. 1797.

Adams, G. (*1.*), An essay on vision, briefly explaining the fabric of the eye, and the nature of vision: intended for the service of those whose eyes are weak or impaired: enabling them to form an accurate idea of the true state of their sight, the means of preserving it, together with proper rules for ascertaining when spectacles are necessary, and how to choose them without injuring the sight. [219] London, im Selbstverlag, 1789. VI, 153 S. kl. 8° mit 1 Tafel. — S. auch die Übersetzung: Anweisung zur Erhaltung des Gesichtes und zur Kenntniß der Natur des Sehens. Aus dem Englischen übersetzt und mit Zusätzen und Anmerkungen versehen von Friedr. Kries. Gotha, bei Etlinger, 1794. 178 S. 8°.

Airy, G. B. (*1.*), On a peculiar defect in the eye and mode of correcting it. [142. 158. 219] (1825.) Camb. Phil. Trans. 1827. *2.* 267—73. Edinb. Journ. Sc. 1827. *7.* 322—5.

Airy, G. B., seine Stellung zur Augendrehung [86], Vorstufen für die Bestimmung der Brillenform [96].

Aitchison, J. (*1.*), Improvements relating to bifocal lenses. E. P. 14169/07 appl. 19. VI. 1907; acc. 12. IX. 1907.

Albertotti, G. (*1.*), Note critiche e bibliografiche riguardanti la storia degli occhiali. [219] (8. VI.) Ann. di Ottalm. 1914. *43.* 328. Angaben nach ZfoO 1918. *6.* 3.

Allard de la Court, A. (*1.*), A new instrument and improvements in certain wellknown instruments applicable to the organ of sight. [9] E. P. 5359 vom 6. V. 1826.

Allport, Fr. (*1.*), State legislation concerning optometry. [222] Ophthalm. 1917. *13.* 247—390. (Jan.-Hft.) — S. auch die deutsche Übersetzung: Staatliche Gesetzgebung über Brillenbestimmung. CZfOuM 1921. *42.* 3—4; 16—7; 29—30; 44—5; 58—9; 72—3; 86—7. (vom 1. I. bis zum 1. III.) In die Übersetzung ist der Wortlaut der Gesetze nicht aufgenommen worden.

Alt, Ch. (*1.*), Improvements in optical lenses. [7] U. S. P. 183443 vom 17. X. 1876; appl. fil. 9. V. 1876.

Alt, J. Fr. (*1.*), Optische Gläser mit farbigen Streifen zur Abhaltung grellen Lichtes. [7] D.R.P. 293 vom 27. VII. 1877.

Amuelsche frühe periskopische Brillen. [72]

Angelucci, A. (*1.*), Sulla refrazione e correzione delle cornee coniche ed ectatiche. [134] Ann. di Ottalm. 1884. *13.* 35. Nicht eingesehen; nach Klin. Mbl. f. Aughlk. 1884. *22.* 143. — S. auch Ann. d'Ocul. 1885. *93.* 206; ferner bei Th. Lohnstein *3.* 215.

Arnold, J. A. Fr. (*1.*), Die neueren Erfindungen und Verbesserungen in Betreff der optischen Instrumente. [110] Quedlinburg und Leipzig, G. Basse, 1833. 8°. 232 S. mit 4 Tafeln. — S. namentlich Joh. Friedr. Voigtländers Verfertigung der periskopischen Gläser. 136—7.

Ayscough, J. (*1.*), A short account of the nature and use of spectacles; in which is recommended a kind of glass for spectacles, preferable to any hitherto made for that purpose. [219] London, .. 1750. — Diese Angaben stammen von P. Pansier (*1.* nach 134.) Offenbare Druckfehler sind verbessert worden.

Ayscough, J. (*2.*), A short account of the eye and nature of vision. Chiefly designed to illustrate the use and advantage of spectacles. Wherein is laid down rules for chosing glasses proper for remedying all the different defects of sight. As also some reasons for preferring a particular kind of glass, fitter than any other made use of for that purpose. [16. 26. 219] (The second edition.) London, A. Strahan, 1752. 26 S. kl. 8° mit 1 Kupfertafel.

Baden-Powell, B. Fl. S. (*1.*), A simple telescope. [41] E. P. 15563/06 vom 10. VII. 06; acc. 31. XII. 06.

Baden-Powell, B. Fl. S. (*2.*), Improvements in one-lens telescopes. [41] E. P. 22782/07 vom 16. X. 07; acc. 20. VIII. 08.

Bakersche verstellbare Zweistärkengläser. [84, 2 +]

Bartisch von Königsbrück, Lochbrillen für Schielende. [213]

Bausch, W. (*1.*), Method of making bifocal lenses. U.S.P. 930826 vom 10. VIII. 1909; appl. fil. 6. IX. 1907.

Bausch & Lomb, Brillenwerk von — — [34]

Beckers, Cl., Siebbrillen. [6. 10]

Beer, G. J. (*1.*), Pflege gesunder und geschwächter Augen, nebst einer Vorschrift, wie man sich bey plötzlichen Zufällen an den Augen, welche nicht eine eigentliche medicinisch-chirurgische Kenntniß fordern, selbst helfen kann. [220] Wien, bey dem Verfasser, und Leipzig, in der Weidmannischen Buchhandlung, 1800. X, 197 S. kl. 8° mit 1 Tafel. — S. auch nach C. von Wurzbachs Biogr. Lex. die Übersetzung von .. Tiercelin: —, —, Des moyens les plus efficaces pour conserver la vue et la fortifier lorsqu'elle est affaiblie. Paris, ..., 1812; 6. ed. 1819.

Beer, G. J. (*2.*), Das Auge, oder Versuch, das edelste Geschenk der Schöpfung vor dem höchst verderblichen Einfluß unseres Zeitalters zu sichern. [5. 21. 220] Wien, Camesinasche Buchh., 1813. VIII, 158 S. 8° mit 4 Kupfertafeln.

Beer, G. J., seine Stellung als Berichterstatter. [21]

Bell, L. (*1.*), Bifocal lens. U.S.P. 805438 vom 28. XI. 1905; appl. fil. 16. VI. 1905.

Benoist, F., L. Berthier & Cie. fertigen Tscherningsche Brillengläser an. [92]

Bentzon, M. (*1.*) und A. H. Emerson, Verfahren und Vorrichtung zum Schleifen von Kugelflächen mittels hohler, nur mit einer ringförmigen Randfläche schleifender Werkzeuge. [85. 212] D.R.P. 188491 vom 24. XII. 1905; ausgegeben 9. VIII. 1907.

Bentzon, M. (*2.*), Starlinse aus einem einzigen Glasstück, deren starke Kurve in der Mitte einer dünnen Linse ausgeschliffen ist. [23. 85] D. R. G. M. 324298/Kl. 42 h, eing. 7. X. 1907; eingetr. 30. XI. 1907.

Berger, E. (*1.*), Improvements in and connected with magnifiers, eyeglasses, spectacles, and the like. [211] E. P. 14088/98 v. 25. VI.; acc. 11. II. 99.

Berger, E. (*2.*), Sur une nouvelle loupe binoculaire. (20. XI.) [211] C. R. 1899. *129.* 821—3. Siehe außerdem:

Berger, E., Ueber eine einfache binoculäre stereoskopische Lupe. Arch. f. Aughlk. 1900. *41.* 235—41, +.

Berger, E., Ueber stereoskopische Lupen und Brillen. (12. XI. 00.) Zschr. f. Psychol. 1901. *25.* 50—77, 7 +. — Man vergleiche auch die kleineren beschreibenden oder die Neuheit verteidigenden Aufsätze: D. Mech.-Ztg. 1900. 52; 1905. 155, sowie Der Mech. 1901. *9.* 37; 1906. *14.* 29.

Berlin, R. (*1.*), Ueber den Einfluß starker Convexgläser auf das excentrische Sehen. [111] (Heidelb. 4. IX.) Klin. Mbl. f. Aughlk. 1869. 7. 361—73, 2 +. — S. auch die Übersetzung: —, —, De l'influence des verres convexes sur la vision excentrique. Ann. d'Ocul. 1870. *63.* 64—8.

Bernard, .. (*1.*), Bésicles à la Francklin. [so!] Brev. d'Inv. 10265, ang. 17. VIII. 1850 vom 1. X. 1850. Descr. (2.) *17.* 313—4.

Bernstein, J. G. (*1.*), Praktisches Handbuch für Wundärzte, nach alphabetischer Ordnung in vier Bänden. Fünfte rechtmäßige, verbesserte u. vermehrte Ausgabe. [5. 23] Dritter Band L bis R. Leipzig, Schwickert, 1819. 754 S. 8°. S. unter Perspicillum 551—61.

Berthiot, L., s. unter Benoist, F.

Beschreibung der Erfindungen und Verbesserungen, für welche in den kaiserlich-königlichen österreichischen Staaten Patente ertheilt wurden, und deren Privilegiumsdauer nun erloschen ist. Hrsg. auf Anordnung der kaiserl. königl. allgemeinen Hofkammer. Bde. 1—3. Wien 1821—43. 4°.

Bielschowsky, A. (*1.*), Ein neuer Prismen-Apparat (»Universal-Prismen-Apparat«). [214] Ber. über d. 38. Vers. d. Ophth. Ges. Heidelberg. 1912. 317—24, 4 +.

Bielschowsky, A. (*2.*), Die Verwendung des Doppelprismas in der augenärztlichen Praxis. [214] ZfoO 1913/14. *1.* 129—36 (5. XII.); 161—70, 5 + (2. II.)

Biette, .. (*1.*), Lunettes au moyen desquelles on peut lire à double portée. Br. d'Importation vom 20. V. 1808. Descr. (1) *4.* 243. Die Erteilungsnummer war nicht zu ermitteln; das Patent hat Nr. 299 in der ersten Reihe der veröffentlichten Patente.

Biot, J. B. (*1.*), Précis élémentaire de physique expérimentale (troisième édition). [72] Paris, Deterville, 1824. 2 Bd. 8°. S. Bd. 2. 355—6.

Birch-Hirschfeld, A. (*1.*), Entgegnung auf den Aufsatz von Dr. med. Schanz und Dr. ing. Stockhausen (Dresden). [9] Klin. Mbl. f. Aughlk. 1909. *47.* = (2) *8.* 608—10. Hier allein als einigermaßen zusammenfassender Aufsatz angeführt; eine eingehendere Zusammenstellung von Arbeiten dieses Verfassers findet sich bei O. Henker und E. Hertel (*2.* 612: 2—6).

Bischoff, J., frühe Brillenschrift. [219]

Bjerke, K. (*1.*), Über die Veränderung der Refraktion und Sehschärfe nach Entfernung der Linse. [46] Graefes Arch. 1902. *53.* 511—50 (ausgeg. 7. III.); 1903. *55.* 191—221 (ausgeg. 20. I.).

Bjerke, K. (*2.*), Über die Veränderung der Sehschärfe nach Linsenentfernung. [46] Mit 1 +. Graefes Arch. 1903. *56.* 292—6 (ausgeg. 23. VI.).

Bock, E. (*1.*), Die Brille und ihre Geschichte. [223] Wien, J. Safar, 1903. 62 S. gr. 8° mit Titelbild und 32 +.

Boegehold, H. (*1.*), Über die Korrektion des Astigmatismus bei sphärotorischen Brillen. [168. 171. 173] (26. IX.; Hauptteil im V.) ZfoO 1916. *4.* 161—71, 15 +. (1. XII.)

Boegehold, H. (*2.*), Physiologische und mathematische Meinungsverschiedenheiten. [177. 179. 181] (*I.* 23. VI.) ZfoO 1917. *5.* 129—36, 2 +. (4. IX.)

—, —, (*II.* 7. XII. 17.) Ebenda 1918. *6.* 14—21. (11. I.)

—, —, (*III.* 21. III.) Ebenda 60—1. (1. V.)

—, —, (*IV.* 16. VII.) Ebenda 119—20. (2. IX.)

Boegehold, H. (*3.*), L. J. Schleiermacher und die Augenbewegung. [86] (13. XI. 19.) ZfoO 1920. *8.* 1—10. (12. I.)

Boegehold, H. (*4.*), Einige Bemerkungen zu den Weißischen Rechnungen über den Astigmatismus unrichtig angepaßter punktuell abbildender Brillen. [87. 118. 121. 123. 177] (22. XI. 19.) ZfoO 1920. *8.* 10—6, 2 +. (12. I.)

Boegehold, H. (*5.*), Treue Darstellung und Verzeichnung bei optischen Instrumenten. [129] Die Naturw. 1921. *9.* 273—80, 6 +. (29. IV.)

Boegehold, H., Arbeit über die Spiegelbilder [17], über Scheitelbrechwerte in England [34], über das Ähnlichkeitszentrum der Tscherningschen Ellipsen [140], über zweiseitig symmetrische anastigmatische Brillen [142. 182], Größe der Farbenfehler bei endlicher Hauptstrahlneigung [189], Äußerung zu Klughardtschen Brillen [194], Berechnung von Brillen für Ungleichsichtige [218].

Boehm, .., Ueber die Anwendung des blauen Doppel-Lichts auf leidende Augenpaare. Berlin, ..., 1858. Nach Pansier (*1.* 119).

Boehm, L. (*1.*), Die Therapie des Auges mittels des farbigen Lichtes. Lehrbuch von —, —. (15. VIII.) [8] Berlin, A. Hirschwald, 1862. XVI, 240 S. 8° mit 3 + und 2 Tfln. in Farbendruck.

Boissier de Sauvages, F., alter Brillenkundiger. [219]

Borsch, J. L. (*1.*), Bifocal lens. [85] U.S.P. 625535 vom 23. V. 1889; appl. fil. 25. II. 1899. Die Erfindung ist auch durch ein englisches Patent geschützt worden.

Borsch, J. L. (*2.*), Bifocal lens. [85] U.S.P. 637444 vom 21. XI. 1899; appl. 18. III. 1899.

Borsch, J. L., Bemühungen um Einführung torischer Linsen. [163]

Borsch jr., J. L. (*1.*), Centrage des lunettes et pince-nez. (6. V. 1897.) Bull. et Mém. Soc. Franç. d'Ophtalm. 1897. *15.* 337—49; Erörter. 349—52.

Borsch jr., J. L. (*2.*), Bifocal lens. U. S. P. 876933 vom 21. I. 1908; appl. fil. 23. I. 1904.

Boscovich, R., seine Verdienste um die Erkenntnis der Spiegelbilder. [17]

Boulland, .., s. unter Moussier, Th. Pr. et .. Boulland.

Bourgeois, A. (*1.*), Lunettes pour opérés de cataracte. [79] Rec. d'Ophtalm. 1894. (3) *16.* 396—9.

Bourgeois, A. (*2.*), Lunettes à verres superposés pour myopes et pour hypermétropes. [79] Rec. d'Ophtalm. 1896. (3) *18.* 477—82.

Bourgeois, J., frühe, 1645, Anpreisung meniskenförmiger Brillengläser. [109]

Bow, R. H. (*1.*), On photographic distortion. [130] (6. XI. 61.) The Brit. Journ. of Phot. 1861. *8.* No. 155 v. 2. XII. 417—9; No. 156 v. 16. XII. 440—2, 6 +, sowie The Opt. 1914/5. *48.* No. 1230 v. 23. X. 85—6; No. 1238 v. 18. XII. 190—2; No. 1242 v. 15. I. 230—3; No. 1249 v. 5. III. 319—21, 5 +. Auch übersetzt: —, —, Ueber fotografische Verzerrung. Kreutzers Zschr. f. Fot. u. Stereosk. 1862. *6.* 46—56, 6 +.

Bow, R. H. (*2.*), On the curvatures of the image due to the primary and secondary foci of oblique pencils of light; and on some other points in photographic optics. [110] (Verlesen am 6. V.) The Brit. Journ. of Phot. 1863. *10.* No. 191 v. 1. VI. 228—31; No. 192 v. 15. VI. 254—5, 12 +. Sowie The Opt. 1914/5. *48.* No. 1225 v. 18. IX. 31—2; No. 1226 v. 25. IX. 36—8; No. 1227 v. 2. X. 47—50; No. 1228 v. 9. X. 60—2, 13 +.

Bow, R. H. (*3.*), The stereoscope. [207] The Brit. Journ. of Phot. 1865. *11.* No. 248. 54—5; No. 252. 111—2; No. 257. 174—5; No. 263. 260—1; No. 266. 299 bis 300; No. 267. 315—6. (Vom 3. II. bis zum 16. VI.)

Braham, J. (*1.*), Improvements in spectacles and hand frames. [79] E. P. 389/61 vom 16. II. 1861; compl. spec. 16. VIII. 1861.

Brewsters Stereoskop zur Übung für Schielende. [213]

Brewster, D. (*1.*), A treatise on new philosophical instruments, for various purposes in the arts and sciences. With experiments on light and colours. Edinburgh, J. Murray & W. Blackwood, 1813. XX, 427 S. gr. 8° mit 12 Tafeln.

Brown, Ch. N. (*1.*), Improvements in and relating to the manufacture of composite lenses. E. P. 3403/06 vom 12. II. 1906; acc. 10. V. 1906.

Brücke, E. (*1.*), Eine Dissectionsbrille. [210] Graefes Arch. 1859. *5.* II. 180—2.

Brücke, E., seine Lupe. [138]

Bryson, E. (*1.*), Description of new optical instruments. [9] Edinb. Journ. 1850. *48.* 19. (Jan.-Heft.) S. auch:

Bryson, E. (*1.*), Neue optische Instrumente. Dingl. polyt. Journ. 1850. *116* (3) *16.* 356—8.

Burmester, L. (*1.*), Homocentrische Brechung des Lichtes durch das Prisma. [146] Schlömilchs Zft. Math. Phys. 1895. *40.* 65—90.

Burmester, L. (*2.*), Kinematische Aufklärung der Bewegung des Auges. (9. II.) [165] Münch. Ber. math.-phys. Kl. 1918. 171—202, + u. 1 Tfl.

Burow, Brillenkasten [26], Abstufung der Gläser [63. 64], Bestimmung der Brechzahl für den Brillenrohstoff [64], Erklärung gegen gekreuzte Zylinder [159], Förderer der Brillenoptiker [220].

Busch, E. (*1.*), Preis-Courant der optischen Fabrikate von —. [4. 6. 8. 16] Rathenow, A. Haase, o. J. (1868—69 wahrsch.) 56 S. gr. 8° mit 126 Textabb.

— Man sehe auch M. v. Rohr (*18.* 414, Anm. 10).

Busch, E., Akt. Ges. Optische Industrie Rathenow (*2.*), Aus einem Stück bestehendes Doppelfokusglas periskopischer Form zwecks besserer Zentrierung des Naheteils. [141] D. R. G. M. 332699/Kl. 42 h, einger. 14. XI. 1907; eingetr. 23. III. 1908.

Busch, E., Akt. Ges. Optische Industrie Rathenow (*3.*), Doppelfokusglas aus einem Stück mit angeschliffenem Fern- oder Naheteil. [141] D. R. P. 205868 vom 31. I. 1908; ausgeg. 18. I. 1909.

Busch, E., Akt. Ges. Optische Industrie Rathenow (*4.*), Bifokalglas, bei dem das Hauptglas (Fernteil) aus Glas von niedrigerem n_D als 1. 51 besteht. D. R. G. M. 372992/Kl. 42 h, einger. 17. III. 1909, eingetr. 7. IV. 1909; bek. gem. 19. IV. 1909.

Buschische Brillenreihe [64], Uhrglasbrillen [110], Isokrystargläser [116], Besprechung zu K. A. Burow und Anfertigung gewöhnlicher Zylindergläser [159], Einvernehmen mit C. Zeiß [177], Beschäftigung von J. Spanuth als Rechenfachmann [177], Berücksichtigung des Augenabstandes [205/6].

Cartwright, W., s. unter J. Day (*1.*) and W. Cartwright.

Cary, W., Beobachtung über die Schiefstellung von Brillen. [157]

Cassas, Benutzung von gekreuzten Zylindern. [164]

Cauchoix, R. A. (*1.*), Instruction sur les lunettes périscopiques, inventées en Angleterre par M. Wollaston. [72. 110] Journ. de Phys. 1814. *78.* 305—10. An dieser Stelle ist der Name fälschlich als Cauchois angegeben.

Chamblant, M. N. J., s. unter P. Galland (*1.*) et M. N. J. Chamblant.

Chamblantsche Gläser [141. 142. 164] — Zylinderlinsen, ihr Auftreten [158].

Chérubin d'Orléans, (*1.*), La vision parfaite: ou le concours des deux axes de la vision en un seul point de l'objet. [10] Paris, S. Marbre-Cramoisy, 1677. (26), 168, (19) S. fol. mit 16 Kupfertafeln und Textabbild.

Chevalier, A. (*1.*), L'art de l'opticien et ses rapports avec la construction et l'application des lunettes. [205] Paris, im Selbstverlage und bei Adr. Delahaye, 1863. 28 S. 8° mit 15 +.

Chevalier, A., Sorgfältige Brillenanpassung [205], Lochbrille [213].

Chevalier, Ch. (*1.*), Manuel des myopes et de presbytes contenant des recherches historiques sur l'origine des lunettes ou besicles; les moyens de conserver et d'améliorer la vue, et un chapitre spécialement consacré aux lorgnettes de spectacle. [190] Paris, im Selbstverlage und bei Baillière, 1841. 112 S. 8° mit 1 Tfl.

Chevalier, Ch., Bezifferung der Schleifschalen nach Zentimetern [64], Berichte über etwa gleichzeitige Kollegen [79], Lupe [138], frühe Anpassung prismatischer Brillen [146], Förderung der Brillenkunde [220].

Chevallier, J. G. A. (*1.*), Des lunettes à branches ou besicles, soit concaves, soit convexes, rondes ou ovales, nommées isocentriques, dont les cercles se rapprochent à volonté, à l'aide d'un mécanisme particulier. [205] Br. d'Inv. et de Perf. 1237 der 1. Reihe der veröff. Patente, ert. 31. V. 1821. Descr. *13.* 341.

Chevallier, J. G. A., fördert die Brillenkunde [220].

Coblitz, (Fr.) (*1.*), Kann der Optiker die gewöhnlichen periskopischen Brillengläser entbehren? [72] DOW 1915/16. [*1.*] 211—2. (26. XII. 15.)

Coddington, H., seine Stellung zur Augendrehung [86], Vorstufe für die Bestimmung der richtigen Brillenform [96], Aufstellung der astigmatischen Rechenformeln [96. 110].

Coddington-Petzvalsches Gesetz. [101. 103. 117. 118. 133]

Cohn, H. (*1.*), Ueber Glimmer-Schutzbrillen für Metallarbeiter. [4. 16] Dingl. polyt. Journ. 1868. *188.* = (3) *38.* 71—2. — S. auch: —, —, Ueber Glimmerbrillen. (4. IX. 68.) Klin. Mbl. f. Aughlk. 1868. *6.* 293—7.

Cottet, J. (*1.*), Klemmer mit beweglichen Nasenklemmplättchen. [204] D. R. P. 78949 v. 29. V. 94; ausgeg. 4. I. 95. — S. auch den Bericht: Der Mech. 1895. *3.* 8—9, 2 +. (5. I.)

Courvoisier, E. Fl. (*1.*), Lunettes et pince-nez achromatiques système Courvoisier et procédés pour obtenir la coloration des verres dans le collage. [7. 23. 191] Brev. d'Inv. 83547 vom 12. XII. 1868. Cert. d'Addit. vom 6. III.

1869. Beide Schriften lagen nur in einer Abschrift vor.
Crétès, A. (*1.*), Notice sur le prisme mobile. [214] Ann. d'Ocul. 1872. *67.* 62—4, 3 +.
Crookes, Sir W. (*1.*), The preparation of eye-preserving glass for spectacles. (Read 13. XI. 13.) Phil. Trans. 1914. A. *214.* 1—25. (Published separately 5. II. 14.) Der Band ging hier so spät ein, daß im Text kein Bezug darauf genommen werden konnte.
Crookesische Schutzgläser. [9]
Culmann, P. (*1.*), Die Realisierung der optischen Abbildung. [124—5. 161] S. unter v. Rohr, M. (*2.*), 124—207, 17 +.
Cunier, Fl. (*1.*), Sur la myotomie appliquée au traitement du strabisme. [213] Ann. d'Ocul. 1840. *3.* 282—3 und Abb. 10.
Czapski, S. (*1.*), Grundzüge der Theorie der optischen Instrumente nach Abbe. 2. Aufl. unter Mitwirkung des Verfassers und mit Beiträgen von M. v. Rohr, herausgeg. von O. Eppenstein. [37] Leipzig, J. A. Barth, 1904. XVI, 480 S. gr. 8° mit 176 +, auch A. Winkelmanns Handbuch der Physik. Bd. *6.*
Czapski, S., s. auch unter L. Laurent (*1.*).
Czapski, S., Veröffentlichung der astigmatischen Rechenformeln [96], Benutzung seines Lehrbuchs durch F. Ostwalt [112], Brief von A. Gullstrand über nicht-sphärische Umdrehungsflächen [135].
Czermak, J. (*1.*), Ueber eine neue Methode zur genauen Untersuchung des gesunden und kranken Auges. [13] Prager Vierteljahrsschr. f. prakt. Heilk. 1851. *32.* 154—65 mit 2 + auf 1 Tafl.
Dati, C., Alter Brillenkundiger. [219]
Day, J. (*1.*), and W. Cartwright, Improvements in spectacles having double glasses or lenses adjustable to either long or short distance vision. E. P. 16464/86 vom 15. XII. 1886; compl. spec. 15. X. 1887.
Daza de Valdes, seine Brillenkunde [3], farbige Brillen [6], Lochbrillen [10], Quarzlinsen [15], Trägerschicht [23], Messung der Brillenstärke [64], Ausgleichverfahren [69], Würdigung der Plangläser [71. 109], Kenntnis der Ungleichsichtigkeit [217], Brillenschrift in der Landessprache [219].
Debenham, W. E. (*1.*), Improvements in lenses for bifocal spectacles. [141] E. P. 25110/98 vom 29. XI. 1898 prov. spec.; 26. VIII. 1899 compl. spec.; acc. 29. XI. 1899.
De Dominis, M. C., richtige Stellung seiner Plangläser. [71. 109]
Denettsche Einführung des Centradians (ctrd). [146]
Derogy, E. E. N. (*1.*), L'application des verres achromatiques aux lunettes, lorgnons, face à mains, binocles, pince-nez etc. [191] Brev. d'Inv. 88720, ang. 28. I. 1870. Cert. d'Add. vom 8. VI. 1870. Descr. (2) *114.* 11. Nur der Titel. Der Inhalt dieser Schriften ist einer Abschrift entnommen worden. — S. aber —, — Improvements in spectacles, eyeglasses, and like articles. E. P. 1694/70 vom 13. VI. 1870.
Derogy, E. E. N. (*2.*), Improvements in spectacles, eye-glasses, and other similar articles. [191] E. P. 1852/71 vom 14. VII. 1871, seal. 22. XII. 1871, compl. spec. 11. I. 1872.
Derogy, E. E. N. (*3.*), Perfectionnements aux lunettes, lorgnons, faces à main, binocles, pince-nez, etc., établis en verres achromatiques. [191] Brev. d'Inv. 116754 vom 30. I. 1877. Descr. (3) *23.* 92. Nur der Titel. Der Inhalt der Schrift ist einer Abschrift entnommen worden.
Desaguliers, J. T. (*1.*), *An* experiment *to confirm the doctrine of* refrangibility. [217] The Phil. Trans. Abr. 1710—20. 1731. *4.* 181—4 mit 5 [6] + auf einer Tafel. — S. auch die Übersetzung bei M. v. Rohr (Zschr. f. Instrkde. 1916. *36.* 226—28).
Desaguliers, J. T., Brillengläser mit großem Abstande [40], Ähnlichkeit mit einem holländischen Fernrohre [46].
Descartes, R., Anregung zur Stöpsellinse [77].
Descr, Abkürzung für: Descriptions des machines et procédés etc. Anfang des Titels der verschiedenen Reihen der französischen Patentsammlung.
De Valdes, Daza s. unter Daza.
Dieckmann, C. F. (*1.*), Method of making bifocal lenses. U. S. P. 865363 vom 10. IX. 1907; appl. fil. 2. VII. 1907.

Dimmer, F. (*1.*), Zur Gläsercorrection bei Aphakie. [34] Klin. Mbl. f. Aughlk. 1891. *29.* 111—26, +. — S. dazu auch ebenda 283—91 und 1892. *30.* 73—9 und 178—81.

Dixon, H. (*1.*), Certain considerable improvements in the construction of telescopes, microscopes, spectacles, and all other instruments of vision, either by reflection alone or compounded of refraction and reflection, whereby the field of view is greatly extended, and the objects rendered much more distinct than at present. E.P. 1515 vom 14. XII. 1785.

Dollondsche Werkstätte führt Menisken aus [72], periskopische Gläser sehr schwacher Durchbiegung [109].

Donders, F. C. (*1.*), Astigmatisme en cylindrische Glazen. 1862. [159] Hier hat nur vorgelegen die später so gut wie wörtlich in F. C. Donders (*3.*) übernommene, von C. Schweigger stammende Übersetzung: —, —, Astigmatismus und cylindrische Gläser. Berlin, H. Peters, 1862. XII, (*1.*) 137 S. 8° mit 15 +.

Donders, F. C. (*2.*), On the anomalies of accommodation and refraction of the eye. (The New Sydenham Soc. Bd. 22.) Nach dem Manuscript des Verfassers in das Englische übersetzt von W. Dan. Moore. London, ... 1864 ... 635 S. 8°. Die Schrift hat mir nicht vorgelegen; die Angaben stammen aus der Schrift: Ophthalmologische Bibliographie vom Jahre 1864. Beilageheft zu den Klin. Mbl. f. Aughlk. 1865. *3.* 1—44. S. 15/16. Auf F. Giraud-Teulons Besprechung in Ann. d'Ocul. 1864. *52.* 83—93 ist dort hingewiesen.

Donders, F. C. (*3.*), Die Anomalien der Refraction und Accommodation des Auges. Deutsche Originalausgabe unter Mitwirkung des Verfassers herausgegeben von O. Becker. [16. 27. 28. 34. 37. 41. 46. 47. 48. 51. 52. 57. 77. 96. 143. 146. 158. 159. 164. 201. 207] Wien, W. Braumüller, 1866. XII, 544 S. 8° 193 + u. 1 Tfl. Zweiter, nur unwesentlich veränderter Abdruck, in den Seitenzahlen übereinstimmend, von demselben Übersetzer. Wien, W. Braumüller, 1888.

Donders, F. C. (*4.*), Ueber das Metermaaß mit Bezug auf Numerirung der Brillengläser und Bezeichnung der verschiedenen Grade der Ametropie. [65] (Ophth. Ges. 16. IX. 75.) Klin. Mbl. f. Aughlk. 1875. *13.* 465—77.

Donders, F. C., seine vermeintliche Erfindung der Lochbrillen [10], Schulung der Augenärzte in der Brillenkunde [220], Äußerungen zur Raumwiedergabe [207].

Dondersisches Gesetz [165].

Doten, I. S. (*1.*), Improvements in spectacles. U. S. P. 190133 vom 1. V. 1877; appl. fil. 2. X. 1876.

Dovesche Vorstellungen über blaues Licht. [8]

[Doyne, ..] (*1.*), Achromatic spectacles. [191] The Opt. 1908/9. *36*, 3 + (25. IX.)

Driverscher Lichtschirm. 2 +. [6]

Du Bois, .. (*1.*), Ueber Weitsichtigkeit und Kurzsichtigkeit, das Aussuchen passender Augengläser, und ein Verfahren zur sicheren Vergleichung derselben. [26. 67. 220] Verh. Ver. f. Bef. Gewerbefl. Preußen 1826. *5.* 234—42, 4 +. S. auch den Abdruck mit Anmerkungen CZfOuM 1921. *42.* 165/6 (20. IV.); 182/3 (1. V.); 203 (10. V.); 217/9 (20. V.).

Du Bois-Reymond, E. (*1.*), Ueber eine orthopädische Heilmethode des Schielens. [213] Müllers Arch. 1852. 541—42.

Dudgeon, R. E. (*1.*), On subaqueous vision. [11] Phil. Mag. 1871. (4) *41.* 350—3. — Siehe auch die mehr populären Darstellungen: —, —, Contribution to the dioptrics of vision. Nature 1870/71. *3.* 124—25 (15. XII. 70). —, —, Lenses for vision below water. Ebenda, 378 (16. III. 71).

Dufour, M., Erklärung der Bezeichnung bombeur de verres. [142]

Dunckersches Flugblatt. [3—4] Frühzeitige Herstellung von periskopischen Brillen. [72. 110] Förderung der Brillenkunde [220].

Duvaldestin, .. (*1.*), Vision binoculaire. [210] Brev. d'inv. 54667, ang. 28. VI. 1862. Dieses Patent lag nur in einer Abschrift vor. v. R.

Edmunds, P. J. (*1.*), Improvements in spectacles. [211] E. P. 12852/89 vom 14. VIII.; acc. 14. X. 1889.

Elkington, G. R. (*1.*), An improvement or improvements in the constructing, making, or manufacturing of spectacles. [22] E. P. 6692 vom 10. X. 1834.

Emerson, A. H., s. unter M. Bentzon (*1.*) und A. H. Emerson.
Erfle, H. (*1.*), Ueber die durch zweifache Spiegelung in Linsenfolgen entstehenden Nebenbilder und ihre Verwendung zur Bestimmung der Linsenkonstanten. [17] CZfOuM 1919. *40.* 297—301 (10. X.); 309—13, 3 + (20. X.).
Erggelet, H. (*1.*), Über Sampsons graphische Ableitung der Abbildungskonstanten und ihre Anwendung auf die Fernrohrbrille. [37. 38] Graefes Arch. 1913. *86.* 78—92, 4 +. (9. X.)
Erggelet, H. (*2.*), Zur Korrektion der einseitigen Aphakie. [126. 218] ZfoO 1913/14. *1.* 33—42 (5. VII.); 65—73 (25. VIII.); Berichtig. 128, 7 +.
Erggelet, H. (*3.*), Ein Beitrag zur Frage der Anisometropie. Methodisch-experimentelle Betrachtungen. [26. 203. 218] Zschr. f. Sinnesphys. 1916. *49.* 326—64, 9 +.
Erggelet, H. (*4.*), Bemerkungen zur Fernrohrbrille. [44. 76. 78. 137] (12. VII.) ZfoO 1920. *8.* 146—54, 2 + (15. IX.).
Erggelet, H. (*5.*), Über den äußeren Erfolg der Akkommodation bei Brillenträgern. [48] (5. VII.) ZfoO 1920. *8.* 161—73, 3 + (6. XI.).
Ettles, W., Förderer der englischen Brillenoptiker. [222]
Faber, J. (*1.*), Normalkalibrirung für Brillengläser und Brillenglasfassung. [21] CZfOuM 1903. *24.* 95—96. (1. V.)
Fabersche leichte Zerstreuungslinsen. [24]
Fater, S. (*1.*), Hydrodiaskop und Keratokonus. [13. 50] Klin. Mbl. f. Aughlk. 1906. *44.* (2) *2.* Beilageheft. 93—109, 3 +.
Feilchenfeld, H. (*1.*), Die stereoskopische Nebenwirkung in symmetrischen Achsen stehender Cylindergläser. [216] Arch. f. Aughlk. 1905. *53.* 57—71, 7 + auf Tfl. V.
Ferenczy, M. (*1.*), Von der allgemeinen Landesausstellung in Prag. [110] CZfOuM 1891. *12.* 169—71 (1. VIII.); 186—7 (15. VIII.); 207—8 (15. IX.).
Fick, A. E. (*1.*), Eine Contactbrille. [14] (Sept. 87.) Arch. f. Aughlk. 1888. *18.* 279—89.
Fick, A. E. (*2.*), Verwahrung. [14] (5. XI. 93.) Arch. f. Aughlk. 1894. *28.* 127—8.
Fick, A. E., (*3.*), Jedem das Seine. [14] (31. III.) Ebenda 422—3.
Fick, A. E. (*4.*), Hydrodiaskop und Contactglas. [15] Klin. Mbl. f. Aughlk. 1897. *35.* 129—32.
Ficksche Haftgläser. [14. 15. 181. 218
Field, J., s. unter W. Pugh (*1.*) and J. Field.
Fieuzal, .. (*1.*), Des verres colorés en hygiène oculaire. [8] Bull. clin. intern. ophtalm. de l'hosp. des Quinze Vingts 1885. *3.* 145. (Juli—Sept.-Hft.) Hier nach Ann. d'Ocul. 1885. *94.* 260.
Fieuzal, .. (*2.*), Les verres gris-jaunes et les mouvements des éléments rétiniens. [8] Ebenda 1887. *5.* 73—9. (April-Juni-Hft.). Hiernach Ann. d'Ocul. 1887. *98.* 87—8.
Fischer, E. G. (*1.*), Ueber ein Paar Gesichts-Erscheinungen, aus deren sorgfältiger Beachtung man sichere Schlüsse auf gewisse innere krankhafte oder gesunde Beschaffenheiten des Auges machen kann. [155] (21. V. 18.) Abh. Kgl. Akad. d. Wiss. Berlin 1818/19. *7.* 33—50, 4 + auf einer Tfl.
Flohr s. unter Paetz & Flohr.
Fraenkel, .. (*1.*), Farbige Brillen für Farbenblinde. [195] Klin. Mbl. f. Aughlk. 1889. *27.* 57—8.
Franklin, B. (*1.*), Memoirs of the life and writings of ... etc. [79. 84] London, H. Colburn, 1818. 6 vol. Sec. ed. Vol. III. Correspondence. 174—5 und 190—1.
Franz, A., s. unter Ch. Wheatstone (*1.*).
Fraunhofersche Linien. [187]
Friedenwald, H. (*1.*), Ueber die durch corrigirende Gläser hervorgerufene Metamorphopsie. [216] Arch. f. Aughlk. 1893. *26.* 362—70.
Fritsch, K. (*1.*), Achromatische Brillengläser. [191] Öst. Priv. ... v. 5. VIII. 87; eingер. 20. VIII. 86. (Nicht veröffentlicht.)
Fritsch (vorm. Prokesch), K. (*2.*), Ueber die Brillengläser von bester Form und die neu patentirten achromatischen Brillengläser. [191] Wien, Selbstverlag, 1886. 8 S. kl. 8°. 18 +. Preisblatt.
Fritsch, K. (*3.*), Ueber die Brillengläser von bester Form und die achromatischen Brillengläser. [191] Der Mech. 1893/4. *1.* 265—7, 13 + (5. VIII.).
Fritsch (vorm. Prokesch), K., Beziehung zu O. Purtscher [180], achromatische Brillen [194].
Fronmüllerscher Brillenkasten. [26]

Fullersche astigmatische Linse. [158]
Galezowski, J. (*1.*), Lunettes doubles à verres superposés pour les opérés de cataracte et des hypermétropes. [80] Rec. d'Opht. 1894. (3) *16.* 525—32.
Galezowski, J. (*2.*), Verres dits isométropes. [16] Rec. d'Opht. 1896. (3) *18.* 300.
Galland, P., et M. N. J. Chamblant (*1.*), Verres, miroirs et instruments d'heliophlogie et d'optique, exécutés d'après un nouveau système qui détruit les aberrations de sphéricité, et qui peut être employé au chauffage des appartemens et à la fusion des métaux, etc. [142. 220] Br. d'Inv. 1490 der 1. Reihe der veröff. Patente, ert. 15. VI. 1813. Descr. (1) *16.* 324—47.
Galton, F. (*1.*), On spectacles for divers and the vision of amphibious animals. [11] 35. Rep. Brit. Ass. Birmingham. 1865. Not. 10—1.
Galtons Taucherbrillen. [49. 50]
Gariel, C. M., s. unter F. Ostwalt (*3.*).
Garzoni, Th., erwähnt Quarzlinsen [15], Bezifferung der Brillengläser nach der Wirkung [64], frühe Brillenschrift [219].
Gerold, H. (*1.*), Die Zwiefach-Plan-Convexen-Brille. Ein Doppel-Ocular von verschiedener Focal-Distanz, mit der Gesammt-Brennweite eines einfachen Aequivalents, berechnet und construirt für eine bestimmte Hypermetropie. [77] Graefes Arch. 1866. *12.* 1. 31—3.
Gerson, G. H. (*1.*), De forma corneae oculi humani deque singulari visus phaenomeno. [155] Göttingen 1810. Hier wurde der Bericht darüber eingesehen in Klin. Mbl. f. Aughlk. 1866. *4.* 57—60, 3 +. — S. übrigens auch unter A. Nagel (*1.*).
Giraud-Teulon, F. (*1.*), De l'influence sur la fonction visuelle des verres de lunettes (convexes dans la presbytie, concaves dans la myopie), et en particulier de leurs régions prismatiques externes et internes lors de leur usage binoculaire. [210] (20. II.) C. R. 1860. *50.* 382—5.
Giraud-Teulon, F., s. auch unter F. C. Donders (*2.*).
Giraud-Teulons Bemühungen um die Brille [64], um die Verordnung astigmatischer Brillen [159].
Gleichen, A., s. unter F. Plehn (*1.*).
Goldschmidt, .. (*1.*), —, —s Instrument um die Brennweite der Brillengläser zu bestimmen. [67] Gewerbevereinsblatt Prov. Preuß. *4.* Lief. 9 und 10. Dingl. polyt. Journ. 1850. *118.* 314.
Goldschmidt, W., Umgekehrte Fernrohrbrille. [139 +]
Goodescher Bericht zum Astigmatismus. [158]
Goulier, C. M. (*1.*), Sur un défaut assez commun de conformation des yeux et sur les moyens de rendre la vue distincte aux personnes qui en sont atteintes. [158] (7. VIII.) C. R. 1865. *61.* 266—7. Verlesung eines im Juli 52 niedergelegten, versiegelten Schriftstückes.
v. Graefe, A. (*1.*), Vorzeigung zweckmäßiger Lesegläser und eines binocularen Refractionsmessers. [77] (Heidelb. 5. IX.) Klin. Mbl. f. Aughlk. 1865. *3.* 392—3.
v. Graefe, A., Einfluß auf die Entwicklung der Muschelgläser. [4. 73. 110]
Gray, Th., and J. M. (*1.*), Improvements in optical instruments for viewing coloured signal lights. [195] E. P. 617/77 vom 14. II. (Nur vorläufiger Schutz nachgesucht.)
Greeff, R. (*1.*), Ein weiterer Fund historischer alter Brillen. [23] Arch. f. Aughlk. 1912. *72.* 206—12 mit 3 +.
Greeff, R. (*2.*), Die historische Entwicklung der Brille. Eine Anleitung zum Verständnis der Brillenausstellung in dem Heidelberger Museum. [204] Ber. über d. 39. Vers. d. Ophth. Ges. Heidelb. 1913. 419—51, 18 +. Auch als Sonderabdruck für die Besucher der vom 15. Mai bis zum 15. Juni währenden Ausstellung. 32 S. 8°, 18 +.
Greeff, R. (*3.*), Zu v. Rohr's Aufsatz »Die ersten Entwicklungsstufen der Glasbrillen und Glaskneifer«. [22] DOW 1918. [*3.*] 16—7, 2 + (10. I.).
Green, W., s. unter M. Tscherning (*3.*).
Greensche leichte Zerstreuungslinsen. [23. 24]
Gregorysches Spiegelobjektiv. [73]
Groenouw, A. (*1.*), Beiträge zur mathematischen Berechnung der Wirkung prismatischer Brillen. [146] Dr.-Arb. 18. V. Breslau, Bresl. Genoss.-Druck., 1886. 39 S. kl. 8° mit 2 Tfln.
Gullstrand, A. (*1.*), Beitrag zur Theorie des Astigmatismus. [124. 135] Skand.

Arch. f. Physiol. 1891. *2.* 269—359. Mit 1 Tafel.

Gullstrand, A. (*2.*), Ueber die Bedeutung der Dioptrie. [36. 37. 63. 124.] Graefes Arch. 1899. *49.* 46—70. (20. X.)

Gullstrand, A. (*3.*), Die Constitution des im Auge gebrochenen Strahlenbündels. [155] Graefes Arch. 1901. *53.* 185—240, 13 +. (17. XII.)

Gullstrand, A. (*4.*), Über Astigmatismus, Koma und Aberration. [93. 133] Drudes Ann. 1905. (*4.*), *18.* 941—73.

Gullstrand, A. (*5.*), Die reelle optische Abbildung. [135] Kungl. Sv. Vet. Akad. Handl. 1906. *41.* 119 S.

Gullstrand, A. (*6.*), Tatsachen und Fiktionen in der Lehre von der optischen Abbildung. [191. 194. 196] Arch. f. Optik 1907/8. *1.* 2—41. 81—97.

Gullstrand, A. (*7.*), nimmt an der Erörterung Teil. [133. 135] — S. unter M. v. Rohr (*9.*).

Gullstrand, A. (*8.*), Om afbildningen i ögat. (Über die Abbildung im Auge.) [35. 45. 196] Hygiea 1908. Festband. 1—45.

Gullstrand, A. (*9.*), s. unter H. v. Helmholtz (*2.*). [36. 37. 51. 53. 54. 56. 60. 124]

Gullstrand, A., seine Bedeutung für die Brillenkunde [2. 135. 146], nach ihm benannte Stargläser [34], Einführung von δ_f [41], Übersichtsauge [46. 53], Ausdruck für die Vergrößerung einer Fernrohrnahbrille [75. 76], Aufstellung der Drehpunktsbedingung [87. 116], Forderung nicht-sphärischer Flächen [135], Einführung der punktuellen Korrespondenz zum Verständnis des Projektionsvorgangs und der optischen Projektion [197].

Gullstrandsche Starbrillen. [133. 134. 135. 180. 194. 206]

Günther s. unter Nitsche & Günther.

Hallauer, O. (*1.*), Einige Gesichtspunkte für die Wahl des Brillenmaterials. [9] (Heidelb. 6. VIII.) Ber. über d. 34. Vers. d. Ophth. Ges. Heidelb. 1907. 334—40 mit Tfl. XIX/XX.

Hallauer, O. (*2.*), Die Brille 100 Jahre vor und 100 Jahre nach der Erfindung der Buchdruckerkunst. [204] Festschrift zum 50 jährigen Bestehen der Baseler Universitäts-Augenklinik. Basel, Helbig & Lichtenhahn, 1915. 122—39, 15 +.

Hannaysche streifenförmige Gläser. [22]

Hänsel, R. (*1.*), Brillen- und optische Gläser aus Celluloid, bei welchen die Ränder durch Abschrägung scharfkantig gestaltet sind. [4. 16] D. R. G. M. 14481/42; einger. 19. V. 93; veröff. 20. VI. 93. — S. auch die frühere Anmeldung:

Hänsel, R., Unbreakable substitute for glasses for clocks, watches, lockets, spectacles and optical lenses. [4] E. P. 7954/93 vom 19. IV. 93; acc. 24. VI. 93.

Harlan, G. C., Vorlegung torischer Brillengläser. [163]

Hart, A. H. (*1.*), Lens, spectacles, or eyeglasses. [20] U. S. P. 573087 vom 15. XII. 96; appl. fil. 4. VIII. 96.

Harting, H. (*1.*), Astigmatismus einer Linse mit deformierter Fläche. CZfOuM 1921. *42.* 13—5. (10. I.) Anführung und Besprechung vergessen; gehört zu S. 135.

Hartmann, K. (*1.*), und Villaret, Die Arbeiterschutzbrillen, ihre Arten, Konstruktionen und ihre Verwendung. [5] Berlin, C. Heymann, 1900. VII. 82 S. gr. 8°, 71 +.

Hawkins, J. I. (*1.*), On the means of ascertaining the true state of the eyes and of enabling persons to supply themselves with spectacles, the best adapted to their sight. [85. 209. 219] (Commun. by the author. 21. IX. 1826.) The Repert. of Pat. Inv. 1827. *3.* 347—55 (Dez.-Heft 26); 385—92 (Suppl.-Dez.-Heft 26) mit 5 + auf 1 Tfl. Hier habe ich nur den Ort festgestellt. Benutzt wurde die mir leichter erreichbare Übersetzung: —, —, Ueber die Mittel, den wahren Zustand der Augen zu bestimmen, und jedes Individuum in den Stand zu sezen, sich die für seine Augen passenden Brillen selbst zu wählen. Dinglers polyt. Journ. 1827. *24.* 130—6; 1828. *29.* 448—52; mit 5 + auf Tfl. VI.

Hay, G. (*1.*), On the increase of refractive power of a plano-cylindrical lens, when rotated about its axis. [158] Trans. Amer. Ophth. Soc. 1875. 319—24. Hier nach dem Bericht: —, —, Sur l'accroissement de pouvoir réfringent apporté à une lentille plancylindrique, lorsqu'on la fait tourner autour de son axe. Ann. d'Ocul. 1876. *75.* 282.

Hegner, C. A. (*1.*), Zur Raumerfüllung durch Brillengläser. [197] (3. VIII.) Ber. über d. 37. Vers. d. Ophth. Ges. Heidelb. 1911. 59—64, 4 +.

Hegner, C. A. (*2.*), Ueber ein neues Brillensystem zur Korrektion einseitiger Aphakie. [218] Klin. Mbl. f. Aughlk. 1912. *50.* = (2) *13.* 273—8, +.

Hegner, C. A. (*3.*), Zur Verteilung der überwindbaren Höhenfehler im Blickfelde. [215. 218] Habilitationsschrift. Jena 1912. 48 S. 8° mit 13 +.

Helmbold, R. (*1.*), Vergleichende Untersuchungen über den Pupillenabstand zu einigen Maßen des übrigen Körpers. I. [205] ZfoO 1914/15. *2.* 1—6, 6 + (8. IV. 14). —, —, II. (13. VIII. 15.) Ebenda 1915/16. *3.* 97—110, 8 + (1. X. 15).

Helmholtz, H. (*1.*), Handbuch der physiologischen Optik. [37. 165. 201] Bd. IX d. Karstenschen Allg. Encycl. d. Physik. Leipzig, L. Voss, 1867. XIV, 874 (1) S. gr. 8°. Mit 213 + und 11 Tafeln. Das Werk erschien in vier Teilen, 1856 (bis S. 336), 1860 (bis S. 432), Anfang 1866 (aller Wahrscheinlichkeit nach bis S. 656) und Ende 1866.

v. Helmholtz, H. (*2.*), Handbuch der Physiologischen Optik. [233] Dritte Aufl., ergänzt u. herausg. in Gemeinschaft mit Prof. Dr. A. Gullstrand u. Prof. Dr. J. v. Kries von Prof. Dr. W. Nagel. Erster Band. Hamburg und Leipzig, L. Voss, 1909. XVI, 376 S. Lex. 8° mit 146 +.

Helmholtzische Benennung Hyperopie. [28]

Henker, O. (*1.*), Die Ordnung der Brillengläser nach der Scheitelrefraktion und ihre Begründung. [30. 31. 34. 66. 68. 70] ZfoO 1914/5. *2.* 129—54, 13 +. (12. III. 15.)

Henker, O. (*2.*), Ein Scheitelrefraktionsmesser. [68. 70] (14. II. 15.) ZfoO 1915/16. *3.* 21—32, 6 +. (1. IV. 15.)

Henker, O. (*3.*), Eine verstellbare Brillenlupe. [209] (23. IV. 15.) ZfoO 1915/16. *3.* 42—46, 2 +. (7. VI. 15.)

Henker, O. (*4.*), Der richtige Sitz der Brille bei einem unsymmetrischen Gesicht des Trägers. [206] (20. XI. 15.) ZfoO 1915/16. *3.* 163—70, 8 +. (2. II. 16.)

Henker, O. (*5.*), Ein einfacher Fernrohrbrillen-Probierkasten. [137] (29. IV.) ZfoO 1916. *4.* 43—59, 4 +. (1. VI.)

Henker, O. (*6.*), Über die richtige Wahl vergrössernder Korrektionsmittel bei verschiedenartiger Herabsetzung des Sehvermögens. [78] (12. VI.) Arch. f. Aughlk. 1916. *81.* Erghft. *67—81*, 9 +.

Henker, O. (*7.*), Der Punktuellitätsprüfer. [116. 181] (27. IX.) ZfoO 1916. *4.* 172—83, 6 +. (1. XII.)

Henker, O. (*8.*), Die Ursachen der zuweilen vorkommenden Mißerfolge bei Verwendung durchgebogener Brillengläser. [66. 68. 70] (20. XI. 16.) ZfoO 1917. *5.* 13—23, 6 +. (6. I.)

Henker, O. (*9.*), Der Unterschied zwischen der Bezifferung und der Wirkung gebogener Brillengläser. [66. 69] CZfOuM 1917. *38.* 84—7, +. (10. III.)

Henker, O. (*10.*), Über deutsche Festmaße für Brillengläser. [21. 22] (3. II.) ZfoO 1917. *5.* 49—55. (17. III.)

Henker, O. (*11.*), Zur Bezeichnung der Zylinderachsen. [157] Klin. Mbl. f. Aughlk. 1917. *59.* = (2) *24.* 662—5.

Henker, O. (*12.*), Lehrversuche zur Veranschaulichung des Astigmatismus schiefer Büschel. [96] (28. V.) ZfoO 1918. *7.* 75—88, 13 +. (3. VII.) — S. dazu auch C. Zeiss (*11.*).

Henker, O. (*13.*), Geräte zur Darstellung des Sehens durch gute und schlechte Brillengläser. [116. 182] (27. VII.) ZfoO 1918. *6.* 106—19, 9 +. (2. IX.) — S. dazu auch unter C. Zeiss (*10.*).

Henker, O. (*14.*), Lehrversuche zur Erläuterung der verschiedenen Fehlsichtigkeiten. [38] (21. II.) ZfoO 1919. *7.* 25—35, 7 +. (29. III.)

Henker, O. (*15.*), Einführung in die Brillenlehre. [119. 133] Jena, Optikerschule, 1921. VI, 325 S. gr. 8°. 338 + und 1 Taf.

Henker, O., und M. v. Rohr s. unter M. v. Rohr (*6.*).

Henker, O., s. auch unter E. Hertel (*2.*).

Henkersches Schichtenbild [32. 33. 34. 54], Fernrohrlupe [76], Ausarbeitung der photographischen Prüfverfahren [116. 182], Herstellung nicht-sphärischer Flächen [135. 181] (Anführung versehentlich versäumt), Bau eines Bildwerfers mit veränderlicher Vergrößerung. [203]

Hermannsche Formeln von F. Ostwalt benutzt. [96. 112]

Herschel, J. Fr. W. (*1.*), Light. Encycl. Metr. Reissue in parts, each containing a complete treatise. [14] London, Griffin and Co., 1849. 4°. 341—586 mit 14 Tfl. Anscheinend ein unveränderter Abdruck der ersten Bearbeitung, datiert: Slough, Dec. 12, 1827.

Herschelsches Doppelprisma +. [214]
Hertel, Chr. G. (*1.*), Vollständige Anweisung zum Glasschleiffen, Wie auch zu Verfertigung derer Optischen Maschinen, die aus geschliffenen Gläsern zubereitet und zusammengesetzt werden. Nebst einer Vorrede Herrn Christian Wolffes. [64. 219] Halle, Rengerische Buchhandl., 1716 (XXIV) 160 (X) S. 8° mit 20 Taf.
Hertel, E. (*1.*), Zur Praxis der anastigmatischen Stargläser. Mit zwei Taf. (vom 5. VIII. 1908). [131] Ber. über die 35. Vers. d. Ophth. Ges. Heidelberg 1908. 32—6. Erörter. 37—8.
Hertel, E. (*2.*), und O. Henker, Über die Schädlichkeit und Brauchbarkeit unserer modernen Lichtquellen. [8. 9] Graefes Arch. 1910. *73.* 590—613, 2 + und 1 Taf. (8. III.)
Hertel, E. (*3.*), Über Ersatz der operativen Korrektion hochgradiger Myopie durch eine Gläserkombination (Fernrohrbrille). Mit 1 Taf. und 2 +. [76. 136. 140] Graefes Arch. 1910 *75.* 586—604. (14. V.)
Hertzsprung, E. (*1.*), Notiz über den mittleren Augenabstand. [205] (2. VII. 04.) Zschr. f. wiss. Phot. 1904/05. *2.* 244—5.
Hess, C. (*1.*), Die Anomalien der Refraktion und Akkommodation des Auges mit einleitender Darstellung der Dioptrik des Auges. [148] (Mai 1902.) Dieses Hb. 2. Aufl. *8.* Kap. 12. 523 S. gr. 8° mit 105 +.
Hess, C. (*2.*), Die Refraktion und Akkommodation des menschlichen Auges und ihre Anomalien. [30. 148] (Dez. 1908.) Dieses Hb. 3. Aufl. *8.* Kap. 12. IX. 618 S. gr. 8° mit 105 + und 4 Taf.
Hess, C. (*3.*), Ueber einheitliche Bestimmung und Bezeichnung der Sehschärfe. Bericht, erstattet im Auftrage der Kommision (auf dem internationalen Ophthalmologenkongreß zu Neapel. 1909). [52] Arch. f. Aughlk. 1909. *63.* 239—57, auch als S.-A. 5—24.
Heymann, Madame Alfred (*1.*), Lunettes et lorgnettes de jadis. Préface de M. Georges Lafenestre. [223] Paris, J. Leroy et Cie., 1911. XI, (2) S. 4°. I. Teil: Les lunettes 1—65; II. Teil: Les lorgnettes 1—58. Mit vielen nicht durchweg bezifferten Textabb. und 14, 8 Taf.
Himmlersche Haftgläser. [14]
v. Höegh, E. (*1.*), Bemerkungen zu dem Werke »Theorie und Geschichte des photographischen Objektivs von M. von Rohr«. [102] Arch. f. wiss. Phot. 1900. *2.* 83—91.
Holmgren, F., Augenabstandsmessung. [205]
Hooke, R., Brillengläser mit großem Abstande. [40. 41]
Hoorweg, J. L. (*1.*), Versuch einer elementaren Theorie der Cylinderlinsen. [164] (16. IV. 73.) Graefes Arch. 1873. *19.* II. 236—60, 10 +.
Hotchkiss, D. (*1.*), & B. R. Norton, Glasses for spectacles. U. S. P. 6369 vom 17. IV. 1849. Die Patentbeschreibung ist nicht gedruckt, dagegen ist der Anspruch veröffentlicht worden. Rep. of the comm. of Pat. 1849. 238.
Hudson, J. T. (*1.*), Useful remarks upon spectacles, lenses and opera-glasses; with hints to spectacle wearers and others; being an epitome of practical and useful knowledge upon this popular and important subject. [16. 21. 64. 205] London, J. Thomas, 1840. 32 S. 8°.
Hvale, A. J. (*1.*), —, —s Doppelbrille. [79] Dingl. polyt. Journ. 1885. *257.* = (6) 7. 77.
Imbert, A. (*1.*), Calcul de l'effet prismatique des verres décentrés. [147. 149. 185] Ann. d'Ocul. 1886. *95.* 146—53, 4 + (März-April.)
Jachau, Ch. H. L. (*1.*), Spectacles. [6] U. S. P. 1130 vom 20. IV. 1839. Die Patentbeschreibung ist nicht gedruckt und über ihren Inhalt ist nichts veröffentlicht worden. Hier lag eine Abschrift vor.
Jamin, J. M. (*1.*), La fabrication des verres périscopiques. [6] Br. d'Inv. 5985 der 1. Reihe der veröff. Patente; ert. am 4. IV. 38. Descr. *50.* 273.
Jamin fils, J. F. (*2.*), Système de verre périscopique à deux rayons. [85] Br. d'Inv. 9243 v. 7. XII. 49; ert. 14. II. 50.
Javal, E. (*1.*), Histoire et bibliographie de l'astigmatisme. [158. 163. 164] (31. III. et 30. IV.) Ann. d'Ocul. 1866. *55.* 105—127.
Javals Bemühungen um die Brillenabstufung [64—5], Rechenschieber [65], seine Kenntnis der Ablenkung eines dezentrierten Brillenglases [149], seine Verordnung astigmatischer Gläser [159].

Joerden, H. C. (*1.*), Bifocal lens. U.S.P. 839998 vom 1. I. 1907; appl. fil. 13. III. 1906.

Johnson, G. Lindsay (*1.*), Dr. Tscherning, orthoscopic spectacles. Translated and communicated by G. L. J. (read 17. X. 1905). [92] Trans. Ophthalm. Soc. Un. Kingd. 1905/06. *26.* 208—14.

Johnson, G. Lindsay, Förderer der englischen Brillenoptiker. [222]

Jones, Th. Wharton (*1.*), Stereoscopic glasses for single pictures. [215] E. P. 1450/59 vom 16. VI. (prov. spec.); vom 29. XI. (compl. spec.) — S. a. Ph. Journ. 1860/62. *7.* 45.

Jones, W. (*1.*), Observations on Dr. Wollaston's statements respecting an inprovement in the form of spectacle-glasses. [72] Phil. Mag. 1804. *18.* 65—71. Febr.-Heft.

Jones, W. (*2.*), An examination of Dr. Wollaston's experiment on his periscopic spectacles. [72] (April 10.) Phil. Mag. 1804. *18.* 273—5. April-Heft.

Jones, W. (*3.*), Optician, Critical observations on Dr. Wollaston's stated improvement of the Camera obscura and microscope in the application of the meniscus and two plano-convex lenses; proving their inferiority to the double convex lens generally used. [72] (13. IV.) Phil. Mag. 1813. *41.* 247—53.

Jones, W. (*4.*), Final letter from Mr. — — on Dr. Wollaston's periscopic spectacle glass. [72] (15. XII.) Phil. Mag. 1813. *42.* 464—5.

Kaiser, H. (*1.*), Ein Fall von Anisometropie und allgemeine Beleuchtung dieses Gesichtsfehlers. [216] Graefes Arch. 1867. *13.* 2. 353—75.

Kalt, E., seine Versuche mit Haftgläsern. [14]

v. Kamptz, F. (*1.*), Augenglas für Farbenblinde. [195] D. R. P. 59782 vom 9. I. 1891; ausgeg. 25. XI. 1891.

Kanthack, R., s. unter M. v. Rohr (*2.*).

Kausen, J., Brillen für Lichtspielhäuser. [41]

Kepler, J. (*1.*), Dioptrice seu demonstratio eorum quae visui et visibilibus propter conspicilla non ita pridem inventa accidunt. Praemissae epistolae Galilaei de iis, quae post editionem nuncii siderii ope perspicilli, nova et admiranda in coelo deprehensa sunt. Item examen praefationis Ioannis Penae Galli in optica Euclidis, de usu optices in philosophia. [40. 71] Augustae Vindelicorum, typis Davidis Franci. MDCXI. (7), 80, (2) S. kl. 4° mit Textabb. — S. auch (*2.*) die Übersetzung von F. Plehn. [71] Leipzig, W. Engelmann, 1904. 114 S. 8° mit 43 Textabb. Ostwalds Klass. d. exakt. Wiss. Nr. 144.

Kepler, J., Würdigung des Drehpunkts für das Brillenglas. [86. 87]

Kight, W. K. (*1.*), Lens. U. S. P. 896393 vom 18. VIII. 1908; appl. fil. 22. IV. 1908.

Kirsch, R. (*1.*), Sehschärfenuntersuchungen mit Hilfe des Visometers von Zeiß. (Zugleich ein Beitrag zur Frage der Lesbarkeit von Druckschriften.) [57] Graefes Arch. 1920. *103.* 253—79, 6 +. (23. XII.)

Kirschmann, A. (*1.*), Gläser für Farbenblinde. [195] DOW 1915/16. [*1.*] 609—11. (30. VII. 16.)

Kitchiner, W. (*1.*), The economy of the eyes: precepts for the improvement and preservation of the sight. Plain rules which will enable all to judge exactly when, and what spectacles are best calculated for their eyes observations on opera glasses and theatres, and an account of the pancratic magnifier, for double stars, and day telescopes. [21. 51. 64] London, Hurst, Robinson, & Co., and Edinburgh, Arch. Constable, 1824. VIII, 246 S. kl. 8° mit 2 Kupfertafeln. — S. auch die Übersetzung nach Pansier (*1.* 90): —, —, Die Oeconomie der Augen, oder Vorschriften zur Erhaltung und Verbesserung des Gesichts nebst Bemerkungen über das Tragen der Brillen und den Gebrauch der Operngucker sowie astronomischer und terrestrischer Telescope. Weimar, Priv. Landes-Industrie-Comptoir, 1825. 220 S. kl. 8°.

Klein, E. (*1.*), Gewölbtes Brillenglas mit besonderem Schliff auf der Rückseite des Glases. [24] D.R.G.M. 330835/Kl. 42h, einger. 24. I. 1908, eingetr. 18. II. 1908.

Klein, E. (*2.*), Gewölbtes Brillenglas mit mehrfachem Schliff. [24] D. R. G. M. 390696/Kl. 42 h, einger. 2. III. 1908, eingetr. 15. IX. 1909.

Kloth, G. (*1.*), Der richtige Sitz einer Brille. [206] (15. V. 15.) ZfoO 1915/16. *3.* 46—51, 4 +. (7. VI.)

Kloth, G., prägt den Ausdruck schuppenförmige Randform. [22]

Klughardt, A. (*1.*), Ueber Stargläser. [194] DOW 1915/6. [*1.*] 393—5 (2. IV.); 409—11, 3 + (9. IV.).
Klughardt, A., Abstufung nach Scheitelbrechwerten [70], Beschäftigung bei Rodenstock [194].
Knapp, J. H. (*1.*), Ueber die Asymmetrie des Auges in seinen verschiedenen Meridianebenen. [159] Graefes Arch. 1862. *8.* 2. 185—241 mit 5 + auf der Tfl.
Knapp, J. H., bringt das internationale Schema für die Achsenbezeichnung astigmatischer Gläser durch. [157]
Koegel, H. (*1.*), Pupillenabstand und andere Körpermaße. [205] I. (23. I.), II. (19. IV.), III. (3. VII.), IV. (5. IX.) ZfoO 1916. *4.* 1—11, 8 + (1. IV.); 33—43, 12 + (1. VI.); 65—75, 12 + (1. VIII.); 129—42, 20 + (18. X.).
Koegel, H. (*2.*), Pupillenabstand und andere Körpermaße. Ein Nachtrag. [205] (7. V.) ZfoO 1919. *7.* 74—6, +. (1. VII.)
König, A. (*1.*), und M. v. Rohr, Die Theorie der sphärischen Aberrationen. [92. 98] M. v. Rohr (*2.*), 208—338.
König, A. (*2.*), Die Berechnung optischer Systeme auf Grund der Theorie der Aberrationen. [102] S. unter M. v. Rohr (*2.*), 373—408.
König, A. (*3.*), Die Bilddrehung durch Prismen. [146] S. unter M. v. Rohr (*2.*), 444—8.
Koster, W. (*1.*), Eine wenig auffallende Form für starke negative Brillengläser. [24] ZfoO 1914/15. *2.* 80, +. (17. XII. 14.)
Krebs, G. (*1.*), Ueber die Reflexion des Lichts an der Vorder- und Hinterfläche einer Linse. [17] (8. I. 75.) Poggend. Ann. 1874. *153.* 563—71, +.
Krecke, W., Erfindung einer prismatischen Brille. [146]
Kries, Fr., s. unter G. Adams (*1.*).
Krückmann, E., Anregung des Henkerschen Prüfgeräts. [116]
Krüss, H. (*1.*), Zur Theorie der Sphärometer. [68] CZfOuM 1891. *12.* 63—6, 5 +. (15. III. 91.)
Krüss, H. (*2.*), Ueber die Eigenschaften der Isometrope-Gläser. [16] Klin. Mbl. f. Aughlk. 1898. *36.* 147—56; 264. CZfOuM 1898. *19.* 103—5. (1. VI.)
Kugel, C. (*1.*), Ueber die Wirkung schief vors Auge gestellter sphärischer Brillengläser beim regelmässigen Astigmatismus. [157] Graefes Arch. 1864. *10.* 1. 89—96.
Landoltsche Ringe [52], Teilung [214 +].
Landsberg, P. (*1.*), Eigenartiger Gebrauch des Convexglases bei excessiver Hypermetropie. [46] Klin. Mbl. f. Aughlk. 1892. *30.* 187—92, +. (Mai-Heft.) — S. auch ebenda 292—3 u. 361—2.
Landwehr, J. H. (*1.*), Beitrag zur Kenntnis der Anisometropie. [217] Klin. Mbl. f. Aughlk. 1918. *61.* = (2) *26.* 231—52, 2 +. (31. VIII.)
Laqueur, L., Hinweis auf einen Straßburger Optiker Mayer (?). [180]
Laubers Akkommodationsbrille. [51]
Laurent, L. (*1.*), Sur un appareil destiné à contrôler la courbure des surfaces et la réfraction des lentilles. [67] (30. III. 85.) C. R. 1885. *100.* 903—5, 4 +. — S. auch die hier wichtige Besprechung Czapskis in Zschr. f. Instrkde. 1885. *5.* 322—3.
Lazarus, N. (*1.*), Improvements in the manufacture of achromatic lenses. [191] E. P. 4339/81 vom 5. X. 1881; compl. spec. 5. IV. 1882.
Lerebours, N. J., Versuch isochromatischer Brillen. [6. 7]
Leutmannsche Probierlinsen [26], Abstufung nach dem Flächenradius [64], Würdigung des Meniskus [71. 109], Brillenschrift [219].
Lewenberg [Loewenberg], erfindet Bernsteinbrillen. [16]
Listing, J. B. (*1.*), Vorschlag zu fernerer Vervollkommnung des Mikroskops auf einem abgeänderten dioptrischen Wege. [187] (Aus d. Gött. Nachr. 1869, Nr. 1.) Poggend. Ann. 1869. *136.* 467—72. S. 472.
Listingsches Gesetz der Augendrehung. [165. 166. 181. 186]
Lohnstein, Th. (*1.*), Zur Gläserbehandlung des unregelmäßigen Hornhaut-Astigmatismus. [12. 13] Klin. Mbl. f Aughlk. 1896. *34.* 405—23, +.
Lohnstein, Th. (*2.*), Kritische Bemerkungen zu den hyperbolischen Gläsern. [134] Klin. Mbl. f. Aughlk. 1897. *35.* 97—108, 2 +.
Lohnstein, Th. (*3.*), Nochmals die hyperbolischen Gläser. (Zur Abwehr gegen Herrn Professor E. Raehlmann.) [134] Klin. Mbl. f. Aughlk. 1898. *36.* 208—21.
Lohnstein, Th. (*4.*), Zur Richtigstellung: Lohnstein contra Raehl-

mann. [134] Klin. Mbl. f. Aughlk. 1898. *36.* 264.

Lohnstein, Th. (*5.*), Erwiderung auf die vorstehenden Bemerkungen des Herrn Dr. E. A. Fick in Zürich zu meinem Hydrodiaskop. [15] Klin. Mbl. f. Aughlk. 1897. *35.* 132—4.

Lohnstein, Th. (*6.*), Die Berechnung der Planconvexlinse des Hydrodiaskops. [12. 13. 49. 50. 135] Klin. Mbl. f. Aughlk. 1897. *35.* 266—71.

Lohnsteinsche Wasserkammer. [12, +. 48. 49]

Lomb, s. unter Bausch.

Loringsche leichte Stargläser. [23]

Löwenstein, A. (*1.*), Über die Korrektion einseitiger Aphakie durch die Rohrsche Anisometropbrille. [218] ZfoO 1913/14. *1.* 97—9 (11. X. 13).

Magnus, H. (*1.*), Die Bedeutung des farbigen Lichtes für das gesunde und kranke Auge. Ein Beitrag zu einer rationellen Lichtdiät. [8] Leipzig, W. Engelmann, 1875. V, 46 S. 8°.

Maire, .., s. unter .. Plagniol et .. Maire.

Majewski, C. V. (*1.*), Ueber corrigirende Wirkung des Hydrodiaskops Lohnstein's in Fällen von Keratokonus und unregelmäßigem Astigmatismus. [13] (Schon 1898 in einer polnischen, in Krakau erschienenen Arbeit gedruckt.) Klin. Mbl. f. Aughlk. 1899. *37.* 162—9.

Manni, D. M., alter Brillenkundiger. [219]

Märtens, K. A. A., Förderer der Brillenkunde. [220]

Martin, B. (*1.*), An essay on visual glasses, (vulgarly called spectacles) wherein it is shewn from the principles of optics, and the nature of the eye, that the common structure of those glasses is contrary to the rules of art, to the nature of things, &c. and very prejudicial to the eyes. The nature of vision in the eye explained, and glasses of a new construction proposed. [5. 21. 209. 219] The fifth Edition. Price Six-pence. London, im Selbstverlag, 1760. 24 S. 8° mit 1 Kpfrtfl.

Masselon, J., s. unter L. de Wecker (*1.*).

Mauthner, L., Ablehnung der Abstufung nach Dioptrien. [65]

Mayer, H., seine Facett-Brillen. [23]

Mayer, J., seine Vorschiebebrillen. [51]

McAllister, frühe Herstellung von Zylinderlinsen. [158/9]

Melsens, L. H. F. (*1.*), Application du principe de la transparence de métaux. [7] (1. X.) C. R. 1866. *63.* 552—3.

Mensert, W. (*1.*), Verhandeling aangaande de uitvinding, het gebruik en het misbruik der Brillen, benevens allgemeene aanwijzingen, om eenen bril te kiezen, en wat men vooral bij het gebruik van denzelven heeft in acht te nemen. [16] Amsterdam, G. Portielje, 1831. XVI, 199 S. 8°.

Merzischer Brillenkasten. [26]

Mey, J. Fr., Kurzer Unterricht von der Beschaffenheit und dem Gebrauch der Vergrößerungsgläser und Teleskopien. [219] Dresden und Leipzig, bey Fr. Hekel, 1747. (8), 72 S. 4° mit VI Kpfrtfln.

Meyer (?), Straßburger Optiker. [134. 180]

Miller, H. P. (*1.*), Improvements in aperture sighting-apparatus for ensuring accuracy of aim with fire-arms. E. P. 8675/86 vom 2. VII. 1886; compl. spec. 30. III. 1887.

van Minden, .. (*1.*), Lunettes permettant de voir de loin et de près ou d'affaiblir facultativement l'éclat de la lumière. [79] Br. d'Inv. 21135, ang. 16. X. 1854, vom 8. XII. 1854. Descr. (2) *42.* 59—60.

Mittelstrass, Gebr. (*1.*), Neues Sphärometer. [66. 68. 69] CZfOuM 1890. *11.* 279, +. (15. XII. 90.)

Monoyer, F. (*1.*), Sur l'introduction du système métrique dans le numérotage des verres de lunette, et sur le choix d'une unité de réfraction. [65] (1. X. 72.) Ann. d'Ocul. 1872. *68.* 101—17.

Monoyer, F. (*2.*), Nouvelle formule destinée à calculer la force réfringente ou le numéro des lunettes de presbyte. [58] (5. IV. 75.) C. R. 1875. *80.* 919—22. Ann. d'Ocul. 1876. *76.* 76—8.

Moore, W. Dan., s. auch unter F. C. Donders ((*2.*).

Mosersche Bestimmungen der Durchlässigkeit [8], Zylinderlinsen zur Betrachtung von Perspektiven [215].

Moussier, Th. Pr. (*1.*), et Boulland, .., Verres de lunettes. [85] Brev. d'Inv. 9428 ang. 14. XII. 1849, vom 10. IV. 1850. Cert. d'Add. vom 27. VI. 1851. Descr. (2) *16.* 341—2.

Moussier, Th. Pr. (*2.*), et Boulland, .., Verres de lunettes périscopiques à foyer achromatisé. [85] Brev. d'Inv.

13214 ang. 11. III. 1852 vom 30. IV. 1852. Descr. (2) *21*. 284—5. In einer neuerdings angefertigten Abschrift der Akten lautet der Titel übrigens: Description des verres de lunettes périscopiques **ou** à foyer achromatisé.

Moussier, Th. Pr. (*3.*), et Boulland, .., Verres de lunettes périscopiques achromatisés. [85. 212] Cert. d'Add. zu 13214 ang. 11. VIII. 1855. Lag nur in einer Abschrift vor.

Müller, A. (*1.*), Brillengläser und Hornhautlinsen. [87. 111. 191] (Dr.-Arbeit.) Kiel 1889. 31 S. 8°, 3 +.

Müller, C., seine Glasbrillen zwischen 1852 und 57. [22]

Müller, C. (*1.*), Diopterbrillen. [10] CZfOuM 1920. *41*. 266—7, 10 +. (20. VII.)

Müller, J., Wiederentdeckung des Augendrehpunkts. [86]

Müllersche geblasene Haftgläser [14. 15]

Nagel, A. (*1.*), Historische Notiz über Hyperopie und Astigmatismus. [232] Graefes Arch. 1866. *12*. 1. 25—30. S. unter G. H. Gerson (*1.*).

Nagel, A. (*2.*), Die Refractions- und Accommodations-Anomalieen des Auges. [65] Tübingen, H. Laupp, 1866. VIII, 217 S. 8° mit 21 +.

Nagel, A. (*3.*), Die Benutzung des Metermaasses zur Numerirung der Brillen. [65] Klin. Mbl. f. Aughlk. 1868. *6*. 65—78.

Nagel, A. (*4.*), Die Anomalieen der Refraction und Accommodation des Auges. [65] Dieses Handb. Leipzig, W. Engelmann, 1880, Cap. X. 257—503. *6*. Enthält des Verfassers eigene Darstellung der Dioptriefrage.

Nengelken, Fr. (*1.*), Brille für Schielende mit einstellbaren, zur Hälfte durchsichtigen und zur Hälfte undurchsichtigen Gläsern. [213] D.R.G.M. 49464/42; einger. 26. XI. 95; veröff. 23. XII. 95.

[Neuman]n, [R.] (*1.*), Aus mehreren Gläsern mit verschiedenem Krümmungshalbmesser zusammengesetztes Brillenglas. D.R.G.M. 53815. [23] CZfOuM 1896. *17*. 71, 5 +. (15. IV.) Der Mech. 1896. *4*. 116, 3 +. (20. IV.) Wegen des Titels sehe man das Nitschmannsche (*1.*) Gebrauchsmuster.

Newtonsche Beziehung auf die Brennpunkte. [42]

Nitsche & Günther, Seiten- und Rückblickbrillen [9—10], Katadi-Gläser [17—18], periskopische Gläser mit $1^1/_4$ dptr Grundwirkung [110], Rectavist- und Rectavist-Stargläser [116], doppelte Brillengläser [131 +], Vorschlagfernröhrchen [138], Ausführung stark durchgebogener Linsen im Jan. 1893 [163], Anstellung E. Weissens [177], deformierte torische Flächen [181].

Nitschmann, F. (*1.*), Aus mehreren Gläsern mit verschiedenen Krümmungshalbmessern zusammengesetztes Brillenglas. [23] D. R. G. M. 53815/Kl. 42, eing. 30. I. 1896; eingetr. 10. III. 1896.

Nitschmannsche Gläser. [24]

Nobert, Fr., mögliche Herstellung der Stöpsellinse. [77]

Norton, B. R., s. unter Hotchkiss, D. & B. R. Norton.

Noyes, H. D., führt die Helmholtzische Gradzählung für die Achsenlage astigmatischer Brillengläser ein. [157]

Oppel, J. J., Ansatz zur Würdigung des Augendrehpunkts. [86]

Oppenheimer, E. H. (*1.*), Theorie und Praxis der Augengläser. [2. 72. 142. 146. 208] Berlin, A. Hirschwald, 1904. VIII, 200 S. gr. 8°, 181 +.

Oppenheimer, E. H. (*2.*), Torische Gläser. [163] CZfOuM 1905. *26*. 127—8 (15. V.); 224 (1. IX.); 239 (15. IX.); 252 (1. X.). — S. auch dazu seine Antwort auf S. 142 derselben Fachschrift.

Oppenheimer, E. H. (*3.*), Abriß der Brillenkunde. [2] Dieses Hb. II. Teil. *4*. 2. Abt. III. Kap. Nachtr. II. gr. 8°, 1—96 S. mit 66 +. Ausgeg. am 23. II. 1906.

Orford, H. (*1.*), Manufacture of lenses for spectacles or eyeglasses. [83] U. S. P. 943449 vom 14. XII. 09; appl. fil. 30. I. 1909.

Osterlandsche frühe periskopische Brillen. [72]

Ostwalt, F. (*1.*), Des verres périscopiques. (Sitz. vom 16. Mai.) [96. 111] C. R. 1898. *126*. 1446—9.

Ostwalt, F. (*2.*), Ueber periskopische Gläser. [105. 112. 113. 114] Mit 13 +. Graefes Arch. 1898. *46*. 475—524. (3 Abt. ausgeg. den 4. Okt.)

Ostwalt, F. (*3.*), Des verres périscopiques et de leurs avantages pour les myopes. Avec une préface par C. M. Gariel. [68. 112] Paris, G. Carre & C. Naud, 1899. 86 S. gr. 8° mit 13 +. Nach den hier vorgenommenen Stichproben handelt es sich bis auf die Garielsche Vorrede um eine getreue Übersetzung der vorstehenden Arbeit. (*2.*).

Ostwalt, F. (*4.*), Recherches expérimentales sur les verres périscopiques. [113] IX. Congrès intern. d'ophtalm. d'Utrecht du 14 au 18 Août 1899. Amsterdam, F. van Rossen, 1900. XXVIII, 621 S. gr. 8°; s. S. 350—8.

Ostwalt, F. (*5.*), Weitere experimentelle Untersuchungen über die periskopischen Gläser nebst einem berichtigenden Nachtrage zu der in diesem Archiv, Bd. XLVI, 3 erschienenen Arbeit des Verfassers. [113. 114] Graefes Arch. 1900. *50.* 44—62 mit Tfl. III und 5 +. (1. Abt. ausgeg. d. 8. Juni.)

Ostwalt, F. (*6.*), Nouvelles recherches expérimentales concernant les verres périscopiques. [114] Rev. Gen. d'ophtalm. 1900..., mit 5 + und 2 Tfln. (31. VII.) Auch als S.-A. von gleichem Titel 1—18 S. 8° mit 5 + und 2 Tfln. Nach den hier vorgenommenen Stichproben handelt es sich um eine getreue Übersetzung der vorstehenden Arbeit (*5*). Hinzugekommen ist jedenfalls die auf S. 15—6 stehende, auf M. Tscherning bezugnehmende Anmerkung.

Ostwalt, F., seine Stellung zur Brille [87. 111], Benutzung der Hermannschen Formeln [96. 112].

Ostwaltscher Zug auch Ostwaltsche Form. [99. 103. 105. 107. 112. 118. 121. 122. 125. 127. 134. 140. 141. 154]

Paetz & Flohr, frühe Herstellung von Zylinderlinsen. [159]

Pansier, P. (*1.*), Histoire des lunettes. [213. 223] Paris, A. Maloine, 1901. 134, (2), 134^{A-D} 136—7 S. gr. 8° mit 18 + und 5 Tfln.

Pansier, P., s. auch unter J. Ayscough (*1.*) und W. Kitchiner (*1.*).

Parent, .. (*1.*), nimmt an der Erörterung über J. L. Borsch jr. (*1.*) teil. [131]

Parschin, Chr., erfindet Bernsteinbrillen. [16]

Paulus von Ägina, Lochbrillen für Schielende. [213]

Paus, G. (*1.*), Apparat zum Messen der Concavität oder Convexität optischer Gläser. [67] D. R. P. 16648 vom 28. V. 81; ausgeg. 27. I. 82. — S. auch Dingl. polyt. Journ. 1882. *244.* (5) *44.* 199 mit 2 + auf Tfl. 17.

Percival, A. S. (*1.*), Periscopic lenses. [114] Arch. of Ophthalm. 1901. *30.* Nr. 5. Sept. 520—8.

Percival, A. S. (*2.*), Periscopic lenses. [115] Arch. of Ophthalm. 1903. *32.* Nr. 4. Juli. 367—8.

Percival, A. S., Vorschlag für torische Linsen. [163]

Pergens, Ed. (*1.*), Ueber farbige und farblose Augengläser. [8. 16] Klin. Mbl. f. Aughlk. 1897. *35.* 33—50, 2 +.

Pergens, Ed. (*2.*), A propos du numérotage des verres de lunettes. [64] Ann. d'Ocul. 1900. *123.* 480.

Pergens, Ed. (*3.*), Geschichtliches über prismatische Brillen und Zentren. [146] Klin. Mbl. f. Aughlk. 1903. *41.* 2. Bd. 234—5.

Pergens, Ed. (*4.*), Ueber die Schleifart und das Kaliber von Brillengläsern. Klin. Mbl. f. Aughlk. 1904. *42.* 1. Bd. 560—5.

Pergens, Ed. (*5.*), Zur Geschichte der Isochromgläser. [6] Klin. Mbl. f. Aughlk. 1905. *43.* 2. Bd. 486—7. Nov.-Heft.

Pergens, Ed. (*6.*), Historisches über weniger gebrauchte Arten von Brillengläsern. [23. 41] Klin. Mbl. f. Aughlk. 1906. *44.* = (2) *1.* 505—8, +.

Pergens, Ed. (*7.*), Geschiedkundige Ontwikkeling van den engopening-bril. [5. 10] Handel. van het XIII. Vlaamsch Natuur- en Geneeskundig Congres gehouden te Brussel, op 18, 19 en 20 Sept. 1909. 278—92, 31 +

Pergens, Ed. (*8.*), Über alte Brillen. [22] ZfoO 1913/14. *1.* 172—5, 8 +. (2. II. 14.)

Petzvalsches Gesetz s. unter Coddington.

Pflüger, E., Bemühung um die Einführung torischer Brillengläser. [163]

v. Pflugk, A. und M. v. Rohr (*38.*), Beiträge zur Entwicklung der Kenntnis von der Brille. [3. 64. 109. 217. 219] Zschr. f. Aughlk. 1918. *40.* 50—77, 5 +.

v. Pflugk, A. und M. v. Rohr (*46.*), Neue Funde zur Geschichte der Glasbrillen. [22] DOW 1920. [*5.*] 429—32, 4 +. (7. XII.)

v. Pflugk, A., Hinweis auf die Verbreitung Richardsonscher Brillen. [79]

Pierce, S., frühe Herstellung von Zweistärkengläsern. [84]

Plagniol, A. A. (*1.*), Additions aux instruments d'optique. [213] Br. d'Inv. 2242 (2. Reihe), ang. 3. X. 1845 vom 4. XI. 1845. 2. Cert. d'Add. vom 23. II. 1849. Descr. 1850. (2) *5.* 177.

Plagniol, A. A. (2.), Perfectionnements applicables aux jumelles, longue-vues, stéréoscopes et à tous les instruments d'optique en général. [213] Brev. d'Inv. 14472, vom 14. X. 1852. Cert. d'Add. vom 2. VI. 1855. Descr. 1858. (2) *29.* 90—2.

Plagniol, .. (*3.*), et Maire, .., Un système de lunettes et longues-vues, microscopes et autres instruments d'optique à verres périsco-hyperboliques, dit système à objectifs monolenticulaires. [134] Brev. d'Inv. 70300 vom 6. II. 1866. Descr. (2) *98.* 44.

Plehn, F. (*1.*), und A. Gleichen, ein Vorschlag zur Korrektur höherer Grade der Kurzsichtigkeit. [75. 78] Der Mech. 1910. *18.* 37—8; 51—2; 66—7, 4 + (vom 20. II. ab).

Plehn, F., s. auch unter J. Kepler (*2.*).

Ponti, C., Herstellung der Stöpsellinse. [77]

Porrosches Phozometer. [70]

Porta, J. B., Brillenschrift. [219]

Poullain, G., Bildumkehrung durch Prismen bei Brillen mit großem Augenabstande [40], Herstellung torischer Flächen [163].

Prentice, Ch. F. (*1.*), Explication du fait que les lentilles contraires fortes de force égale ne se neutralisent pas complètement. (Traduit par D. E. Sulzer.) [69] Ann. d'Ocul. 1895. *114.* 378—84, 6 +. (Nov.-Heft.) —, —, Why strong contra-generic lenses of equal power fail to neutralize each other. Ann. d'Ocul. (Engl. Ed.) Nov.-Heft. Diese Quelle war mir nicht zugänglich; hier nach Ch. F. Prentice (*3.*161—6, 6 +).

Prentice, Ch. F. (*2.*), Justification of the rights of opticians to prescribe ophthalmic glasses. [221] The Opt. 1896. *11.* 28, 30, 32, 34, 36. (26. III.) — S. auch die Übersetzung: —, —, Rechtfertigung des Rechtes der Optiker, Augengläser zu verschreiben. DOW 1919. [*4.*] 189—91 (7. VII.); 204—7 (21. VII.).

Prentice, Ch. F. (*3.*), Ophthalmic lenses, Dioptric formulae for combined cylindrical lenses, The prism-dioptry and other optical papers. [146. 149. 164] Philadelphia, The Keystone publ. Co., 1907. 192 S. gr. 8°, 110 +.

Prentice, Ch. F. (*4.*), Ophthalmic lenses and prisms. An essay contributed to »The American Encyclopedia of Ophthalmology«. [34] Chicago, Cleveland Press, 1917. (2), 174 S. gr. 8°, 128 + und 4 Tfln.

Prenticesches Meßverfahren der prismatischen Ablenkung. [144. 147. 148]

Prescott, G. (*1.*), Improvements in spectacle lenses and in the method of grinding same. [163] E. P. 19683/90 vom 3. XII.; acc. 2. V. 91.

Pritchard, A., Herstellung der Stöpsellinse. [77 +.]

Pugh, W. (*1.*), and J. Field, Improvements in the construction of cataract and other lenses for defective visions. [7. 23] E. P. 3678/68 vom 3. XII. 1868.

Purtscher, O. (*1.*), Ein Vorschlag hinsichtlich der Gläsercorrection gewisser Krümmungsfehler der Cornea. [180] Arch. f. Aughlk. 1885. *15.* 68—72, 2 +.

Radfort, W. T., Erwähnung von Stöpsellinsen. [41]

Raefler, J. (*1.*), Ueber die Korrektion Schwachsichtiger durch Fernrohrbrillen und Fernrohrlupen. (In.-Diss. Jena.) [78] Jena, Frommannsche Buchdruckerei, 1919. 78 S. 8°. 11 +.

Raehlmann, E. (*1.*), Gläsercorrection bei Keratoconus. [134] (11. VIII.) Ber. 12. Vers. Ophth. Ges. Heidelberg. 1879. 50—52.

Raehlmann, E. (*2.*), Ueber die optische Wirkung der hyperbolischen Linsen bei Keratoconus und unregelmässigem Astigmatismus, sowie über die Anwendung derselben als Brillen (14 Fälle). [134] (Febr. 82.) Klin. Mbl. f. Aughlk. 1882. *20.* 111—29.

Raehlmann, E. (*3.*), Ueber die Anwendung der hyperbolischen Linsen bei Keratoconus und unregelmässigem Astigmatismus. [134] Klin. Mbl. f. Aughlk. 1898. *36.* 33—47, +.

Raehlmann, E. (*4.*), Nachtrag zu vorstehender Arbeit. [134] (25. V.) Klin. Mbl. f. Aughlk. 222—23.

Ramsdensche willkürliche Brillenbezifferung. [64]

Raphaelsche Glasbrillen als Muster für eine Eisenbahnbrille. [4 +.]

Redi, Fr., alter Brillenkundiger. [219]

Rekoßische Scheibe. [26]

Reverardsche Isometropgläser. [16]

Ribard, E. (*1.*), Streifenförmige Augengläser. [22] D. R. G. M. 191651/Kl. 42 h.; einger. 3. XII. 1902; veröff. 2. II. 1903.

Richardson, J. (*1.*), An improved machine, or machines, to be applied to glasses and pebbles of every description, for the use of sights in general. [6. 15. 79] E. P. 2187 vom 4. Juli 1797.

Rijkens, R. G. (*1.*), Meine Erfahrungen mit der Anisometropbrille. [218] (31. VIII.) ZfoO 1916. *4.* 146—9, +. (18. X.)

Roberts, Fr. K. (*1.*), Spectacles. U. S. P. 291778 vom 8. I. 1884; appl. fil. 26. XI. 1883.

Rodenstock, G. (*1.*), Neuerungen an Augengläsern. [20] D. R. P. 10252 vom 18. VII. 1879; ausgeg. 14. VII. 1880.

Rodenstock, J., Perpha-Gläser [111], Neo-Perpha-Gläser [116], achromatische Brillengläser [194], Beschäftigung A. Klughardts [194].

v. Rohr, M. (*1.*), Ueber die Bedingungen für die Verzeichnungsfreiheit optischer Systeme mit besonderer Bezugnahme auf die bestehenden Typen photographischer Objektive. [130] Zschr. f. Instrkde. 1897. *17.* 271—7, +. (September-Heft.)

v. Rohr, M. (*2.*), Die Bilderzeugung in optischen Instrumenten vom Standpunkte der geometrischen Optik. Bearbeitet von den wissenschaftlichen Mitarbeitern an der optischen Werkstätte von Carl Zeiss, P. Culmann, S. Czapski, A. König, F. Löwe, M. v. Rohr, H. Siedentopf, E. Wandersleb. Herausgeg. von —,— Berlin, J. Springer, 1904. XXII, 587 S. 8° mit 133 +. — S. auch die wörtliche Übersetzung ins Englische, die die Abteilung für wissenschaftliche und technische Forschung des Verlegers ungefragt von R. Kanthack anfertigen ließ: Geometrical investigation of the formation of images in optical instruments. Embodying the results of scientific researches in German optical workshops. Edited by — —. London, His Majesty's Stationary Office, 1920. XXIII, 612 S. gr. 8°, 133 +.

v. Rohr, M. (*3.*), s. unter A. König (*1.*), und M. v. Rohr.

v. Rohr, M. (*4.*), Das Sehen. S. Czapski (*1.*), 270—95. Das photographische Objektiv. Ebenda, 295—319. Die Brillen. Ebenda, 320—8. [61. 201. 206]

v. Rohr, M. (*5.*), Die Theorie anastigmatischer Starbrillen. [116. 131. 194] (Vom 5. VIII. 1908.) Ber. über die 35. Vers. d. Ophthalm. Ges. Heidelberg 1908. 25—32, 6 +. Erörter. 37—8.

v. Rohr, M. und Henker, O. (*6.*), Ueber binokulare Lupen schwacher und mittlerer Vergrößerung. [208] Zschr. f. Instrkde. 1909. *29.* 280—6, 7 +. (Sept.-Heft.)

v. Rohr, M. (*7.*), Zur Dioptrik des Auges. [89. 96] Erg. d. Physiol. von L. Asher und K. Spiro. 1909. *8.* 541—92, 22 +.

v. Rohr, M. (*8.*), Zur Theorie der Fernrohrbrille. [31. 74. 75. 136] Graefes Arch. 1910. *75.* 561—85, 7 +. (14. V.)

v. Rohr, M. (*9.*), Über Gullstrandsche Starbrillen mit besonderer Berücksichtigung der Korrektion von postoperativem Astigmatismus. [176. 180. 182.] (Vortr. vor der Ophth. Ges. den 6. VIII. 1910.) Ber. über d. 36. Vers. d. Ophth. Ges. Heidelberg. 1911. 186—95, 4 + und 2 Tfln.

v. Rohr, M. (*10.*), Die Brille als optisches Instrument. [116. 130] (Febr. 1911.) Dieses Hb. 2. Aufl. Anhang I. 1—172 mit 1 Tfl. und 48 +. Auch als S.-A. unter dem gleichen Titel. Leipzig, W. Engelmann, 1911. IX, 172 S. 8°, 48 + und 1 Tfl.

v. Rohr, M. (*11.*), Über neuere Bestrebungen in der Konstruktion ophthalmologischer Intrumente. [137] (3. VIII.) Ber. über d. 37. Vers. Ophth. Ges. Heidelberg 1911. 51—7, 1 Tfl. und 3 +.

v. Rohr, M. (*12.*), Über die Würdigung des Augendrehpunktes und seine Berücksichtigung in der konstruktiven Optik. [87. 92. 111. 113] Zschr. f. Instrkde. 1911. *31.* 380—6. (Dez.-Heft.)

v. Rohr, M. (*13.*), Über astigmatische Gläser mit punktueller Abbildung. [180. 182. 186] (4. VIII.) Ber. über d. 38. Vers. d. Ophth. Ges. Heidelberg. 1912. 94—9, 3 + und 1 Tfl.

v. Rohr, M. und W. Stock (*14.*), Über eine Methode zur subjektiven Prüfung von Brillenwirkungen. [14. 15. 182. 215. 217] Graefes Arch. 1912. *83.* 189—205, 7 +. (22. X.) 1913. *84.* 152—63, 9 +. (18. II.) — S. auch die Besprechung unter gleichem Titel vom 16. II. 13 in ZfoO 1913/14. *1.* 115—17, 2 +. (11. X. 13.)

v. Rohr, M. und W. Stock (*15.*), Ueber eine achromatische Brillenlupe schwacher Vergrößerung. [209] Klin. Mbl. f. Aughlk. 1913. *51.* = (2) *15.* 206—210, 2 +.

v. Rohr, M. (*16.*), Über Spiegelbilder an Brillengläsern. [17] ZfoO 1913/14. *1.* 137—48, 9 +. (5. XII.)

v. Rohr, M. (*17.*), Zur Leistung der korrigierenden Brillengläser. [42. 57. 65. 76] ZfoO 1914/15. *2.* 33—48, 6 +.

v. Rohr, M. (*18.*), Ueber ältere Wandlungen der Gläserformen. I. Brillengläser für achsensymmetrische Augen. [4. 72. 110. 142] Klin. Mbl. f. Aughlk. 1914. *53.* = (2) *18.* 408—15, 2 +.

v. Rohr, M. (*19.*), Die Entstehung der modernen Gläserabstufung. [26. 63. 64. 65] ZfoO 1914/15. *2.* 97—110, 2 +. (4. II. 15.)

v. Rohr, M. (*20.*), Zur Theorie der Lauberschen Akkommodationsbrille. [51] Graefes Arch. 1915. *89.* 408—13, +. (18. V.)

v. Rohr, M. (*21.*), Die Entwicklung der Fernrohrbrille. (26. I.) ZfoO 1915/16. *3.* 1—17; 33—41, 20 +. (1. IV. 15.)

v. Rohr, M. (*22.*), Das Auftreten des Augendrehpunkts in der Physiologie und in der technischen Optik. [71. 72. 86. 96. 109] (Mitte April 15.) Zschr. f. Instrkde. 1915. *35.* 197—215, 11 +. (Aug.-Heft.)

v. Rohr, M. (*23.*), Nachtrag zu der Entstehung der modernen Gläserabstufung. [26. 64. 65] (26. VI.) ZfoO 1915/16. *3.* 65—71. (12. VIII. 15.)

v. Rohr, M. (*24.*), Zur Brillenversorgung Deutschlands im 18. Jahrhundert. [16. 23. 72] (12. VII.) ZfoO 1915/16. *3.* 73—80. (12. VIII. 15.)

v. Rohr, M. (*25.*), Geschichtliches zur Erkenntnis der Hypermetropie und zur Brillenkunde. [64. 109] (22. VII.) ZfoO 1915/16. *3.* 111—20, 4 +. (1. X. 15.)

v. Rohr, M. (*26.*), Zur Entwicklung der Fernrohrbrille. [41. 76. 77] (14. X.) ZfoO 1915/16. *3.* 145—53; 161—3, 4 +. (1. XII. 15) s. zu (*21.* u. *26.*) auch die zusammenfassende Besprechung: Die Entwicklung der Fernrohrbrille. CZfOuM 1916. *37.* 44—5, (1. II.); 58—60 (10. II.), 9 +.

v. Rohr, M. (*27.*), Die Entwicklung der Zielbrillen. [26] (3. III.) ZfoO 1916. *4.* 22—6. (1. IV.)

v. Rohr, M. (*28.*), Ueber die Entwicklung der Brille bis zum Anfang des 19. Jahrhunderts. [11. 40] CZfOuM 1916. *37.* 211—2 (20. V.); 227—8 (1. VI.); 243—4, 2 +. (10. VI.)

v. Rohr, M. (*29.*), Über Bifokal- und andere Brillen zur Unterstützung des Altersauges. [25. 50. 51. 84. 85] (12. IV. 16.) ZfoO 1916. *4.* 85—122, 67 +. (1. VIII.)

v. Rohr, M. (*30.*), Ueber Brillenschriften des 19. Jahrhunderts aus dem deutschen Sprachgebiet. [72. 220] CZfOuM 1916. *37.* 348—50; 361—3; 375—6; 387—9; 402—4; 417—8; 430—1; 444—6; 459—60 (vom 20. VIII. bis zum 10. XI.).

v. Rohr, M. (*31.*), Ueber ältere Wandlungen in den Brillenformen. II. Gläser für astigmatische Augen. [158. 163] Klin. Mbl. f. Aughlk. 1916 *57.* = (2) *22.* 529—39, +. (Ausgeg. 16. XII.)

v. Rohr, M. (*32.*), Die Entwicklung des Monokels. [71] Die Naturw. 1917. *5.* 5—9. (5. I.)

v. Rohr, M. (*33.*), Nachweise und Bemerkungen zur älteren Brillengeschichte. [15. 71. 72] (11. XI. 16.) ZfoO 1917. *5.* 1—12 (6. I.); 33—42 (17. III.); 78—9, 2 +. (15. V.)

v. Rohr, M. und Karl Stegmann (*34.*), Zur Brillenversorgung Deutschlands um die erste Hälfte des 19. Jahrhunderts. [164] CZfOuM 1917. *38.* 144—5 (1. V.); 164—7 (10. V.); 174—6 (20. V.); 187—9 (1. VI.); 199—201. (10. VI.)

v. Rohr, M. (*35.*), Über Arbeiten aus der Jenaer Augenklinik an einigen älteren Brillenproblemen. [208. 218] Arch. f. Aughlk. 1917. *82.* 31—47, 7 +.

v. Rohr, M. (*36.*), Die ersten Entwicklungsstufen der Glasbrillen und Glaskneifer. [22] DOW 1917. (*2.*) 403—6, 4 +. (28. X.)

v. Rohr, M. (*37.*), Zur Entwicklung der Fachausbildung von Brillenoptikern. [221] Klin. Mbl. f. Aughlk. 1918. *60.* = (2) *25.* 145—54.

v. Rohr, M. (*38.*), s. unter A. v. Pflugk und M. v. Rohr.

v. Rohr, M. (*39.*), Das Auge und die Brille. [46. 154. 182. 201] 2. Aufl. ANuGW 372. Leipzig, B. G. Teubner, 1918. 106 S. kl. 8°, 84 + und 1 Tfl.

v. Rohr, M. (*40.*), Einige Bemerkungen zur Sehschärfe. [57] CZfOuM 1919. *40.* 137—8 (20. V.); 146—8 (1. VI.); 156—7, 8 +. (10. VI.)

v. Rohr, M. (*41.*), Zur Geschichte der Glasbrillen. [22] DOW 1919. (*4.*) 258—9, 7 +. (13. IX.)

v. Rohr, M. (*42.*), Die Abbildung durch brechende Einzelflächen und durch

Folgen zentrierter Flächen. [37. 38] CZfOuM 1920. *41.* 31—3 (20. I.); 41—5 (1. II.); 53—6, 22 +. (10. II.) Auch als S.-A. unter dem Titel: Zeichen- und Rechenverfahren für die Bildfindung im achsennahen Raum. Hartings Samml. opt. Aufs. H. 1—2. Berlin, Verlag der CZfOuM, 1920.

v. Rohr, M. (*43.*), Zur Entwicklung der Fernrohrbrille. [77] (Vierter Nachtrag.) (28. X. 19.) ZfoO 1920. *8.* 33—9, 3 +. (1. III.)

v. Rohr, M. (*44.*), Die binokularen Instrumente. Nach Quellen und bis zum Ausgang von 1910 bearbeitet. [215] 2. Aufl. Berlin, J. Springer, 1920. XVII, 303 S. 8°, 136 + und 1 Tfl.

v. Rohr, M. (*45.*), Acht Vorlesungen zur Geschichte der Brille. [5. 204] CZfOuM 1920. *41.* 383—5; 393—6; 405—9; 416—21; 429—32; 443—4; 456—60; 472—5; 21 + vom 10. X. bis zum 20. XII. Auch als S.-A. unter gleichem Titel. Berlin, Verlag der CZfOuM 1921. 82 S. 8°, 21 +.

v. Rohr, M. (*46.*), s. unter A. v. Pflugk und M. v. Rohr.

v. Rohr, M. (*47.*), Zur Akkommodation von Brillenträgern. [48] (15. VI. 20.) ZfoO 1921. *9.* 1—8, 2 +. (8. I.)

v. Rohr, M., s. auch unter J. T. Desaguliers (*1.*).

v. Rohr, M., Beziehung zu A. Gullstrand. [135]

Rosenfelds Zusammenarbeiten mit M. Tscherning. [87. 113]

Ross, A., Frühe Herstellung von Zylinderlinsen. [159]

Rossische Schielbrillen. [213]

Rouyer, J., Coup d'œil rétrospectif sur la lunetterie précédé de recherches sur l'origine du verre lenticulaire et sur les instruments servant à la vision. [223] Deuxième édition. Paris, en vente chez l'auteur, 58, rue Charlot, 1901. XII, 261 (1) S. 8°, + und 1 Tfl.

Rowell, J. R. (*1.*), Improvements in lenses for spectacles. U. S. P. 210712 vom 10. XII. 1878; appl. fil. 24. VI. 1878.

Rudinsche Vorwölbungsbrillen. [51]

Salt, W., berichtet von der Übernahme der amerikanischen Achsenbezeichnung in England. [157]

Sampsonsches Zeichenverfahren. [37. 48]

Schanz, Fr. und C. Stockhausen (*1.*), Die Schädigung des Auges durch Einwirkung des ultravioletten Lichtes. [9] (Erfurt, 13. VI.) Elektrotechn. Zschr. 1908. *29.* 777—9, 3 +. (13. VIII.) Besprech. 846—9. (27. VIII.)

Scheffler, H. (*1.*), Die physiologische Optik. Eine Darstellung der Gesetze des Auges und der Sinnestätigkeiten überhaupt. [211] Braunschweig, Schulbuchhandlung, 1865. Theil I. VII, IX, 472 S. gr. 8°, 228 +. Theil II. XV, 568 S. 295 +.

Scheffler, H. (*2.*), Die Gesetze des räumlichen Sehens (als Supplement zu der Physiologischen Optik). [211] Braunschweig, ... 1866. 194 S. 8° nach P. und nach H. Helmholtz, 2. Aufl.

Scheffler, H. (*3.*), Die Theorie der Augenfehler und der Brille. [211] Wien, W. Braumüller, 1868. (1) 191 S. 8°, 68 +. — S. auch die ablehnende Besprechung W. (v.) Zehenders, Klin. Mbl. f. Aughlk. 1868. *6.* 136—9.

Scheiner, Chr., entwickelt die Lehre vom direkten und indirekten Sehen. [86]

Schleiermacher, L. J., Würdigung des Augendrehpunkts. [86]

Schnaitman, I. (*1.*), Spectacle glasses. [158] U. S. P. ... vom 20. II. 1836. Die Patentbeschreibung ist amtlich nicht gedruckt worden. Nur die Zeichnung wurde veröffentlicht. Der Inhalt findet sich im Journ. Franklin Inst. 1836. *17.* 251. Die Schreibung Schnaitmann ist falsch.

Schoeler, H., Vorschlag einer Fernrohrwendebrille. [77]

Schoen, W. (*1.*), Erworbene Brechungsänderungen des Auges. [37] Arch. f. Aughlk. 1893. *27.* 268—93, 5 +.

Schoen, A. (*2.*), Der Brechungsverlust bei Linsenentfernung. [37] Zbl. f. Aughlk. 1897. *21.* 1—8, 2 +. (Jan.-Heft.)

Schönemann, .. (*1.*), Die Industrie der wissenschaftlichen Instrumente in den Vereinigten Staaten von Nordamerika. [221] CZfOuM 1809. *11.* 99—101. (1. V.)

Schönstedt, G. (*1.*), Perspektiv-Brillen. Öst. Priv. vom 10. IX. 1835. Beschr. *1.* 303. Die Schreibung Schönstädt ist falsch.

Schott, O., Aufführung der Glasarten nach dem ν-Wert. [188]

Schroeter, P. (*1.*), Der Basalmesser, zur Messung des gegenseitigen Abstandes der Drehpunkte beider Augen. [205] (Dez. 72.) Klin. Mbl. f. Aughlk. 1873. *11.* 37—42, 2 +.

Schulekscher Brillenkasten. [26]

Schweigger, C., s. auch unter F. C. Donders (*1.*).

Schweigger, C., erwähnt die Zylinderlinsen von Paetz & Flohr. [159]

Schwinzer, J. R. (*1.*), Method of making bifocal lenses. U. S. P. 869938 vom 5. XI. 1907; appl. fil. 31. X. 1905.

Senss, P. (*1.*), Farbige Gläser. [9] CZfOuM 1920. *41.* 360—2. (20. IX.)

Seymour, W. I. (*1.*), Improved method of forming lenses. E. P. 16844/07 vom 23. VII. 1907; acc. 7. XI. 1907.

Seymour, W. I. (*2.*), Method of forming lenses. U. S. P. 914316 vom 2. III. 1909; appl. fil. 8. VII. 1907.

Shreinersche Triluxgläser. [6/7 +]

Sichel, J., Kenntnis der Chamblantschen Gläser. [143]

Siegrist, A. (*1.*), Die Behandlung des Keratokonus. [14] Klin. Mbl. f. Aughlk. 1916. *56.* = (2) *21.* 400—21, 8 +. (30. VI.)

Siegrist, A., Versuche mit der Lohnsteinschen Wasserkammer. [13]

Sirturus, H. (*1.*), Telescopium: sive ars perficiendi novum illud Galilaei visorium instrumentum ad sydera in tres partes divisa. Quarum prima exactissimam perspicillorum artem tradit, secunda telescopii Galilaei absolutam constructionem, & artem aperte docet. Tertia alterius telescopii faciliorem usum: & admirandi sui adinventi arcanum patefacit. [3] Francofurti. Typis Pauli Iacobi, Impensis Lucae Iennis. 1618. 81 S. kl. 4° mit + u. 2 Tfln. — S. auch die Übersetzung der auf die Brillenherstellung bezüglichen Stellen. DOW 1917. (*2.*) 1—5, +. (1. I.)

Sirturus, Abstufung der Brillen nach dem Flächenradius [64], Unkenntnis der Vorzüge von Planlinsen [71], Brillenkunde [219].

Skinner, J. (*1.*), On a contrivance to help defective vision. [6. 10] Phil. Mag. 1815. *45.* 461—3. S. auch:

Skinner, J., Eine neue Vorrichtung zur Abhülfe bei fehlerhaftem Sehen. Gilb. Ann. 1816. *54.* 306—10.

Slagle, S. (*1.*), Eyeglass-lens. [212] U. S. P. 815648 vom 20. III. 1906; appl. fil. 26. IV. 1905.

Smith, A. (*1.*), A method of constructing and making spectacles. [79] E. P. 1359 vom 13. III. 1783.

Smith, R., alter Brillenkundiger. [219]

Snellen, H. (*1.*), Das Phakometer, zur Bestimmung von Focus und Centrum der Brillengläser. [67] Klin. Mbl. f. Aughlk. 1876. *14.* 363—70, +.

Soleil, fils, Brillenabstufung nach der Wirkung [64], Herstellung von Zylinderflächen [158. 164].

Solomons, G. und E. (1.), Improvements in preparing certain transparent substances for spectacles and other purposes. [16] E. P. 6224 vom 16. II. 1832.

Sonnefeld, A. (*1.*), Fernbrillen und Vorhänger, ein vollwertiger Ersatz für Nahbrillen. [78. 104. 123. 139. 140] (10. II.) ZfoO 1920. *8.* 65—71, 5 +. (1. V.)

Sonnefeld, A. (*2.*), Astigmatische Fernbrillen mit Vorhänger. [140] (26. III.) ZfoO 1920. *8.* 103—6. (10. VII.)

Sonnefeld, A., Tscherningsche Ellipse für Nahbrillen [104], seine prismatischen Brillen [154].

Spanuth, J. (*1.*), Ueber punktuell abbildende astigmatische Brillengläser. [177] CZfOuM 1916. *37.* 478—9 (20. XI.); 493 (1. XII.). — S. auch die Besprechung ZfoO 1917. *5.* 61—3. (17. III.)

Spanuth, J. (*2.*), Über punktuell abbildende sphäro-torische Brillengläser für hochgradige Myopen. [177] (4. IV.) ZfoO 1917. *5.* 79—83, 12 +. (15. V.)

Spanuth, J., Rechenfachmann des Buschischen Betriebes. [177]

Stampfer, S. (*1.*), Brillen. 110—26. Joh. Jos. Prechtls Technologische Enzyklopädie oder alphabetisches Handbuch der Technologie, der technischen Chemie und des Maschinenwesens. Zum Gebrauche für Kameralisten, Oekonomen, Künstler, Fabrikanten und Gewerbetreibende aller Art. Dritter Band. Branntweinbrennerei-Dampfmaschinen. Mit den Kupfertafeln 39 bis 57. [72. 110. 220] Stuttgart, J. G. Cotta, 1831. IV, 692 S. gr. 8°.

Stampfersche durchgebogene Gläser. [73. 111]

Stegmann, K., s. unter M. v. Rohr (*34.*).

Stegmann, K., Äußerung zu alten Eisenbahnbrillen [4], zu den »rohen Zylindergläsern« [164].

Steinheil, A., Brillenkasten [26], Berücksichtigung von ∂ [34], Herstellung

der Stöpsellinse und des panorthischen Monocles [77].
Steinheilscher Konus. [77. 136]
Stellwag von Carion, K. (*1.*), Lehrbuch der praktischen Augenheilkunde. [73] Fünfte Aufl. Wien, W. Braumüller, 1882. VI, 963 S. gr. 8° mit 3 chromolith. Tfln. und 109 +. Es ist möglich, daß diese Auflage nur ein Neudruck der vierten vom Jahre 1870 ist. Die 3. Auflage von 1867 habe ich eingesehen; auf sie bezieht sich die Seitenzahl auf S. 73.
Stilling, J. (*1.*), Sphäroidische Gläser gegen Astigmatismus. [180] Zbl. f. Aughlk. 1880. *4.* 273—5, +. (Sept.-Heft.) — S. auch bei M. v. Rohr (*31.* 536).
Stock, W. (*1.*), Wie kann man schwachsichtig gewordenen Soldaten das Lesen wieder ermöglichen? [74] (3. VI.) M.m.W. 1915. *62.* 964—6. (13. VII.)
Stock, W. (*2.*), Ueber die Möglichkeit schwachsichtig gewordenen Patienten (Soldaten) das Lesen wieder zu ermöglichen. [74] Klin. Mbl. f. Aughlk. 1915. *55.* = (2) *20.* 217—29, 8 +. (Anf. Dez.) — S. auch die Besprechung ZfoO 15/16. *3.* 153—60, 3 +.
Stock, W. (*3.*), Schiessbrillen und andere optische Korrektionen. [137] (1. VIII.) Ber. über d. 40. Vers. d. Ophth. Ges. Heidelberg 1916. 281—91, +.
Stock, W. (*4.*), Über Korrektion des Keratokonus durch verbesserte geschliffene Kontaktgläser. (5. VIII.) Ber. über d. 42. Vers. d. Ophth. Ges. Heidelberg 1920. 352—4. Die Arbeit ging erst während der Drucklegung ein und konnte im Text nicht mehr erwähnt werden; sie gehört zu S. 15.
Stock, W., s. unter M. v. Rohr (*14. 15.*).
Stock, W., Vorführung von Zeißischen Haftgläsern. [15]
Stockhausen, C., s. unter Fr. Schanz (*1.*).
Stokes, G. G. (*1.*), On a mode of measuring the astigmatism of a defective eye. [164] Rep. Brit. Ass. at Birmingham 1849. Not. 10—1.
Storer, W. (*1.*), A method of preparing syllepsis glasses, and also the application thereof to optick instruments in general, particularly tellescopes, microscopes, reading glasses, opera glasses, and spectacles. [21] E. P. 1407 vom 12. XII. 1783.
Straubel, R. (*1.*), Ueber die Abbildung einer Ebene durch ein Prisma. [146] Drudes Ann. (3) *8.* 1902. 63—80.
Straubelsche Mitarbeit zur Tiefenfälschung durch Brillengläser. [216]
Strehl, K., berücksichtigt die Beugung bei der Abbildung durch Brille und Auge. [1]
Strübin, H., stellt ein Hydrodiaskop her [13], Haftgläser [14], Zweistärkengläser [85], Ausführung torischer Linsen starker Durchbiegung [163].
Sulzer, D. E. (*1.*), Antwort auf die Verwahrung des Herrn A. E. Fick. [14] Arch. f. Aughlk. 1894. *28.* 236—7.
Sulzer, D. E. (*2.*), Note sur les verres à la Chamblant. [22. 143. 158. 164] (8. V.) Bull. et Mém. Soc. Fr. d'Opht. 1902. *19.* 593—603. Ann. d'Ocul. 1902. *127.* 401—9.
Sulzer, D. E., s. auch unter Ch. F. Prentice (*1.*).
Sulzer, D. E., Versuche mit Haftgläsern. [14]
Suscipi, .., Herstellung einer torischen Fläche. [163]
Sydowsche Anfertigung der Lohnsteinschen Wasserkammer. [13]
Szily, A. (*1.*), Optische Verwerthung von Brillenglasreflexen. [17] Graefes Arch. 1892. *38,* 4. 12—8. (31. XII.)
Thomins Kenntnis der Ungleichsichtigkeit [217], Brillenschriften [219].
Thompson, S. P. (*1.*), Notes on geometrical optics. I. [67] Phil. Mag. 1889. (5) *28.* 232—48 mit 10 +. (Okt.-Heft.)
Thompson, S. (*2.*), The optical and physical properties of mica. [3] The Opt. 1912/13. *44.* 101—11, 10 +. (25. X.)
Tiercelin, s. unter G. J. Beer (*1.*).
Torniersche leichte Zerstreuungslinsen. [24]
Tourtual, C. Th., Arbeiten zur Perspektive des freien Sehens [86], Hinweis auf die Möglichkeit windschiefen Verlaufs der Hauptstrahlen beim beidäugigen Sehen [208].
Trostelsche Glasbrillen. [22]
Tscherning, M. (*1.*), nimmt an der Besprechung über F. Ostwalt (*4.*) teil. [92. 113] A. a. Orte 358—65.
Tscherning, M. (*2.*), Dioptrique oculaire. [70. 92. 104. 105. 108. 115. 116] Encycl. Franç. d'Opht. *3.* 105—286. Paris, O. Doin, 1904.

Tscherning, M. (*3.*), Verres de lunettes orthoscopiques. [92. 105. 120] Arch. f. Optik 1907/8. *1.* 401—14. (Aug. 1908.) — S. auch den vom Verfasser gebilligten Auszug: —, —, On orthoscopic lenses. Translated by W. Green. The Opt. 1914/5. *48.* Nr. 1224 v. 11. IX. 16—8; Nr. 1225 v. 18. IX. 25—8, 4 +.

Tscherning, M. (*4.*), Moyens de contrôle de verres de lunettes et de systèmes optiques en général. [115. 129] Kgl. Danske Vid. Selsk. Math.-fys.-Medd. I. 9. 1918. 20 S. 8°, 7 +.

Tscherning, M., Berichtigung F. Ostwalts [87], seine Stellung zur Bildfeldkrümmung von Brillengläsern [113], zur Verzeichnungsfreiheit von Fernbrillen [92. 129], seine Bedeutung für die Brillenaufgabe [111].

Tscherningsche Kurve. [104. 105. 111. 118. 121. 122. 123. 140. 171. 177]

Ungenannt (*1.*), An optical experiment conducive to a decayed sight. [5] Phil. Trans. 1668. *3.* 727—31 (13. VII.); 765—66 (21. IX.); 802 (19. X.).

Und ähnlich:

Ungenannt (*2.*), An easy help to a decayed sight. Phil. Trans. abrid. 1638 bis 1700. 1731. *3.* 41—42.

Vieth. [G. A. H.] (*1.*), Ueber die Richtung der Augen. [210] Gilb. Ann. 1818. *58.* 233—53 mit 5 + auf Tfl. III.

Villaret, s. unter K. Hartmann (*1.*).

Voigt, A., zur Strahlungswirkung. [9]

Voigtländer, Fr., Frühzeitige Herstellung von periskopischen Gläsern [72. 110], des doppelten Theaterglases [77].

Volkmann, A. W., Benennung des Augendrehpunkts. [86]

Wadsworth, .. (*1.*), Sur un effet singulier produit par une lentille cylindrique à axe vertical, placée devant un œil. [215] Amer. Ophth. Soc. XI. (Juli 75.) Ann. d'Ocul. 1876. *75.* 286.

Wagenmann, A. (*1.*), Über die Korrektion eines nach Staroperation seit frühester Kindheit aphakischen Auges mit Hilfe eines Zeißschen Prismenfernrohres und der Fernrohrlupe. [76. 137] Graefes Arch. 1911. *79.* 160—5, 2 +. (11. IV.)

Wagner, A. (*1.*), Lens for optical instruments. [163] U.S.P. 326255 v. 15. IX. 1885; appl. fil. 1. V. 1885.

Waldsteinsche Glasbrillen. [22]

de Wecker, L. (*1.*), et J. Masselon, Des avantages de l'usage des verres convexes pour la vision éloignée chez les myopes. [40] Ann. d'Ocul. 1895. *113.* 83—6. An dieser Stelle als L. de W. aufgeführt, doch steht das in Widerspruch mit den Angaben in älteren Berichten der Ophthalmologischen Gesellschaft, wo er als L. von W. erscheint.

Weiß, E. (*1.*), Entwicklung und Fortschritte auf dem Gebiete der Brillenoptik. [116] Entgegnung an Herrn Prof. Dr. M. v. Rohr. ZfoO 1914/15. *2.* 69—77. (17. XII. 14.)

Weiß, E. (*2.*), Periskopische Zylinder. [163] OR 1915. *6.* 272. (26. XI.)

Weiß, E. (*3.*), Ueber punktuelle Abbildung bei Brillengläsern. [169. 177] DOW 1915/16. (*1.*) 356—7. 359 (12. III.); 400 (2. IV.). OR 1916. 7. 73—5 (19. III.); 122 (30. IV.).

Weiß, E. (*4.*), Ueber Spiegelbilder an Linsen und Brillengläsern. [17] DOW 1917. (*2.*) 89—93, 2 +. (4. III.)

Weiß, E. (*5.*), Zur Bewertung der astigmatischen Fehler torischer Brillengläser. [181] CZfOuM 1917. *38.* 184—7, 3 +. (1. VI.)

Weiß, E. (*6.*), Physiologische und mathematische Meinungsverschiedenheiten in der Bewertung sphärotorischer Brillen. [177. 181] (*I.* 7. X.) ZfoO 1917. *5.* 153—62, 8 +. (22. XI.) —, — (*II.* 16. I.) Ebenda 1918. *6.* 40—2. (12. III.) —, — (*III.* 3. V.) Ebenda 88—90. (3. VII.)

Weiß, E. (*7.*), Die Abhängigkeit der astigmatischen Fehler von der Lage des Brillenglases vor dem Auge. [87. 108. 123. 212] CZfOuM 1918. *39.* 225—7 (10. VIII.); 235—7, 14 + (20. VIII.).

Weiß, E. (*8.*), Der Einfluß einer fehlerhaften Anpassung der Brille auf die Sehschärfe. Bericht über d. 41. Vers. d. Ophth. Ges. Heidelberg 1918. 406—15, 4 +. Anführung vergessen; gehört zu S. 123.

Weiß, E. (*9.*), Analytische Darstellung des Brillenproblems für sphärische Einzellinsen. [97. 116. 118. 119. 120. 123. 129. 189. 217] CZfOuM 1920. *41.* 321—5 (1. IX.); 337—42 (10. IX.); 354—7 (20. IX.); 369—70 (1. 10.), 5 +. Man sehe auch den Sonderdruck unter gleichem Titel: Berlin, Verlag der CZfOuM 1920. Heft 5 der Hartingschen Sammlung optischer Aufsätze. 44 S. kl. 8° mit 5 +.

Weiß, E. (*10.*), Über Brillengläser für Presbyope und Amblyope. (7. VIII.) Ber. über d. 42. Vers. d. Ophth. Ges. Heidelberg 1920. 282—7, 3 +. Auch CZfOuM 1921. *42.* 159—61, 3 + (20. IV.). Diese Arbeit ging erst während der Drucklegung ein und ist daher im Text nicht erwähnt. Sie würde zu S. 211/2 gehören.

Weiß, E., Abstufung nach Scheitelbrechwerten [70], Bemerkung zu A. Sonnefelds prismatischen Brillen [154], Anstellung bei Nitsche & Günther [177].

Weiß, H., richtiger Farbenton bei künstlichem Licht. [9]

Weller, C. H. (*1.*), Die Krankheiten des menschlichen Auges, ein praktisches Handbuch für angehende Aerzte. Dem gegenwärtigen Standpunkte der Ophthalmologie gemäß, nach fremden und eigenen Erfahrungen bearbeitet von — —. [22] Vierte verbesserte und vermehrte Auflage. Berlin, Schüppel, 1830. XXXII, 616 S. 8° mit 4 ausgemalten und 1 schwarzen Kupfertfl.

Wells, W. Ch. (*1.*), Two Essays: one upon single vision with two eyes; the other on dew etc. [146. 209] By the late ... London, Arch. Constable and Co., 1818. LXXIV, 439 S. 8°. S. namentlich 94—106. Die Arbeit selbst, die ich nicht habe einsehen können, ist nach Ed. Pergens (*3.*) 1792 in London erschienen.

Westien - v. Zehendersche Kornealupe. [138. 209]

Wheatstone, Ch. (*1.*), Contributions to the physiology of vision. — Part the first. On some remarkable, and hitherto unobserved, phenomena of binocular vision. [217] (Received and read June 21, 1838.) Phil. Trans. 1838. 371—94 mit 2 Tfln. Phil. Mag. 1852. (4) *3.* 241—67 mit 2 Tfln. (April-Heft.) — S. die Übersetzung von Aug. Franz: —, —, Beiträge zur Physiologie des Gesichtssinnes. Erster Theil. Ueber einige merkwürdige und bis jetzt unbeachtete Erscheinungen beim Sehen mit beiden Augen. Poggend. Ann. Ergänzungsbd. I. 1842. 1—48.

Whitwell, A. (*1.*), On the best form of spectacle lenses. [176] The Opt. II. 1913. *45.* No. 1165 v. 25. VII. 255—9, 10 +; III. 1913/14. *46.* No. 1189 v. 9. I. 234—7; IV. No. 1191 v. 23. I. 259—61; V. No. 1193 v. 6. II. 278—81; VI. No. 1195 v. 20. II. 301—4; VII. 1914. *47.* No. 1201 v. 3. IV. 6.—65; No. 1202 v. 10. IV. 69—71 mit 23 +.

Whitwell, A. (*2.*), New forms of simple magnifying glasses. [99] The Opt. 1914/5. *48.* No. 1226 v. 25. IX. 34—6, +.

Whitwell, A. (*3.*), On the sine, the tangent and the angle conditions. [129] The Opt. 1914/5. *48.* No. 1235 v. 27. XI. 149—53, 7 +.

Whitwell, A., Vorrechenformeln für die Brillen richtiger Form. [105. 123]

Wiggins, H. P. (*1.*), Mica in commerce. [3] The Opt. 1912/13. *44.* 117—9; 127. (25. X.)

Wiggins, H. P. (*2.*), On the mining, preparation and uses of mica. [3] The Opt. 1912/13. *44.* 308—12 (21. II.); 318 bis 20 (28. II.).

Wimmer, J. (*1.*), Process of manufacturing bifocal lenses. U. S. P. 848335 vom 26. III. 1907; appl. fil. 19. XI. 1906.

Winterasche Glasbrillen. [22]

Wolff, A., sein Nachsteckglas. [80 +]

Wolff, Chr., s. unter Chr. G. Hertel (*1.*).

Wolff, H. (*1.*), Korrektion der Anisometropie bei Aphakie mittels eines Zeißschen zweigliedrigen Linsensystems. [218] Zschr. f. Aughlk. 1912. *28.* 149—50.

Wolff, H. (*2.*), Mannschaftsuntersuchungen mit von Rohr'schen Fernrohrbrillen (C. Zeiß). [74. 218] Zschr. f. Aughlk. 1918. *40.* 235—53, 2 +.

Wolff, H. (*3.*), Ausgleich höchstgradiger Ungleichsichtigkeit von 20 dptr durch die Rohrsche Anisometropie-Fernrohrbrille (C. Zeiß, Jena) neuer Art (1917). [218] (2. X. 18.) ZfoO 1919. 7. 10—4, 2 +. (20. I.)

Wollaston, W. H. (*1.*), On an improvement in the form of spectacle glasses. [71] Phil. Mag. 1804. *17.* 327—9. (Jan.-Heft.)

Wollaston, W. H. (*2.*), An improvement in spectacles by the application of concavo-convex glasses to them. [71] E. P. 2752 vom 7. III. 1804.

Wollaston, W. H. (*3.*), Experiment showing the advantage of periscopic spectacles. [72] (March 30, 1804.) Phil. Mag. 1804. *18.* 165—6. (März-Heft.)

Wollaston, W. H. (*4.*), On a periscopic camera obscura and microscope. [72] Phil. Trans. 1812. *102.* 370—7, 5 + auf 1 Kupfertfl.

Wollaston, W. H. (*5.*), Letter from Dr. — on the periscopic construction of spectacles. [72] (20. XI.) Phil. Mag. 1813. *42.* 387—8.

Wollaston, W. H., seine Stellung zur Augendrehung [86], seine Brillenformen [109], Brillenkunde [219].

Wollastonscher Zug, auch Wollastonsche Form. [92. 99. 103. 105. 107. 112. 118. 122. 123. 127. 134. 140. 150. 152]

Wray, W. (*1.*), Improvements in achromatic object glasses. E. P. 920/66 vom 31. III. 1866.

Yeiser, Fr. (*1.*), Improvement in spectacles. [6] U. S. P. 170795 vom 7. XII. 1875; appl. fil. 23. X. 1875.

Young, Th. (*1.*), The Bakerian lecture. On the mechanism of the eye. [155. 157] (Read 27. XI. 1800.) Phil. Trans. 1801. *91.* 23—88 mit 57 + auf Tfl. II bis VII. — S. auch die Tscherningsche Übersetzung auf S. 73—232 in Oeuvres ophthalmologiques de Thomas Young, traduites et annotées par M. Tscherning, Copenhague, Höst & Sön, 1894. 8°. VIII, 248 S. mit 3 Tfln. und 95 +.

Zahn, J. (*1. 2. 3.*), Oculus artificialis teledioptricus sive telescopium, ex abditis rerum naturalium & artificialium principiis protractum novâ methodo, eâque solidâ explicatum ac comprimis è triplici fundamento physico seu naturali, mathematico dioptrico et mechanico seu practico stabilitum. Opus curiosum practico-theoricum magna rerum varietate adornatum, multorum votis diu expetitum, omnibus artium novarum studiosis perquam utile: quo philosophiae atque mathesi praesertim mixtae, nec non universo pene hominum statui amplissimis adjumentis consulitur; nova plurima abstrusa curiosa technasmata recluduntur, ipsaque ars telescopiaria facillime addiscenda, ac sumptibus non adeò magnis in praxin adducenda proponitur, adeoque telescopium ex tenebris in lucem asseritur. [109] Herbipoli, sumptibus Quirino Heyl, 1685/6. *1:* (18) 218 S. 23 Kupf.; *2:* (8) 271 S. 20 Kupf.; *3:* (18) 281 S. 27 Kupf. Eine Übersetzung der Zahnschen Brillenverordnung (*3.* 87 bis 93) findet sich bei A. v. Pflugk und M. v. Rohr. (*38.* 66—76.)

Zahn, J., seine Zonen-Probierlinse [25—6. 84], Kenntnis der Ungleichsichtigkeit [217], wichtige Brillenschrift [219].

v. Zehender, W. (*1.*), Die Accommodations- und Refractions-Anomalieen des Auges. [220] Klin. Mbl. f. Aughlk. 1866. *4.* 279—462.

v. Zehender, W. (*2.*), Bestimmung der Distanz der Augendrehpunkte. [205] (19. IX.) 50. Vers. d. Natf. u. Ärzte in München. Hier nach: Klin. Mbl. f. Aughlk. 1877. *15.* 370.

v. Zehender, W. (*3.*), Zur Astigmometrie. [158] (Hdlbg. 10. IX.) Klin. Mbl. f. Aughlk. 1883. *21.* Blghft. 29—32.

v. Zehender, W. (*4.*), 1) Ueber den Gang der Lichtstrahlen bei schräger Incidenz. [158] 2) Ueber aplanatische Brillengläser. (Hdlbg. 15. IX.) Klin. Mbl. f. Aughlk. 1885. *23.* Blghft. 29—37, 2 Tfln.

v. Zehender, W. (*5.*), Zwei Bemerkungen zur Brillenfrage. Vorläufige Mittheilung. [158] Klin. Mbl. f. Aughlk. 1888. *26.* 393—403.

v. Zehender, W., s. auch unter H. Scheffler (*3.*).

Zehenderscher Brillenkasten [26], Hornhautlupe [138. 209].

Zeiss, C. (*1.*), Sammelndes System zu visuellem Gebrauch. [131] D. R. P. 213868 vom 26. VII. 08; ausgeg. 5. X. 09.

Zeiss, C. (*2.*), Meniskenförmiges Brillenglas. [131. 135. 180] D. R. P. 217254 vom 1. VIII. 08; ausgeg. 22. XII. 09.

Zeiss, C. (*3.*), Stark sammelndes achromatisches Brillenglas. [131. 194] D. R. P. 219895 vom 5. VIII. 08; ausgeg. 10. III. 10.

Zeiss, C. (*4.*), Meniskenförmiges, für ferne Gegenstände astigmatisch korrigiertes Brillenglas. [141] D. R. P. 217963 vom 2. II. 09; ausgeg. 19. I. 10.

Zeiss, C. (*5.*), Lupe aus einer einfachen Sammellinse von der Form eines flachen Meniskus. [102] D. R. G. M. 373560/42h; einger. 18. III.; veröff. 26. IV. 09.

Zeiss, C. (*6.*), Lupe aus einer menisken-förmigen einfachen Sammellinse. [102] D. R. G. M. 373561/42h mit den gleichen Daten wie vorher.

Zeiss, C. (*7.*), Brillenglas für stark Kurzsichtige mit unwirksamer Randzone von verminderter Dicke. [24] D. R. G. M. 392046/42h; einger. 1. IX. 09; veröff. 11. X. 09.

Zeiss, C. (*8.*), Vergrößerndes Brillenglas für Kurzsichtige. D. R. P. 227921 vom 10. IX. 09; ausgeg. 31. X. 10.

Zeiss, C. (*9.*), Torisches Brillenglas. [176. 177] D. R. P. 233345 vom 23. IX. 09; ausgeg. 7. IV. 1911.

Zeiss, C. (*10.*), Vorrichtung zur Veranschaulichung der Abbildungsfehler von sammelnden Augengläsern. D. R. G. M. 614627/42h; einger. 13. VII. 14; veröff. 31. VIII. 14. S. unter O. Henker (*13.*).

Zeiss, C. (*11.*), Vorrichtung zum Prüfen von Brillengläsern. D. R. G. M. 650686/42h; einger. 24. V. 16; veröff. 14. VIII. 16. S. unter O. Henker (*12.*).

Zeissisches Schutzbrillenglas [7 +], Umbralgläser [9], Taucherbrillen zum Blicken [11 +], Haftgläser [15 +], Forderung genauer Angaben der Probelinsen [34], Lehrgerät zum Astigmatismus [96], Punktalgläser [116], Fernrohrbrillen für Augen von geringer Fehlsichtigkeit, Fernrohrlupen [137 +], Lupenbrillen [138 +], prismatische Brillen schwacher Durchbiegung [154 +], Einvernehmen mit E. Busch [177], Gullstrandsche Starlinsen (Katralgläser) 180/1, Brillenlupe [209. 212 +], Herschelsches Doppelprisma [214], Anisometropiebrille [218 +].

Sachverzeichnis.

Abbild, Abbildsbild 198.
Abbildungstiefe bei Brillenträgern 61/2.
Abflachende Wirkung von Sammelgläsern 201.
Abflachungswert Φ 133.
Absolute Sehschärfe 52.
Abstufungen der Brillen 64/5.
Achromasie der Brechkraft 189, der Hauptstrahlneigung 191.
Achromatische Fernrohrbrillen 195.
Achromatische, punktuell abbildende Starbrillen 192.
Achromatisierung einer dünnen Doppellinse 189.
Achsenametropien 28 und ihr Ausgleich 35/45.
Akkommodationsbreite und ihre Änderung durch Brillen 46/50, 171.
Akkommodationsbrille 51.
Anastigmatisch, Lehrbegriff 124.
Anastigmatische Brillen 24, 182.
Anisometropie s. u. Ungleichsichtigkeit.
Anorthoskopie s. u. Verzeichnung.
Aphakische s. u. linsenlose Augen.
Äquatorialkrümmung torischer Flächen 160.
Asphärische Umdrehungsflächen 103, 132.
Asphäro-sphärische Starlinsen 132, dazu noch verzeichnungsfreie 134.
Asphäro-torische Starlinsen 180.
Astigmatische Brillen 154, gewöhnliche 155, zweckmäßiger Durchbiegung 174, Form der Bildfläche 177, Verzerrung 178, Strahlenvereinigung außerhalb der Symmetrieebenen 181, Nah- und Lupenbrillen 183, beim beidäugigen Sehen 214.
Astigmatische Fehler Y_1 und Y_2 169.
Astigmatismus des Auges 154/5.
Astigmatismus schiefer Bündel im allgemeinen 92/7, bei Lupenbrillen 97/100, bei Nahbrillen 103, bei Fernbrillen 106/9, bei astigmatischen Brillen 169, Ziffernwerte bei zwei sphäro-zylindrischen Gläsern 169/70, bei zwei zweckmäßig durchgebogenen astigmatischen Gläsern 174/5.
Augenabstand I 204.
Augendrehpunkt als Kreuzungspunkt der Hauptstrahlen 86/7, seine Lage zur Brille 97, 106, die Folgen seiner Verschiebung 120/3, als Zentrum der Perspektive 197/8.
Ausgleichungsverfahren berücksichtigt die dingseitigen Scheitelbrechwerte 34, 67, 68.
Äußere Bezugspunkte 30.
Äußerer Akkommodationserfolg 48.

Beidäugige Brillen. Möglichkeit eines einheitlichen Raumbildes 204, Einzelfälle 206/18.
Bergkristallbrillen 15/16.
Bernsteinbrillen 16.
Beugung bei der Abbildung durch Brille und Auge 1.
Bifokalbrillen s. u. Zweistärkengläser.
Bildfläche, ihre Form bei Lupenbrillen 100/2, bei Nahbrillen 103, bei Fernbrillen 117, bei astigmatischen Brillen 177.
Bildseitiges Abbild 198.
Brechkraft D, des Brillenglases 30, ihre Bestimmung an einem vorliegenden Glase 63.
Brechzahl n des Brillenrohstoffs 62/3, 64.
Brennpunktswinkel ω_f + 51, 53.
Brillenabstand δ und seine Bedeutung 38/45.
Brillenabstufung 63/5.
Brillenformen 18/23.
Brillenhauptpunktswinkel ω_H + 53.
Brillenlehre, ihre Entwicklung 218/23.
Brillenlupen 209, 212 +.
Brillenscheitelrefraktion A_s s. u. Scheitelbrechwert.
Brillenzeitschriften 2.

Cellonbrillen 16.
Centradian (ctrd), Lehrbegriff 145, Geschichte 146.
Chromatische Vergrößerungsdifferenz s. u. Farbenverschiedenheit der Vergrößerung.

Dachsteinförmige Brillen 20.
Deformationskoeffizient $\varkappa$ 133.
Deformierte Flächen s. u. asphärische Umdrehungsflächen und S. 181.
Dezentrierung achsensymmetrischer Brillengläser zur Herstellung prismatischer Brillen 147, 149, zweifach symmetrischer Brillengläser zu gleichem Zweck 183, 186.
Dichromatische Brillengläser 7.
Dingseitiges Abbild 198.
Diopterbrillen 10.
Dioptrie (dptr), Lehrbegriff 62/3.
Dioptrienrechnung 37, 65.
Dissektionsbrille 210.
Doppelfokus = Doppelstärkengläser s. u. Zweistärkengläser.
Doppelzentrikgläser 212.
Durchbiegen von Brillengläsern 17, 30, 65/8, 98, 134, 151, 174.

Einfach symmetrische Brillen, anastigmatische gewöhnlicher Form 143, mit punktueller Abbildung 149, für astigmatische Augen 183, 186.
Eingläser 71.
Eisenbahnbrillen 3, + 4.
Elliptisch begrenzte Brillen 18.

Farbenblinde, Hilfsgläser für sie 195.
Farbenfehler von Einzellinsen 187.
Farbensäume bei schiefem Blick durch die Brille + 188.
Farbenverschiedenheit der Vergrößerung 191.
Fassungsbrillen 18.
Fernbrillengläser 28/34, ihre Bestimmung 62, punktuell abbildende 105/30, astigmatische 155, zweckmäßiger Durchbiegung 174.
Fernpunktsfläche 89, ihr Zusammenfallen mit der Bildfläche von Fernbrillen — 17,3 dptr 117, ihre Abweichung von ihr im allgemeinen 119.
Fernrohrbrillen für ruhende Augen + 73/8, für bewegte Augen 135/6, schwacher Vergrößerung + 137, als Lupenbrillen + 138, umgekehrte + 139, achromatische 195, Wirkung auf die Raumerfüllung 206.
Fernrohrlupen 76, + 137.
Fernrohrnahbrillen 75.
Festmaße 19, 21.
Flächentaster 66/7.
Flintglas bei einer achromatischen Verbindung 190.
Flintglasbrillen 16.

Gekreuzte Zylinderflächen 161, 164.
Glasbrillen 20, 22.
Gläser »neuer Schleifart« 23.
Glimmerbrillen 4, 16.

Haftgläser + 14/5.
Halbmuschelgläser 71.
Hauptpunkte schiefer Bündel von der Neigung w bei punktuell abbildenden Linsen geringer Dicke 124, bei Fernrohrbrillen 136.
Hauptpunktsbrechwert 12, 35, 41/5, 96.
Hauptpunktswinkel ω_h + 52, 58.
Hauptstrahlen, Lehrbegriff 88.
Hornhautastigmatismus 154.
Hufeisenförmige Brillen 20.
Hydrodiaskop + 12/4, 48/50.

Innere Bezugspunkte 30.
Isochromatische Brillengläser 6/7.
Isokrystargläser 116.
Isometropgläser 16.
Isometropie 206.

Kalibermaße s. u. Festmaße.
Katadigläser 18.
Katralgläser 34, 135, 181.
Kissenförmige Verzeichnung 91, 128.
Konservationsbrillen 3.
Kontaktgläser s. u. Haftgläser.
Korrektionswert der Ametropie 30.
Korrigierende Brille s. u. Fernbrillengläser.
Kronglas bei einer achromatischen Verbindung 190.
Kronglasbrillen 16.

Lehrgeräte 116.
Lentikulare 23.
Linsenlose Augen 28, 45/6.
Lochbrillen 10.
Luftabstände 35.
Luftbrechwerte 35.
Lupenbrillen, gewöhnliche 61, punktuell abbildende 89, Form ihrer Bildfläche 101/2, ihre Verzeichnung 102, astigmatische zweckmäßiger Durchbiegung 183.

Material s. u. Rohstoff.
Menisken s. u. periskopische Gläser.
Meridiankrümmung torischer Flächen 160.
Mikron μ 187.
Muschelgläser 4, 71.

Nachsteckgläser 78, + 80.
Nahbrillen, gewöhnliche 57, Fernrohrnahbrillen 75, punktuell abbildende 103, astigmatische 183, zum beidäugigen Sehen 208.
Nahpunktsfläche 89.
Narbenastigmatismus 155.
Natürliche Sehschärfe 53.
Neo-Perpha-Gläser 116.
Neutralisierungs- s. u. Ausgleichungsverfahren.
Nutenbrillen 18, 20.

Objektseitig s. u. dingseitig.
Optimum, relatives 172, absolutes 172.
Optische Projektion 197.
Orthoptics 10.
Orthoskopisch s. u. verzeichnungsfrei.
Orthoskopische Brille 211.
Oval begrenzte Brillen 18.

Panorthisches Monocle 77.
Pantoskopisch s. u. schuppenförmig.
Patentbrillen 20, 23.
Perisko-hyperbolische Gläser 134.
Periskopische Gläser 70, 71/3, 110, Zylinder 157, 163.
Perphagläser 111.
Perspektive, ihre Änderung durch die Brille 198.
Polarisationsbrillen 9.
Porrhallaktische Wirkung von Brillengläsern 197, 201, der Brille für beide Augen 206.
Postoperativer Astigmatismus 155.
Presbyopenbrillen s. u. Nahbrillen.
Primäre Farben 189.
Primärstellung des Auges 165.
Prismatische Brillen s. u. einfach symmetrische Brillen.
Prismatische Wirkung bei Zweistärkenbrillen und ihre Vermeidung 80, 141, 211/2.
Prismendioptrie (prdptr), Lehrbegriff 144, Geschichte 146/7.
Probierbrillen 24/7.
Projektion, optische 197.
Prüfgerät 108, 115, 116.
Punktalgläser 116.
Punktuell abbildende Brillen 24, 107, Lupenbrillen 97/100, Nahbrillen 103/4, Fernbrillen 105/9, Starbrillen 130/4, Fernrohrbrillen 135/6.
Punktuelle Korrespondenz 90, 197.

Quarzbrillen 15/6.
Quasihomozentrisch 124.

Radian, Lehrbegriff 145.
Rand der Brillengläser 18.
Raumerfüllung durch die Brille 195.
Rectavist-Gläser, Rectavist-Stargläser 116, Rectavist-Lupenbrille 211.
Reduzierte Abstände (Konvergenzen) s. u. Luftabstände (Luftbrechwerte).
Refraktion s. u. Hauptpunktsbrechwert.
»Refraktionsrichtige« Brillengläser 118, 120.
Relative Sehschärfe 54.
Rohstoff für Brillen 15/16, hinsichtlich der Farbenfehler 188.
Rollung des Auges 165.
Rotations- s. u. Äquatorialkrümmung.
Rückblickbrillen 9/10.
Runde Brillen 18.

Sagittale ($\mathfrak{f}$-) Büschel + 95.
Sanoskopgläser 9.
Schärfenfläche + 87/9.
Schärfenraum 89.
Schärfentiefe s. u. Abbildungstiefe.
Scheitelbrechwert A_s 27/34, 66, 68/70; M_s (M) und A_s (A) 155/6.
Scheitelkugel 95, 96/7, 152, 169/70, 174/5.
Scheitelrefraktionsmesser 70.
Schielbrillen 143/54, 213.
Schießbrillen 10, s. auch u. Zielbrillen.
Schmetterlingskneifer 22.
Schnittweite s_i' des Brillenglases 29.
Schuppenförmige Brillengläser + 19/20.
Schutzbrillen 3/9; gegen äußere Angriffe 3/5, gegen starke Bestrahlung 5/7, namentlich gegen kurzwellige Strahlen 7/9.
Sehschärfe, absolute 52, natürliche 53, relative 54.
Seitenblickbrillen 9/10.
Sekundäre Farben 189.
Sekundärstellung des Auges 165.
Siebbrillen 6.
Sphäroidische Flächen s. u. asphärische Umdrehungsflächen.
Sphärometer s. u. Flächentaster.
Sphäro-torische Linsen 168/76.
Sphäro-zylindrische Linsen 156/8.

Spiegelbilder 16/8.
Sprungloser Übergang bei Zweistärkenbrillen 80.
Stargläser aus zwei sphärischen Linsen 130, mit einer asphärischen Fläche 132/4, asphäro-torische 180, achromatische 192.
Stenopäische Brillen 6, 10.
Stöpsellinse + 77.
Streifenförmige Randform 22.
Stufe zwischen beiden Teilen einer geschliffenen Zweistärkenbrille + 80/1.
Symmetrieebenen astigmatischer Linsen 166, 167, 174.

Tangentiale (t-) Büschel 95.
Taucherbrillen 11.
Tiefenänderung durch die Brille 197, 206.
Tonnenförmige Verzeichnung 91, 128.
Tonnenförmige Wulstfläche + 160.
Torische Flächen, Linsen 159.
Toro-torische Linsen 161.
Totalastigmatismus 154.
Trägerschicht + 20/4.
Transponieren von Zylindern 161, 164.
Triluxbrillen + 6/7.
Triplexbrillen 16.

Uhrglasbrillen 4.
Umbralgläser 9.
Umdrehungsflächen an Brillengläsern 24.
Ungleichsichtigkeit und Brillen dagegen 216.
Uni-Bifo-Gläser, Uni-Bifo-Luxe-Gläser 82.

Vergleichbare Akkommodationsbreite $\mathfrak{A}_k$ 48.
Vergrößerung durch die Brille 40, 43/5, 56, 57.
Vergrößerungsvermögen 59/60.
Vertiefende Wirkung von Zerstreuungsgläsern 201.
Verzeichnung im allgemeinen + 89/92, bei Lupenbrillen 102/3, bei Nahbrillen 104, bei Fernbrillen 126/7, bei Fernbrillen mit ruhendem Auge und schiefer Blickrichtung + 128/9, bei einer eigenartigen prismatischen Brille + 153.
Verzeichnungsfrei 90.
Verzerrung bei astigmatischen Gläsern 178.
Visual spectacles 5.
Vorführungsgeräte für Brillenfehler 109, 181; für die Tiefenänderung 203.
Vorhängebrillen im allgemeinen 78/80, mit punktueller Abbildung 139/40.
Vorrechenformeln 98, 103, 106.
Vorschiebebrillen 50.

Wahlstärkengläser + 83.
Winkelkante 19.
Wulstfläche + 160, wurstförmige + 160.

Zellhornbrillen 4, 15.
Zentrische Benutzung 93.
Zerstreuungsvermögen ($1 : \nu$) 187.
Zielbrillen 24/7.
Zonen des Astigmatismus schiefer Bündel bei Lupenbrillen 100, bei Fernbrillen 107, 151.
Zusammensetzung von Abbildungen bei astigmatischen Linsen 165/6.
Zusatzgläser s. u. Nachsteckgläser und Vorhängebrillen.
Zweckmäßige Durchbiegung, astigmatische Gläser damit 174.
Zweifach symmetrische anastigmatische Brille 141/2, + 182.
Zweistärkengläser 80/5, für blickende Augen 140/1, beim beidäugigen Sehen 211.
Zwischenfehler s. u. Zonen.
Zylinderachse 156.
Zylinderlinse 155, 158.
Zylinderflächen, gekreuzte 141, 161.

Verlag von Julius Springer in Berlin W 9

Vor kurzem erschien:

Die binokularen Instrumente

Nach Quellen und bis zum Ausgang von 1910 bearbeitet
von

Moritz von Rohr

Dr. phil., wissenschaftlichem Mitarbeiter der optischen Werkstätte von Carl Zeiß in Jena und a. o. Professor an der Universität Jena

Zweite, vermehrte und verbesserte Auflage

Mit 136 Textabbildungen

(»Naturwissenschaftliche Monographien und Lehrbücher.« Herausgegeben von den Herausgebern der »Naturwissenschaften« Band II)

Preis M. 40.—; gebunden M. 47.60. — Vorzugspreis für die Abonnenten der »Naturwissenschaften« M. 36.—; gebunden M. 43.60

Aus den zahlreichen Besprechungen:

Trotz der Unmöglichkeit, die ausländischen Quellen einzusehen und die Literatur vollständig durchzuarbeiten, hat der Verfasser eine 2. Auflage seines geschätzten Buches vorbereitet und den Inhalt vielfach in dankenswerter Weise erweitert. Getreu der Absicht, eine quellenmäßige Darstellung über die Entwicklung der binokularen Instrumente zu geben, die in erster Linie den richtigen historischen Standpunkt dem vielbeschäftigten Praktiker und anderen Interessenten in leicht faßlicher Form übermitteln soll, ist auch bei der Fortführung des Werkes hauptsächlich hierauf Rücksicht genommen worden. Die Zeit vor Wheatstone, die in der ersten Bearbeitung noch keine genügende Berücksichtigung gefunden hatte, ist durch die von dem Autor unterdes speziell in dieser Frage angestellten Studien einer zusammenfassenden Bearbeitung zugänglich geworden, die mit den alten Griechen beginnt. Der Schluß des Buches ist durch ein Kapitel über die Fortschritte im ersten Jahrzehnt des zwanzigsten Jahrhunderts ergänzt worden. Das knappe und sehr inhaltsreiche schöne Werk kommt dem gesteckten Ziele, möglichst viele Benutzer binokularer Instrumente zu einer gewissen Kennerschaft zu erziehen, jedenfalls durch Leichtfaßlichkeit und elegante Schreibweise sehr entgegen. Der spezieller interessierte Arzt zumal, mag er nun als Röntgenfachmann oder als Ophthalmologe ein besonderes Interesse an den binokularen Instrumenten haben, wird jedesmal mit besonderer Freude die wertvolle Darstellung zu Rate ziehen und auch darüber hinaus in seinen Mußestunden in ihr Anregung und Genuß finden.

Zentralblatt f. d. ges. Ophthalmologie. Band IV, Heft 5.

Die zweite, vermehrte und verbesserte Auflage der »Binokularen Instrumente« von M. von Rohr zeigt »die ständige Arbeit des Verfassers an dem ihm liebgewordenen Gegenstand«. Gründliche Quellenarbeit und eingehende Sachkenntnis charakterisieren das Buch und machen es zu dem maßgebendsten auf dem Gebiete der binokularen Instrumente, auf dem wohl ein gleich umfassendes Werk nicht existiert....

Es ist nicht möglich, in einem kurzen Bericht den reichen Inhalt des Werkes eingehend zu schildern; deswegen kann hier nur ein kurzer Überblick gegeben werden über das, was neu gebracht wird....

Der theoretische Teil stützt sich auf die Lehren der geometrischen Optik....

Der zweite, historische Teil, der neben einer Umgestaltung gewisser Abschnitte eine starke Vermehrung des Inhalts gegenüber der 1. Auflage zeigt, ist auch mit einer bedeutend größeren Zahl von Abbildungen ausgestattet worden....

Der dritte, systematische Teil stellt sich die Aufgabe, den reichen Stoff, der in den vorhergehenden Abschnitten im wesentlichen in historischer Folge behandelt ist, und von dem hier nur durch beispielsweises Herausgreifen der einen oder anderen Untersuchung oder Apparatur eine Andeutung gegeben werden konnte, nach gewissen, aus der Art des Abbildungsvorganges sich ergebenden Gesichtspunkten zu ordnen. Im wesentlichen stimmt dieser Abschnitt mit dem entsprechenden der 1. Auflage überein.

Ein umfangreiches Namensverzeichnis, in dem man die berücksichtigten Originalarbeiten verzeichnet findet, beschließt das wertvolle Werk, dessen Lektüre jedem, der in das Wesen der binokularen Instrumente tiefer einzudringen wünscht, zu empfehlen ist.

»Die Naturwissenschaften« 1920, Heft 51.

Die Theorie der optischen Instrumente. Bearbeitet von wissenschaftlichen Mitarbeitern an der optischen Werkstätte von Carl Zeiß. I. Die Bilderzeugung in optischen Instrumenten vom Standpunkte der geometrischen Optik. Herausgegeben von Dr. **M. von Rohr** (Jena). Mit 133 Abbildungen im Text. 1904. Preis M. 18.—; gebunden M. 19.50

Theorie und Geschichte des photographischen Objekts. Nach Quellen bearbeitet von Dr. phil. **M. von Rohr** (Jena). Mit 148 Textfiguren und 4 lithographischen Tafeln. 1899. Preis M. 12.—

Hierzu Teuerungszuschläge

Verlag von Julius Springer in Berlin W 9

Zeitschrift für ophthalmologische Optik
mit Einschluß der Instrumentenkunde

unter ständiger Mitwirkung von

Th. Axenfeld-Freiburg i. B., A. Bielschowsky-Marburg, Arth. Birch-Hirschfeld-Königsberg i. Pr., F. Dimmer-Wien, A. Gullstrand-Upsala, O. Hallauer-Basel, E. Hertel-Leipzig, C. von Hess-München, A. Knapp-New York, E. Landolt-Paris, F. Ostwalt-Paris, A. von Pflugk-Dresden, Hj. Schiötz-Christiania, K. Wessely-Würzburg, W. Stock-Tübingen, H. Wolff-Berlin

herausgegeben von

H. Erggelet, Jena **R. Greeff**, Berlin **E. H. Oppenheimer**, Berlin **M. von Rohr** Jena

Jährlich erscheinen 6 Hefte. — Jahrgang Preis M. 64.—

Inhaltsübersicht einiger Hefte:

Jahrgang 1921. Heft 1:

M. v. Rohr, Zur Akkommodation von Brillenträgern. (Mit 2 Abbildungen). — R. Greeff, Eine Fälschung aus der Geschichte der Brille. (Mit 1 Abbildung). — F. Plehn, J. Keplers Behandlung des Sehens. Mit 13 Abbildungen. (Fortsetzung.) — Besprechungen.

Jahrgang 1921. Heft 2:

A. Sonnefeld, Die Umrechnung schief gekreuzter Zylinder in sphärotorische Brillen. (Mit 6 Abbildungen.) — F. Plehn, J. Keplers Behandlung des Sehens. (Mit 13 Abbildungen.) (Fortsetzung). — H. Boegehold und M. v. Rohr, Übersicht über optische Arbeiten aus der letzten Zeit bis zum Ende des Jahres 1920, erstattet an dem Übungsabend des Privatdozenten Dr. H. Erggelet am 15. Februar 1921. — Besprechung.

Jahrgang 1921. Heft 3:

R. G. Rijkens, Das entoptische Bild und die stenopäische Brille bei Hornhauttrübungen. (Mit 3 Textabbildungen auf Tafel I). — M. v. Rohr, Ein alter Regensburger Lehrbrief. (Mit 1 Abbildung auf Tafel I.) — F. Plehn, J. Keplers Behandlung des Sehens. (Mit 13 Abbildungen.) (Fortsetzung). H. Boegehold und M. v. Rohr, Übersicht über optische Arbeiten aus der letzten Zeit bis zum Ende des Jahres 1920, erstattet an dem Übungsabend des Privatdozenten Dr. H. Erggelet am 15. Februar 1921. (Fortsetzung und Schluß.) — Besprechungen.

Zeitschrift für Instrumentenkunde
Organ für Mitteilungen aus dem gesamten Gebiete der wissenschaftlichen Technik

Herausgegeben unter Mitwirkung der **Physikalisch-Technischen Reichsanstalt** von

L. Ambronn-Göttingen, **E. v. Hammer**-Stuttgart, **H. Krüss**-Hamburg, **V. v. Lang**-Wien, **R. Straubel**-Jena, **A. Westphal**-Berlin

Schriftleitung: Prof. Dr. **F. Göpel**-Charlottenburg-Berlin

Erscheint monatlich. — Vierteljährlich Preis M. 20.—

Inhaltsübersicht einiger Hefte:

Jahrgang 1921. Heft 4:

Die Tätigkeit der Physikalisch-Technischen Reichsanstalt im Jahre 1920 S. 97. — Dr. H. Erfle, Beiträge zur Geschichte und zur geometrischen Optik des Umkehrsystems mit veränderlicher Vergrößerung S. 107. — Dr. P. H. van Cittert, Zur Beseitigung des Astigmatismus beim Gebrauch des Hohlgitters S. 116. — Dr. Hans Schulz, Zur Theorie der Polarisationsprismen. VI. Schnittwinkel und Gesichtsfelder für Prismen, bei denen die Kristallachse im Hauptschnitt liegt S. 118. — Dr. Max Lange, Über eine Methode, die optischen Abbildungsgleichungen zu praktischen Durchrechnungsformeln umzugestalten S. 121.

Referate: Über asphärische Flächen in optischen Instrumenten S. 123. — Einige Versuche und Bemerkungen zur Farbenlehre. Zur Kenntnis des Purkinjeschen Phänomens S. 125. — Das Graukeilphotometer im Dienste der Pflanzenkultur S. 127.

Bücherbesprechungen: Dr. H. Lehmann, Die Kinematographie S. 128. — W. Demuth, Die Materialprüfung der Isolierstoffe der Elektrotechnik S. 128.

Jahrgang 1921. Heft 5:

Die Tätigkeit der Physikalisch-Technischen Reichsanstalt im Jahre 1920 (Fortsetzung von S. 107) S. 129. — Dr. Hans Schulz, Zur Theorie der Polarisationsprismen VII: Die Bestimmung der Gesichtsfeldgröße und ihrer Schwankungen S. 144. — Dr. A. Wetthauer, Eine Methode zur Prüfung von photographischen Objektiven durch streifende Abbildung S. 148. — Dr. Guido Moeller, Organische Flüssigkeiten zum Füllen hochgradiger Fabrikthermometer S. 152.

Referate: Über den Wert extrafokaler Aufnahmen mit parabolischen Spiegeln S. 156. — Über terrestrische Refraktion S. 157. — Bestimmung der Dicke der Ölschicht bei Lagern S. 157. — Ausdehnbarkeit und Thermoelastizität der Nickelstahle. (Die Elinvar-Spiralfeder) S. 158.

Bücherbesprechungen: G. Berndt, Kompendium der Experimentalphysik S. 158. — Curt Sachs, Handbuch der Musikinstrumentenkunde S. 158. — M. v. Rohr, Die binokularen Instrumente S. 158. — F. Paul Liesegang, Wissenschaftliche Kinematographie S. 159. — Hager-Mez, Das Mikroskop und seine Anwendung S. 160. — G. Berndt, Radioaktive Leuchtfarben S. 160. — H. Geiger und W. Makower, Meßmethoden auf dem Gebiete der Radioaktivität S. 160. — W. v. Krukowski, Vorgänge in der Scheibe eines Induktionszählers und der Wechselstromkompensator als Hilfsmittel zu deren Erforschung S. 160.

Verlag von Julius Springer in Berlin W 9

Das Mikroskop und seine Anwendung. Handbuch der praktischen Mikroskopie und Anleitung zu mikroskopischen Untersuchungen. Von Dr. **Hermann Hager.** Nach dessen Tode vollständig umgearbeitet und in Gemeinschaft mit hervorragenden Fachleuten herausgegeben von Professer Dr. **Carl Mez,** Königsberg. Zwölfte, umgearbeitete Auflage. Mit 495 Textfiguren. 1920.
Gebunden Preis M. 38.—

Die Mikroskopie des lebenden Auges. Von Privatdozent Dr. **L. Koeppe** (Halle a. S.). Erster Band: Die Mikroskopie des lebenden vorderen Augenabschnittes im natürlichen Lichte. Mit 62 Textabbildungen, 1 Tafel und 1 Porträt. 1920. Preis M. 76.—

Atlas der Spaltlampenmikroskopie des lebenden Auges. Mit Anleitung zur Technik und Methodik der Untersuchung. Von Dr. **Alfred Vogt,** o. ö. Professor und Vorstand der Universitäts-Augenklinik Basel. Mit 370 größtenteils farbigen Figuren. In 4 Sprachen. Erscheint im September 1921

Der Augenhintergrund bei Allgemeinerkrankungen. Ein Leitfaden für Ärzte und Studierende von Dr. med. **H. Köllner,** a. o. Professor an der Universität Würzburg. Mit 47 großenteils farbigen Textabbildungen. 1920.
Preis M. 38.—; gebunden M. 44.—

Syphilis und Auge. Von Professor Dr. **Josef Igersheimer,** Oberarzt an der Universitäts-Augenklinik zu Göttingen. Mit 150 zum Teil farbigen Textabbildungen. 1918. Preis M. 54.—

Grundriß der Augenheilkunde für Studierende. Von Professor Dr. **F. Schieck,** Geheimer Medizinalrat, Direktor der Universitäts-Augenklinik in Halle a. S. Zweite, verbesserte Auflage. Mit 110 zum Teil farbigen Textabbildungen. 1921. Gebunden Preis M. 25.—

Cytologische Studien am menschlichen Auge. Von Professor Dr. **A. Brückner,** Oberarzt an der Universitäts-Augenklinik in Berlin. Mit 199 Abbildungen auf 12 Tafeln. 1919. Preis M. 28.—

Die Lehre vom Raumsinn des Auges. Von Dr. **Franz Bruno Hofmann,** Professor an der Universität Marburg. Erster Teil. Mit 78 Textfiguren und einer Tafel. 1920. Preis M. 20.—

Grundzüge der Lehre vom Lichtsinn. Von **Ewald Hering,** Professor in Leipzig. (Sonderabdruck aus „Handbuch der Augenheilkunde", 2. Auflage.)
1. Lieferung. Mit Figuren 1—13 und Tafel I. 1905. Preis M. 2.—
2. Lieferung. Mit Figuren 14—33 und Tafel II und III. 1907. Preis M. 2.—
3. Lieferung. Mit Figuren 34—65. 1911. Preis M. 2.—
4. (Schluß-)Lieferung. Mit Figuren 66—77. 1920. Preis M. 7.60

Hierzu Teuerungszuschläge

Verlag von **Julius Springer** in **Berlin W 9**

Einführung in die medizinische Optik. Von Dr. **A. Gleichen,** Regierungsrat, Mitglied des Patentamtes, Privatdozent an der Technischen Hochschule zu Berlin. Mit 102 Figuren im Text. 1904. Preis M. 7.—

26 Stereoskopen-Bilder zur Prüfung auf binokulares Sehen und zu Übungen für Schielende. Von Dr. **W. Hausmann.** Mit einführenden Bemerkungen von Professor Dr. med. Bielschowsky, Marburg. Dritte, verbesserte und vermehrte Auflage. 1913. Preis M. 2.60

Analytische Studien an Buchstaben und Zahlen zum Zwecke ihrer Verwertung für Sehschärfe-Prüfungen. Von San.-Rat Dr. **L. Wolffberg,** Augenarzt in Breslau. Mit 17 Figuren im Text und 7 Tafeln zur Sehschärfe-Prüfung. 1911. Preis M. 4.—

Bilderbuch zur Sehschärfe-Prüfung von Kindern und Analphabeten. Von San.-Rat Dr. **L. Wolffberg.** Zweite Auflage. 1914. Kart. Preis M. 3.—

Ein neuer Weg zur Herstellung von Leseproben (Sehproben) für die Nähe. Von Dr. med. **Rudolf Birkhäuser,** Augenarzt in Basel. Mit 14 Tafeln. 1918. Preis M. 7.—

Leseproben für die Nähe aus der Universitäts-Augenklinik Bern. Von Dr. med. **Rudolf Birkhäuser,** Augenarzt in Basel. Mit einem Vorwort von Professor Dr. A. Siegrist-Bern. 1911. Gebunden Preis M. 4.80

Albrecht von Graefes Archiv für Ophthalmologie. Herausgegeben von **E. Fuchs**-Wien, **E. von Hippel**-Göttingen, **H. Sattler**-Leipzig, **A. Wagenmann**-Heidelberg. Redigiert von A. Wagenmann. Erscheint in zwanglosen, einzeln berechneten Heften; je 4 Hefte bilden einen Band.

Zentralblatt für die gesamte Ophthalmologie und ihre Grenzgebiete, zugleich Referatenteil zu Albrecht von Graefes Archiv für Ophthalmologie und Fortsetzung des Michelschen Jahresberichts über die Leistungen und Fortschritte im Gebiet der Ophthalmologie, herausgegeben von **A. Bielschowsky**-Marburg, **A. Brückner**-Jena, **A. Elschnig**-Prag, **F. Fuchs**-Wien, **E. Hertel**-Leipzig, **E. von Hippel**-Göttingen, **W. Krauß**-Düsseldorf, **H. Sattler**-Leipzig, **F. Schieck**-Halle, **A. Siegrist**-Bern, **A. Wagenmann**-Heidelberg. Schriftleitung: O. Kuffler-Berlin. Erscheint zweimal monatlich. Jeder Band M. 160.—
Für Abnehmer von „Graefes Archiv" M. 140.—

Hierzu Teuerungszuschläge

GPSR Compliance

The European Union's (EU) General Product Safety Regulation (GPSR) is a set of rules that requires consumer products to be safe and our obligations to ensure this.

If you have any concerns about our products, you can contact us on ProductSafety@springernature.com

In case Publisher is established outside the EU, the EU authorized representative is:

Springer Nature Customer Service Center GmbH
Europaplatz 3
69115 Heidelberg, Germany

Batch number: 10682411

Printed by Printforce, the Netherlands